LES CHEMINS DE FER

D'INTÉRÊT LOCAL

ET LES TRAMWAYS

Recueil des documents législatifs et administratifs

PARIS
IMPRIMERIE CHAIX
IMPRIMERIE ET LIBRAIRIE CENTRALES DES CHEMINS DE FER
SOCIÉTÉ ANONYME
Rue Bergère, 20, près du boulevard Montmartre
1882

LES CHEMINS DE FER

D'INTÉRÊT LOCAL

ET LES VOIES FERRÉES

ÉTABLIES SUR VOIES PUBLIQUES

LES CHEMINS DE FER
D'INTÉRÊT LOCAL
ET LES VOIES FERRÉES
ÉTABLIES SUR VOIES PUBLIQUES

Recueil des documents législatifs et administratifs

PARIS
IMPRIMERIE ET LIBRAIRIE CENTRALES DES CHEMINS DE FER
A. CHAIX ET Cie
RUE BERGÈRE, 20, PRÈS DU BOULEVARD MONTMARTRE

1879

Extrait du *Bulletin annoté des chemins de fer en exploitation.*

CHEMINS DE FER
D'INTÉRÊT LOCAL
ET VOIES FERRÉES
ÉTABLIES SUR VOIES PUBLIQUES

---

29 avril 1878. SÉNAT.

Dépôt de projets de loi par le gouvernement.

M. DE FREYCINET, *ministre des travaux publics.* — J'ai l'honneur de déposer sur le bureau du sénat un projet de loi relatif aux chemins de fer d'intérêt local, emportant abrogation de la loi du 12 juillet 1865 (Très-bien ! sur quelques bancs), et un projet de loi relatif aux voies ferrées établies sur les voies publiques.

Il y a entre ces deux projets des rapports très-étroits, quoique les deux lois soient distinctes, et peut-être le sénat jugera-t-il préférable de les renvoyer à la même commission. Si cette idée prévalait, je crois que le sénat ferait peut-être bien de nommer une commission de 18 membres, en raison de l'importance de ces deux projets de loi, de leur étendue assez considérable et du travail assez long que leur examen paraît devoir entraîner.

M. LE PRÉSIDENT. — Le sénat est-il d'avis d'accepter la proposition de M. le ministre et de nommer une commission de 18 membres à laquelle seraient renvoyés les deux projets? (Adhésion.)

Il n'y a pas d'opposition?...

Le sénat nommera, dans ses bureaux, une commission de 18 membres qui examinera les deux projets de loi. Les deux projets seront imprimés et distribués.

CHEMINS DE FER D'INTÉRÊT LOCAL

29 avril 1878. **SÉNAT.**

Projet de loi du gouvernement.

EXPOSÉ DES MOTIFS.

Messieurs, la loi du 12 juillet 1865, qui a créé les chemins de fer d'intérêt local, n'a pas réalisé les espérances qu'avaient conçues ses auteurs. Deux causes principalement paraissent avoir paralysé son heureuse influence : d'une part, les erreurs commises trop fréquemment dans la conception des lignes; d'autre part, le mode de concours de l'Etat et des départements, qui s'est produit sous la forme de subventions en capital, au lieu de consister en garantie d'intérêt subordonnée à certaines conditions.

Beaucoup d'entre vous ont pu constater à quel point, dans la pratique, les chemins de fer d'intérêt local ont perdu leur véritable caractère. On les a le plus souvent établis et exploités comme des lignes d'intérêt général, c'est-à-dire avec un luxe de dépenses tout à fait hors de proportion avec leurs revenus probables. Il en est résulté d'inévitables déceptions, qui ont peu à peu amené le complet discrédit de ces entreprises. Il est indispensable que ce point de vue change et que le chemin de fer d'intérêt local soit accepté pour ce qu'il est, c'est-à-dire pour une voie essentiellement économique, qui doit être construite à un prix variant, selon les localités, de 60,000 à 100,000 francs le kilomètre, avec deux ou trois trains par jour dans chaque sens. Les nombreux renseignements recueillis, tant en France qu'à l'étranger, et l'avis des hommes les plus compétents mettent hors de doute la possibilité de se renfermer, à de très-rares exceptions près, dans ces limites.

Dans de semblables conditions, une recette brute de 8,000 francs, par kilomètre et par an, assure généralement le paiement des frais d'exploitation et l'intérêt à 5 p. 100 l'an du capital engagé. Il n'est pas supposable que ce chiffre de recettes soit atteint, sur la plupart des lignes, avant un certain nombre d'années (1). On ne peut guère compter, au début, sur une recette supérieure à 3,500 ou 4,000 francs. Aussi paraît-il nécessaire que, pendant une assez longue période, l'Etat et le département viennent en aide à l'entreprise, pour couvrir l'insuffisance de la recette. Le projet de loi fixe la participation collective du département et de l'Etat à un maximum de 4,000 francs. Cette participation s'éteindrait graduellement, au fur et à mesure que les recettes augmenteraient, et prendrait fin, en tout cas, après la trentième année de la mise en exploitation.

Avec ces dispositions, un chemin de fer sagement conçu, bien conduit et honnêtement administré, pourra toujours offrir une rémunération convenable aux capitaux. De la sorte, on verra disparaître ces spéculations, téméraires ou coupables, qui, à l'aide des subventions en capital dont nous parlions en commençant, ont pu se soutenir un certain temps et faire illusion au public, mais qui n'ont pas tardé à succomber, en laissant derrière elles de nombreuses victimes et des travaux inachevés.

Le projet de loi, en même temps qu'il ne garantit le concours de l'Etat et du département qu'aux chemins de fer réellement exploités, assure un contrôle financier permanent, qui est à la fois un frein et un appui.

---

(1) La recette brute moyenne des 2,200 kilomètres d'intérêt local actuellement exploités en France est de 6,500 francs par kilomètre.

Le gouvernement a voulu également couper court à ces combinaisons tendant à tourner la loi et qui consistaient, à l'aide de sections ajustées bout à bout et obtenues souvent par voie de simple décret, à créer de véritables concurrences à de grandes lignes subventionnées par l'Etat. Le chemin de fer d'intérêt local doit, on ne saurait trop le dire, rester ce que l'a fait la nature des choses, c'est-à-dire un affluent et non un rival du réseau d'intérêt général.

Le projet de loi dispose donc que la déclaration d'utilité publique sera toujours prononcée par le pouvoir législatif et que la fusion de concessions ou d'administrations situées hors d'un même département ne pourra s'effectuer qu'en vertu d'un décret délibéré en conseil d'Etat.

A ce propos, quelques personnes auraient voulu que le projet contînt la définition du chemin de fer d'intérêt local. Nous n'avons pas essayé de donner satisfaction à ce désir bien légitime, parce que l'expérience a montré qu'aucune définition ne pouvait être tentée avec quelque chance de succès. Ainsi que nous avons déjà eu occasion de l'énoncer, la distinction entre le chemin d'intérêt local et le chemin d'intérêt général est essentiellement une question d'espèce. La classification est l'œuvre même du législateur. Elle ressortira du projet d'ensemble que nous élaborons en ce moment et qui sera sous peu de jours présenté aux chambres, projet qui tend à énumérer, dans une seule loi, toutes les lignes destinées à compléter le réseau d'intérêt général de la France. Tout ce qui ne sera pas compris dans cette loi sera nécessairement du domaine départemental ou communal et pourra, dès lors, être concédé au titre d'intérêt local, sauf décision ultérieure contraire du législateur.

Enfin nous avons cru devoir prendre certaines dispositions pour prévenir les abus financiers dont les dernières années nous ont donné trop souvent le triste spectacle. Nous avons réglementé le versement du capital-actions et entouré l'émission des obligations de garanties qui en assurent, croyons-nous, le bon et sérieux emploi. Avec ces précautions, il y a tout lieu d'espérer que ces derniers titres reprendront la faveur qui est désirable pour le développement de ces modestes mais utiles entreprises.

Telles sont les principales considérations qui ont guidé le gouvernement dans la rédaction du projet de loi. Avant de vous l'apporter, il a cru devoir lui faire subir l'importante épreuve du conseil d'Etat. Il a eu la satisfaction d'en voir les principes adoptés par cette assemblée et il n'a eu, à son tour, qu'à accepter des modifications de forme plutôt que de fond, qui constituaient des améliorations sensibles au texte primitif. Nous croyons superflu d'ailleurs de l'analyser, la lecture des articles ne paraissant devoir soulever aucune difficulté d'interprétation.

PROJET DE LOI.

Article premier. — L'établissement des chemins de fer d'intérêt local par les départements ou les communes, avec ou sans le concours des propriétaires intéressés, est soumis aux dispositions suivantes.

Art. 2. — Le conseil général arrête, après instruction préalable par le préfet et après enquête, la direction des chemins de fer d'intérêt local à établir sur le territoire de plusieurs communes, le mode et les conditions de leur construction, ainsi que les traités et les dispositions nécessaires pour en assurer l'exploitation.

Ces attributions sont exercées par le conseil municipal, dans les mêmes conditions, lorsqu'il s'agit de chemins qui ne sortent pas du territoire d'une commune.

Les projets ainsi arrêtés sont soumis à l'examen du conseil général des ponts et chaussées et du conseil d'Etat.

L'utilité publique est déclarée et l'exécution est autorisée par une loi.

Art. 3. — Le préfet approuve les projets définitifs, après avoir pris l'avis de l'ingénieur en chef du département.

Art. 4. — L'acte de concession détermine les droits de péage et les prix de transport que le concessionnaire sera autorisé à percevoir, pendant toute la durée de sa concession.

Les taxes perçues dans les limites du maximum fixé par le cahier des charges sont homologuées par le ministre des travaux publics, dans le cas où la ligne s'étend sur plusieurs départements et dans le cas de tarifs communs à plusieurs lignes. Elles sont homologuées par le préfet dans les autres cas.

Art. 5. — L'autorité qui concède un chemin de fer d'intérêt local a toujours le droit :

1° D'autoriser d'autres voies ferrées à s'embrancher sur des lignes concédées ou à s'y raccorder;

2° D'accorder à ces entreprises nouvelles, moyennant le paiement des droits de péage fixés par le cahier des charges, la faculté de faire circuler leurs voitures sur les lignes concédées;

3° De racheter la concession, aux conditions qui seront fixées par le cahier des charges.

Le cahier des charges détermine les droits et obligations du concessionnaire à l'expiration de sa concession.

Art. 6. — Le cahier des charges détermine les cas dans lesquels l'inexécution des conditions de la concession peut entraîner la déchéance du concessionnaire, et fixe les mesures à prendre à l'égard du concessionnaire déchu.

La déchéance est prononcée, dans tous les cas, par le ministre des travaux publics.

Art. 7. — Les concessionnaires ne peuvent, à quelque époque que ce soit, céder tout ou partie de leur entreprise, sans le consentement de l'autorité qui l'a concédée. Toute cession faite irrégulièrement est nulle et peut entraîner la déchéance.

Art. 8. — La fusion des concessions ou des administrations de lignes appartenant à des départements différents ne peut avoir lieu qu'en vertu d'un décret délibéré en conseil d'Etat.

Art. 9. — A toute époque, un chemin de fer d'intérêt local peut être distrait du domaine public, départemental ou communal, et classé par une loi parmi les chemins de fer d'intérêt général.

Dans ce cas, l'Etat est substitué aux droits et obligations du département ou de la commune à l'égard des entrepreneurs ou concessionnaires, tels qu'ils résultent des conventions autorisées par le gouvernement.

En cas d'éviction du concessionnaire, la loi règle les conditions dans lesquelles il est statué sur l'indemnité qui lui est due.

En cas de désaccord entre l'Etat et le département ou la commune, les indemnités ou dédommagements qui peuvent lui être dus par l'Etat sont déterminés par un décret délibéré en conseil d'Etat.

Art. 10. — Les ressources créées en vertu de la loi du 21 mai 1836 peuvent être appliquées, en partie, à la dépense des chemins de fer d'intérêt local, par les communes qui ont assuré l'entretien de tous leurs chemins classés et qui ont achevé leur réseau subventionné, tel qu'il a été déterminé en exécution de la loi du 11 juillet 1868.

Art. 11. — Quand un chemin de fer d'intérêt local est établi sur le territoire de plusieurs communes, l'Etat peut s'engager, en cas d'insuffisance du produit brut pour couvrir les dépenses de l'exploitation et l'intérêt à 5 p. 100 l'an du capital de premier établissement, tel qu'il est prévu par l'acte de concession, à subvenir pour partie au paiement de cette insuffisance, à la condition qu'une partie au moins égale sera payée par le département, avec ou sans le concours des communes.

Cette garantie d'intérêt ne peut être accordée, par l'acte qui autorise l'exécution de la ligne, que dans les limites fixées, pour chaque année, par la loi de finances. La charge annuelle imposée au trésor ne doit, en aucun cas, dépasser 2,000 francs par kilomètre exploité, et 200,000 francs pour l'ensemble des lignes situées dans un même département.

La participation de l'État cessera, de plein droit, après la trentième année qui suivra la mise en exploitation. Elle sera suspendue quand la recette brute annuelle atteindra 8,000 francs par kilomètre, pour les lignes établies de manière à pouvoir recevoir les véhicules des grands réseaux, et 6,000 francs par kilomètre pour les autres lignes.

Art. 12. — Dans le cas où le produit brut de la ligne pour laquelle une garantie d'intérêt a été payée devient suffisant pour couvrir les dépenses d'exploitation et l'intérêt à 6 p. 100 du capital de premier établissement, tel qu'il est prévu par l'acte de concession, la moitié du surplus de la recette est partagée entre l'Etat, le département et les communes, s'il y a lieu, dans la proportion des avances faites par chacun d'eux, jusqu'à concurrence du complet remboursement de ces avances, sans intérêts.

Art. 13. — Un règlement d'administration publique déterminera :

1° Les justifications à fournir par les concessionnaires pour établir les recettes et les dépenses annuelles ;

2° Les conditions dans lesquelles seront fixés, en exécution des articles 11 et 12 de la présente loi, le chiffre de la garantie d'intérêt due par l'Etat, le département ou les communes, pour chaque exercice, et, lorsqu'il y aura lieu, la part revenant à l'Etat, au département ou aux communes, à titre de remboursement de leurs avances, sur le produit net de l'exploitation.

Art. 14. — Les chemins de fer d'intérêt local qui reçoivent une garantie d'intérêt du trésor peuvent seuls être assujettis envers l'Etat à un service gratuit ou à une réduction du prix des places.

Art. 15. — Aucune émission d'obligations, pour les entreprises prévues par la présente loi, ne pourra avoir lieu qu'en vertu d'une autorisation donnée par le ministre des travaux publics, après avis du ministre des finances.

En aucun cas, il ne pourra être émis d'obligations pour une somme supérieure au montant du capital-actions, qui sera fixé à la moitié au moins de la dépense jugée nécessaire pour le complet établissement et la mise en exploitation du chemin de fer, et ce capital-actions devra être effectivement versé, sans qu'il puisse être tenu compte des actions libérées ou à libérer autrement qu'en argent.

Aucune émission d'obligations ne doit être autorisée avant que les quatre cinquièmes du capital-actions aient été versés et employés en achat de terrains, travaux, approvisionnements sur place, ou en dépôt de cautionnement.

Toutefois les concessionnaires pourront être autorisés à émettre des obligations, lorsque la totalité du capital-actions aura été versée et s'il est dûment justifié que plus de la moitié de ce capital-actions a été employé dans les termes du paragraphe précédent ; mais les fonds provenant de ces émissions anticipées devront être déposés à la caisse des dépôts et consignations et ne pourront être mis à la disposition des concessionnaires que sur l'autorisation formelle du ministre des travaux publics.

Art. 16. — Le compte rendu détaillé des résultats de l'exploitation, comprenant les dépenses d'établissement et d'exploitation et les recettes brutes, sera remis, tous les trois mois, au préfet du département et au ministre des travaux publics, pour être publié.

Le modèle des documents à fournir sera arrêté par le ministre des travaux publics.

Art. 17. — Par dérogation aux dispositions de la loi du 15 juillet 1845, sur la police des chemins de fer, le préfet peut dispenser de poser des clôtures sur tout ou partie du chemin; il peut également dispenser de poser des barrières au croisement des chemins peu fréquentés.

Art. 18. — La construction, l'entretien et les réparations des voies ferrées avec leurs dépendances, l'entretien du matériel et le service de l'exploitation seront soumis au contrôle et à la surveillance des préfets, sous l'autorité du ministre des travaux publics.

Les frais de contrôle seront à la charge des concessionnaires. Ils seront réglés par les préfets et approuvés par le ministre des travaux publics, pour les lignes concédées par les départements et par les communes. Ils seront réglés par le ministre pour les lignes concédées par l'Etat.

Art. 19. — Les dispositions de l'article 17 de la présente loi seront également applicables aux concessions de chemins de fer industriels destinés à desservir des exploitations particulières.

Art. 20. — La loi du 12 juillet 1865 est abrogée.

---

21 novembre 1878. SÉNAT.

Rapport fait, au nom de la commission chargée d'examiner le projet de loi, par M. Emile Labiche.

Messieurs, le projet de loi sur les chemins de fer d'intérêt local a pour objet la substitution d'une législation nouvelle à la législation actuelle, dont le gouvernement demande l'abrogation.

La loi du 12 juillet 1865 n'a pas répondu aux vues de ses auteurs: elle avait fait espérer l'établissement d'une vicinalité ferrée, qui doterait le pays des voies de communication qui lui manquaient, sans porter le trouble dans les lignes existantes; mais la plupart des chemins établis en vertu de la loi de 1865, bien que qualifiés d'intérêt local, ont constitué, en réalité, de véritables lignes d'intérêt général; ces chemins ont été construits à peu près dans les mêmes conditions que les grandes lignes; ils ont été destinés, non à leur servir d'auxiliaires, mais à leur faire concurrence.

La loi de 1865 ayant ainsi reçu, dans son application, une extension que n'avaient pas prévue ses auteurs, les départements ont eu à lutter, pour obtenir les déclarations d'utilité publique, contre la résistance systématique du conseil d'Etat.

Dans les cas où cet obstacle a pu être surmonté, le développement de l'exploitation des nouvelles lignes a été entravé par les grandes compagnies et le rendement des nouvelles lignes s'est trouvé insuffisant pour rémunérer les capitaux engagés.

Il n'y a pas intérêt à examiner en ce moment si les départements n'étaient pas excusables de chercher, même au prix d'une alliance avec la spéculation, à obtenir, par la voie indirecte que leur ouvrait le législateur, l'exécution de lignes nécessaires, que l'Etat semblait se considérer comme impuissant à leur assurer directement; il n'y a pas intérêt à rechercher si certaines grandes compagnies n'ont point usé, avec une rigueur excessive, du droit absolu que leur donnaient leurs concessions et du monopole de fait qu'elles se croyaient assuré par leurs conventions; si enfin il n'y aurait pas eu avantage, pour tous, à ce que l'intervention de l'Etat se manifestât avec plus d'énergie et imposât à tous les intérêts la conciliation qui a eu lieu dans certaines régions.

Il eût peut-être été possible d'éviter la perte de beaucoup de temps, de beaucoup d'efforts, de beaucoup de capitaux, et d'empêcher des désastres qui ont pesé lourdement sur la fortune publique.

Nous n'avons pas à faire la part de responsabilité qui peut incomber à l'Etat, aux départements, aux grandes compagnies et à la spéculation; il importe seulement de constater qu'après les désastres dont la plupart des chemins secondaires ont été l'occasion, il n'est plus possible d'espérer obtenir de la loi de 1865 les résultats, même incomplets, qu'elle a donnés jusqu'à présent : 4,381 kilomètres concédés, dont environ 2,200 exploités.

Une application différente de la loi ne suffirait pas à assurer l'exécution des lignes qui restent à construire.

Ce qui est nécessaire aujourd'hui, c'est une modification absolue de la législation.

Les pouvoirs publics ont reconnu qu'ils ne pouvaient se désintéresser de la question, au moment où le pays réclamait, avec plus d'instance que jamais, le prompt achèvement de ses voies de communication.

Ces réclamations sont justifiées : il reste, en effet, un grand nombre de lignes concédées à construire et il reste aussi de nombreuses concessions à faire.

Le travail ne fait donc pas défaut en France, et il est facile de le consacrer à des œuvres utiles et fécondes.

En même temps, les instruments de travail sont à notre portée ; les capitaux sont abondants ; les matières premières sont à bas prix ; il existe dans le pays une activité, un esprit d'entreprise qui ne demandent qu'à se manifester.

La loi sur les chemins d'intérêt local ne concerne qu'une partie du vaste programme de travaux publics dont le gouvernement a pris l'initiative, avec autant de résolution que de prudence.

Déjà la loi de rachat et le projet de loi relatif au classement du réseau complémentaire ont embrassé la partie du programme qui concerne les lignes d'intérêt général.

Par ces lois, se trouvera circonscrit le champ d'action que la loi de 1865 avait ouvert aux communes et aux départements, sans le délimiter.

L'Etat ayant accepté, en principe, la charge de compléter et d'exécuter le reste du réseau d'intérêt général, les départements n'ont plus à demander à la loi sur les chemins d'intérêt local les moyens d'établir les lignes secondaires d'intérêt général que le gouvernement semblait se considérer comme impuissant à exécuter en dehors de l'assentiment et de l'intervention des grandes compagnies.

La nouvelle législation proposée au sénat a donc pour objet d'assurer, par l'initiative des départements et des communes, l'exécution de lignes à construire dans certaines conditions de simplicité et d'économie, et destinées uniquement à servir d'affluents au réseau d'intérêt général ou à créer les relations vicinales des voies ferrées.

Ces lignes peuvent être construites, de même que celles d'intérêt général, sur des terrains uniquement affectés au service de la voie ferrée ou sur le sol des voies dont l'affectation à la circulation publique n'est pas supprimée.

La réglementation de ces deux espèces de voies ferrées repose sur les mêmes principes ; cependant, à raison de certaines différences essentielles, le gouvernement et la commission après lui ont reconnu qu'il était préférable de diviser la nouvelle législation en deux projets de loi : le premier concernant les chemins de fer d'intérêt local ; le second concernant les tramways, c'est-à-dire les voies ferrées établies sur les voies publiques.

Nous nous occuperons d'abord du projet qui concerne les chemins de fer d'intérêt local.

CHAPITRE PREMIER.

I. — On s'est demandé si le premier article de la nouvelle loi ne devait pas contenir une définition du chemin de fer d'intérêt local. Le gouvernement comme la commission ont reconnu que cette définition était impossible. Ce n'est, en effet, ni par son étendue, ni par son but, ni par son mode de construction, que le chemin d'intérêt local peut être déterminé.

La distinction entre un chemin d'intérêt local et un chemin d'intérêt général sera toujours essentiellement une question d'espèce. Un chemin d'intérêt local peut devenir d'intérêt général et réciproquement.

Il en est de même, du reste, pour les voies de communication de terre : un chemin ne reçoit le caractère vicinal que par son classement; et, par un nouveau classement, il peut successivement devenir d'intérêt commun ou de grande communication; c'est également le classement seul qui peut constituer le caractère légal des voies ferrées.

C'est par le classement que le domaine public de l'Etat comme le domaine public départemental et communal se trouveront délimités.

II. — A qui sera confié le pouvoir de prononcer ce classement? C'est ici que la loi qui vous est proposée apporte une première modification essentielle à la législation.

D'après l'article 5 de la loi de 1865, c'était au pouvoir exécutif qu'il appartenait de décréter l'utilité publique et d'autoriser l'exécution des lignes d'intérêt local, par décret délibéré en conseil d'Etat, sur rapport des ministres de l'intérieur et des travaux publics.

Il est inutile de rappeler ici les plaintes, multipliées et contradictoires, auxquelles a donné lieu l'attribution confiée au pouvoir exécutif.

Nous avons tous entendu formuler ces réclamations ; tous nous avons été témoins de quelques-uns des abus signalés.

La discussion publique a déjà établi les avantages de l'intervention du parlement, soit au point de vue de l'efficacité du contrôle et de l'autorité de la décision, soit au point de vue des garanties qui résultent, pour tous les intérêts engagés, du droit d'initiative et du droit d'interpellation.

Du reste, la réforme proposée par le gouvernement n'ayant pas, jusqu'à présent, rencontré de contradicteur, il nous suffira de signaler l'importance de cette modification et de constater l'unanimité avec laquelle elle a été accueillie dans la commission.

III. — Nous arrivons à la seconde modification fondamentale édictée par notre projet.

Cette modification consiste dans la substitution d'une garantie d'intérêt, subordonnée à certaines conditions, à la subvention en capital promise par l'article 5 de la loi de 1865.

Le système de subvention adopté par la législation de 1865 présentait, dans l'application, un double inconvénient : il constituait une prime d'encouragement à la spéculation, à laquelle il procurait une première mise de jeu, qui permettait aux entreprises de se soutenir pendant la période de construction et de faire illusion au public; en réalité, il ne donnait aux capitaux engagés aucune garantie de rémunération, ni aux départements intéressés aucune garantie d'exploitation. Trop souvent nous avons vu les concessionnaires des chemins secondaires réaliser d'énormes bénéfices, au moyen de l'émission des titres et au moyen des marchés de construction consentis avec des majorations scandaleuses; puis s'empresser d'abandonner les entreprises dont ils avaient pris l'initiative, en laissant aux départements la charge d'achever les travaux commencés ou l'embarras d'exploiter des réseaux incomplets, et aux capitalistes des titres sans valeur.

Sur cette question, l'opinion publique a justifié les propositions de réforme du gouvernement.

Nous n'avons pas à énumérer les différentes manifestations qui se sont produites; on nous permettra cependant de rappeler qu'en mars 1877, quelques jours avant sa mort, notre éminent et regretté collègue, Ernest Picard, avec trois de ses collègues, MM. Cordier, Gouin et Labiche, s'était fait l'interprète d'un sentiment déjà général parmi les hommes compétents, en déposant une proposition de loi qui tendait à substituer une garantie d'intérêt servie par l'Etat et par les départements, dans certaines conditions déterminées, à la subvention en capital promise par la loi de 1865.

Tel est également le principe du projet de loi dont nous sommes saisis aujourd'hui par le gouvernement.

Les événements n'ont fait que démontrer davantage la nécessité de la réforme.

L'épargne, qui a payé un si large tribut dans les aventures où des spéculations téméraires l'ont engagée, ne donnera son concours que si, au lieu de l'appât de gros bénéfices que lui offrait la spéculation, on lui garantit un intérêt, qui peut être minime, mais qui doit être sûr.

Après les déceptions dont il a été victime, ce que le capitaliste exige aujourd'hui, avant tout, c'est la sécurité.

La garantie d'intérêt seule peut la lui donner. Cette garantie d'intérêt, indispensable pour déterminer le concours des capitalistes, ne l'est pas moins pour sauvegarder l'exécution des engagements pris envers les départements.

Il ne suffit pas, en effet, de construire les chemins de fer, il faut les entretenir, il faut les exploiter. Si, comme sous le régime de la loi de 1865, les sacrifices de l'Etat et du département se trouvent complétement absorbés dans les dépenses de premier établissement, comment fera-t-on face aux insuffisances de produit qui peuvent, pendant les premières années, mettre en péril l'exploitation de lignes appelées cependant à donner, dans l'avenir, un produit rémunérateur?

Pour parer au danger, faudra-t-il recourir à l'expédient fâcheux de nouvelles lois de rachat? Ou bien faudra-t-il laisser les départements exposés à l'alternative d'abandonner l'exploitation de lignes utiles ou de faire des sacrifices nouveaux, que rend souvent difficiles le défaut d'élasticité de leur budget?

Ne vaut-il pas mieux prévenir le mal plutôt que d'avoir à y remédier? N'est-il pas préférable d'assurer aux départements et aux communes la sécurité que nous avons reconnu indispensable de concéder aux capitalistes?

Le moyen d'obtenir ce double résultat, c'est d'affecter les sacrifices de l'Etat et du département, non pas à l'établissement, mais à l'exploitation des lignes, en même temps qu'au service d'un intérêt des capitaux engagés.

Il n'est peut-être pas inutile de rappeler ici que l'expérience de ce système d'annuités, réparties sur un grand nombre d'années et destinées, non à faire face aux dépenses de premier établissement, mais à garantir l'exploitation, a déjà été faite par un département.

En 1870, le conseil général d'Eure-et-Loir, redoutant les témérités des administrateurs de la compagnie d'Orléans à Rouen, refusa de consentir le paiement de la subvention départementale suivant le mode accepté pour les subventions de l'Etat, c'est-à-dire en quelques années, sous la seule justification des dépenses de premier établissement; il exigea que la subvention départementale fût répartie en cinquante annuités et fût affectée à garantir à la fois l'exécution des travaux et l'exploitation des lignes concédées.

Cette application incomplète du principe de la nouvelle loi n'a, sans doute, pas suffi à assurer au département l'exécution de tous les engagements pris par ses concessionnaires, mais elle lui a du moins évité de voir dissiper, en opérations aléatoires, les subventions promises; elle lui a donné la garantie que, dans le cas où les insuffisances de produit auraient mis obstacle à la continuation de l'exploitation, il aurait trouvé, dans les annuités en réserve, les moyens de couvrir ces insuffisances et d'assurer le service de ses chemins de fer.

A un troisième point de vue, la garantie d'intérêt a des avantages sur la subvention en capital; elle permet un contrôle financier permanent, qui, suivant les expressions de M. le ministre des travaux publics, est à la fois un frein et un appui.

IV. — Avant de terminer ces conditions générales, nous avons à exposer les conséquences financières que peut entraîner pour l'Etat l'application de la nouvelle loi.

Elles ne nous paraissent pas de nature à arrêter longtemps les préoccupations du sénat.

Il faut d'abord remarquer que la loi ne fait que déterminer un programme, dont l'exécution, loin d'être obligatoire et immédiate, est subordonnée aux décisions et aux facultés de l'Etat, des départements et des communes.

En aucun cas, la subvention de l'Etat ne peut dépasser celles du département ou de la commune : cette condition d'un concours, au moins égal à celui de l'Etat, est un frein contre les entraînements possibles.

De plus, un maximum par département est édicté par la loi elle-même et oppose un obstacle efficace aux entreprises exagérées des administrations locales.

Enfin, en supposant, ce qui est absolument improbable, que chaque département, sans aucune exception, ait la volonté et le pouvoir d'épuiser la réserve mise à sa disposition ; en supposant que le parlement (qui aura toujours le dernier mot) autorise successivement l'exécution de toutes les lignes qui pourront être concédées par les quatre-vingt-dix départements de France et d'Algérie, et que l'exploitation de chacune de ces lignes exige toujours le maximum de garantie qui lui est affecté, l'ensemble des sacrifices mis à la charge du trésor, pour un réseau minimum de 9,000 kilomètres, ne pourra, en aucun cas, dépasser annuellement 18 millions de francs.

Ce chiffre n'a certainement rien d'inquiétant pour les finances de la France et les sacrifices imposés au trésor trouveront, sans aucun doute, une large et prompte compensation dans le développement de la fortune publique.

Il n'est pas inutile de rappeler ici ce que M. le ministre des travaux publics a établi, dans une autre discussion :

« Le profit qu'un chemin de fer procure au pays ne se mesure pas au revenu commercial ou à la rémunération directe fournie au capital, mais bien à l'économie que le chemin de fer permet au pays de réaliser sur ses transports. Or toutes les statistiques s'accordent à dire que le prix moyen de 0 fr. 06 c. par tonne et par kilomètre, payé aujourd'hui sur les chemins de fer, n'est que le cinquième du prix payé autrefois sur les routes de terre. Par conséquent, tandis que l'entrepreneur des chemins de fer réalise une recette brute de un, le pays fait un bénéfice de quatre et, dès lors, le profit total se mesure par cinq, diminué de la dépense d'exploitation. En d'autres termes, cinq fois le chiffre de la recette brute, moins les frais d'exploitation, représentent le produit réel du capital. »

Les 9,000 kilomètres du nouveau réseau d'intérêt général exploités aujourd'hui ont une recette kilométrique moyenne de 21,485 francs par an ; mais la recette brute kilométrique des 2,200 kilomètres du réseau d'intérêt local en exploitation n'est que de 6,500 francs.

Si nous acceptons les prévisions les moins favorables, nous n'évaluerons le produit moyen, pendant les premières années d'exploitation, des nouvelles lignes d'intérêt local à ouvrir qu'aux trois cinquièmes du produit brut des lignes aujourd'hui exploitées, soit à 3,900 ou 4,000 francs par kilomètre.

Nous supposerons donc que le produit brut moyen couvrira seulement les frais de l'exploitation.

Dans cette hypothèse, qui ne pèche certes pas par excès d'optimisme, le profit du pays serait représenté par cinq fois la recette brute, moins les frais, c'est-à-dire par quatre fois la recette brute.

Le produit réel d'un réseau de 9,000 kilomètres, couvrant uniquement ses frais d'exploitation à raison de 4,000 francs par kilomètre, serait encore de 144,000,000 francs par an.

Ce bénéfice ne constituerait-il pas une compensation suffisante aux sacrifices de l'Etat, des départements et des communes, assurant par moitié, au moyen d'une annuité totale de 36,000,000 francs, au maximum, une garantie de 4,000 francs par kilomètre aux capitaux engagés?

Remarquons que, dans l'hypothèse que nous avons acceptée, nous avons négligé d'atténuer, comme nous aurions dû le faire, l'évaluation des sacrifices par la prévision de l'augmentation des produits, qui doublent en dix ans, et par la prévision des remboursements stipulés par l'article 12 de notre projet de loi.

Remarquons également que nous n'avons pas fait entrer en compte, dans le calcul des bénéfices, ni l'accroissement du trafic que l'ouverture des nouvelles lignes devra procurer à l'ensemble du réseau, ni l'évaluation des services gratuits rendus à l'Etat, ni enfin la plus-value du rendement des impôts résultant de l'augmentation de la fortune publique.

CHAPITRE II.

Ces considérations générales exposées, il nous reste à examiner en détail chacune des dispositions de la loi et à justifier les modifications que la commission a cru devoir apporter au projet primitif et qui toutes ont été acceptées par le gouvernement.

Article premier. — Cet article détermine, par une rédaction plus précise que celle de l'article 1er de la loi de 1865, la matière réglementée par la nouvelle loi.

Art. 2. — L'article 2 pose un des deux principes fondamentaux de la nouvelle législation : la substitution du contrôle et de l'autorisation par le pouvoir législatif au système de l'autorisation par le pouvoir exécutif, au moyen de décrets.

Cette réforme a été justifiée dans les considérations générales qui précèdent.

De plus, l'article 2 réglemente la première phase de l'établissement d'un chemin de fer d'intérêt local, celle de la décision.

C'est au conseil général ou au conseil municipal, suivant la nature du chemin, qu'appartient l'initiative, après instruction préalable par l'administration et après enquête.

Cette initiative ayant été exercée par les conseils locaux, intervient l'examen, à titre consultatif, du conseil général des ponts et chaussées au point de vue technique, du conseil d'Etat au point de vue législatif.

Le gouvernement, éclairé par ces avis, soumet alors la question aux chambres, qui, s'il y a lieu, déclarent l'utilité publique et autorisent l'exécution.

Le conseil d'Etat avait établi, en principe, de ne jamais déclarer l'utilité publique sans qu'un traité de concession assurât l'exploitation.

De même, la direction des chemins, le mode et les conditions de leur construction, les traités et les dispositions prises pour en assurer l'exploitation, toutes ces questions arrêtées par les conseils locaux pourront être des éléments essentiels de l'appréciation attribuée au pouvoir législatif.

Ce pouvoir pourra donc se saisir des questions secondaires, exiger que ces questions soient résolues conformément à sa volonté; et, s'il juge utile de viser dans la loi certaines solutions, il y aura nécessité de revenir devant lui pour les modifications à apporter aux questions qu'il aura résolues, principalement ou accessoirement.

Mais il est probable que, le plus souvent, les chambres ne jugeront pas nécessaire de viser la solution des questions secondaires.

Cette intervention du législateur ne porte aucune atteinte aux pouvoirs attribués aux conseils généraux par la loi de 1871 (art. 46, § 12), laquelle n'avait elle-même modifié en rien la loi de 1865. Après comme avant la nouvelle loi, la décision du conseil général ne devient définitive que par la déclaration d'utilité publique et par l'autorisation d'exécution : seulement désormais la déclaration et l'autorisation n'émaneront plus de décrets délibérés en conseil d'Etat, mais de la loi.

Un membre de la commission avait proposé que l'article 2 fixât un délai pour l'examen du conseil général des ponts et chaussées et du conseil d'Etat, ou pour la présentation du projet de loi aux chambres; la commission a pensé que les préoccupations qui avaient inspiré cette proposition n'auraient plus les raisons d'être qu'elles pouvaient avoir sous le régime de la loi de 1865; de plus, elle a estimé que la disposition manquerait de sanction, qu'enfin le droit d'initiative et surtout le droit d'interpellation, qui appartiennent à chacun des membres du parlement, suffiraient pour remédier, au besoin, à l'inertie du gouvernement.

Quelques changements ont été apportés à la rédaction du projet primitif.

La commission a cru que le texte de la loi ne devait pas exclure la possibilité, pour un département, d'établir un chemin d'intérêt local qui n'emprunterait le territoire que d'une seule commune.

Elle a pensé qu'il était préférable d'énoncer expressément dans la loi l'existence d'un cahier des charges type, approuvé par le conseil d'Etat, lequel ferait règle, sauf les modifications apportées par la convention ou par la loi d'approbation. Ce cahier des charges type devra régler notamment les rapports de service entre les compagnies d'intérêt local, soit pour l'usage des gares communes, soit pour le séjour des voyageurs, des marchandises, les perceptions de taxes, etc.

Pour qu'aucun doute ne pût surgir sur la compétence des conseils généraux, lorsque le chemin concédé devra s'étendre sur plusieurs départements, la commission a prévu expressément pour ce cas l'application des articles 89 et 90 de la loi du 10 août 1871.

Enfin, exprimant avec plus de netteté la pensée du gouvernement, la commission a énoncé en termes formels que les délibérations des conseils municipaux relatives à l'établissement des chemins de fer d'intérêt local ne nécessiteraient pas l'approbation du préfet.

La loi du 18 juillet 1837 (art. 17 et 18) reconnaissait déjà qu'il y avait des délibérations exécutoires par elles-mêmes. L'article 1er de la loi du 24 juillet 1867 a augmenté le nombre de ces délibérations, qui ne sont soumises à l'approbation du préfet qu'en cas de désaccord entre les maires et le conseil municipal.

Art. 3. — Nous sortons de la première phase, celle de la décision, pour arriver à la seconde, celle de l'exécution.

La concession est devenue définitive par l'approbation législative; mais, avant de passer à l'exécution matérielle, qui appartient à l'administration, il peut rester à résoudre un certain nombre de questions, qui, bien que secondaires, ont souvent une grande importance.

En effet, la décision par laquelle le conseil général ou le conseil municipal aura arrêté la direction du chemin d'intérêt local, aura bien fixé le point du départ et le point de l'arrivée, mais elle n'aura pas déterminé le tracé intermédiaire, le nombre et l'emplacement des gares. Passera-t-on par le plateau ou par la vallée? Suivra-t-on la rive droite ou la rive gauche de telle rivière? Desservira-t-on telle commune ou telle autre? Ces questions ne doivent pas être résolues seulement par des considérations techniques, pouvant être laissées sans inconvénient à l'appréciation de l'administration. Celle-ci a bien compétence pour préparer les solutions; il est dans son rôle de réunir les éléments de décision; mais c'est aux représentants du pays qu'il appartient de concilier les intérêts des populations et de statuer sur des questions qui intéressent celles-ci à un haut degré.

Tel était bien l'esprit de la loi de 1865; le législateur avait entendu attribuer aux représentants des populations le droit de décider ces questions, lorsqu'il leur avait confié le droit de déterminer la direction.

Mais, au moment où doit se résoudre la question de direction générale, les conseils départementaux ou municipaux n'ont, le plus souvent, comme élément d'appréciation, que de simples avant-projets; s'ils étaient mis dans la nécessité d'exercer complétement leur droit au moment de la concession, ils seraient obligés, ou d'attendre les études définitives avant de faire cette concession, ou de trancher les questions sans études suffisantes et sans pouvoir se rendre exactement compte des conséquences que pourrait avoir, au point de vue technique, leur décision incomplétement éclairée.

La loi de 1865 ne résolvait pas expressément la question et certains préfets, invoquant le texte qui les investissait du pouvoir d'approuver les projets définitifs, avaient élevé la prétention de trancher toutes les questions secondaires de direction non résolues par la délibération de concession. La plupart des administrateurs se sont mieux pénétrés, heureusement, de l'esprit de la loi de 1865 et de la loi de 1871 (art. 46, §§ 6 et suiv.), et ont eu soin de prendre l'avis des conseils généraux dans toutes les questions d'une importance réelle.

Il ne faut pas que la nouvelle loi laisse subsister le moindre doute sur cette question et, d'accord avec le gouvernement, la commission a arrêté une rédaction qui ne permet plus d'équivoque.

S'il y a excès de pouvoir de la part des conseils, le remède sera dans l'application de l'article 47 de la loi de 1871.

De plus, en dehors de l'excès de pouvoir, la commission a dû prévoir deux hypothèses :

1° Celle où l'administration supérieure estimerait que la décision du conseil général est le résultat d'une erreur; le ministre aurait alors le droit, après avoir pris l'avis du conseil général des ponts et chaussées, d'appeler le conseil général du département à délibérer de nouveau sur les projets définitifs ;

2° Celle où, la ligne devant s'étendre sur plusieurs départements, il y aurait désaccord entre les conseils généraux sur certaines questions d'intérêt commun aux deux départements, questions non résolues par la délibération arrêtant la direction du chemin et les traités de concession. Il faut alors qu'un tiers intervienne. C'est au ministre qu'appartiendra la solution des questions d'intérêt commun sur lesquelles les conseils généraux ne seront pas parvenus à se mettre d'accord.

Le dernier paragraphe de l'article assimile, pour l'approbation des projets d'exécution, les conseils municipaux aux conseils généraux, avec cette différence que, l'intervention de l'autorité supérieure n'étant pas exigée comme dans la phase de décision réglée par l'article précédent, les délibérations des conseils municipaux devront être approuvées par le préfet.

Art. 4. — Cet article n'a été l'objet d'aucune modification. Il est relatif aux droits de péage et au prix de transport que le concessionnaire est autorisé à percevoir. Les chiffres déterminés par l'acte de concession sont un maximum, que le concessionnaire aura toujours le droit d'abaisser, avec l'autorité du ministre ou du préfet, suivant le cas.

Art. 5. — Cet article stipule, d'une façon générale, une réserve que les conseils généraux ou municipaux auraient pu négliger d'insérer dans les actes de concession.

Cette réserve, qui existera de plein droit en vertu même de la loi, assurera aux nouvelles entreprises de chemin de fer d'intérêt local la faculté de raccordement et la faculté de circulation, moyennant les droits de péage fixés par le cahier des charges.

Cette obligation est imposée par l'article 61 du cahier des charges des chemins de fer d'intérêt général et d'intérêt local déjà concédés, à charge de réciprocité (la réciprocité est stipulée à la fin du paragraphe 3 de cet article 61).

Le droit de rachat par l'autorité qui a fait la concession d'un chemin d'intérêt local est également réservé; les conditions de ce rachat seront fixées par l'acte de concession.

Cette réglementation, qui régit des cas spéciaux, ne met pas obstacle, d'ailleurs, à l'exercice du droit commun d'expropriation, s'il y avait lieu d'en faire l'application.

Le dernier paragraphe de l'article 5 du projet a paru être mieux placé en tête de l'article 6. Il a semblé plus logique de rapprocher les obligations de leur sanction.

Art. 6. — La nouvelle rédaction complète et rend plus précises les dispositions du projet primitif.

Art. 7. — Il s'agit ici de réglementer les modifications apportées au régime de la concession.

Devait-on, pour autoriser ces modifications, se contenter du consentement des conseils généraux ou municipaux?

Devait-on, au contraire, exiger toujours l'approbation législative, même dans le cas où la loi n'a pas statué, principalement ou accessoirement, sur les dispositions à modifier ?

La commission n'a adopté aucun de ces deux systèmes absolus; elle a résolu la question par une distinction.

S'il s'agit de certaines modifications essentielles que l'article énumère, elles ne pourront avoir lieu valablement qu'avec le consentement de l'autorité qui aura fait la concession ; ce consentement devra être approuvé par décret, le conseil d'Etat entendu.

S'il s'agit de modifications moins importantes, les décisions des conseils généraux pourront être prises conformément aux articles 48 et 49 de la loi du 10 août 1871.

Les délibérations des conseils municipaux devront alors être approuvées par le préfet.

Art. 8. — Pour la fusion des concessions ou des administrations de lignes situées sur des départements différents, la commission exige, comme le projet du gouvernement, l'approbation du conseil d'Etat; mais elle stipule l'adhésion préalable des conseils des départements ou des communes qui ont consenti la concession.

Art. 9. — Cet article réserve le droit de faire classer un chemin d'intérêt local dans le réseau d'intérêt général; il formule les conditions de l'exercice de ce droit.

La modification apportée au paragraphe 2 rectifie une erreur de rédaction.

Le paragraphe 3 établit les règles à suivre pour le règlement de l'indemnité qui peut être due au concessionnaire. Ce règlement peut avoir lieu par un accord préalable résultant, soit d'une convention de rachat, soit de l'application du cahier des charges, ou par arbitrage établi, soit par le cahier des charges, soit par une convention postérieure. A défaut d'accord préalable ou d'arbitrage amiable, l'indemnité est liquidée par une commission spéciale qui fonctionne dans les conditions fixées par la loi du 29 mai 1845. Il y aurait eu des inconvénients à recourir à l'application de la loi de 1841; il ne s'agit pas, en effet, de l'expropriation d'une propriété foncière, mais de la dépossession d'un droit de concession.

Le gouvernement avait pensé que, — par application des principes posés par les lois du 24 mai 1845 et du 28 juillet 1860 sur le rachat de canaux, des 6 juillet 1862 et 20 mai 1863 sur le rachat par l'Etat de ponts à péage, du 8 juin 1864 sur le rachat par un département d'un pont à péage, du 27 novembre 1876 sur le rachat par une commune d'un pont à péage, — chaque loi de classement devrait déterminer la composition d'une commission mixte, chargée de statuer sur l'indemnité à allouer aux concessionnaires.

La commission a jugé préférable de fixer immédiatement, d'une façon générale, la composition de cette commission spéciale; elle a emprunté la rédaction du paragraphe 3 à la loi du 28 juillet 1860, dont les termes ont toujours été reproduits depuis cette époque et qui a perfectionné sur ce point la loi de 1845, qui avait posé le principe ; cependant, à la demande de M. le ministre des travaux publics et à raison des appréciations techniques que pourra exiger le règlement de l'indemnité, la commission a confié au ministre des travaux publics la désignation des trois membres choisis par l'administration, au lieu de mettre cette désignation dans les attributions du ministre des finances, comme le faisait la loi de 1845.

Peu importe dans quel département sera situé le chemin racheté; le rachat étant fait par l'Etat, c'est à Paris que siégera toujours la commission. Aussi la nouvelle loi confie-t-elle au président de la cour de Paris le choix des nouveaux membres qui n'auraient pas été désignés par leurs collègues.

Ce dernier paragraphe de l'article 8 prévoit une indemnité, allouée non pour l'expropriation d'une propriété ordinaire, mais pour la dépossession d'un droit *sui generis*. On avait attribué au département ou à la commune un droit spécial, qu'on lui retire, pour le mettre dans le domaine public de l'Etat; il n'y a donc pas lieu à un acte de juridiction véritable, mais à un arbitrage administratif entre l'Etat et le département ou la commune.

Art. 10. — Cet article rappelle une disposition de l'article 3 de la loi de 1865, qui peut, dans certains cas, recevoir une application utile.

Le changement apporté au texte du projet primitif ne consiste que dans une simple modification de rédaction.

L'exécution matérielle des travaux de construction des chemins vicinaux du réseau subventionné ne dépend pas toujours des communes; quand elles ont fait ce qui était en leur pouvoir, quand, par exemple, elles ont contracté un emprunt à la caisse des chemins vicinaux, elles ont assuré en réalité l'achèvement de leur réseau subventionné.

Art. 11. — Nous arrivons à la seconde des deux modifications fondamentales apportées à la législation actuelle.

L'article 11 substitue à la subvention en capital, autorisée par la loi de 1865, une subvention sous forme de garantie d'intérêt.

Dans la première partie de ce rapport, nous avons cherché à justifier le principe de cette réforme; il nous reste à exposer chacune des dispositions proposées pour son application.

La principale est celle qui concerne le maximum de l'annuité destinée à faire face aux insuffisances d'exploitation et à la garantie d'intérêt.

La loi de 1865 n'avait fixé de maximum qu'en ce qui concernait la somme totale (six millions) affectée, chaque année, sur les fonds du trésor au paiement de l'ensemble des subventions; mais elle avait limité en réalité les sacrifices du trésor en faveur de chaque concession, en déterminant la proportion pour laquelle l'Etat pourrait intervenir dans les subventions concédées par les départements. Cette proportion était variable. Pour les départements dont le produit du centime, sur les quatre contributions directes, dépasse 40,000 francs, la proportion était du quart; pour ceux dont le centime s'élève de 20,000 à 40,000 francs, elle était du tiers; enfin, pour les départements dont le produit du centime est inférieur à 20,000 francs, elle était de moitié. La limitation résultait du défaut d'élasticité des ressources départementales; aussi la subvention du trésor n'a jamais dépassé en fait 10 à 12,000 francs par kilomètre.

L'échelle établie par la loi de 1865 a soulevé des réclamations fondées. On doit, en effet, reconnaître que la richesse d'un département n'est pas exactement mesurée par la valeur du produit de son centime. Cette valeur constate bien les ressources; mais, en regard des ressources, il convient de mettre les besoins, qui varient suivant bien des circonstances, notamment suivant l'étendue et la configuration du territoire.

L'égalité de l'impôt direct n'implique pas l'égalité de la richesse. Les pouvoirs publics le reconnaissent chaque année, lorsqu'ils font la répartition du fonds de subvention destiné à venir en aide aux départements qui, à raison de leur situation financière, doivent recevoir une allocation sur les fonds généraux du budget. La base adoptée pour cette répartition n'est pas le produit du centime. Tel département, peu étendu et dans lequel le centime donne un moindre produit, peut avoir une richesse relative plus considérable que tel autre département beaucoup plus imposé.

Pour avoir une règle de répartition à l'abri de toute critique fondée, il faudrait qu'elle pût être établie, non-seulement sur la constatation exacte de la richesse effective, mais aussi sur l'appréciation de beaucoup d'autres éléments : par exemple, de la superficie, de la densité de la population, du nombre, de l'étendue, de l'état des voies déjà établies par l'Etat, de la configuration du pays, qui peut modifier beaucoup la dépense de premier établissement, du prix de la main-d'œuvre, de la valeur des terrains, etc.

Aussi, dans l'impossibilité de formuler un système de répartition à l'abri de toute critique fondée, le gouvernement s'est décidé à proposer une règle invariable. En cas d'insuffisance du produit brut pour couvrir les dépenses d'exploitation et l'intérêt à 5 p. 100 l'an du capital de premier établissement, tel qu'il est prévu par l'acte de concession, l'Etat pourra s'engager à subvenir pour partie au paiement de cette insuffisance, dans la mesure qui sera nécessaire pour porter la recette brute kilométrique à 7,000 ou 9,000 francs, suivant une distinction qui sera établie plus loin ; toutefois cette subvention ne sera donnée par l'Etat qu'à condition qu'une partie, au moins égale, sera payée par le département ou la commune.

Ainsi ce n'est plus seulement en faveur de quelques départements privilégiés que la part du concours de l'Etat peut s'élever à la moitié de la subvention totale ; c'est en faveur de tous les départements sans exception que le sacrifice de l'Etat peut être porté jusqu'au chiffre de la subvention payée par le département ou la commune.

Des termes suivants de l'article 11 « à condition qu'une partie au moins égale sera payée par le département ou la commune », il résulte, d'abord, que les subventions départementales et communales peuvent dépasser la subvention de l'Etat quand celle-ci atteint 2,000 francs par kilomètre et par an, puis que les sacrifices des départements et des communes peuvent se produire sous une autre forme que celle adoptée pour les sacrifices de l'Etat.

Les départements et les communes pourraient donc consentir des subventions fermes ou des annuités qui ne seraient pas subordonnées aux mêmes conditions de limitation ou de durée que celles de l'Etat. Mais il faudra toujours que ces subventions représentent une valeur *au moins égale* à celle du sacrifice qu'on réclamera de l'Etat.

Il est très-probable que les cas où les départements et les communes useront de la faculté de donner des subventions fermes, au lieu de garanties d'intérêt, se présenteront bien rarement. Les budgets départementaux et municipaux peuvent, en effet, fournir plus facilement des annuités réparties sur une longue période que des capitaux représentant la valeur de ces annuités.

Un membre de la commission, dans le but de faciliter aux départements et aux communes le moyen d'accorder des subventions fermes, avait proposé d'instituer, pour les chemins de fer d'intérêt local, une caisse de prêts analogue à celle qui a donné de si utiles résultats pour la construction des chemins vicinaux.

Cette proposition n'a pas été adoptée. La commission a pensé que, les sacrifices du trésor ne pouvant être illimités, il était préférable de les réserver, pour donner tout le développement possible au système de la garantie d'intérêt, qui présente tant d'avantages au point de vue de la sécurité procurée à la fois aux entreprises et aux capitaux. Puis il a paru à la commission que, sans interdire aux communes et aux départements la concession de subventions fermes, il était préférable, à raison des considérations qui ont motivé la modification apportée aux modes de concours de l'Etat, que les départements et les communes fussent amenés à employer le même système que l'Etat.

A cette première restriction aux sacrifices du trésor, résultant de l'obligation d'un concours au moins égal des départements et des communes, sans jamais élever le produit brut au-dessus du maximum fixé par le paragraphe 3, l'article 11 en ajoute une seconde : la subvention de l'Etat ne devra, en aucun cas, dépasser 2,000 francs par an et par kilomètre.

La loi limite de plus la charge annuelle qui pourra être imposée au trésor à 200,000 francs par département. C'est une garantie posée dans l'intérêt du trésor; mais il est certain que, le plus souvent, l'insuffisance des ressources départementales ou communales ne permettra pas d'atteindre ce maximum.

Il résulte de ces dispositions que, si tous les départements de France et les trois départements de l'Algérie étaient en situation d'user de la faculté que leur offre l'Etat et d'épuiser la réserve mise à leur disposition, l'ensemble de toutes les subventions pourrait s'élever à 18 millions de francs, soit au triple de la somme que l'article 6 de la loi de 1865 autorisait l'Etat à consacrer chaque année aux chemins de fer d'intérêt local.

Le paragraphe 3 du projet du gouvernement stipulait que la garantie de l'Etat serait suspendue quand la recette brute atteindrait 8,000 francs par kilomètre, pour les lignes établies de façon à recevoir les véhicules des grands réseaux, et 6,000 francs par kilomètre pour les autres lignes.

M. le ministre, — ayant reconnu que, par suite de la disposition ajoutée par la commission au paragraphe premier, il ne pouvait y avoir recours abusif à la subvention de l'Etat destinée à compléter la recette brute, — a proposé de porter le maximum de cette recette brute de 8,000 francs à 9,000 francs, dans la première hypothèse prévue par le dernier paragraphe de notre article, et de 6,000 francs à 7,000 francs dans la seconde. Cette proposition, qui donnait satisfaction aux préoccupations de plusieurs membres de la commission, a été adoptée à l'unanimité.

Enfin l'article 11 limite à trente années, à dater de la mise en exploitation, la durée du service possible des annuités de l'Etat. On sait que l'expérience a établi que le produit des chemins de fer double environ en dix ans et qu'il continue de croître, chaque année, dans une proportion a peu près constante.

Si les produits d'une ligne d'intérêt local ne doivent pas être suffisants, après trente ans d'exploitation, pour couvrir les frais de cette exploitation et rémunérer le capital qui ne serait pas encore amorti, cette entreprise ne doit pas être encouragée, car il est présumable qu'on peut consacrer les capitaux du pays à un emploi plus utile.

Telle est en détail la série des dispositions édictées par l'article 11.

Il résulte, des différentes limitations apportées successivement au concours de l'Etat, que la loi a pour but, au moyen de ces dispositions combinées, non-seulement de restreindre les sacrifices du trésor, mais aussi de déterminer, dans une certaine mesure, non par une fixation de la dépense d'établissement, mais par la fixation de la subvention, le caractère de la construction et de l'exploitation des lignes d'intérêt local.

Si la dépense d'établissement d'un chemin de fer d'intérêt local doit s'élever à plus de 100,000 francs le kilomètre, la subvention prévue pourra devenir insuffisante à assurer la garantie d'intérêt des capitaux employés à la construction; et, si le trafic produit une recette brute supérieure à 7,000 francs ou 9,000 francs par kilomètre, suivant les cas, la garantie d'intérêt de l'Etat cessera de fonctionner, même pour couvrir les insuffisances d'exploitation. Ainsi se trouvent indirectement stipulées les conditions de simplicité et d'économie qui doivent être le caractère essentiel des lignes classées dans le réseau d'intérêt local.

M. le ministre a cependant reconnu, devant la commission, que les évaluations contenues dans l'exposé des motifs et prévoyant, par kilomètre, une dépense de premier établissement de 60,000 à 100,000 francs et une dépense d'exploitation de 3,500 à 4,000 francs par an, ne pourraient jamais être opposées comme des fins de non-recevoir aux demandes des départements ou des communes qui, devant construire dans des conditions moins économiques, réclameraient le concours de l'Etat. La subvention de l'Etat, prévue pour les chemins de fer coûtant de 60,000 à 100,000 francs, pourra donc être accordée *à fortiori* à des chemins dont la dépense de premier établissement sera plus considérable. Certaines circonstances exceptionnelles, notamment la prévision d'un trafic plus fort que le trafic habituel, peuvent, en effet, justifier l'amélioration des conditions de construction et, par conséquent, l'élévation de la dépense de premier établissement.

Cependant, même dans ces cas exceptionnels, le trésor sera protégé par les dispositions restrictives de l'article 11 ; sa participation notamment sera limitée par la recette brute kilométrique ; elle sera même absolument suspendue, quand cette recette atteindra 9,000 francs ou 7,000 francs, suivant les cas.

Le concours de l'Etat est-il accordé d'une façon suffisante?

Les évaluations qui servent de base aux subventions de l'Etat sont-elles exactes?

Il est incontestable que, malgré les diverses restrictions apportées par l'article 11 aux sacrifices du trésor public, l'intervention de l'Etat se produit, dans le système du projet de loi, d'une façon beaucoup plus large, au profit des départements et des communes, que sous le régime de la loi de 1865.

Mais, bien que cette loi ait donné des résultats, bien que son application ait permis la mise à l'état d'exploitation de 2,200 kilomètres, il ne faut pas se dissimuler qu'aujourd'hui, l'expérience ayant dissipé beaucoup d'illusions, les moyens d'action qui ont pu donner quelques résultats, de 1865 à 1877, seraient presque toujours inefficaces.

Aussi des doutes très-sérieux se sont élevés, dans l'esprit d'un grand nombre de membres de la commission, sur les questions d'évaluation.

En admettant, disaient plusieurs de nos collègues, que, ce qui est loin de nous être démontré, le produit brut des nouvelles lignes arrive à couvrir les frais d'exploitation, il restera à servir les intérêts et l'amortissement du capital. Une annuité de 2,000 francs par kilomètre, servie par l'Etat, et une annuité, qui sera le plus souvent égale, servie par le département ou la commune, soit au total 4,000 francs, ne permettent de faire face qu'à l'amortissement et aux intérêts d'un capital de 80,000 francs ; encore faut-il supposer un intérêt moindre de 5 p. 100, si l'on veut que l'amortissement ait lieu en trente ans.

Or ce capital de 80,000 francs ne sera jamais suffisant pour établir les lignes qui restent à construire, si l'on en juge d'après les expériences dont nous avons été témoins jusqu'à présent.

En acceptant les bases d'évaluation du gouvernement, le sénat ne s'expose-t-il pas à édicter une loi qui restera sans application jusqu'au jour où le chiffre des subventions aura été augmenté? Ne serait-il pas préférable d'accroître immédiatement la puissance d'action de la loi, en élevant les évaluations d'après les données de l'expérience : par exemple, en portant la subvention kilométrique de l'Etat à 2,500 francs, par conséquent, la subvention totale à 5,000 francs?

Les considérations suivantes ont fait renoncer à cette proposition.

Bien que les termes du premier paragraphe de l'article 11 « *l'Etat peut s'engager* » indiquent qu'il y aura lieu à statuer sur chaque espèce et que l'Etat aura, en droit, la faculté de ne pas atteindre le maximum fixé par la loi, il ne faut pas se dissimuler qu'en fait, il lui sera difficile d'user de la faculté qui lui est réservée et que, le plus souvent, on ne pourra refuser aux départements et aux communes le maximum de subvention qu'ils auront eux-mêmes concédé dans les limites de la loi.

De plus, si l'on élève le chiffre de la subvention prévue pour le trésor, on arrivera à élever, par cela même, la subvention des départements et des communes, et on se trouvera avoir déterminé un étalon plus élevé comme type des chemins de fer d'intérêt local.

Si l'évaluation de 60,000 à 100,000 francs le kilomètre est suffisante, il y a intérêt à la fois pour l'Etat, pour les départements et les communes, à ce que la loi n'élève pas cette évaluation, même par hypothèse; en agissant autrement, non-seulement on grèverait inutilement les finances du pays, mais on modifierait le caractère des nouveaux chemins, dont la construction et l'exploitation doivent être très-économiques.

Il ne faut pas, en effet, oublier que les chemins d'intérêt local à créer ne doivent pas être établis, ainsi qu'on l'a fait trop souvent, comme des chemins d'intérêt général. Les lignes qui devaient être construites suivant le type des chemins de fer d'intérêt général sont construites ou vont être entreprises par l'Etat. Le projet de loi déposé à la chambre des députés relatif au réseau complémentaire d'intérêt général donne à l'ensemble de ce réseau un développement de 39,000 kilomètres. Il est à présumer que les voies ferrées qui resteront à établir en dehors de ce réseau d'intérêt général seront des voies n'ayant qu'un trafic très-restreint, destinées à être desservies au moyen de deux ou trois trains par jour dans chaque sens, et qu'elles pourront par conséquent être construites à un prix variant, suivant les localités, de 60,000 à 100,000 francs le kilomètre.

Les expériences faites jusqu'à présent semblent, il est vrai, en contradiction avec cette évaluation des frais de premier établissement. M. le ministre l'a reconnu devant la commission, mais il a fait à cette objection la réponse suivante :

Il ne faut pas se fonder sur ce qui s'est fait jusqu'à présent en France, mais bien sur ce qu'il est possible de faire : il faut entrer, pour cette classe de chemins, dans le système des pentes raides et des courbes à court rayon; il faut substituer l'emploi des rails de 16 à 18 kilogrammes, en acier, à l'emploi des rails de 36 à 38 kilogrammes; des voies construites dans ces conditions seront encore suffisantes pour la circulation du matériel des chemins de fer d'intérêt général, à condition de remorquer ce matériel par de petites locomotives; faire plus, ce serait établir un instrument de luxe qui ne serait pas en rapport avec les services qu'il aura à rendre; si l'on arrive à dépasser habituellement 60,000 à 100,000 francs le kilomètre, soit en moyenne 80,000 francs, c'est qu'on n'a pas en vue l'établissement de véritables chemins de fer d'intérêt local.

Les craintes qui portent sur l'insuffisance des prévisions pour les dépenses de premier établissement ne sont donc pas fondées; celles qui se baseraient sur l'inexactitude des prévisions des produits de l'exploitation ne le seraient pas davantage, d'après M. le ministre.

Si l'on veut absolument supposer que la recette kilométrique moyenne de certaines nouvelles lignes à ouvrir n'atteindra pas, après quelques années d'exploitation, un chiffre suffisant pour couvrir les 3,500 francs ou 4,000 francs prévus pour les frais d'exploitation, ce n'est pas dans l'augmentation de la subvention qu'il faut chercher le remède, c'est dans une mesure plus radicale; il faut s'abstenir de favoriser l'établissement des lignes qui ne pourraient jamais atteindre le minimum de services prévu par le projet.

Une autre considération a encore été invoquée à l'appui du maintien des chiffres fixés par le projet du gouvernement : la raison d'être d'un chemin d'intérêt local ne doit pas être cherchée uniquement dans le profit du concessionnaire, on doit la trouver aussi dans l'intérêt du public appelé à s'en servir.

Ainsi des industriels, dans le but de réaliser une économie de transport, des agriculteurs, des propriétaires, dans le but d'obtenir la mise en valeur de terrains sans voies de communication, des représentants des localités intéressées, dans un but de patriotisme, peuvent être amenés à consentir un apport de capitaux peu ou pas rémunéré. Sous le stimulant de ces intérêts particuliers et de ce patriotisme local, il peut y avoir une intervention efficace, venant compléter les efforts de l'Etat, du département ou de la commune.

L'expérience démontre que ces espérances ne sont pas des illusions. Le concours des intérêts locaux a souvent amené des résultats considérables pour la vicinalité ordinaire, et nous pourrions citer plusieurs chemins de fer départementaux dont les actions et obligations ont été souscrites uniquement par les représentants des intérêts locaux.

Cette intervention sera d'autant plus facile à obtenir désormais que le système du projet de loi assure aux entreprises nouvelles, au moyen du contrôle de l'Etat et du département et au moyen de la subvention annuelle, la sécurité, aussi bien au point de vue de l'exploitation qu'au point de vue d'une certaine rémunération des capitaux engagés.

A raison de ces diverses considérations, la commission a décidé, à l'unanimité, qu'il convenait d'accepter pour base de la fixation des subventions les évaluations faites par le projet de loi, évaluations dont M. le ministre des travaux publics a déclaré accepter complétement la responsabilité.

Cette question capitale résolue, il restait à mieux préciser sur quelques points les intentions du législateur. C'est dans ce but que trois modifications ont été apportées au texte du projet primitif.

La première constate que tous les chemins de fer d'intérêt local, même ceux qui auront été concédés par un conseil municipal, pourront réclamer le concours de l'Etat.

La seconde a pour objet de rappeler que les communes peuvent concéder un chemin de fer d'intérêt local, et d'indiquer qu'on peut prévoir et accepter le concours d'intéressés autres que les communes.

Enfin la troisième établit que la participation du trésor ne pourra jamais avoir pour effet d'élever la recette brute au-dessus du maximum fixé par le paragraphe 3 de l'article 11.

Art. 12. — Cet article stipule un droit de partage avec l'Etat, le département et, s'il y a lieu, la commune et les autres intéressés, sur la partie du produit net dépassant l'intérêt à 6 p. 100 du capital engagé. Ce remboursement aura lieu dans la proportion des avances faites et jusqu'à complet remboursement de ces avances, sans intérêts.

L'emploi des mots « *devient* suffisant pour couvrir un intérêt de 6 p. 100 » indique que cette réserve d'un intérêt de 6 p. 100 ne produira pas d'effet rétroactif, s'appliquant aux premières années de la concession.

Un exemple fera saisir l'application des articles 11 et 12 combinés.

L'Etat a consenti, pour un chemin de fer d'intérêt local pouvant recevoir les véhicules des grands réseaux, le maximum de la subvention kilométrique autorisée par l'article 11, 2,000 francs par kilomètre; le département a accordé la même subvention. Ce chemin a coûté 80,000 francs par kilomètre.

La première année, le produit brut kilométrique n'a été que de 3,500 francs et la dépense d'exploitation s'est élevée à 4,000 francs; pour arriver à couvrir l'insuffisance d'exploitation (500 francs) et l'intérêt à 5 p. 100 des capitaux engagés (4,000 francs), il faudrait 4,500 francs. Les subventions combinées de l'Etat et du département ne produisant que 4,000 francs, 500 francs étant absorbés par l'insuffisance de l'exploitation, il ne restera que 3,500 francs à employer à l'amortissement et à la rémunération des capitaux engagés, soit moins de 5 p. 100.

Supposons que, la seconde année, le produit kilométrique brut s'élève à 4,000 francs, somme à laquelle se montent également les dépenses d'exploitation, les subventions de l'Etat et du département seront alors suffisantes pour couvrir la garantie de 5 p. 100 accordée au capital engagé.

Jusqu'à l'époque où le produit brut kilométrique atteindra 9,000 francs par kilomètre, l'Etat et le département devront parfaire cette somme, chacun par moitié et sans dépasser 2,000 francs, et ce jusqu'à concurrence du déficit résultant des dépenses d'exploitation et de l'intérêt à 5 p. 100 du capital de premier établissement.

Arrivons maintenant à l'application de l'article 12. La garantie de l'Etat et du département est suspendue depuis que la recette brute atteint 9,000 francs. Elle s'élève à 12,000 francs; les frais d'exploitation sont de 6,000 francs, la recette nette est donc de 6,000 francs; sur cette somme, les concessionnaires prélèveront la somme nécessaire, soit 4,800 francs, pour donner 6 p. 100 au capital de premier établissement; il restera 1,200 francs à répartir : moitié sera attrbuée aux concessionnaires, moitié à l'Etat et au département, pour venir en déduction de leurs avances calculées sans intérêts, et ce prélèvement proportionnel continuera jusqu'au remboursement intégral des avances.

Art. 13. — Cet article prescrit l'établissement d'un règlement d'administration publique déterminant les mesures d'application des principes édictés par la loi.

Art. 14. — Le projet du gouvernement était la reproduction à peu près textuelle de l'article 7 de la loi du 12 juillet 1865, exonérant « de tout service gratuit ou de toute réduction de prix des places les chemins de fer qui ne reçoivent aucune subvention du trésor ».

Par suite de la substitution, dans le texte de l'article 7 de la loi de 1865, des mots *garantie d'intérêt* au mot *subvention*, un doute pourrait s'élever à l'égard des chemins qui ont reçu, mais ne reçoivent plus de garantie d'intérêt. Il ne serait pas juste que des entreprises, qui doivent leur existence à l'assistance de l'Etat pendant un certain nombre d'années, pussent refuser la continuation de leurs services gratuits, le jour où l'assistance à laquelle ils doivent leur prospérité ne leur serait plus nécessaire.

La rédaction que nous proposons ne permet plus de doute.

M. le sous-secrétaire d'Etat du ministère des finances a entretenu la commission des préoccupations que lui causait, au point de vue du service des postes, la dispense accordée par l'article 14.

Il a signalé les difficultés que l'ouverture d'un nouveau chemin de fer amène habituellement pour le transport des dépêches. Les entreprises de messagerie, n'ayant plus à compter sur le service des voyageurs, disparaissent; il faut alors créer des entreprises spéciales au service des postes ou subir la loi des compagnies.

Déjà les clauses des cahiers des charges des grandes compagnies n'assurent pas suffisamment le service des postes et mettent obstacle à un certain nombre d'améliorations réclamées par les nations étrangères, qui ont, dans leur législation, les moyens de les réaliser facilement.

M. le sous-secrétaire d'Etat s'était réservé de soumettre à la commission plusieurs documents sur la législation étrangère, notamment la loi belge du 9 juillet 1875, et de préparer avec les ministres compétents, avant la rentrée des chambres, une solution satisfaisante. A sa demande, la commission avait ajourné sa décision définitive; mais, aucune suite n'ayant été donnée aux réserves de M. le sous-secrétaire d'Etat, la commission a adopté la rédaction proposée par M. le ministre des travaux publics.

Art. 15. — Le gouvernement a cru nécessaire d'insérer dans la loi plusieurs dispositions destinées à prévenir les abus financiers dont certaines compagnies secondaires ont donné le spectacle.

Les dispositions de l'article 15 sont la reproduction des clauses que le conseil d'Etat avait toujours soin d'insérer dans les décrets relatifs aux chemins de fer d'intérêt local, à moins que la concession ne fût faite à une grande compagnie. On ne pouvait en effet exiger, dans ce cas, les garanties stipulées par l'article 15 ; on ne pouvait notamment demander aux grandes compagnies d'émettre de nouvelles actions à l'occasion d'une concession de chemin d'intérêt local. Il n'y avait donc lieu d'exiger l'accomplissement des prescriptions de l'article 15 que dans les circonstances où le conseil d'Etat en faisait l'application. C'est par cette considération que se justifie la disposition additionnelle qui termine l'article 15.

Le très-léger changement apporté à la rédaction n'a pas pour but de modifier le sens de la loi, mais d'en rendre le texte plus clair.

On s'est demandé si le dépôt à la caisse des dépôts et consignations n'entraînerait pas des pertes d'intérêt inutiles; s'il n'était pas préférable de supprimer ce paragraphe et de n'autoriser l'émission que quand le capital-actions aurait été employé.

La commission ne l'a pas pensé; il peut être prudent, en effet, de permettre l'émission quand la compagnie juge les circonstances favorables; la perte d'intérêts, causée par le dépôt, pourra être peu considérable, car l'émission n'implique pas le versement intégral et la partie de la souscription, qui restera entre les mains des souscripteurs, n'amènera pas la perte d'intérêts résultant du taux réduit, fixé pour les dépôts à la caisse des dépôts et consignations.

Art. 16. — La modification apportée au texte n'a pas besoin d'être expliquée.

Art. 17. — L'article 4 de la loi de 1865, auquel est emprunté notre article 17, rappelait que les chemins de fer d'intérêt local sont soumis à la loi du 15 juillet 1845, sur la police des chemins de fer, et autorisait deux modifications aux prescriptions de cette loi : la dispense, par décision du préfet, des clôtures sur tout ou partie des chemins, et la dispense des barrières au croisement des chemins peu fréquentés.

La loi de 1845 s'applique de plein droit aux chemins de fer d'intérêt local, par cela seul qu'ils sont chemins de fer. Il aurait donc été inutile de faire de cette application du droit commun l'objet d'une mention expresse dans la nouvelle loi ; mais, à raison de l'abrogation de la loi de 1865, stipulée par l'article 21 de notre loi, il était nécessaire de reproduire les deux dérogations qu'il y a lieu de maintenir.

Art. 18. — La commission a pensé que les frais de contrôle devaient, autant que possible, être réglés par le cahier des charges, ainsi que cela a lieu le plus souvent aujourd'hui. Ce n'est qu'à défaut de stipulation au cahier des charges qu'il convient de les faire régler par le préfet, avec approbation du ministre des travaux publics.

La commission a ajouté à cette garantie l'avis du conseil général.

La dernière phrase de l'article 18 du projet primitif était le résultat d'une erreur; cette phrase doit être supprimée.

Art. 19. — La reproduction de cet article, qui portait le n° 8 dans la loi de 1865, était rendue nécessaire par l'abrogation de cette loi.

Plusieurs membres de la commission se sont demandé si, à l'occasion de la loi sur les chemins d'intérêt local, il n'y avait pas lieu de réglementer les chemins de fer industriels.

Aujourd'hui ces chemins ont la même législation que les chemins d'intérêt général : la concession peut en être faite par décret, toutes les fois qu'ils ont moins de vingt kilomètres ; cependant une proposition, due à l'initiative parlementaire, demande qu'une loi soit nécessaire dans tous les cas.

M. le ministre des travaux publics a rappelé que la question se trouverait soulevée par l'examen d'un projet de loi portant révision de plusieurs articles de la loi du 21 avril 1810, sur les mines. Ce projet a été déposé à la séance du sénat du 21 mai 1878. L'article 44 de ce projet règle la question des chemins de fer destinés aux exploitations minières.

En conséquence, la commission a décidé qu'elle n'avait pas à s'occuper de cette question et qu'il suffisait de reproduire la disposition contenue dans l'article 8 de la loi de 1865, que l'abrogation de cette loi ferait disparaître.

Art. 20. — Un assez grand nombre de lignes d'intérêt local, déclarées d'utilité publique sous l'empire de la loi de 1865, n'ont encore pu recevoir exécution. Quel doit être le sort de ces lignes?

A défaut d'une disposition législative spéciale, elles resteraient dans les conditions financières, établies par la loi de 1865, qui sont reconnues insuffisantes aujourd'hui. Aussi l'établissement de la plupart de ces lignes pourrait être indéfiniment ajourné.

Les départements ou les communes qui ont consenti la concession pourraient, il est vrai, user de leur droit, faire prononcer la déchéance et procéder à nouveau, en soumettant les lignes inexécutées aux diverses mesures d'instruction édictées par notre projet, puis solliciter une loi déclarant l'utilité publique et autorisant l'exécution.

Cette procédure aurait l'inconvénient d'ajourner inutilement les travaux et le tort de ne tenir aucun compte des droits acquis, résultant des décrets déclaratifs d'utilité publique rendus après une longue instruction et un sérieux examen.

Aussi la commission a pensé que les lignes d'intérêt local, déjà déclarées d'utilité publique et restées inexécutées, devaient être admises à profiter des dispositions de la nouvelle législation, sans avoir à traverser une seconde fois les formalités qu'elles ont déjà subies.

M. le ministre des travaux publics a donné son adhésion à notre proposition.

Notre article 20 a donc pour objet de dispenser du renouvellement des mesures d'instruction, ainsi que de la nécessité de la sanction législative qui sera exigée à l'avenir, les lignes déjà déclarées d'utilité publique et restées inexécutées, que nous proposons d'admettre au bénéfice de notre nouvelle législation. L'autorisation de substituer la garantie d'intérêt à la subvention en capital sera accordée par décret délibéré en conseil d'Etat, sur la proposition faite par les conseils généraux ou municipaux intéressés, après avoir obtenu l'adhésion des concessionnaires.

Cette autorisation aura pour conséquence de soumettre les lignes qui l'auront obtenue à toutes les obligations résultant de la présente loi.

Art. 21. — Cet article prononce l'abrogation pure et simple de la loi de 1865, dont toutes les dispositions utiles à conserver ont été reproduites dans la nouvelle loi.

PROJET DE LA COMMISSION.

ARTICLE PREMIER. — (*Article 1er du projet du gouvernement*, p. 8.)

ART. 2. — S'il s'agit de chemins à établir par un département, sur le territoire d'une ou de plusieurs communes, le conseil général arrête, après instruction préalable par le préfet et après enquête, la direction de ces chemins, le mode et les conditions de leur construction, ainsi que les traités et les dispositions nécessaires pour en assurer l'exploitation, en se conformant aux clauses et conditions du cahier des charges type, approuvé par le conseil d'Etat, sauf les modifications qui seraient apportées par la convention et la loi d'approbation.

Si la ligne doit s'étendre sur plusieurs départements, il y aura lieu à l'application des articles 89 et 90 de la loi du 10 août 1871.

S'il s'agit de chemins de fer d'intérêt local à établir par une commune, sur son territoire, les attributions confiées au conseil général par le paragraphe 1er du présent article seront exercées par le conseil municipal, dans les mêmes conditions et sans qu'il soit besoin de l'approbation du préfet.

Les projets de chemins de fer d'intérêt local départementaux ou communaux ainsi arrêtés sont soumis à l'examen du conseil général des ponts et chaussées et du conseil d'Etat. Si le projet a été arrêté par un conseil municipal, il sera accompagné de l'avis du conseil général.

L'utilité publique est déclarée et l'exécution est autorisée par une loi.

ART. 3. — L'autorisation législative obtenue, s'il s'agit d'un chemin de fer concédé par le conseil général, le préfet, après avoir pris l'avis de l'ingénieur en chef du département, soumet les projets d'exécution au conseil général, qui statue définitivement.

Néanmoins, dans les deux mois qui suivent la délibération, le ministre des travaux publics, sur la proposition du préfet, peut, après avoir pris l'avis du conseil général des ponts et chaussées, appeler le conseil général du département à délibérer de nouveau sur lesdits projets.

Si la ligne doit s'étendre sur plusieurs départements et s'il y a désaccord entre les conseils généraux, le ministre statuera.

S'il s'agit d'un chemin concédé par un conseil municipal, les attributions exercées par le conseil général, aux termes du paragraphe 1er du présent article, appartiendront au conseil municipal, dont la délibération sera soumise à l'approbation du préfet.

ART. 4. — (*Article 4 du projet ministériel.*)

ART. 5. — (*Article 5 du projet ministériel,* — sauf le dernier alinéa, qui est reporté à l'article 6.)

ART. 6. — Le cahier des charges détermine :

1° *Les droits et les obligations du concessionnaire pendant la durée de la concession ;*

2° Les droits et les obligations du concessionnaire à l'expiration de la concession ;

3° Les cas dans lesquels l'inexécution des conditions de la concession peut entraîner la déchéance du concessionnaire, *ainsi que* les mesures à prendre à l'égard du concessionnaire déchu.

La déchéance est prononcée, dans tous les cas, par le ministre des travaux publics.

ART. 7. — Toute cession totale ou partielle de la concession, tout changement de concessionnaire, la substitution de l'exploitation directe à l'exploitation par concession, l'élévation des tarifs au-dessus du maximum fixé ne pourront avoir lieu qu'en vertu de délibération du conseil général ou du conseil municipal, approuvée par décret, le conseil d'Etat entendu.

Les autres modifications, s'il s'agit de chemins de fer concédés par un conseil général, pourront être faites conformément aux articles 48 et 49 de la loi du 10 août 1871 ; s'il s'agit d'un chemin concédé par un conseil municipal, la délibération devra être approuvée par le préfet.

En cas de cession, l'inobservation des conditions qui précèdent entraîne la nullité et peut donner lieu à la déchéance.

ART. 8. — La fusion des concessions ou des administrations *situées sur* des départements différents ne peut avoir lieu qu'en vertu *de délibérations de tous les conseils qui ont consenti la concession, approuvées par décret, le conseil d'Etat entendu.*

ART. 9. — (*Article 9, §§ 1 et 2, du projet ministériel.*)

En cas d'éviction du concessionnaire, si ses droits ne sont pas réglés par un accord préalable ou par un arbitrage établi, soit par le cahier des charges, soit par une convention postérieure, l'indemnité qui peut lui être due est liquidée par une commission spéciale, qui fonctionne dans les conditions réglées par la loi du 29 mai 1845. Cette commission sera instituée par décret et composée de neuf membres, dont trois désignés par le ministre des travaux publics, trois par le concesssionnaire et trois par l'unanimité des six membres déjà désignés ; faute par ceux-ci de s'entendre dans le mois de la notification à eux faite de leur nomination, le choix de ceux des trois membres qui n'auront pas été désignés à l'unanimité sera fait par le premier président et les présidents réunis de la cour d'appel de Paris.

(*Article 9, § 4, du projet ministériel.*)

Art. 10. — Les ressources créées en vertu de la loi du 21 mai 1836 peuvent être appliquées, en partie, à la dépense des chemins de fer d'intérêt local, par les communes qui ont *assuré l'exécution* de leur réseau subventionné et l'entretien de tous leurs chemins classés.

Art. 11. — *Lors de l'établissement d'un chemin de fer d'intérêt local*, l'Etat peut s'engager, en cas d'insuffisance du produit brut pour couvrir les dépenses de l'exploitation et l'intérêt à 5 p. 100 l'an du capital de premier établissement, tel qu'il a été prévu par l'acte de concession, à subvenir *pour* partie au paiement de cette insuffisance, à la condition qu'une partie au moins égale sera payée par le département *ou par la commune*, avec ou sans le concours *des intéressés. En aucun cas, la subvention de l'Etat ne pourra dépasser la moitié de la somme nécessaire pour élever le produit brut au maximum fixé par le paragraphe 3 du présent article.*

(*Article 11, § 2, du projet ministériel.*)

La participation de l'Etat cessera, de plein droit, après la trentième année qui suivra la mise en exploitation. Elle sera suspendue quand la recette brute annuelle atteindra *9,000* francs par kilomètre, pour les lignes établies de manière à pouvoir recevoir les véhicules des grands réseaux, et *7,000* francs par kilomètre pour les autres lignes.

Art. 12. — Dans le cas où le produit brut de la ligne pour laquelle une garantie d'intérêt a été payée devient suffisant pour couvrir les dépenses d'exploitation et l'intérêt à 6 p. 100 du capital de premier établissement, tel qu'il est prévu par l'acte de concession, la moitié du surplus de la recette est partagée entre l'Etat, le département *ou, s'il y a lieu, la commune et les autres intéressés*, dans la proportion des avances faites par chacun d'eux, jusqu'à concurrence du complet remboursement de ces avances, sans intérêts.

Art. 13. — Un règlement d'administration publique déterminera :

1° Les justifications à fournir par les concessionnaires pour établir les recettes et les dépenses annuelles ;

2° Les conditions dans lesquelles seront fixés, en exécution des articles 11 et 12 de la présente loi, le chiffre de la garantie d'intérêt due par l'Etat, le département ou les communes, pour chaque exercice, et, lorsqu'il y aura lieu, la part revenant à l'Etat, au département, aux communes *ou aux autres intéressés*, à titre de remboursement de leurs avances sur le produit net de l'exploitation.

Art. 14. — Les chemins de fer d'intérêt local qui reçoivent *ou ont reçu* une garantie d'intérêt du trésor peuvent seuls être assujettis envers l'Etat à un service gratuit ou à une réduction du prix des places.

Art. 15. — (*Article 15 du projet ministériel.*)

Les dispositions des paragraphes 2, 3 et 4 du présent article ne seront pas applicables dans le cas où la concesssion du chemin de fer d'intérêt local serait faite à une compagnie déjà concessionnaire d'autres chemins en exploitation, si le ministre des travaux publics reconnaît que les revenus nets de ces chemins sont suffisants pour assurer l'acquittement des charges résultant des obligations à émettre.

Art. 16. — Le compte rendu détaillé des résultats de l'exploitation, comprenant les dépenses d'établissement et d'exploitation et les recettes brutes, sera remis, tous les trois mois, *pour être publié*, au préfet, *au président de la commission départementale* et au ministre des travaux publics.

Le modèle des documents à fournir sera arrêté par le ministre des travaux publics.

Art. 17. — (*Article 17 du projet ministériel.*)

Art. 18. — (*Article 18, § 1, du projet ministériel.*)

Les frais de contrôle seront à la charge des concessionnaires. Ils seront réglés *par le cahier des charges ou, à défaut, par le préfet, sur l'avis du conseil général,* et approuvés par le ministre des travaux publics.

Art. 19. — (*Article 19 du projet ministériel.*)

Art. 20. — Sur la proposition des conseils généraux ou municipaux intéressés et après adhésion des concessionnaires, la substitution, aux subventions en capital promises en exécution de l'article 5 de la loi de 1865, de la garantie d'intérêt stipulée par la présente loi, pourra, par décret délibéré en conseil d'Etat, être autorisée en faveur des lignes d'intérêt local actuellement déclarées d'utilité publique et non encore exécutées.

Ces lignes seront soumises, dès lors, à toutes les obligations résultant de la présente loi.

Art. 21. — (*Article 20 du projet ministériel.*)

---

2 décembre 1878. **SÉNAT.**

Première délibération.

M. PARIS. — J'avais le dessein de présenter au sénat quelques considérations sur le régime des chemins de fer d'intérêt local et, tout en reconnaissant les améliorations notables que le projet de loi introduit à ce sujet dans la législation, j'aurai l'honneur de vous proposer cependant d'y apporter certains changements. Mais j'aime mieux réserver ces amendements pour une seconde lecture.

Ils auront ainsi l'avantage de pouvoir être régulièrement déposés et soumis à la commission, devant laquelle j'aurai l'honneur de les expliquer, si elle veut bien m'entendre.

Je ne ferai donc aujourd'hui qu'une simple observation d'ordre. Vous savez que le sénat a été saisi, par M. le ministre des travaux publics, de deux projets: l'un relatif aux chemins de fer d'intérêt local, l'autre aux voies ferrées à établir sur les voies publiques.

Ces projets ont un caractère tellement connexe qu'ils forment, à vrai dire, deux chapitres d'une seule loi. Souvent, en effet, un chemin de fer d'intérêt local, si on veut l'établir dans les conditions d'économie que le gouvernement et la commission désirent, devra emprunter les routes; et, d'un autre côté, les voies ferrées à créer, à établir sur routes, seront fréquemment obligées de quitter, sur une partie de leur parcours, l'assiette des chemins et de se mettre en plein champ.

Ainsi, par exemple, lorsqu'on aura à traverser des bourgades populeuses, dont les rues seront étroites, lorsqu'on voudra franchir des rampes considérables, lorsque enfin on rencontrera des courbes dont le rayon sera trop étroit, une déviation sera nécessaire.

Par conséquent, dans un grand nombre de circonstances, les chemins qu'on qualifie d'intérêt local et ceux qu'on songe à établir sur routes auront la plus grande ressemblance et comporteront, sous certains rapports, un même régime.

Je désirerais, par ces motifs, qu'avant que la deuxième délibération s'engageât sur le projet de loi dont l'honorable M. Labiche est rapporteur, la commission, qui a examiné les questions dans leur ensemble, voulût bien déposer son rapport relatif aux voies ferrées à établir sur les voies publiques. Le sénat serait ainsi complétement éclairé; la discussion s'engagerait avec plus d'ampleur et nous saurions même s'il convient de fondre les deux projets en un seul ou tout au moins d'adopter certaines dispositions communes qui mettent de l'harmonie entre l'une et l'autre loi.

Je rappellerai au sénat, en exprimant ce vœu, que M. le ministre des travaux publics a paru reconnaître le caractère de connexité de ses projets, puisqu'il les a apportés le même jour à la tribune et qu'il en a demandé le renvoi à une seule commission. Je lis, d'ailleurs, dans le rapport de l'honorable M. Labiche, que « la réglementation de ces deux espèces de voies ferrées repose sur les mêmes principes ».

Je demande donc que, pour le bon ordre des travaux du sénat, la commission veuille bien presser le dépôt de son second rapport, qui est, je crois, en préparation, de manière qu'il soit distribué avant la deuxième délibération du projet actuel.

Un membre à gauche. — Le rapport est fait.

M. LE RAPPORTEUR. — Il y a, en effet, une connexité très-grande entre les deux projets de loi qui nous ont été renvoyés; mais c'est précisément à raison de cette connexité que nous avons pensé qu'il y avait intérêt à maintenir la division faite par M. le ministre des travaux publics en deux projets et, comme conséquence, la division en deux discussions (Très-bien! à gauche).

D'une part, nous aurons l'avantage d'éviter la confusion qui pourrait s'établir dans la discussion, si vous étiez saisis en même temps de deux matières qui ont de grandes analogies; d'autre part, l'ajournement du dépôt du second rapport nous permettra d'introduire, dans ce travail, les solutions que vous aurez arrêtées sur le premier projet de loi.

Si, en effet, vous adoptez les principes que nous avons émis dans le projet de loi que nous avons l'honneur de vous soumettre, un grand nombre de vos décisions seront à reporter dans le second projet. Si, au contraire, vous apportez à nos propositions des modifications importantes, le rapport du projet sur les tramways pourra tenir compte de vos décisions.

C'est donc précisément à cause de la connexité des deux projets, que signale avec raison l'honorable M. Paris, qu'il me paraît préférable que la discussion du projet de loi principal, relatif aux chemins de fer d'intérêt local, précède celle du projet de loi relatif aux chemins de fer sur route, afin, je le répète, de pouvoir appliquer au second projet les solutions que vous aurez adoptées sur le premier.

Cependant, si le sénat était d'un avis différent,... (Non! non! à gauche)... rien ne serait plus facile que de donner satisfaction à l'honorable M. Paris, puisque la rédaction du second rapport est assez avancée. Mais la commission, à l'unanimité, persiste à penser qu'il est préférable, pour la clarté de la discussion et des décisions que vous avez à prendre, que la division soit maintenue.

M. PARIS, *de sa place.* — Même en maintenant la division entre les deux projets, je crois que M. le rapporteur conviendra qu'il est utile que le sénat ait sous les yeux les deux rapports (Très-bien! à droite. — Mais non! à gauche).

M. LE RAPPORTEUR. — Si vous modifiez, sur certains points, les solutions que nous vous proposons d'adopter pour les chemins d'intérêt local, il faudra que le second rapport fasse l'application des décisions que vous aurez prises, des résolutions que vous aurez adoptées.

Par conséquent, le mode de procéder que M. Paris propose aurait pour conséquence de nous obliger à faire un rapport supplémentaire.

Dans ces conditions, n'est-il pas préférable d'ajourner le dépôt et la discussion du second rapport jusqu'après la discussion du premier?

M. PARIS, *de sa place.* — On m'assure que le second rapport est prêt et peut être déposé d'ici à quelques jours. Quel inconvénient y a-t-il alors à le déposer avant la seconde délibération?

M. LE RAPPORTEUR. — Je me suis expliqué d'une manière insuffisante, puisque mon honorable collègue n'a pas saisi ma réponse.

Sans doute, si le sénat le désire, il peut être saisi à la fois des deux rapports; mais nous pensons qu'il y a intérêt à ne déposer le deuxième qu'après que la discussion du projet de loi qui vous est soumis aujourd'hui, en première délibération, sera terminée, car, je le répète, un certain nombre de solutions que vous aurez adoptées pourront être appliquées au second projet. Le moyen d'introduire ces solutions dans le second projet, le moyen de les justifier dans le rapport, c'est d'ajourner le dépôt et l'impression de ce rapport.

Nous persistons donc, sauf avis contraire du sénat, à vous proposer de maintenir la division que nous avons adoptée, en vous priant de discuter séparément les deux projets de loi.

M. PORIQUET. — On peut discuter séparément, mais rien n'empêche de déposer le second rapport; le sénat sera ainsi mieux éclairé.

M. LE RAPPORTEUR. — Il est possible, — je demande la permission de le répéter, — qu'il soit nécessaire de modifier le deuxième rapport; cela dépendra du résultat de la discussion du premier rapport (Marques d'approbation).

M. LE PRÉSIDENT. — M. Paris s'est borné à exprimer le désir que le rapport sur le second projet de loi soit déposé entre la première et la seconde délibération du projet qui est aujourd'hui à l'ordre du jour, mais il n'a pas demandé l'ajournement de la première délibération.

M. PARIS. — Parfaitement, monsieur le président.

M. LE PRÉSIDENT. — Personne ne demande plus la parole sur la discussion générale?...

Je donne lecture des articles.

(Les 21 articles du projet de la commission sont successivement lus et adoptés.)

M. LE PRÉSIDENT. — La parole est à M. Tolain, sur l'ensemble de la loi.

M. TOLAIN. — Messieurs, je n'ai pas d'observations générales à présenter; je désirerais seulement savoir de M. le ministre des travaux publics s'il lui serait possible, entre la 1re et la 2e lecture, de nous faire distribuer le cahier des charges type qui doit être ou qui est peut-être déjà dressé par le conseil d'Etat.

Voici pourquoi je fais cette demande: je comprends qu'un cahier des charges ne saurait être la matière d'une discussion législative; mais, dans le cas présent, je crois que beaucoup de questions, qui sont énoncées à grands traits dans ce projet de loi, seraient éclaircies par la lecture du cahier des charges type; ce n'est pas un cahier des charges qui doit être applicable à toutes les concessions, c'est celui qui doit indiquer les grandes lignes qui serviront à établir la concession. Soit au point de vue du capital-obligations, soit au point de vue du matériel roulant, qui, dans certains cas et dans les grandes compagnies, sert de gage aux avances de l'Etat, soit dans d'autres cas encore, le cahier des charges type qui sera dressé par le conseil d'Etat servirait beaucoup à éclaircir le projet de loi que nous venons d'adopter en première lecture et auquel je n'ai fait aucune opposition pour ma part. Mais j'aurai peut-être, si le cahier des charges ne m'éclaire pas, si je ne l'ai pas sous la main, quelques observations à présenter lors de la seconde lecture.

Je demande à M. le ministre si la chose est possible. Si elle ne l'est pas, je le prie de le déclarer.

M. LE MINISTRE DES TRAVAUX PUBLICS. — Messieurs, il ne nous est pas possible de satisfaire à la demande de l'honorable M. Tolain. C'est comme si, avant le vote d'une loi, on nous demandait de présenter le règlement d'administration publique destiné à en compléter et à en assurer l'exécution.

Le cahier des charges type ne pourra être établi que lorsque vous aurez voté la loi sur les chemins de fer d'intérêt local, par la raison que ce cahier des charges va se ressentir profondément des principes nouveaux qui seront posés dans la loi et sur lesquels vous ne vous êtes pas encore prononcés. (A gauche : C'est très-juste!)

Ainsi, pour ne citer qu'un exemple, la loi sur les chemins de fer d'intérêt local qui vous est proposée va consacrer le principe des chemins de fer à bon marché. Il y a des articles qui préjugent à l'avance le coût d'établissement des lignes : il est certain que le cahier des charges type devra tenir compte de ces conditions fondamentales.

Plusieurs sénateurs. — C'est évident!

M. LE MINISTRE. — Il accordera, par conséquent, des facilités de construction que la loi n'accorde pas aujourd'hui.

Dès lors, il nous est impossible d'asseoir un cahier des charges avant de savoir si vous consacrerez ces principes et dans quelle limite vous les consacrerez.

J'espère que l'honorable M. Tolain voudra bien ne pas insister pour cette communication.

M. LE PRÉSIDENT. — Je consulte le sénat pour savoir s'il entend passer à une seconde délibération.

(Le sénat consulté décide qu'il passera à une seconde délibération.)

---

12 décembre 1878. SÉNAT.

Deuxième délibération.

M. LE PRÉSIDENT. — L'ordre du jour appelle la deuxième délibération sur le projet de loi relatif aux chemins de fer d'intérêt local.

(*Les articles 1 à 5 du projet de la commission sont lus et adoptés.*)

M. LE RAPPORTEUR. — Messieurs, la commission vous demande d'ajouter un mot qui ne change en rien le sens de l'article 6, mais qui le précise. Il faudrait ajouter à la fin de l'article : « sauf recours au conseil d'Etat par la voie contentieuse ».

Ce recours est de droit, mais nous ne l'avions pas indiqué dans le projet de loi et quelques-uns de nos collègues ont pensé qu'il était préférable que la loi mentionnât la faculté du recours. Ce n'est donc qu'un changement de texte, qui n'entraîne aucune modification à l'esprit de la loi.

La commission, à l'unanimité, accepte cette modification.

M. LE PRÉSIDENT. — Je mets aux voix l'article 6, modifié comme il vient d'être dit par M. le rapporteur.

(L'article 6, ainsi modifié, est mis aux voix et adopté.)

(*Les articles 7 à 21 sont successivement lus et adoptés.*)

M. LE PRÉSIDENT. — Il va être procédé au scrutin sur l'ensemble du projet.

Le scrutin a lieu.

(MM. les secrétaires opèrent le dépouillement des votes.)

M. LE PRÉSIDENT. — Voici le résultat du scrutin :

Nombre de votants. 223
Majorité absolue 112
Pour 223

Le sénat a adopté.

VOIES FERRÉES ÉTABLIES SUR VOIES PUBLIQUES

29 avril 1878. SÉNAT.

Projet de loi du gouvernement.

EXPOSÉ DES MOTIFS.

Messieurs, la question des voies ferrées établies sur les voies publiques préoccupe depuis longtemps tous ceux qui suivent attentivement les progrès de l'industrie des transports. Il est manifeste que la traction économique, au moyen de rails posés sur les routes et chemins, tend de plus en plus à s'introduire là où les circonstances ne permettent pas la création d'un chemin de fer proprement dit. Aussi, depuis quelques années, plusieurs projets de loi, dus à l'initiative individuelle dans les deux chambres, ont eu pour but de faciliter, en les réglementant, ces nouveaux moyens de transport. Ces projets, par suite de causes diverses, n'ont pu arriver à la discussion publique.

Le gouvernement, à son tour, ne pouvait rester indifférent à cette importante question. Nous avons cru qu'il était de notre devoir de chercher à la résoudre le plus promptement possible et nous nous sommes occupés d'élaborer, avec le concours du conseil d'Etat, un projet complet sur la matière; c'est ce projet que nous vous apportons aujourd'hui.

Tout d'abord le projet fixe le régime de la concession. Elle est accordée par l'Etat, par le département ou par la commune, suivant que la voie ferrée est établie sur des voies nationales, départementales ou municipales. Quant à la déclaration d'utilité publique, préalable à toute concession, elle est invariablement prononcée par un décret délibéré en conseil d'Etat. Il n'a pas paru utile, comme pour les chemins d'intérêt local, de faire intervenir le législateur, par la raison qu'ici la voie servant de support au railway est préexistante; que, dès lors, la direction du trafic est tracée et que les expropriations, quand il est nécessaire d'en opérer, sont toujours contenues dans d'étroites limites et n'affectent pas les intérêts de la contrée.

Le projet de loi ne détermine aucun type spécial de voie. Il remet ce soin à un règlement d'administration publique. Dans notre pensée, ce règlement, tout en laissant une suffisante latitude, devra limiter le nombre des types à deux ou trois au plus. Il y a un intérêt public certain à ce que les types ne soient pas abandonnés à l'arbitraire de chaque constructeur, mais à ce que l'uniformité s'établisse sous deux ou trois catégories déterminées. Dans cette fixation, le futur règlement respectera autant que possible les errements actuellement suivis par les principales entreprises de tramways.

La question s'est posée de savoir si l'Etat devait ou non intervenir financièrement en faveur de ces voies de transport. Les uns pensent qu'elles sont d'une utilité trop restreinte; d'autres, au contraire, ne voient pas de motif pour ne pas les traiter exactement sur le même pied que les chemins de fer d'intérêt local.

Nous croyons que la vérité est entre ces deux opinions et qu'il y a lieu d'accorder le secours de l'Etat, mais seulement dans le cas où l'exploitation dessert plusieurs communes, a en vue le transport des marchandises, aussi bien que celui des voyageurs, et s'effectue à l'aide de moteurs mécaniques, en d'autres termes, dans le cas où le tramway joue le rôle d'un véritable chemin de fer d'intérêt local. Nous estimons qu'en ce cas, l'Etat, comme le département, doit intervenir pour combler l'insuffisance de la recette brute. D'ailleurs, les frais d'établissement étant moindres, puisque l'entrepreneur dispose déjà gratuitement de la chaussée (du moins dans la plus grande partie du parcours), la participation administrative doit être moindre aussi. Nous avons calculé qu'une voie ferrée, dans ces conditions, peut être généralement établie et exploitée à raison d'une annuité de 5,000 francs par kilomètre.

Dès lors, nous avons limité la participation collective de l'Etat et du département à 2,000 francs au maximum par kilomètre et par an, cette participation devant cesser quand la recette brute dépasse 5,000 francs par kilomètre, et, en tous cas, après la vingtième année d'exploitation. Toutefois nous avons élevé la limite de la recette à 6,000 francs, sans changer le maximum de la participation, quand la voie ferrée est établie de manière à pouvoir recevoir les véhicules des grands réseaux. Nous avons admis qu'en ce cas, l'annuité nécessaire pour couvrir les frais serait plus considérable.

Il est à remarquer que la subvention de 2,000 francs, par kilomètre et par an, répond et au delà au désir exprimé par la plupart des entrepreneurs de ce mode de transport, lesquels s'accordent à dire qu'une subvention en capital de 20 à 25,000 francs au plus, par kilomètre, assurerait généralement le succès de leur opération.

En vue de couper court à des prétentions plus ou moins arbitraires, le projet interdit de réclamer aucune redevance du concessionnaire, si elle n'a pas été expressément stipulée par l'acte de concession. Pareillement le retrait de la concession, sauf les cas prévus de déchéance pour inexécution du cahier des charges, ne peut être opéré que par voie de rachat. Nous avons voulu par là donner aux entreprises la sécurité, condition indispensable de leur développement.

Enfin nous avons cru, comme pour les chemins de fer d'intérêt local, devoir prendre des précautions pour prévenir les abus financiers dont ces entreprises pourraient être l'occasion. Le projet règlemente le versement du capital-actions et entoure l'émission des obligations de garanties qui en assurent, croyons-nous, le bon et sérieux emploi. Avec ces dispositions, il y a tout lieu d'espérer que ces derniers titres reprendront une légitime faveur, à laquelle le développement de l'industrie que nous voulons favoriser est directement intéressé.

Telles sont, messieurs, les principales considérations qui ont guidé le gouvernement dans l'élaboration du projet de loi. Ainsi que nous l'avons dit en commençant, nous nous sommes entourés des lumières du conseil d'Etat, en sorte que ce projet s'offre à vos délibérations avec des garanties particulières. Nous espérons que vous voudrez bien lui accorder vos suffrages.

PROJET DE LOI.

Article premier. — Il peut être établi des voies ferrées à traction de chevaux ou de moteurs mécaniques sur les voies dépendant du domaine public de l'Etat, des départements ou des communes. Ces voies ferrées, ainsi que les déviations accessoires construites en dehors du sol des routes et chemins, sont soumises aux dispositions suivantes.

Art. 2. — La concession est accordée par l'Etat, lorsque la ligne doit s'étendre sur le territoire de plusieurs départements, quelle que soit la nature des voies empruntées.

Il en est de même lorsque, sans sortir des limites d'un département, la ligne doit être établie, en tout ou en partie, sur une voie dépendant du domaine public de l'Etat. Dans ce cas, la concession peut être faite aux villes ou aux départements intéressés, avec faculté de rétrocession.

La concession est accordée par le conseil général, au nom du département, lorsque la voie ferrée doit être établie sur une ou plusieurs voies publiques, dépendant du domaine départemental, ou doit s'étendre sur le territoire de plusieurs communes.

Elle est accordée par le conseil municipal, lorsque la voie ferrée est établie entièrement sur le territoire de la commune et sur des voies municipales.

Art. 3. — Aucune concession ne peut être faite qu'après une enquête, dont les formes seront déterminées par un règlement d'administration publique, et dans laquelle les conseils généraux des départements et les conseils municipaux des communes traversées doivent être entendus, lorsqu'il ne leur appartient pas de statuer sur la concession.

Dans tous les cas, l'utilité publique est déclarée et l'exécution est autorisée par décret délibéré en conseil d'Etat, sur le rapport du ministre des travaux publics, après avis du ministre de l'intérieur.

Art. 4. — Le projet définitif est approuvé par le ministre des travaux publics, lorsque la concession est accordée par l'Etat, et, dans les autres cas, par le préfet, après avis de l'ingénieur en chef du département.

Art. 5. — L'acte de concession détermine les droits de péage et de transport que le concessionnaire sera autorisé à percevoir pendant toute la durée de la concession.

Les taxes, perçues dans les limites du maximum fixé par l'acte de concession, sont homologuées par le ministre des travaux publics, dans le cas où la concession est faite par l'Etat, et par le préfet dans les autres cas.

Art. 6. — Les concessionnaires de voies ferrées établies sur les routes et chemins de toute espèce sont tenus d'entretenir constamment en bon état toute la portion de voie publique comprise entre les rails et, en outre, de chaque côté, une zone dont la largeur est déterminée par le cahier des charges.

Ils ne sont pas soumis à l'impôt des prestations établi, par l'article 3 de la loi du 21 mai 1836, à raison des voitures et des bêtes de trait exclusivement employées à l'exploitation de la voie ferrée.

Les départements ou les communes ne peuvent exiger des concessionnaires une redevance ou un droit de stationnement qui n'aurait pas été stipulé expressément dans l'acte de concession.

Art. 7. — L'autorité qui fait la concession a toujours le droit :

1° D'autoriser d'autres voies ferrées à s'embrancher sur les lignes concédées ou à s'y raccorder ;

2° D'accorder à ces entreprises nouvelles, moyennant le paiement des droits de péage fixés par le cahier des charges, la faculté de faire circuler leurs voitures sur les lignes concédées;

3° De racheter la concession aux conditions qui seront fixées par le cahier des charges;

4° De supprimer ou de modifier une partie du tracé, lorsque la nécessité en aura été reconnue dans les formes prescrites par l'article 3. Les conditions de l'indemnité due en pareil cas seront déterminées par le cahier des charges. A défaut d'une stipulation expresse, le concessionnaire aura droit au remboursement des dépenses utiles faites pour l'établissement de la section supprimée ou modifiée.

Art. 8. — Les cahiers des charges déterminent les cas dans lesquels l'inexécution des conditions de la concession peut entraîner la déchéance du concessionnaire et fixent les mesures à prendre à l'égard du concessionnaire déchu.

La déchéance est prononcée, dans tous les cas, par le ministre des travaux publics.

Art. 9. — La durée des concessions des voies ferrées ne devra jamais dépasser cinquante ans.

Ces concessions ne pourront être retirées, avant le terme fixé par le cahier des charges, que dans les cas de rachat ou de déchéance prévus par les actes de concession.

Art. 10. — A l'expiration de la concession, l'Etat, le département ou la commune qui a concédé la ligne est substitué à tous les droits du concessionnaire sur les voies ferrées, qui doivent lui être remises en bon état d'entretien, y compris les déviations construites en dehors du sol des routes et chemins.

L'administration peut exiger que les voies ferrées qu'elle avait concédées soient supprimées, en tout ou en partie, et que les voies publiques soient remises dans l'état primitif, aux frais du concessionnaire.

Le cahier des charges règle les droits et obligations du concessionnaire en ce qui concerne les autres objets, mobiliers ou immobiliers, servant à l'exploitation de la voie ferrée.

Art. 11. — Les concessionnaires ne peuvent, à quelque époque que ce soit, céder tout ou partie de leur entreprise sans le consentement de l'autorité qui l'a concédée.

Toute cession faite irrégulièrement est nulle et peut entraîner la déchéance.

Art. 12. — La fusion des concessions ou des administrations de lignes appartenant à des départements différents ne peut avoir lieu qu'en vertu d'un décret délibéré en conseil d'Etat.

Art. 13. — Les ressources créées en vertu de la loi du 21 mai 1836 peuvent être appliquées, en partie, à la dépense des voies ferrées sur routes, par les communes qui ont assuré l'entretien de tous leurs chemins classés et qui ont achevé leur réseau subventionné, tel qu'il a été déterminé en exécution de la loi du 11 juillet 1868.

Art. 14. — Quand une voie ferrée à traction de locomotives et destinée au transport des marchandises, en même temps qu'au transport des voyageurs, est établie sur le territoire de plusieurs communes, l'Etat peut s'engager, en cas d'insuffisance du produit brut pour couvrir les dépenses d'exploitation et l'intérêt à 5 p. 100 l'an du capital de premier établissement tel qu'il est prévu par l'acte de concession, à subvenir pour partie au paiement de cette insuffisance, à la condition qu'une partie au moins égale sera payée par le département avec ou sans le secours des communes.

Cette garantie d'intérêt ne peut être accordée, par le décret qui autorise l'exécution de la ligne, que dans les limites fixées, pour chaque année, par la loi de finances. La charge annuelle imposée au trésor ne doit en aucun cas dépasser 1,000 francs par kilomètre exploité et 100,000 francs pour l'ensemble des lignes situées dans un même département.

La participation de l'Etat cessera de plein droit après la vingtième année qui suivra la mise en exploitation. Elle sera suspendue quand la recette brute annuelle atteindra 6,000 francs par kilomètre, pour les lignes établies de manière à pouvoir recevoir les véhicules des grands réseaux, et 5,000 francs pour les autres lignes.

Art. 15. — Dans le cas où le produit brut de la ligne pour laquelle une garantie d'intérêt a été payée devient suffisant pour couvrir les dépenses d'exploitation et l'intérêt de 6 p. 100 du capital de premier établissement, tel qu'il est prévu par l'acte de concession, la moitié du surplus de la recette est partagée entre l'Etat, le département et les communes, s'il y a lieu, dans la proportion des avances faites par chacun d'eux, jusqu'à concurrence du complet remboursement de ces avances, sans intérêts.

Art. 16. — Un règlement d'administration publique déterminera :

1° Les justifications à fournir par les concessionnaires pour établir les recettes et les dépenses annuelles;

2° Les conditions dans lesquelles seront fixés, en exécution des articles 14 et 15 de la présente loi, le chiffre de la garantie d'intérêt due par l'Etat, le département ou les communes, pour chaque exercice, et, lorsqu'il y aura lieu, la part revenant à l'Etat, au département ou aux communes, à titre de remboursement de leurs avances sur le produit de l'exploitation.

Art. 17. — Les lignes qui reçoivent une garantie d'intérêt du trésor peuvent seules être assujetties envers l'Etat à un service gratuit ou à une réduction du prix des places.

ART. 18. — Aucune émission d'obligations, pour les entreprises prévues par la présente loi, ne pourra avoir lieu qu'en vertu d'une autorisation donnée par le ministre des travaux publics, après avis du ministre des finances.

En aucun cas, il ne pourra être émis d'obligations pour une somme supérieure au montant du capital-actions, qui sera fixé à la moitié au moins de la dépense jugée nécessaire pour le complet établissement et la mise en exploitation des voies ferrées; et ce capital-actions devra être effectivement versé, sans qu'il puisse être tenu compte des actions libérées ou à libérer autrement qu'en argent.

Aucune émission d'obligations ne doit être autorisée avant que les quatre cinquièmes du capital-actions aient été versés et employés en achats de terrains, travaux, approvisionnements sur place, ou en dépôt de cautionnement.

Toutefois les concessionnaires pourront être autorisés à émettre des obligations lorsque la totalité du capital-actions aura été versée et s'il est dûment justifié que plus de la moitié de ce capital-actions a été employé dans les termes du paragraphe précédent; mais les fonds provenant de ces émissions anticipées devront être déposés à la caisse des dépôts et consignations, et ne pourront être mis à la disposition des concessionnaires que sur l'autorisation formelle du ministre des travaux publics.

ART. 19. — Le compte rendu détaillé des résultats de l'exploitation, comprenant les dépenses d'établissement et d'exploitation et les recettes brutes, sera remis, tous les trois mois, au préfet du département et au ministre des travaux publics, pour être publié.

Le modèle des documents à fournir sera arrêté par le ministre des travaux publics.

ART. 20. — L'article 4 de la loi du 15 juillet 1845, sur la police des chemins de fer, relatif aux clôtures et barrières, et les articles 5, 6, 7, 8, 9 et 10 de cette loi, relatifs aux servitudes spéciales imposées aux propriétés riveraines, ne sont pas applicables aux voies ferrées établies sur les voies publiques.

Toutefois, dans le cas où la traction se ferait au moyen de locomotives avec foyer, l'administration pourra, si la sûreté publique l'exige, faire supprimer les couvertures en chaume et les amas de matériaux combustibles existant dans une zone de dix mètres à partir des rails extérieurs de la voie.

ART. 21. — La construction, l'entretien et les réparations des voies ferrées avec leurs dépendances, l'entretien du matériel et le service de l'exploitation seront soumis au contrôle du préfet, sous l'autorité du ministre des travaux publics.

Les frais de contrôle seront à la charge des concessionnaires. Ils seront réglés par les préfets et approuvés par le ministre des travaux publics, pour les lignes concédées par les départements et les communes. Ils seront réglés par le ministre pour les lignes concédées par l'Etat.

ART. 22. — Un règlement d'administration publique déterminera les mesures nécessaires à l'exécution de la présente loi, et notamment:

1° Les conditions spéciales auxquelles doivent satisfaire, tant pour leur construction que pour la circulation des voitures et des trains, les voies ferrées dont l'établissement sur le sol des voies publiques aura été autorisé;

2° Les rapports entre le service de ces voies ferrées et les autres services intéressés.

---

16 décembre 1878. **SÉNAT.**

Rapport fait, au nom de la commission chargée d'examiner le projet de loi, par M. Herold.

I. — Messieurs, le projet de loi *relatif aux voies ferrées établies sur les voies publiques,* soumis au sénat par le gouvernement, présente une étroite connexité avec le projet de loi *relatif aux chemins de fer d'intérêt local.* Les deux projets renvoyés à la même commission auraient pu être fondus dans une seule loi. Toutefois la commission, d'accord avec le gouvernement, a cru devoir maintenir la division des projets. Cette division a, en effet, un intérêt pratique : en réunissant, à part pour chacune des deux matières, l'ensemble des règles qui les régissent et qui, d'ailleurs, ne sont pas identiques, elle facilite la citation des textes et donne, au risque de quelques répétitions, plus de clarté aux dispositions elles-mêmes. Mais le lien qui rattache nos deux projets l'un à l'autre n'en existe pas moins; le fond d'idées générales dont ils découlent n'en est pas moins commun à tous deux.

C'est ce qui nous dispense de répéter ici les considérations par lesquelles débute le rapport de notre honorable collègue M. Emile Labiche, sur le projet relatif aux chemins de fer d'intérêt local. Toute la partie générale de ce travail doit être également regardée comme le préambule du présent rapport. Nous nous bornerons à en extraire la conclusion, qui nous servira de transition pour aborder notre matière spéciale.

« La nouvelle législation, a dit M. Labiche, a pour but d'assurer, par l'initiative des départements et des communes, l'exécution des lignes ferrées construites dans certaines conditions de simplicité et d'économie. Ces lignes peuvent être construites *sur des terrains uniquement affectés au service de la voie ferrée* ou *sur le sol des voies dont l'affectation à la circulation publique n'est pas* supprimée. »

Dans le premier cas, il y a *chemin de fer* et la matière a été réglée par le projet de loi *sur les chemins de fer d'intérêt local,* dont M. Labiche a été le rapporteur et qui a été voté par le sénat, en seconde délibération, le 12 décembre 1878 (*p. 34*).

Dans le second cas, il y a *voie ferrée établie sur voies publiques,* pour parler comme le projet du gouvernement, ou *tramway,* pour parler comme la commission va vous proposer de le faire.

Nous avons à nous occuper du projet relatif à cette seconde catégorie de lignes ferrées, quel que soit leur nom.

II. — La question de savoir quel doit être ce nom se présente immédiatement.

Les lignes ferrées établies sur les voies publiques sont de diverses espèces; les unes fonctionnent à l'aide de rails plats, permettant la circulation des voitures ordinaires et des piétons; les autres fonctionnent à l'aide de rails saillants, pouvant faire obstacle à la circulation des voitures ordinaires, mais n'interdisant pas celle des piétons. Sur certaines lignes, la traction s'opère au moyen de chevaux; sur d'autres, elle s'opère à l'aide de moteurs mécaniques. La langue usuelle, sans distinction entre ces divers cas, applique à toutes ces voies le nom de *tramway,* qui étymologiquement ne désignerait que les voies à rails lisses ou plats. Pour le public, en France, le signe caractéristique du tramway est d'être une *voie ferrée établie sur une voie publique,* voie qui, la plupart du temps, existait antérieurement et qui, dans tous les cas, est ou reste affectée à la circulation ordinaire. Peu importe la forme des rails, peu importe le système de traction; peu importent encore le modèle, la destination particulière et même le nombre des voitures soumises à la traction.

Puisqu'il en est ainsi, puisque, pour tout le monde à peu près, en France, *tramway* signifie *voie ferrée établie sur les voies publiques,* pourquoi, au lieu de « *loi relative aux voies ferrées établies sur les voies publiques* », ne pas dire : « *loi relative aux tramways* » ? On y gagnera temps et peine.

L'accusation de néologisme n'est pas à craindre, puisque le mot tramway figure dans le *Dictionnaire* de M. Littré, non pas même au supplément, mais à la page 2308, col. 3, ligne 19, de la première édition, 1872. Il est vrai que la définition du *Dictionnaire* rappelle la circonstance des rails plats, mais c'est de même qu'elle mentionne la traction par chevaux ; elle vise les cas les plus fréquents, elle est trop limitative et il y a lieu de l'étendre, ce que fera la loi actuelle.

La Belgique a, depuis le 9 juillet 1875, une loi sur les « tramways ». Cette loi s'applique-t-elle à toutes les voies ferrées sur voies publiques ? On en peut douter, par cela seul qu'elle ne donne pas de définition légale du tramway ; mais rien n'est plus facile que d'introduire dans la loi française une définition légale, plus large, celle qu'on trouvera plus loin et qui se trouve déjà justifiée par les observations consignées ici.

La loi espagnole du 30 novembre 1877, sur les chemins de fer, contient un chapitre 9 et dernier sur les « tramways ». Le premier article de ce chapitre, article 69 de la loi, définit les tramways « les chemins de fer établis sur les voies publiques ». C'est un exemple à suivre.

Votre commission a pensé, en effet, qu'il y avait lieu de considérer le mot *tramway* comme équivalent de *voie ferrée sur voie publique*. Elle vous propose 1° de modifier en ce sens le titre de la loi, qui s'appellerait dès lors *loi relative aux tramways*, et 2° de substituer dans les diverses dispositions de la loi, toutes les fois qu'il y aura lieu, le mot *tramway* à la circonlocution que nous écartons.

Il est entendu que l'expression comprendra désormais les *chemins de fer sur routes*, mot qu'on rencontre parfois sans qu'il ait été inscrit dans aucune loi, aussi bien que les tramways dans le sens originaire du mot.

Au surplus, il n'existe pas actuellement en France de chemins de fer de cette nature. Une entreprise de ce genre a fonctionné temporairement, de 1865 à 1871, pour le passage du mont Cenis, partie en France, partie en Italie (Brassey, Fell et Cie). Nous ne voulons pas dire qu'elle n'ait pas eu grande importance au point de vue des faits et de l'expérience ; mais elle n'a pas laissé de trace durable dans la jurisprudence administrative (1).

Tout nous fait espérer que, dans l'avenir, la loi proposée favorisera le développement tant des chemins de fer sur route que des tramways dans le sens originaire, tous compris désormais sous le nom de tramways en général. Quant à présent, nous ne nous trouvons en présence que d'entreprises de tramways proprement dits.

III. — Avant d'aller plus loin, il nous paraît utile de retracer en quelques mots l'histoire, d'ailleurs courte encore, des tramways en France.

L'introduction, chez nous, du procédé de transport dont il s'agit, remonte à moins de vingt-cinq ans. C'est de New-York qu'il fut importé, d'où son nom primitif de *chemin de fer américain* ; et c'est à Paris, du pont de la Concorde à Sèvres, qu'il fut établi pour la première fois, en vertu d'un décret impérial du 18 février 1854. Nous n'avons pas à suivre dans les faits le développement du système, aujourd'hui pratiqué dans la plupart des grandes villes de France ; c'est le régime légal que nous devons rapidement retracer.

Les rails sur lesquels la traction s'opère étant placés sur la voie publique, il n'a jamais été douteux qu'une permission de l'autorité fût nécessaire pour établir des tramways. Mais de qui devait émaner cette autorisation et dans quelle forme devait-elle intervenir ? A défaut de précision légale,

(1) Elle avait été autorisée, de la part de la France, par un décret impérial du 4 novembre 1865, rendu sur l'avis du conseil d'Etat et visant un cahier des charges calqué à peu près sur le cahier des charges des chemins de fer ordinaires.

on a pensé que c'était à l'Etat, au gouvernement seul, qu'il appartenait de l'accorder, et non aux préfets ni à toute autre autorité. Adoptée en fait dès l'origine, cette solution a été confirmée par un avis de la commission provisoire chargée de remplacer le conseil d'Etat, en date du 22 février 1872. Quant à la forme, jusqu'en 1857, il a suffi d'un simple acte du chef du pouvoir exécutif. Cet acte réglait les conditions de l'autorisation et accordait même des concessions. A partir de 1857, on pensa que, sans entraîner, à proprement parler, une expropriation même partielle de la voie publique, les concessions de tramways touchaient à des intérêts généraux ou privés assez graves pour qu'elles fussent entourées de certaines garanties : l'enquête prescrite par la loi du 3 mai 1841 eut lieu; le conseil d'Etat fut entendu, les cahiers des charges lui furent soumis. Enfin, depuis 1873, le gouvernement a cru devoir adopter un mode de faire plus propre à sauvegarder tous les droits, en accordant aux villes ou aux départements intéressés la concession des lignes de tramways à établir, sauf aux villes ou départements à rétrocéder cette concession à des compagnies ou à des particuliers. La première application de ce régime fut réalisée par un décret du 9 août 1873, concédant au département de la Seine le réseau des tramways de Paris et de sa banlieue. On remarque, dans ce décret, la déclaration d'utilité publique et la concession au département du droit d'expropriation. Depuis lors, un assez grand nombre de semblables décrets ont été rendus. Les rétrocessions sont approuvées par décrets visant les cahiers des charges (1).

Tel est l'état. D'un côté, il repose sur une simple jurisprudence administrative. D'un autre côté, il semble ne faire une part suffisante ni aux droits des départements et des communes, propriétaires de certaines voies sur lesquelles les tramways peuvent circuler, ni aux intérêts de toutes sortes qui peuvent être affectés par les concessions. Le gouvernement nous convie à régler la matière.

La Belgique nous a devancés. Nous avons déjà cité sa loi du 9 juillet 1875, dont le projet du gouvernement s'est inspiré en beaucoup de points. L'Espagne a également réglé la matière, dans un chapitre de sa loi du 30 novembre 1877 (2).

Nous ne connaissons pas d'autres monuments législatifs dans les pays voisins. Nous savons cependant qu'il en existe en Angleterre, remontant au moins à 1870, et dans les Pays-Bas (3).

Ajoutons ici (c'est une répétition de ce qui a été dit plus haut, à la fin du § II) que la loi que nous allons faire s'appliquera aux chemins de fer sur route comme aux simples tramways, ce dernier nom comprenant désormais les deux sortes de voie.

Nous pouvons aborder maintenant les dispositions du projet soumis aux délibérations du sénat.

IV. — La circonstance que c'est la première fois, en France, que le législateur s'occupe de tramways nous donne une grande facilité pour émettre une définition légale, en même temps qu'elle rend cette définition fort utile, à la condition qu'elle ne soit pas trop limitative.

La définition se trouve, non sous une forme doctrinale qui pourrait être

---

(1) On trouve tous les documents cités et beaucoup de renseignements relatifs aux questions qui viennent d'être touchées dans l'ouvrage intitulé : *Tramways et chemins de fer sur routes*, 1877, par M. Challot, chef de division au ministère des travaux publics.

(2) On trouve l'analyse de cette loi espagnole dans l'*Annuaire de législation étrangère* publié par la Société de législation comparée, 1878, p. 474-475.

(3) Voir ce qui est dit, à propos de la loi belge, dans l'*Annuaire de législation étrangère* susmentionné, 1876, p. 639.

imprudente, mais sous la forme d'une simple énonciation de faits, dans l'article premier du projet du gouvernement : « Il peut être établi des voies ferrées à traction de chevaux ou de moteurs mécaniques, sur des voies dépendant du domaine public de l'Etat, des départements ou des communes. »

Il ne nous semble pas qu'il y ait d'inconvénient à maintenir ces termes, à la fois suffisamment précis et suffisamment compréhensifs. La rédaction gagnera toutefois en clarté et en exactitude à être formulée comme il suit : « Les tramways sont les voies ferrées à traction de chevaux ou de moteurs mécaniques, établies sur les voies dépendant du domaine public de l'Etat, des départements ou des communes. »

Nous ferons remarquer que la définition ne détermine ni la nature des rails, plats ou saillants, ni le plus ou moins de dépendance des tramways à l'égard des chemins de fer proprement dits. Ces circonstances sont indifférentes. La loi actuelle s'appliquera dans tous les cas.

V. — De cette première partie de l'article indiquant que les tramways peuvent exister sur des voies dépendant du domaine public de « l'*Etat*, des *départements* ou des *communes* », résulte une division tripartite, qui sera ultérieurement développée et que votre commission accepte, en en modifiant l'origine, comme il sera dit au paragraphe suivant de ce rapport.

On s'est demandé s'il n'y avait pas lieu de mentionner à part les berges des cours d'eau et des canaux, pour permettre d'y établir des tramways. On a répondu que ces berges font toujours partie d'un domaine quelconque ; à moins qu'elles ne dépendent d'une propriété particulière, elles sont donc comprises dans les voies dont parle l'article et, par conséquent, elles pourront recevoir des tramways.

Quant aux voies particulières, il est certain que, comme les terrains privés, elles ne pourraient être employées qu'après expropriation, si les propriétaires ne consentaient pas à l'établissement des tramways. Comment l'expropriation devra-t-elle avoir lieu ? C'est ce qui sera dit plus loin.

L'article, amélioré dans sa rédaction par la commission, ajoute : « Ces voies ferrées, ainsi que leurs déviations et voies accessoires en dehors du sol des routes et chemins, sont soumises aux dispositions suivantes. »

Ce second paragraphe prévoit le fait, qui se produira souvent, soit d'une voie rectificative, soit d'une voie de raccordement accessoire à la voie principale ; ces voies devront être soumises au même régime que la voie principale. Aucune objection ne peut être faite à cette assimilation.

VI. — L'article 2 contient les dispositions fondamentales de la loi.

Il s'agit de déterminer à qui appartiendra le droit de concession et par conséquent de faire, sous ce rapport, la part tant de la puissance publique que de la propriété et des intérêts qui se trouvent ici en concours.

Il faut remarquer immédiatement que les systèmes extrêmes se trouvent, d'un commun accord, écartés. Personne ne conteste la nécessité d'une autorisation, dès que le tramway s'exécute par l'industrie privée, et l'on ne suppose pas, avec raison, qu'il puisse être exécuté autrement, sauf à l'Etat, aux départements ou aux communes à succéder à l'entreprise, par suite d'expiration de la concession ou de déchéance antérieure à cette expiration. Personne, d'autre part, ne demande le maintien du régime actuel, qui concentre le droit de concession entre les mains de l'Etat seul, sauf cession, avec faculté de rétrocession, aux départements et aux communes, qui semblent ainsi ne posséder qu'une individualité juridique inférieure.

Tout le monde reconnaît que le droit de concession directe devra être partagé entre l'Etat, les départements et les communes. De là des tramways *de l'Etat* ou *nationaux*, des tramways *départementaux* et des tramways *communaux*. Ce principe est celui du projet du gouvernement, pleinement accepté par la commission. Le caractère différent des tramways résultera de l'origine de la concession : sera national le tramway concédé par l'Etat;

sera départemental le tramway concédé par le département, c'est-à-dire par le conseil général; sera communal le tramway concédé par la commune, c'est-à-dire par le conseil municipal.

Mais suivant quelles distinctions, s'il y a des distinctions à faire, sera-ce à l'Etat, aux départements ou à la commune d'accorder la concession? C'est ici que plusieurs systèmes se présentent. Nous ne parlerons que de ceux qui se sont formulés devant votre commission.

D'abord le système du projet du gouvernement. C'est à la personne morale, Etat, département ou commune, qui est propriétaire de la voie ou des voies sur lesquelles le tramway doit être établi, qu'il appartient d'accorder la concession: Etat, s'il s'agit de routes nationales; département, s'il s'agit de routes départementales; commune, s'il s'agit de voies municipales. Jusque-là rien de plus simple; on suppose le tramway établi sur des voies de même nature. Mais le contraire se présentera fréquemment, presque toujours: le tramway empruntera les voies nationales ou départementales sur une partie de son parcours, communales sur une autre, souvent des trois sortes. A qui, en ce cas, appartiendra le droit de concéder? Au plus éminent, si l'on peut employer cette expression, des propriétaires: à l'Etat, si une fraction quelconque, quelque minime qu'elle soit, des voies empruntées, appartient à l'Etat; au département, si une telle fraction de ces voies appartient au département, — les communes ne restant maîtresses que dans le cas où les voies empruntées sont exclusivement communales dans tout le parcours du tramway. Il y a plus: si le tramway passe sur le territoire de deux communes, les communes sont dépossédées du droit de concession par le département, alors même que le département ne serait propriétaire d'aucune fraction des voies. De même, si le tramway emprunte des voies purement départementales ou communales, mais s'étendant sur le territoire de plusieurs départements, l'Etat seul est muni du droit de concession. Tel est le système résultant du texte du projet du gouvernement (*art.* 2, *p. 36*).

Une disposition de détail de cet article, que nous n'avons pas analysée, avant de le transcrire, devrait être modifiée alors même que le système serait adopté: c'est celle d'après laquelle l'Etat concédant, — tandis qu'il pourrait accorder la faculté de rétrocession au département ou à la commune concessionnaire, lorsqu'il s'agirait d'un tramway établi en tout ou en partie sur une voie appartenant à l'Etat, — n'aurait pas le même droit d'accorder la faculté de rétrocession, lorsqu'il s'agirait d'un tramway établi sur des voies départementales ou communales, cas auxquels cependant il disposerait également seul des concessions. Cette différence, peu facile à expliquer, résulte de la combinaison des paragraphes 1 et 2 de l'article du projet; il faut l'attribuer à une imperfection de rédaction, qui, dans tous les cas, devrait être réparée.

Mais votre commission ne s'est pas arrêtée à cette critique partielle. Elle n'a pas accepté le système du projet.

D'abord pourquoi réserver à l'Etat seul le droit de concession, si les voies empruntées appartiennent à différents départements? Pourquoi le réserver au département seul, si les voies appartinnent à différentes communes? Le gouvernement a pensé évidemment que le désaccord pourrait exister entre les départements ou entre les communes; dans ce cas, la disposition serait nécessaire. Mais ce désaccord supposé ne se produira pas toujours. Tout au contraire, l'entente se fera souvent. Presque toujours l'une des communes, l'un des départements, aura un intérêt prépondérant qui lui dictera les résolutions qui faciliteront l'accord; même en cas d'intérêts partagés, cet accord sera possible. Et alors il n'y a pas de motif pour déposséder les départements et les communes, parce qu'il y en a plusieurs, du droit qu'on reconnaît à chacune de ces personnes morales, en particulier. Il pourra y avoir plusieurs départements concédants ou plusieurs communes concédantes. Sans désirer que ce cas se réalise souvent, aucune raison d'ordre supérieur n'exige qu'il n'en puisse être ainsi.

Nous vous proposerons donc de maintenir le droit des départements, par une disposition analogue à celle que vous avez adoptée à l'égard des chemins de fer d'intérêt local s'étendant à plusieurs départements, c'est-à-dire en déclarant applicables à ce cas les articles 89 et 90 de la loi du 10 août 1871.

Quant au droit des communes, c'est par l'intermédiaire du préfet seulement que la conciliation pourra être tentée et réalisée. Nous n'avons pas voulu, à propos d'une loi spéciale, modifier les principes généraux de la législation. Nos deux propositions sont scrupuleusement conformes à ces principes et nous les croyons en harmonie avec les données d'une sage décentralisation. Elles se formuleront dans un article que nous détacherons de l'article 2 et qui par conséquent portera le n° 3, parce que nous voulons réserver l'article 2 à la solution de la question principale, le droit de concession, dégagée du cas de concours possible de plusieurs départements ou plusieurs communes.

Il nous faut revenir à cette question, pour indiquer le principal dissentiment entre le projet du gouvernement et le projet de la commission.

Votre commission a été frappée de l'inconvénient qu'il y aurait à toujours accorder le droit de concession à l'Etat et à l'Etat seul, à l'exclusion des départements et des communes, dès qu'une fraction quelconque des voies empruntées serait nationale; au département et au département seul, à l'exclusion des communes, dès qu'une fraction serait départementale. C'est ici que l'on pourrait songer à adopter une disposition analogue à celle de la loi belge, qui distingue entre le cas où le tramway est établi « principalement » sur une voie de telle nature et « accessoirement » sur une voie de elle ou telle autre, pour accorder le droit de concession au représentant du domaine qui subit l'emprunt principal. Mais il peut être quelquefois difficile de distinguer le principal de l'accessoire. Votre commission ne s'est pas arrêtée à la distinction de la loi belge. Elle est d'ailleurs entrée dans un autre ordre d'idées, que nous allons exposer et qui sert de base aux dispositions que nous vous proposerons.

On a fait remarquer que non-seulement il serait peu raisonnable de refuser aux départements et aux communes le droit de concéder certains tramways, par le seul fait qu'une faible portion des voies empruntées ne dépendrait pas de leur domaine; mais on a ajouté que réciproquement il serait fâcheux que l'Etat ne pût concéder un tramway sur une voie exclusivement départementale ou exclusivement communale, dans le cas où il y aurait un grand intérêt pour lui à le faire et où le département ou la commune, sans s'opposer à l'établissement du tramway, ne voudrait pas en prendre l'initiative.

Nous avons soin de dire : sans s'opposer à l'établissement du tramway. Car il est entendu que le respect de la propriété doit rester complet. Il faut avant tout que la personne morale (Etat, département ou commune) dont une fraction quelconque du domaine sera empruntée, si elle n'est pas elle-même partie concédante, autorise l'emprunt. La plus mince commune devra pouvoir, à cet égard, tenir en échec l'Etat lui-même; sauf à celui-ci à obtenir, par les voies légales, le classement comme route nationale de la fraction de chemin dont l'usage lui serait refusé pour l'empêcher de faire exécuter un tramway d'intérêt général.

Mais, si tous les propriétaires consentent, leur droit est respecté. Pourquoi, en pareil cas, l'Etat, ayant donné toutes les satisfactions dues aux intérêts communaux, ne pourrait-il établir un tramway national sur un chemin exclusivement communal? Pourquoi, à l'inverse, une commune ne pourrait-elle établir un tramway communal sur une route nationale, si elle en obtient l'autorisation de l'Etat?

Qu'importe le caractère légal des voies? C'est aux intérêts en jeu, aux besoins réels, aux considérations de fait qu'il faut uniquement se tenir. Aucun droit ne sera violé, si personne ne se plaint. En matière de chemins de fer, le pouvoir qui concède et le régime légal du chemin déterminent seuls sa qualité de chemin d'intérêt général ou de chemin d'intérêt local. L'Etat qui s'empare d'un chemin lui imprime par là même le premier de ces caractères; à l'inverse, un chemin d'intérêt général peut devenir chemin d'intérêt local, en passant dans le domaine d'un département. Il est vrai que, quand il s'agit de chemins de fer, la propriété du sol, soit par voie d'expropriation, soit par voie de cession, passe au nouveau propriétaire du chemin; mais le consentement des propriétaires des voies empruntées doit équivaloir à ce changement de propriété, en matière de tramways, puisque l'essence même du tramway est de ne pas enlever la voie à son usage ordinaire, tout en lui permettant d'être autrement utilisée. Rien n'empêche donc qu'il y ait des tramways nationaux, départementaux et communaux, existant indifféremment sur des voies de caractère légal différentes et dépendant de domaines étrangers aux concédants, si le consentement de tous les intéressés a été obtenu. Le caractère du tramway dépendra seulement de l'auteur de la concession. Il sera national, si la concession émane de l'Etat; départemental, si elle émane du département; communal, si elle émane de la commune.

Votre commission s'étant rangée à cette manière de voir, non sans contestation, mais à une grande majorité, la rédaction du projet du gouvernement a dû être totalement remaniée. Nous croyons exprimer clairement la pensée nouvelle par la rédaction que nous vous soumettons. Dans le § 1er de l'article 2, le principe est posé. Dans les §§ 2 et 3 qui suivent, l'intervention des représentants légaux des départements et des communes, pour les concessions faites par ces personnes morales, est réglée. Un § 4 traite de la forme des consentements à donner quand le tramway est créé par l'Etat, le département ou la commune, sur des voies étrangères à leur domaine. Nous avons pensé que, quand il s'agissait de chemins de grande communication et de chemins d'intérêt commun, il était préférable de s'adresser au département, qui centralise les ressources et qui dirige effectivement le service de ces chemins, plutôt qu'aux communes, desquelles ils dépendent nominalement. Pour les autres voies, l'Etat, s'il s'agit de routes nationales, le département, s'il s'agit de routes départementales, la commune, s'il s'agit de chemins communaux, donneront leur consentement, le département et la commune par délibération de leurs conseils élus, sous la différence qu'établit la législation générale entre les délibérations des conseils généraux, exécutoires par elles-mêmes, et les délibérations des conseils municipaux, soumises à l'approbation préfectorale.

L'article 3 du projet de la commission règle une question déjà exposée plus haut.

Par l'article 4, nous avons voulu exprimer et généraliser des droits qui pourraient, sans doute, être considérés comme existant dans tous les cas et pour tout le monde, mais dont il paraît ne pas être inutile de faire mention, afin d'écarter tout doute : c'est 1° le droit de concéder l'entreprise à une autre personne morale qui aurait pu elle-même accorder la concession, et 2° le droit pour ce concessionnaire de rétrocéder lui-même à des particuliers.

Nous proposons au sénat de substituer à l'article 2 du projet du gouvernement les trois articles suivants (*2, 3 et 4 du projet de la commission, p. 140*).

VII. — L'article 3 du projet, devenu pour nous article 5, règle la forme légale des concessions.

La nécessité d'une déclaration préalable d'utilité publique, actuellement exigée par la jurisprudence, est consacrée législativement.

Mais l'intervention du législateur lui-même n'a pas paru nécessaire pour les tramways, comme pour les chemins de fer d'intérêt local. La différence est justifiée par ce fait qu'il ne s'agit pas ici de créer une nouvelle voie publique ; cette voie est préexistante. Les expropriations, s'il doit en être opéré, soit pour élargir la voie, soit pour créer des voies accessoires de raccordement ou autres, n'auront jamais qu'une importance secondaire.

Il suffira donc, pour la déclaration d'utilité publique, d'un décret délibéré en conseil d'Etat. Le ministre des travaux publics présentera le projet de décret au conseil. Le ministre de l'intérieur sera consulté.

La présentation du décret devra elle-même être précédée d'une enquête, dont les formes seront déterminées par un règlement d'administration publique. S'il s'agit de concessions faites par l'Etat, les conseils généraux des départements et les conseils municipaux des communes traversées ; s'il s'agit de concessions faites par les départements, les conseils municipaux des communes ; s'il s'agit de concessions faites par les communes, les conseils généraux des départements seront entendus dans cette enquête.

Aucune concession, de quelque autorité qu'elle émane, ne peut être réalisée que par décret. Le décret déclare l'utilité publique et autorise l'exécution.

Telles sont les dispositions de l'article. Elles nous paraissent à la fois sages et suffisantes. Nous vous proposons de les adopter.

VIII. — De même qu'en matière de chemins de fer d'intérêt local, votre commission pense qu'il y aurait lieu de faire dresser par le conseil d'Etat un ou plusieurs cahiers des charges types, qui serviraient de base aux traités relatifs aux concessions de tramways.

C'est ce qui résulterait d'une disposition ainsi conçue (*art. 6 du projet de la commission, p. 53*).

IX. — L'établissement d'un tramway peut donner lieu à des expropriations, nous l'avons dit, soit pour élargir la voie principale elle-même, soit pour créer des déviations ou d'autres voies accessoires.

Suivant quelles formes ces expropriations auront-elles lieu ? Le silence du législateur entraînerait l'application de la loi du 3 mai 1841.

On a pensé que cette application pourrait être ici avantageusement remplacée par celle de l'article 16 de la loi du 21 mai 1836, qui, en matière d'ouverture et de redressement de chemins vicinaux, organise le fonctionnement d'un jury spécial de quatre membres, présidé par un juge ou par le juge de paix.

Cette procédure sera plus expéditive. L'opinion publique ne proteste pas, en général, contre la manière de faire du jury de la loi de 1836. Enfin, les tramways étant, au regard des chemins de fer, assimilables à ce que sont les chemins vicinaux au regard des routes départementales et nationales, il y a une raison d'analogie pour faire bénéficier les tramways de l'institution organisée par la loi de 1836.

Ces raisons ont touché votre commission, qui vous propose d'insérer dans le projet un article qui prendrait le n° 7.

X. — La période de préparation est terminée. Le décret qui déclare l'utilité publique du tramway et en autorise l'exécution est rendu. La concession est parfaite. Nous entrons dans la période d'exécution. L'article 4 du projet du gouvernement s'occupe de cette exécution.

Il y a lieu de mettre cet article, auquel nous donnons le n° 8, en harmonie avec le système adopté par la commission à l'égard des chemins de fer d'intérêt local, c'est-à-dire d'accorder le pouvoir de décider les questions qui peuvent s'élever à propos des projets d'exécution aux autorités de qui émane la concession, sous les réserves et conditions admises par l'article 3 du projet de loi relatif auxdits chemins de fer, et avec les différences que comporte notre matière spéciale. La simple lecture du texte suffira à justifier les propositions de votre commission.

XI. — Nous n'avons pas de modification à proposer à l'article 5 du projet, devenu article 9, relatif aux droits de péage et au prix de transport que le concessionnaire est autorisé à percevoir. Comme en matière de chemins de fer, les chiffres déterminés sont un maximum. A l'égard des tramways nationaux, le ministre, — à l'égard des tramways départementaux ou communaux, le préfet, homologuent les tarifs.

XII. — L'article 6, qui prend le nº 10, dans son § 1er, impose aux concessionnaires de tramways l'entretien 1º de la portion de voie publique comprise entre les rails et 2º d'une zone de chaque côté, déterminée par le cahier des charges.

Le même article, dans son § 2, dispense ces concessionnaires de l'impôt des prestations en nature, à raison des voitures et bêtes de trait exclusivement employées à l'exploitation.

Ces deux dispositions se justifient d'elles-mêmes.

Dans son § 3, l'article ajoute que les départements et les communes ne peuvent exiger des concessionnaires des redevances ou droits de stationnement qui n'auraient pas été stipulés expressément dans l'acte de concession. On peut se demander si cette disposition, — qui, en ne parlant pas de l'Etat, l'a placé hors de la suspicion qu'il fait peser sur les départements et les communes, — ne doit pas être supprimée comme surérogatoire. Elle ne fait qu'appliquer les principes incontestables du droit formulés par les articles 1134 et 1162 du code civil. Toutefois votre commission a pensé qu'il valait mieux la laisser subsister, parce qu'elle rappelle aux parties contractantes des principes, élémentaires, il est vrai, mais dont il n'est pas impossible que certains pouvoirs locaux, peu éclairés, ne soient tentés de se départir.

XIII. — L'article 7, devenu 11, établit de plein droit au profit des concédants certaines réserves, qu'il deviendra, par suite, inutile d'insérer dans les cahiers des charges.

Nous n'avons pas d'observations à faire sur les deux premières, qui sont identiques à celles stipulées par l'article 5 de la loi sur les chemins de fer d'intérêt local *(p. 29)*. Il en est autrement en ce qui touche la troisième et la quatrième. Parlons d'abord de la dernière.

La 4e réserve est celle de supprimer ou de modifier une partie du tracé, lorsque la nécessité en aura été reconnue dans les formes prescrites par l'article 5, c'est-à-dire après enquête et par décret rendu en conseil d'Etat. Le projet ajoute :

« Les conditions de l'indemnité due en pareil cas seront déterminées par le cahier des charges. A défaut d'une stipulation expresse, le concessionnaire aura droit au remboursement des dépenses utiles faites pour l'établissement de la section supprimée ou modifiée. »

Il faut remarquer d'abord qu'il sera bien difficile de régler par le cahier des charges une pareille indemnité. On pourra le faire sans doute, mais ce ne sera pas le cas le plus fréquent. Aussi prévoit-on l'absence de stipulation : mais quel est le sens précis et quelle pourra être l'application pratique de cette énonciation que l'indemnitaire aura droit au remboursement des dépenses « utiles »? Evidemment une telle disposition donnera lieu à des doutes et fera naître des contestations. Nous avons pensé que le mieux serait d'adopter ici le même système que pour le cas où, en matière de chemins de fer d'intérêt local, le concessionnaire est évincé par l'Etat : c'est-à-dire que l'indemnité serait réglée par une commission spéciale, instituée conformément à la loi du 29 mai 1845 et composée comme il est dit au § 3 de l'article 9 de la loi sur lesdits chemins de fer d'intérêt local *(p. 29)*.

Il n'y aurait qu'avantage à étendre cette disposition au cas de rachat prévu par le 3º de notre article, en supprimant les derniers mots de ce 3º « aux conditions qui seront fixées par le cahier des charges », ces mots restreignant le droit de rachat au cas seulement où le cahier des charges l'a prévu.

En conséquence, nous vous proposons de rédiger les deux derniers paragraphes de notre article comme il suit :

« 3° De racheter la concession ;

« 4° De supprimer ou de modifier une partie du tracé, lorsque la nécessité en aura été reconnue dans les formes prescrites par l'article 3.

« Dans ces deux derniers cas, si les droits du concessionnaire ne sont pas réglés par un accord préalable ou par un arbitrage établi soit par le cahier des charges, soit par une convention postérieure, l'indemnité qui peut lui être due est liquidée par une commission spéciale, formée comme il est dit au § 3 de l'article 9 de la loi sur les chemins de fer d'intérêt local. »

XIV. — L'article 8, devenu 12, règle le cas de déchéance.

Nous préférons à la rédaction du projet celle adoptée par le sénat pour l'article 6 de la loi sur les chemins de fer d'intérêt local et nous vous proposons une rédaction identique.

XV. — Nous pensons qu'il y aurait lieu d'introduire ici une disposition non pas identique mais analogue à celle de la loi belge, article 6, qui est ainsi conçue : « Les actes de concession... ne peuvent empêcher l'octroi de concessions concurrentes. Toute stipulation contraire serait nulle. »

Le principe consacré par la première partie de cette disposition est l'énonciation d'une vérité certaine. Toutefois cette énonciation est utile, afin de prévenir les contestations.

Lorsque la ville de Paris a dû créer ses tramways, il y a peu d'années, il lui eût été avantageux de pouvoir opposer une semblable disposition aux prétentions, fondées ou non, de la compagnie des omnibus.

Il n'est pas à craindre que le conseil d'État se prête légèrement à l'établissement d'une concurrence non justifiée par un intérêt sérieux. Les concessionnaires auraient tort de s'effrayer d'un danger imaginaire.

Quant à la seconde partie de la disposition, consistant à frapper les stipulations contraires d'une nullité d'ordre public, c'est là sans doute une garantie contre la constitution des monopoles, qui doivent être écartés toutes les fois qu'ils ne s'imposent pas par la nature des choses. Mais votre commission a vu dans cette rigueur une exagération et, en conséquence, elle l'a proscrite, en la remplaçant par une énonciation tout opposée, qui a pour effet d'autoriser les stipulations destinées à protéger le concessionnaire contre les concurrences.

Il appartiendra au conseil d'Etat d'écarter le danger de cette clause, — qui, devenue promptement de style, pourrait être abusivement interprétée contre des entreprises ne constituant pas de réelles concurrences, — en déterminant, dans chaque décret, la portée exacte de la stipulation et en en restreignant les effets aux seuls faits qui ont pu être prévus par les parties.

La disposition que nous vous proposons constituerait l'article 13 du projet.

XVI. — L'article 9 du projet du gouvernement prend le n° 14, il porte : « La durée des concessions des tramways ne devra jamais dépasser cinquante ans. »

La fixation de cette durée est empruntée à la loi belge. La loi espagnole porte soixante ans.

Les mots « ne devra jamais » semblent indiquer que les stipulations contraires seraient nulles. Cette nullité est-elle justifiée? On en pourrait douter. Toutefois elle est prudente et ne présente pas de grands inconvénients, puisque la concession peut être renouvelée. Pratiquement, outre la faculté de mettre fin à une exploitation peu avantageuse pour les uns ou les autres des intéressés, elle appellera ceux-ci à examiner de nouveau les conditions des traités, qui, après un aussi long espace de temps, présenteront toujours quelques lacunes. D'autre part, il est difficile d'admettre que la durée d'un demi-siècle ne soit pas suffisante pour donner aux créateurs de l'entreprise une compensation rémunératrice de leurs efforts et de leurs sacrifices. Nous vous proposons donc de maintenir cette disposition, en en affirmant le sens en termes plus clairs, qui seraient ceux-ci : « La durée des concessions ne dépassera jamais 50 ans, quelles que soient les stipulations de l'acte. »

Nous ne saurions approuver de même la disposition qui suit: « Ces concessions ne pourront être retirées, avant le terme fixé par le cahier des charges, que dans les cas de rachat et de déchéance prévus par les actes de concession ». Cela est bien inutile à dire. Si le cahier des charges fixe un terme (au-dessous de 50 ans), la durée sera celle de ce terme. Comment pourrait-il en être autrement?... Ce terme sera abrégé s'il y a rachat ou déchéance. N'est-ce pas encore l'évidence même? — Le § 2 de l'article du projet revient à dire que les conventions lient les parties. Cela est écrit dans l'article 1134 du code civil; cet article suffit. Nous vous proposons la suppression pure et simple du paragraphe.

XVII. — L'article 10 du projet, devenu article 15, règle les conséquences de l'expiration de la concession. L'Etat, le département ou la commune sont substitués au concessionnaire et peuvent exiger le rétablissement de la voie publique « dans l'état primitif ». Il vaut mieux dire : « en bon état de viabilité ». Il peut y avoir intérêt à ne pas rétablir, et quelquefois il y aura impossibilité de rétablir, l'état primitif.

Sauf ce changement, nous vous proposons d'adopter la rédaction du projet, y compris un dernier paragraphe relatif au sort des objets mobiliers et immobiliers servant à l'exploitation.

XVIII. — L'article 11 du projet, qui devient article 16, est la reproduction textuelle de l'article 7 de la loi relative aux chemins de fer d'intérêt local.

Il y a lieu de substituer à sa rédaction une rédaction analogue à celle que la commission a préférée pour cette loi.

XIX. — L'article 12 du projet est une simple transcription de l'article 8 du projet du gouvernement relatif aux chemins de fer d'intérêt local; transcription peu heureuse, puisque, prévoyant la fusion de tramways appartenant à des départements différents, elle oublie le cas de fusion de tramways appartenant à des communes différentes dans le même département. Il y a lieu de le transformer en une disposition qui deviendrait l'article 17.

XX. — La disposition importante de l'article 13 du projet, devenu article 18, permet d'appliquer les prestations en nature et les centimes spéciaux destinés à l'entretien des chemins vicinaux à la dépense des tramways, comme l'article 10 du projet relatif aux chemins de fer d'intérêt local permet de les appliquer à celle de ces chemins de fer.

Il y a lieu de faire subir ici au projet une modification analogue à celle que la commission a déjà adoptée pour cet article 10.

XXI. — Nous arrivons à l'une des principales dispositions du projet, celle de l'article 14, qui doit prendre le numéro 19, laquelle règle les conditions de la subvention de l'Etat.

L'exposé des motifs du gouvernement indique qu'il peut y avoir doute sur le principe même de cette subvention ; trois systèmes sont en présence: le refus de toute subvention, l'utilité des tramways étant trop restreinte ; l'assimilation des tramways aux chemins de fer d'intérêt local, au point de vue de la subvention ; enfin un système intermédiaire, qui consiste à n'accorder de subvention qu'aux tramways d'une importance particulière et à n'accorder à ces tramways qu'une subvention inférieure à celle que peuvent obtenir les chemins de fer d'intérêt local. Le gouvernement s'est arrêté à ce troisième système. Votre commission s'y est ralliée, parce qu'elle y voit une juste appréciation des services que peuvent rendre les tramways et de la mesure qu'il faut toujours garder, quand il s'agit de faire intervenir pécuniairement l'Etat dans des entreprises d'un intérêt secondaire.

Le principe posé, comment serait-il appliqué ? Et d'abord quelles conditions devront remplir les tramways pour prétendre à une subvention quelconque?

Le projet de la loi en exige trois : 1° que le tramway desserve plusieurs communes ; 2° qu'il puisse être employé au transport des marchandises aussi bien qu'au transport des voyageurs ; 3° que la traction s'effectue au moyen de moteurs mécaniques. Quand ces trois conditions sont réunies, on peut assimiler véritablement le tramway à un chemin de fer d'intérêt local, — dit l'exposé des motifs.

Des objections de détail peuvent être élevées contre ces exigences, soit au point de vue de chacune d'elles, soit au point de vue de la nécessité de leur réunion. Toutefois, après examen, la commission les a reconnues légitimes et elle accepte la proposition du gouvernement.

Les tramways réunissant les trois conditions susdites pourront donc obtenir une subvention. Il va sans dire que cette subvention ne pourra se produire que sous la forme d'une garantie d'intérêts. Ici s'appliquent pleinement les motifs énoncés au rapport de M. Emile Labiche à propos des chemins de fer d'intérêt local.

Quelle pourra être l'importance de la subvention ?

M. le ministre des travaux publics nous déclare qu'un tramway à vapeur, de la nature de ceux qui peuvent prétendre à la subvention, peut être, en général, établi et exploité à raison d'une annuité de 5,000 francs par kilomètre, si le tramway n'est pas susceptible de recevoir les véhicules des grands réseaux, et 6,000 francs si le tramway est susceptible de recevoir ces véhicules. Il propose de limiter la participation de l'Etat, dans tous les cas, à la somme maxima de 1,000 francs par an et par kilomètre, le département — ajoutons : ou les communes — devant, avec ou sans le concours des intéressés, s'engager pour une somme égale.

Toute subvention cesserait quand la recette brute dépasserait 5,000 francs, toujours par an et par kilomètre, au cas où le tramway recevrait les véhicules susmentionnés ; 6,000 francs dans le cas contraire. Enfin elle s'éteindrait toujours et nécessairement après la vingtième année d'exploitation.

Ces fixations reposent sur des hypothèses et présentent, dès lors, un caractère un peu arbitraire. Mais il est impossible qu'il en soit autrement. Des hommes compétents qui se sont livrés à des études techniques, appelés, sur leur demande, dans le sein de votre commission, ont déclaré qu'elles étaient insuffisantes, du moins pour la très-grande majorité des départements de France. Néanmoins le gouvernement nous affirme que la subvention de 2,000 francs par an et par kilomètre répond très-largement aux désirs de la plupart des entrepreneurs. Si cette affirmation n'est pas absolument rigoureuse, il y a lieu de la croire fondée sur des appréciations sérieuses. D'ailleurs, il faut, de toute nécessité, imposer une limite aux sacrifices de l'Etat. Celle qu'on nous propose paraît sage.

Dans le même esprit, le projet dispose que la charge annuelle de l'Etat ne pourra dépasser 100,000 francs pour l'ensemble des tramways d'un même département.

Si l'on compare ces règles à celles édictées pour les subventions aux chemins de fer d'intérêt local, on y retrouve l'application d'un même système, avec atténuation proportionnelle des chiffres.

La commission accepte ce système et vous propose le texte suivant *(pour le premier paragraphe, p. 55)*.

XXII. — Les articles 15 à 19 du projet, devenus articles 20 à 24, sont acceptés par votre commission, qui n'a rien à ajouter à l'exposé des motifs du gouvernement. Quelques légères corrections de détail ressortiront du tableau des articles qui suivra ce rapport ; elles s'expliqueront d'elles-mêmes.

A l'article 22, la commission a ajouté un dernier paragraphe, modelé sur le dernier paragraphe de l'article 15 de la loi sur les chemins de fer d'intérêt local. Les mêmes raisons, dans les deux cas, dictaient la même solution.

XXIII. — L'article 20 du projet, devenu 25, contient deux dispositions.

dont la première, — qui consiste à déclarer inapplicables aux tramways les prescriptions des articles 4 à 10 de la loi sur la police des chemins de fer, relatifs aux clôtures et barrières et à certaines servitudes imposées aux riverains, — ne peut qu'être approuvée par la commission. Nous vous demanderons seulement de renverser la formule du gouvernement et, au lieu de dire qu'un certain nombre de dispositions de la loi du 15 juillet 1845 ne sont pas applicables aux tramways, de dire que les articles de cette loi non exceptés sont applicables aux tramways. Il y a assez de différences, entre les tramways et les chemins de fer proprement dits, pour que le doute subsiste sur l'application de plein droit aux tramways d'une loi de police relative aux chemins de fer. Notre formule est donc plus correcte.

Quant à la seconde disposition de l'article, qui accorderait à l'administration, dans le cas où la traction du tramway se fera au moyen de locomotives avec foyer, la faculté de faire supprimer les couvertures en chaume et les amas de matières combustibles existant dans une certaine zone (alors même que ces amas seraient séparés de la voie publique par des clôtures, car le projet ne fait aucune distinction à cet égard), votre commission ne l'accepte pas. Un pareil droit serait absolument exorbitant et constituerait une sérieuse atteinte à la propriété. Ce second paragraphe doit être purement et simplement supprimé.

XXIV. — Les articles 21 et 22, devenus 26 et 27, ne présentent pas de difficulté. Le premier doit seulement subir une légère modification, pour être rendu conforme à l'article correspondant à l'article 18 de la loi sur les chemins de fer d'intérêt local.

Quant au second, il renvoie à un règlement d'administration publique la détermination de mesures qui ont un caractère exclusivement administratif. Nous n'avons, sur ce point, qu'à émettre un vœu, c'est que le règlement soit fait le plus tôt possible, après le vote définitif de la loi.

XXV. — Avec l'article 22, maintenant numéroté 27, finit le projet du gouvernement.

Votre commission croit devoir ajouter encore à ce projet une disposition, qui prendrait le numéro 28 et dernier. Cette disposition accorderait aux concessionnaires de tramways, en matière de droit d'enregistrement, une faveur généralement accordée aux concessionnaires de chemins de fer par les lois spéciales concernant chaque concession. Le législateur n'intervenant pas en matière de tramways, il faut, ou inscrire la disposition dont il s'agit dans le contexte même de la présente loi, ou infliger aux concessionnaires de tramways un refus qui n'a pas de raison d'être, en présence de la dispense ordinaire qui vient d'être rappelée.

PROJET DE LOI PRÉSENTÉ PAR LA COMMISSION.

Loi relative *aux tramways.*

Article premier. — *Les tramways sont les* voies ferrées à traction de chevaux ou de moteurs mécaniques *établies* sur les voies dépendant du domaine public de l'Etat, des départements ou des communes.

Ces voies ferrées, ainsi que *leurs* déviations *et voies* accessoires en dehors du sol des routes et chemins, sont soumises aux dispositions suivantes.

Art. 2. — La concession *d'un tramway peut être* accordée par l'Etat, par un département ou par une commune, *quelle que soit la nature des voies sur lesquelles le tramway est établi*, sous la condition des consentements dont il sera parlé au paragraphe 4 ci-après.

Le ministre des travaux publics accordera la concession au nom de l'Etat.

Le conseil général accordera la concession au nom du département.

Le conseil municipal accordera la concession au nom de la commune. Sa délibération sera soumise à l'approbation du préfet.

Si le tramway, dans tout ou partie de son parcours, emprunte une route nationale, le consentement de l'Etat sera nécessaire.

S'il emprunte, soit une route départementale, soit un chemin de grande communication ou un chemin d'intérêt commun, le consentement du département sera nécessaire.

S'il emprunte un chemin vicinal ordinaire ou un chemin rural, le consentement de la commune sera nécessaire.

Le consentement du département sera donné par délibération du conseil général; le consentement de la commune sera donné par délibération du conseil municipal, approuvée par le préfet.

ART. 3. — Lorsque plusieurs départements voudront concourir à l'établissement d'un même tramway, il y aura lieu à l'application des articles 89 et 90 de la loi du 10 août 1871.

Lorsque plusieurs communes voudront concourir à l'établissement d'un même tramway, l'entente entre elles pourra s'établir par l'intermédiaire du préfet ou des préfets, si les communes sont situées dans des départements différents.

ART. 4. — Lorsque l'Etat a pris l'initiative d'un tramway, il peut toujours en accorder la concession à un département ou à une commune, avec faculté de rétrocession. Le département peut agir de même à l'égard de l'Etat ou d'une commune, et une commune à l'égard de l'Etat ou du département.

ART. 5. — Aucune concession ....*(Article 3, § 1er, du projet ministériel, p. 37)*.... des communes, *dont le tramway doit traverser le territoire, seront* entendus.

Dans tous les cas.... *(Article 3, § 2)*....

ART. 6. — Toute dérogation ou modification apportée aux clauses du cahier des charges type, approuvé par le conseil d'Etat, devra être expressément formulée dans les traités passés au sujet de la concession, lesquels seront soumis au conseil d'Etat et annexés au décret.

ART. 7. — Lorsque, pour l'établissement d'un tramway ou d'une des déviations ou voies accessoires drévues à l'article 1er de la présente loi, il y aura lieu à expropriation, cette expropriation sera opérée conformément à l'article 16 de la loi du 21 mai 1836, sur les chemins vicinaux.

ART. 8. — Après que le décret exigé par l'article 5 ci-dessus aura été rendu, il sera procédé comme suit.

S'il s'agit d'un tramway concédé par l'Etat, les projets d'exécution sont approuvés par le ministre des travaux publics.

S'il s'agit d'un tramway concédé par le département, le préfet, après avoir pris l'avis de l'ingénieur en chef du département, soumet ces projets au conseil général, qui statue définitivement. Néanmoins, dans le mois qui suit la délibération, le ministre des travaux publics, sur la proposition du préfet, peut, après avoir pris l'avis du conseil général des ponts et chaussées, appeler le conseil général à délibérer de nouveau sur lesdits projets.

S'il s'agit d'un tramway concédé par la commune, le préfet, après avoir pris l'avis de l'ingénieur en chef, adresse les projets au maire, qui les soumet au conseil municipal, dont la délibération est sujette à l'approbation du préfet.

Dans le cas où le tramway s'étend sur des départements différents ou dans plusieurs communes du même département, en cas de désaccord des divers conseils en ce qui touche les projets, il est statué définitivement par le ministre, si le désaccord existe entre des conseils généraux; par le conseil général, si le désaccord existe entre des conseils municipaux.

ART. 9. — L'acte de concession.... *(Article 5 du projet ministériel)*.... ministre des travaux publics, *s'il s'agit d'un tramway concédé par l'Etat*, et par *les préfets* dans les autres cas. . . . . .

ART. 10. — Les concessionnaires de *tramways établis* sur les routes.... (*Article 6 du projet ministériel*)....

ART. 11. — L'autorité qui fait la concession a toujours le droit:

1° D'autoriser d'autres voies ferrées à s'embrancher sur les *tramways concédés* ou à s'y raccorder;

2° D'accorder à ces entreprises nouvelles, moyennant le paiement des droits de péage fixés par le cahier des charges, la faculté de faire circuler leurs voitures sur les *tramways concédés;*

3° De racheter la concession;

4° De supprimer ou de modifier une partie du tracé, lorsque la nécessité en aura été reconnue dans les formes prescrites par l'article 3.

Dans ces deux derniers cas, si les droits du concessionnaire ne sont pas réglés par un accord préalable ou par un arbitrage, établi soit par le cahier des charges, soit par une convention postérieure, l'indemnité qui peut lui être due est liquidée par une commission spéciale formée comme il est dit au § 3 de l'article 9 de la loi sur les chemins de fer d'intérêt local.

ART. 12. — Le cahier des charges détermine :

1° *Les droits et les obligations du concessionnaire pendant la durée de la concession;*

2° *Les droits et les obligations du concessionaire à l'expiration de la concession ;*

3° Les cas dans lesquels l'inexécution des conditions de la concession peut entraîner la déchéance du concessionnaire, *ainsi que* les mesures à prendre à l'égard du concessionnaire déchu.

La déchéance est prononcée, dans tous les cas, par le ministre des travaux publics, *sauf recours au conseil d'Etat par la voie contentieuse.*

ART. 13. — Aucune concession de tramway ne pourra faire obstacle à ce qu'il soit accordé des concessions concurrentes, à moins de stipulation contraire dans l'acte de concession.

ART. 14. — La durée des concessions *de tramways* ne *dépassera* jamais cinquante ans, *quelles que soient les stipulations de l'acte.*

ART. 15. — A l'expiration de la concession, l'Etat, le département ou la commune *de qui émane la concession* est substitué à tous les droits du concessionnaire sur les *tramways,* qui doivent lui être *remis* en bon état d'entretien, y compris les déviations construites en dehors du sol des routes et chemins.

L'administration peut exiger que les *tramways* qu'elle avait *concédés* soient *supprimés,* en tout ou en partie, et que les voies publiques soient remises *en bon état de viabilité* aux frais du concessionnaire.

Le cahier des charges règle les droits et obligations du concessionnaire en ce qui concerne les autres objets mobiliers ou immobiliers servant à l'exploitation *du tramway.*

ART. 16. — Toute cession totale ou partielle de la concession, tout changement de concessionnaire, la substitution de l'exploitation directe à l'exploitation par concession, l'élévation des tarifs au-dessus du maximum fixé ne pourront avoir lieu qu'en vertu d'un décret délibéré en conseil d'Etat, rendu sur l'avis conforme du conseil général ou du conseil municipal, s'il s'agit de tramways concédés par les départements ou les communes.

Les autres modifications, s'il s'agit de tramways concédés par l'Etat, pourront être faites par le ministre des travaux publics; s'il s'agit de tramways concédés par les départements, par le conseil général, statuant conformément aux articles 48 et 49 de la loi du 10 août 1871; s'il s'agit de tramways concédés par les communes, par le conseil municipal, dont la délibération devra être approuvée par le préfet.

En cas de cession, l'inobservation des conditions qui précèdent entraîne la nullité et peut donner lieu à la déchéance.

ART. 17. — La fusion des concessions ou administrations de *tramways,* appartenant *soit à l'Etat et à des départements ou à des communes, soit* à des départements différents, *soit à des communes différentes*, ne peut avoir lieu qu'en vertu d'un décret, délibéré en conseil d'Etat et *rendu après l'avis conforme des conseils généraux et des conseils municipaux qui sont intervenus dans les concessions.*

ART. 18. — Les ressources créées *par* la loi du 21 mai 1836 peuvent être appliquées, en partie, à la dépense des *tramways*, par les communes qui ont *assuré l'exécution* de leur réseau subventionné et l'entretien de tous leurs chemins classés.

ART. 19. — *Lors de l'établissement d'un tramway s'étendant* sur le terrain de plusieurs communes, *si ce tramway est* à traction de locomotive *et peut servir à la fois* au transport des marchandises *et* au transport des voyageurs, l'Etat peut s'engager, en cas d'insuffisance du produit brut pour couvrir les dépenses d'exploitation et l'intérêt à 5 p. 100 l'an du capital de premier établissement tel qu'il est prévu par l'acte de concession, à subvenir pour partie au paiement de cette insuffisance, à la condition qu'une partie au moins égale sera payée par le département, avec ou sans *le concours* des communes, ou *par les communes, avec ou sans le concours du département, ou par d'autres intéressés, avec ou sans le concours des départements ou des communes.*

En aucun cas, la subvention de l'Etat ne pourra dépasser la moitié de la somme nécessaire pour élever le produit brut maximum fixé par le § 3 ci-après du présent article.

Cette garantie d'intérêt ne peut être accordée, par le décret qui autorise l'exécution *du tramway*, que dans les limites fixées, pour chaque année, par la loi de finances. La charge annuelle imposée au trésor ne doit, en aucun cas, dépasser 1,000 francs par kilomètre exploité et 100,000 francs pour l'ensemble *des tramways situés* dans un même département.

La participation de l'Etat cessera de plein droit après la vingtième année qui suivra la mise en exploitation. Elle sera suspendue quand la recette brute annuelle atteindra 6,000 francs par kilomètre, pour *les tramways établis* de manière à pouvoir recevoir les véhicules des grands réseaux, et 5,000 francs pour les autres *tramways*.

ART. 20. — Dans le cas où le produit brut *du tramway* pour *lequel* une garantie d'intérêt ....*(Article 15 du projet ministériel)*.... l'Etat, *les départements*, les communes *et les autres intéressés*, s'il y a lieu, dans la proportion des avances faites par chacun d'eux, jusqu'à concurrence du complet remboursement de ces avances sans intérêts.

ART. 21. — Un règlement d'administration publique déterminera :

1° ....*(Article 16, 1°, du projet ministériel)*....;

2° ....*(Article 16, 2°)*.... l'Etat, *les départements* ou les communes pour chaque exercice, et, lorsqu'il y aura lieu, la part revenant à l'Etat, *aux départements*, aux communes ou *aux autres intéressés*, à titre de remboursement de leurs avances sur le produit de l'exploitation.

ART. 22. — Les *tramways* qui *auront reçu* une garantie d'intérêt du trésor *pourront seuls* être *assujettis* envers l'Etat à un service gratuit ou à une réduction du prix des places.

ART. 23. ....*(Article 18 du projet ministériel)*....

Les dispositions des §§ 2, 3 et 4 du présent article ne seront pas applicables dans le cas où la concession du tramway serait faite à une compagnie déjà concessionnaire de chemins de fer ou d'autres tramways en exploitation, si le ministre des travaux publics reconnaît que les revenus nets de ces entreprises sont suffisants pour assurer l'acquittement des charges résultant des obligations à émettre.

ART. 24. — Le compterendu détaillé des résultats de l'exploitation, comprenant les dépenses d'établissement d'exploitation et les recettes brutes, seraremis tous les trois mois, pour être publié, *aux préfets et aux présidents des commissions départementales des départements intéressés*, et au ministr des travaux publics.

Le modèle des documents à fournir sera arrêté par le ministre des travaux publics.

Art. 25. — La loi du 15 juillet 1845, sur la police des chemins de fer, est applicable aux tramways, à l'exception de ses articles 4, 5, 6, 7, 8, 9 et 10.

Art. 26. — La construction, l'entretien et les réparations des *tramways* avec leurs dépendances, l'entretien du matériel et le service de l'exploitation seront soumis au contrôle et *à la surveillance des préfets*, sous l'autorité du ministre des travaux publics.

Les frais de contrôle seront à la charge des concessionnaires. Ils seront réglés *par le cahier des charges ou à défaut par les préfets, s'il s'agit de tramways départementaux et communaux; par le ministre des travaux publics, s'il s'agit de tramways nationaux.*

Art. 27. — Un règlement d'administration publique déterminera les mesures nécessaires à l'exécution de la présente loi et notamment :

1° Les conditions spéciales auxquelles doivent satisfaire *les tramways*, tant pour leur construction que pour la circulation des voitures et des trains;

2° Les rapports entre le service *des tramways* et les autres services intéressés.

Art. 28. — Toutes les conventions relatives aux concessions et rétrocessions de tramways, ainsi que les cahiers des charges annexés, ne seront passibles que du droit d'enregistrement fixe d'un franc.

---

28 janvier 1879. **SÉNAT.**

Première délibération.

M. LE PRÉSIDENT. — Personne ne demandant la parole pour la discussion générale des articles, je donne lecture de l'article 1er.

(*Les articles 1 à 4 du projet de la commission sont lus et adoptés.*)

M. LE PRÉSIDENT. — Il y a, sur l'article 5, un amendement proposé par l'honorable M. Griffe. Cet amendement est ainsi conçu :

« Remplacer le deuxième paragraphe de l'article 5 de la commission par la disposition suivante :

« Les délibérations des conseils municipaux, des conseils généraux, ou les décisions ministérielles portant concession de tramways emportent de plein droit déclaration d'utilité publique. »

La parole est à M. Griffe pour développer son amendement.

M. GRIFFE. — Messieurs, j'ai l'honneur de soumettre à l'appréciation du sénat un amendement à la disposition contenue dans l'article 5 du projet de la commission sur les tramways. Je vais le motiver en très-peu de mots.

La loi sur les tramways organise un système nouveau d'utilisation, si je puis ainsi parler, des routes et des chemins vicinaux. De grandes améliorations peuvent résulter de cette législation nouvelle; il faut donc éviter de la gêner par des entraves. Si l'on est en droit d'exiger que des enquêtes sérieuses, des moyens d'instruction sérieux aient précédé les concessions à faire par les communes, par les départements ou par l'Etat lui-même, — il est absolument inutile à mon sens, d'exiger, comme pour les chemins de fer d'intérêt local, une déclaration d'utilité publique, soit qu'elle émane du pouvoir législatif, soit qu'elle émane seulement du conseil d'Etat.

L'article 5 de la commission établit que, dans tous les cas, l'utilité publique est déclarée et l'exécution autorisée par décret délibéré en conseil d'Etat, sur le rapport du ministre des travaux publics, après avis du ministre de l'intérieur.

Or l'article 6 contient cette disposition, qui, à mon sens, répond à toutes les situations et satisfait à tous les intérêts :

« Toute dérogation ou modification apportée aux clauses du cahier des charges type, approuvé par le conseil d'Etat, devra être expressément formulée dans les traités passés au sujet de la concession, lesquels seront soumis au conseil d'Etat et annexés au décret. »

Ainsi, messieurs, on établit en principe que, pour qu'une concession soit accordée, il faut qu'on se conforme à un type de cahier des charges délibéré par le conseil d'Etat. Eh bien! lorsque la commune, lorsque le département, lorsque l'Etat auront, par des délibérations mûrement motivées, après les enquêtes réglementaires prévues par la loi, créé une concession; lorsqu'on aura, à l'appui de cette concession, appliqué le règlement type, le cahier des charges type, délibéré par le conseil d'Etat, quelle nécessité pourra-t-il y avoir de venir demander la déclaration d'utilité publique au conseil d'Etat lui-même?

Je demande, — et c'est là le premier point de mon amendement, — que les délibérations des communes, les délibérations des conseils généraux et les décisions de M. le ministre en ces matières emportent de plein droit déclaration d'utilité publique, lorsque les concessions auront été faites conformément au cahier des charges type arrêté par le conseil d'Etat. Si, par hasard, une dérogation à ce cahier des charges intervenait et si elle était insérée comme clause dans le contrat, je comprends qu'alors il faudrait que la déclaration d'utilité publique émanât du conseil d'Etat lui-même.

Voilà quels sont le sens et la portée de l'amendement que je vous propose d'adopter.

Les tramways, messieurs, sont appelés à rendre de grands services; ils mettront en communication les plus petites bourgades; leurs parcours peut être très-long ou avoir un très-faible développement; il ne faut pas gêner leur établissement.

J'ajoute que les corps délibérants qui sont le mieux en situation de comprendre l'utilité qu'on peut tirer de ces voies nouvelles, ce sont les conseils municipaux et les conseils généraux, dont, vous le savez, les délibérations sont entourées de toutes les garanties possibles. Des enquêtes sont faites; et, je vous le demande encore, lorsque des enquêtes ont eu lieu, lorsque le cahier des charges type a été adopté sans modifications, quelle nécessité y a-t-il de venir encore demander au conseil d'Etat une déclaration d'utilité publique? C'est là, ce me semble, une superfétation dans la loi et je suis d'avis qu'il faut retrancher d'une loi tout ce qui peut lui enlever le caractère de la simplicité.

Voilà, messieurs, pour quels motifs je vous demande d'adopter mon amendement.

M. LE RAPPORTEUR. — L'amendement de notre honorable collègue M. Griffe tend à introduire dans la législation une disposition toute nouvelle et d'une gravité exceptionnelle (C'est vrai!). Son adoption conduirait à admettre qu'une déclaration d'utilité publique peut avoir lieu en vertu de la délibération d'un conseil municipal, approuvée par le préfet. Cela serait absolument nouveau, exorbitant, et la commission ne saurait se rallier au principe proposé par l'honorable M. Griffe.

Voix nombreuses. — Elle a raison! — Très-bien!

M. LE RAPPORTEUR. — Toutefois j'aurai l'honneur de faire observer au sénat qu'il s'agit ici d'une première délibération et que, dans ces conditions, notre honorable collègue pourrait avoir à proposer à la commission, s'il ne persistait pas dans les formes absolues qu'il a données à son amendement, des dispositions tendant à faire une certaine part aux idées qu'il soutient. La commission ne s'opposerait donc pas, dans cette hypothèse, à ce que l'amendement lui fût renvoyé, tout en déclarant qu'elle repousse absolument le principe sur lequel il repose. (Non! non! — Aux voix!)

Voilà tout ce que j'avais à dire à ce sujet; c'est uniquement pour se mettre à la disposition du sénat que la commission fait cette déclaration; mais, je le répète, elle repousse absolument le principe de l'amendement. (Très-bien! très-bien!)

M. DE LAREINTY. — Nous aussi!

M. LE PRÉSIDENT. — La commission, par l'organe de son rapporteur, consent au renvoi. Il n'y a pas d'opposition?...

M. DELSOL. — Mais le renvoi n'a pas été demandé!

M. LE RAPPORTEUR. — Pardon, monsieur le président! La commission ne s'oppose pas au renvoi, mais elle ne le demande pas. (Aux voix!)

M. LE PRÉSIDENT. — Le renvoi à la commission n'étant pas demandé, je mets aux voix l'amendement de M. Griffe.

(Le vote a lieu. — L'amendement n'est pas adopté.)

M. LE PRÉSIDENT. — Je mets aux voix l'article 5.

(L'article 5 est adopté.)

M. LE PRÉSIDENT. — Je donne lecture de l'article 6.

Il y a, sur cet article, un amendement présenté par l'honorable M. Griffe. Je donne la parole à M. Griffe pour soutenir son amendement.

M. GRIFFE. — Messieurs, la modification que j'avais proposée sur l'article 5 étant rejetée, celle que j'aurais voulu voir apporter à l'article 6 n'a plus de raison d'être; je retire mon amendement.

M. LE PRÉSIDENT. — Je mets aux voix l'article 6.

(L'article 6 est adopté.)

(*Les articles 7 à 18, 19, §§ 1 et 2, sont successivement lus et adoptés.*)

M. LE PRÉSIDENT. — A la suite des dispositions que le sénat vient d'adopter se placerait une disposition additionnelle, proposée par MM. Vivenot et Honnoré. J'en donne lecture :

« Ajouter après ces mots : « situés dans un même département », ce qui suit :

« La somme prévue par la loi spéciale aux chemins de fer d'intérêt local, comme chiffre maximum de la garantie annuelle d'intérêt afférente à cette catégorie de chemins de fer pour chaque département, pourra, par décret, être reportée en tout ou en partie sur les tramways de ce même département, si le conseil général en fait la demande. »

M. LE RAPPORTEUR. — La commission demande formellement le renvoi à la commission de cet amendement, qui soulève une question intéressante à examiner.

M. VIVENOT. — Je demande également le renvoi à la commission.

M. LE PRÉSIDENT. — Il n'y a pas d'opposition? La disposition additionnelle est renvoyée à la commission.

(*Les articles 19, § 3, et 20 à 28, sont successivement lus et adoptés.*)

M. LE PRÉSIDENT. — Je consulte le sénat sur la question de savoir s'il entend passer à une deuxième délibération.

(Le sénat consulté décide qu'il passera à une deuxième délibération.)

Deuxième délibération.

22 février 1879. SÉNAT.

M. CAILLAUX. — Messieurs, j'ai de très-courtes observations à présenter au sénat au sujet du projet de loi qui lui est soumis pour les voies ferrées établies sur les voies publiques.

Je veux appeler son attention sur une confusion qui me paraît exister dans les articles de ce projet et demander à la commission des explications, que je regarde comme indispensables au début de la discussion.

Je dis d'abord qu'il existe, à mon sens, une confusion regrettable dans le projet tel qu'il est présenté par la commission, par suite des modifications qu'elle a apportées au projet du gouvernement, projet qui a été discuté devant le conseil d'Etat et qui est, selon moi, infiniment meilleur que celui qui est soumis à vos délibérations.

Je signale d'abord la confusion qui résulte du nouveau titre de la loi, que la commission appelle *loi sur les tramways* et que M. le ministre des travaux publics avait appelée *loi relative aux voies ferrées établies sur les voies publiques*. Je crois que ce dernier titre était bien plus général et beaucoup plus juste que celui qui lui a été substitué.

En effet, la loi qui vous est soumise a pour objet de réglementer à la fois deux modes de transport, les tramways proprement dits et les chemins de fer sur les routes.

La commission propose la seule désignation de tramways, et pour les tramways proprement dits et pour les chemins de fer sur routes, qui sont pourtant deux modes de transport essentiellement différents. Le tramway, tel qu'on le connaît aujourd'hui en France, est un mode de transport affecté particulièrement au service des voyageurs dans les villes ou dans la banlieue des villes. Le mode d'exploitation d'un tramway consiste à faire succéder, les unes aux autres, des voitures exclusivement destinées au transport des voyageurs, à des intervalles de temps assez rapproché, pour que le public les trouve toujours à sa disposition, à quelque moment qu'il se présente.

Au contraire, pour les chemins de fer sur routes, il y aura, dans la plupart des cas, un, deux, trois trains au maximum de chaque sens dans une même journée. C'est là une différence essentielle dans des conditions qui ne se ressemblent pas et c'est pour cette raison qu'il me paraît très-fâcheux de grouper, sous un même nom qui, pour l'un d'eux, a une signification déjà acquise, deux modes de transport aussi différents l'un de l'autre, tellement qu'ils n'ont qu'un point de ressemblance, c'est qu'ils se font sur une voie ferrée.

Il y a d'autres causes de confusion dans le projet de loi.

Ainsi on a indiqué, dans l'article 6, qu'un cahier des charges type serait préparé par le conseil d'Etat, qu'on devrait s'y conformer et que toute dérogation ou modification qui y serait apportée devrait être expressément formulée dans les traités passés au sujet de la concession. Or je considère qu'il est très-difficile, sinon impossible, de dresser un cahier des charges qui soit applicable à deux voies essentiellement différentes.

Une objection plus grave encore est celle que soulève le mode d'expropriation proposé. L'article 7 du projet de loi décide, en effet, que les expropriations des terrains nécessaires pour l'établissement des déviations ou des voies accessoires des tramways seront opérées conformément à l'article 16 de la loi du 21 mai 1836, substituée à la loi générale d'expropriation pour cause d'utilité publique du 3 mai 1841.

Ce qui peut se faire, ce qui se fait pour des déviations de chemins vicinaux est évidemment inadmissible pour des déviations de routes, nationales ou départementales, et encore moins pour des déviations des voies accessoires nécessaires au service des tramways dans les villes.

Pouvez-vous admettre, messieurs, par exemple, qu'à Paris, alors qu'il s'agira d'acquérir des terrains pour des voies accessoires à des tramways, ce soit la loi de 1836, qui a été faite uniquement pour les chemins vicinaux, qui est supportée par les populations parce qu'il s'agit seulement de chemins vicinaux, pouvez-vous admettre, dis-je, que ce soit la loi de 1836 qui soit applicable à cette expropriation?

Dans l'article 18, il existe une confusion du même genre. On autorise les communes à faire application des ressources créées par la loi de 1836 à la dépense des tramways. Quand il s'agit de chemins sur routes, je n'y fais pas d'objection ; mais, lorsqu'il s'agira des tramways dans les villes, il s'en élèvera de toutes parts de considérables.

Il en est de même encore pour l'article qui traite des subventions de l'Etat. Dans l'article 19, il est fixé qu'une subvention annuelle, de 1,000 francs par kilomètre et pendant vingt ans au maximum, pourra être accordée par l'Etat pour l'établissement des tramways, sans qu'on y ait indiqué qu'il s'agit seulement des chemins de fer sur routes. Il y a là encore, à mon avis, une cause d'erreur et d'embarras, qui n'existait pas au même degré dans le projet du gouvernement et que je déplore à tous égards.

En même temps qu'on soumet à vos délibérations un projet dans lequel je relève des confusions si regrettables et qu'on aurait évitées, si l'on avait divisé la loi en deux titres (l'un pour les tramways proprement dits et l'autre pour les chemins sur routes, comme il était facile et, je crois, rationnel de le faire) ; en même temps, messieurs, qu'on a fait une confusion entre deux sortes de voies qui ne se ressemblent pas, on a séparé, d'une façon extraordinaire, deux autres sortes de voies qui se ressemblent, au contraire, sur beaucoup de points; je veux parler des chemins de fer sur routes et des chemins de fer d'intérêt local.

Vous avez voté récemment, sur les chemins de fer d'intérêt local, une loi qui est en ce moment soumise aux délibérations de la chambre des députés.

Il y est stipulé que la déclaration d'utilité publique des chemins de fer d'intérêt local ne pourra être prononcée que par une loi. Au contraire, dans le projet qui vous est soumis, la déclaration d'utilité publique des tramways et des chemins sur routes sera prononcée par un simple décret, rendu en conseil d'Etat.

Dans la loi des chemins de fer d'intérêt local, l'expropriation des terrains nécessaires se fait conformément à la loi du 3 mai 1841. Au contraire, dans la loi qui vous est présentée pour les chemins de fer sur routes, l'expropriation doit être opérée conformément à l'article 16 de la loi du 21 mai 1836.

Enfin, pour les chemins de fer d'intérêt local, le gouvernement peut accorder une subvention de 2,000 francs par kilomètre et par an, pendant une période de trente années, jusqu'à concurrence de 200,000 francs par département ; tandis que, pour les chemins de fer sur routes, le gouvernement ne pourra accorder qu'une subvention de 1,000 francs par kilomètre et par an, pendant vingt ans, jusqu'à concurrence de 100,000 francs au maximum par département.

Il y a donc, sur ces trois points, des différences essentielles et considérables entre les deux sortes de voies, qui cependant se ressemblent à tel point que, dans beaucoup de cas, elles peuvent et doivent se confondre.

C'est sur ces divergences que j'appelle les explications nécessaires de la commission. Je lui demande de vouloir bien indiquer, — et c'est là l'objet spécial que j'ai eu en vue en montant à cette tribune, — quelle distinction pratique elle établit entre les chemins de fer d'intérêt local et les chemins de fer sur route qu'elle qualifie de tramways dans son projet. Quelles sont, dans la loi, les dispositions qui permettront de les distinguer?

Je demande dans quelle catégorie sera classé un chemin qui empruntera, pour une partie, les voies dépendant du domaine public de l'Etat, des départements ou des communes; ou un tramway qui aura des déviations sur une grande partie de sa longueur.

Ainsi je suppose un chemin qui suit, sur les deux tiers de son parcours, des voies existantes et, sur un tiers, des déviations, sera-ce un tramway? Si, au contraire, il suit, sur un tiers de son parcours, des voies existantes et, sur deux tiers, des déviations, sera-ce un chemin de fer d'intérêt local?

Appliquera-t-on à chacune des parties des conditions différentes pour la déclaration d'utilité publique, pour le mode d'expropriation, pour la subvention?

Sera-ce la partie la plus longue qui déterminera la nature du chemin et, suivant qu'il y aura 14 ou 16 kilomètres sur 30 kilomètres de voies publiques empruntées, sera-ce un tramway ou un chemin d'intérêt local?

Quelles règles suivra-t-on pour la distinction à établir? Qui les fixera?

Sera-ce le ministre des travaux publics, le conseil d'Etat ou le parlement?

Dans quel cas faudra-t-il une loi pour la déclaration d'utilité publique? Faudra-t-il exproprier dans les conditions de la loi du 3 mai 1841?

Dans quel cas enfin la subvention pourra-t-elle être de 2,000 francs par an et par kilomètre, pendant 30 ans, au lieu de 1,000 francs par an et par kilomètre, pendant 20 ans?

Les questions que je pose ont une grande importance; car, lorsque les chemins de fer d'intérêt général que propose d'exécuter M. le ministre des travaux publics — et dont il a soumis les projets à la sanction des chambres — seront terminés, avant même qu'ils ne soient terminés, il faudra faire ce que j'appellerai le réseau des chemins de fer vicinaux, des chemins de fer économiques à voie d'un mètre, qui peuvent s'exécuter au prix de 40 ou 50,000 francs, au maximum, par kilomètre, à la condition d'emprunter les voies publiques existantes, non pas sur toute leur longueur, mais sur une partie de cette longueur, lorsqu'il s'agira d'éviter des passages difficiles, comme la traversée d'une vallée qui entraîne souvent la construction d'ouvrages coûteux; c'est, en effet, surtout dans ces passages difficiles qu'on a intérêt à emprunter les chemins existants.

La véritable solution des chemins à bon marché ne consiste pas, selon moi, à les établir sur des routes, sur toute leur longueur (car, dans la plupart des cas, toutes les fois que la largeur des voies empruntées ne dépasserait pas 12 mètres, ils y seraient une gêne considérable pour l'agriculture et une cause de dangers permanente), mais seulement à emprunter les routes là où des difficultés topographiques entraîneraient des dépenses trop élevées. Partout ailleurs, il est préférable de les établir en dehors. C'est dans la prévision qu'on arrivera ainsi à faire des chemins de fer vraiment à bon marché, qu'il est extrêmement important de savoir si les chemins que je viens de désigner, ceux qui empruntent les routes ordinaires sur certaines parties seulement de leur parcours, là où cela est indispensable pour éviter de grosses dépenses, si ces chemins seront des tramways ou des chemins de fer d'intérêt local; s'il faudra une loi ou un décret pour les déclarer d'utilité publique; si, pour eux, l'expropriation se fera par la loi du 3 mai 1841 ou par celle du 21 mars 1836; si enfin ils seront appelés à bénéficier de subventions plus ou moins élevées. C'est sur ces points que j'appelle particulièrement les explications de la commission (Approbation à droite).

M. LE RAPPORTEUR. — Messieurs, parmi les observations que l'honorable M. Caillaux vient de présenter au sénat, il y en a qui ont une portée générale; il y en a d'autres qui ne constituent que des critiques de détail.

Par exemple, ce que l'honorable M. Caillaux a dit à propos de l'article qui permet d'appliquer l'expropriation de la loi de 1836, en matière d'établissement de tramways, je le considère comme une question de détail. Il en est de même de ce qu'il a dit relativement à la nécessité de rédiger plusieurs cahiers de charges types, ainsi que ce qu'il a dit encore à propos de l'article 18. Ces questions se présenteront naturellement, lorsque chacun des articles arrivera en discussion, et je demande à l'honorable M. Caillaux d'écarter, quant à présent, ces questions spéciales, pour m'en tenir aux observations et aux critiques générales qu'il nous a présentées.

Si j'ai bien compris l'honorable M. Caillaux, elles portent sur deux points : d'abord sur la définition des tramways, ensuite sur la question de savoir comment on pourra distinguer les tramways des chemins de fer d'intérêt local.

Nous allons examiner successivement ces deux points.

La définition des tramways, telle que l'a proposée la commission, contient, en effet, ainsi que l'a fait observer M. Caillaux, une modification du projet du gouvernement. Tandis que le gouvernement vous proposait une loi sur les voies ferrées établies sur la voie publique, votre commission vous apporte un projet de loi sur les tramways.

Cependant je dois dire que la différence qui semble exister dans les mots ne se trouve pas dans les choses, comme a cru pouvoir le dire l'honorable M. Caillaux. Il vous a dit qu'il faut établir deux régimes différents, faire deux lois ou tout au moins deux titres de loi, l'un pour les tramways, l'autre pour les chemins de fer sur routes, qui sont compris dans l'expression de « voies ferrées » et non dans celle de « tramways ». Or le gouvernement ne nous apporte qu'un seul projet, de sorte que les voies ferrées dont parle le gouvernement devraient être soumises au même régime, soit qu'il s'agisse des tramways, dans le sens restreint du mot, soit qu'il s'agisse de chemins de fer sur routes.

Ainsi l'accord existe bien dans les mots; mais, au fond, ce n'est qu'un seul régime que proposait le gouvernement. Dès lors, la commission a cru que, de quelque nature que fussent les voies ferrées, — et tout à l'heure je vais en préciser la différence, — il s'agissait d'un même régime; par conséquent, pourquoi ne pas chercher un mot commun s'appliquant à toutes les voies soumises à ce régime? Tel a été le point de départ de la commission; et la considération sur laquelle elle se base, quand elle substitue le mot « tramways » à ceux de « voies ferrées établies sur les voies publiques », c'est que le mot tramways est plus court et qu'il est plus simple de s'en servir que d'employer une circonlocution comme celle que je ne veux pas répéter, pour abréger la discussion, — car elle la prolonge à elle seule; — il est donc plus simple d'employer le mot tramways que les mots voies ferrées, etc.; et comme, à tout instant, dans les questions administratives, qu'on écrive ou qu'on parle, on est obligé, en matière de législation, d'employer ces expressions, on a préféré éviter la circonlocution voies ferrées, etc.

Y avait-il danger à prendre ce mot de « tramways »? C'est une objection plutôt d'un ingénieur que d'une personne parlant le langage ordinaire, car, dans le langage ordinaire, le mot tramways n'a pas encore un sens bien précis et tend de plus en plus à comprendre tout ce qui n'est pas chemins de fer proprement dits.

La question serait, elle viendra tout à l'heure, de savoir quelle est la différence entre le chemin de fer et le tramway.

Quand il ne s'agit pas d'un chemin de fer, la langue usuelle comprend volontiers sous la même appellation de « tramway » tout ce qui...

M. CAILLAUX. — Il n'y en a pas eu ailleurs que dans les villes!

M. LE RAPPORTEUR. — Pardon, vous me répondrez tout à l'heure; je n'ai pas pu entendre votre interruption.

Dans la langue usuelle et vulgaire, le mot tramway comprend aussi bien les chemins de fer sur routes que les tramways proprement dits. Quelle est la différence entre les tramways et les chemins de fer, dans l'idée générale? Est-ce une voiture à traction de chevaux? Non; il en est à vapeur, à traction par des moyens mécaniques.

Le tramway aujourd'hui comprend une seule voiture employée au transport des voyageurs; cessera-t-il d'être tramway parce qu'il y aura plusieurs voitures, parce qu'il servira, dans une certaine limite, au transport des marchandises? Non, la différence n'est pas là! Le tramway sera-t-il encore caractérisé par ce fait qu'il peut s'arrêter à volonté? C'est déjà là une différence plus grande avec les chemins de fer. Est-ce que tout cela peut être dans la définition? Non, dans une définition légale et surtout dans la définition légale d'un commencement de fait qui pourra se développer, c'est évidemment le caractère principal qu'il faut saisir. La commission croit l'avoir saisi et elle a dit simplement: les tramways sont ce que le gouvernement appelle « voies ferrées établies sur les voies publiques », que les voitures soient traînées par des chevaux ou à la vapeur, tout mode quelconque de locomotion pouvant rentrer dans cette définition.

Tous les tramways se distinguent par là des chemins de fer, parce qu'ils sont établis sur des voies dont l'usage est général, sur des voies publiques.

Au lieu de mettre dans le mot et dans le titre même la définition, la commission vous propose de l'indiquer dans l'article et c'est pour cela qu'elle a rédigé ainsi l'article 1er :

« Les tramways sont les voies ferrées à traction de chevaux ou de moteurs mécaniques établies sur les voies dépendant du domaine public de l'Etat, du département ou des communes. »

Pour mieux compléter et préciser sa pensée, la commission vous propose aujourd'hui, à l'unanimité, d'ajouter le mot « principalement » au milieu de l'article, qui serait ainsi rédigé :

« Les tramways sont des voies ferrées à traction de chevaux ou de moteurs mécaniques établies principalement sur les voies dépendant,... » etc.

Ceci a l'avantage de distinguer, ce qui était déjà indiqué dans le paragraphe 2, qu'il pourra y avoir des déviations en dehors de la voie publique, que le tramway pourra quitter la voie principale sur laquelle il est établi. Ces déviations, comme le dit l'article 2, seront soumises au même régime que la voie principale. Mais il n'en est pas moins bon de dire, dès le premier paragraphe, que le tramway est établi « principalement », parce que, par là même, vous avez, dans ce qu'elle a d'essentiel, la définition du tramway.

Je rassure donc l'honorable M. Caillaux et, comme le gouvernement ne proposait pas, comme il ne propose pas lui-même, de soumettre quant à présent (on verra plus tard ce qu'il y aura lieu de faire d'après la pratique) les chemins de fer sur route à d'autres règles que les tramways proprement dits, nous demandons la permission d'appeler, en général, « tramways » les chemins de fer établis sur voie publique.

Ce n'est pas une innovation, quoique la matière soit nouvelle. Ce n'est pas une hardiesse. D'autres pays ont déjà donné cette acception générale au mot « tramway », notamment la loi espagnole. Y a-t-il un danger? On ne vient pas alléguer que le mot actuel de « tramway » ne soit pas en correspondance exacte avec le sens étymologique, C'est une question de linguistique. Mais cela n'embarrassera jamais les administrateurs et les jurisconsultes chargés d'appliquer la loi, qui sauront, au caractère que je viens d'indiquer tout à l'heure, distinguer le tramway du chemin de fer proprement dit.

Je crois avoir répondu à la première observation de M. Caillaux. Il est bien entendu que la définition légale du tramway a aujourd'hui toute la largeur que lui donne la loi et n'exclut pas le chemin de fer sur routes, que jamais les lois anciennes n'avaient dénommé et qui entre dès aujourd'hui dans la loi nouvelle, si vous l'adoptez et si elle obtient l'assentiment des deux chambres.

Je passe à la seconde partie de l'observation de l'honorable M. Caillaux, qui est celle-ci : mais comment distinguerez-vous, dans la pratique, les tramways, tels que vous les entendez dans le sens large, des chemins de fer d'intérêt local, sur lesquels une nouvelle loi vient d'être votée par le sénat? Voilà deux choses qui se rapprochent beaucoup du chemin de fer d'intérêt local et que vous séparez. Le chemin de fer sur routes, c'est presque le chemin de fer d'intérêt local, dit M. Caillaux, dont je recueille un signe d'assentiment. Comment les distinguerez-vous? car il y a un grand intérêt à les distinguer. Dans un cas, il faut une loi pour la déclaration d'utilité publique; dans l'autre, il suffit d'un décret. Dans un cas, c'est l'expropriation prescrite par la loi du 3 mai 1841 qui est applicable ; dans l'autre, c'est l'expropriation édictée par la loi de 1836.

En effet, il y a beaucoup d'intérêt à faire cette distinction. Mais est-ce que c'est une question pratique que nous allons examiner là? Pour moi, c'est une question purement théorique et voici pourquoi.

Quant à l'application des lois dont il s'agit, elle ne viendra qu'après l'acte primordial, l'acte de la création de la voie dont il s'agit, la concession précédée du décret de déclaration d'utilité publique, rendu par le conseil d'Etat, ou de la loi qui aura déterminé pour la pratique le caractère définitif et ultérieur du tramway. Ce n'est que dans la période de préparation, et avant que l'affaire soit soumise aux chambres ou au conseil d'Etat, qu'on pourra rechercher s'il y a lieu à tramway ou à chemin de fer d'intérêt local. Car, je le répète, une fois l'acte constitutif intervenu, il n'y a plus de doute; l'acte est qualifié dans ses conséquences, régi par la loi ou par le décret rendu en conseil d'Etat. C'est avant, c'est au moment où il s'agira de créer l'entreprise de transports dont il s'agit, qu'on pourra rechercher et se demander s'il y a lieu de faire un tramway ou un chemin de fer d'intérêt local.

Tantôt il y aura lieu à faire un tramway, tantôt un chemin de fer. C'est une question de fait et non de principe. Tantôt la voie à créer devra être chemin de fer d'intérêt local, parce qu'il s'agira de créer une voie nouvelle dont l'usage sera laissé au public, tantôt ce sera un tramway, parce qu'il s'agira d'emprunter, dans un certain parcours seulement, la voie publique préexistante.

Maintenant il y a des cas douteux, des cas intermédiaires où il faudra, tout en utilisant principalement la voie ordinaire, créer des déviations et où l'on ne pourra plus se servir de la voie publique. Les déviations seront-elles assez fortes pour changer le caractère de la voie? Bien d'autres circonstances interviendront dans les déterminations à prendre : la quantité des transports par exemple, ainsi que les besoins à desservir.

Tout cela devra nous amener à créer des communications rapides, des chemins de fer et des moyens de communication qui seront le plus à la portée des populations, comme les tramways? C'est une question de fait; ce sont les faits qui pousseront, soit les particuliers, soit les personnes morales, telles que les communes, les départements ou même l'Etat, à choisir entre les tramways et les chemins de fer d'intérêt local. Rien n'empêchera que, même après qu'on sera entré dans une voie, qu'on aura adopté un système, on ne le change et que ce qui pouvait être desservi par un tramway ne le soit plus tard par un chemin de fer d'intérêt local. Que pouvons-nous dire à ce sujet dans la loi? Rien, absolument rien, si ce n'est que, une fois la ligne établie, il ne pourra y avoir de doute sur son caractère.

Qu'ajouterai-je maintenant pour toucher aux points de détail exposés par l'honorable M. Caillaux? Les déviations? Elles pourront être nombreuses, sans doute; des tramways pourront cheminer, sur une grande partie de leur parcours, non pas sur la route préexistante, mais à côté de cette route qu'on rectifiera, et tout le monde y trouvera avantage. Qu'arrivera-t-il? C'est que, dans ce cas, ces routes deviendront des routes de la nature de celles que les tramways empruntent. Il y aura toujours un doute sur la question de savoir si le tramway empruntera plus ou moins la voie publique ou s'il sera obligé de recourir à des déviations. Qu'importe? Est-ce que cela peut influer le moins du monde sur les conséquences légales du régime à adopter? Il n'y a là qu'une objection théorique, qui ne peut arrêter personne. On fera des tramways, quand la loi qui vous est proposée sera votée, ainsi que je l'espère; ou l'on fera des chemins de fer d'intérêt local, si l'on préfère le régime de la loi que vous avez déjà votée et qui est en ce moment soumise à la chambre des députés. C'est d'après les conséquences qui résulteront de l'un ou de l'autre mode qu'on pourra choisir. On verra quel est celui qui doit être préféré.

Encore une fois, messieurs, il n'y a aucune espèce de difficulté pratique et nous ne pensons pas que le sénat puisse s'arrêter à l'objection qui vient d'être faite.

J'ai terminé sur ces deux questions générales. Quant aux questions de détails, elles se présenteront au fur et à mesure de l'examen des articles.

M. OSCAR DE LAFAYETTE. — Messieurs, je n'ai pas besoin de dire que je ne viens pas combattre le projet; au contraire, je suis convaincu qu'il pourra rendre de très-grands services. Je le voterai et je serai heureux de le voter; seulement je voudrais autant que possible l'améliorer.

J'ai le regret de ne pas partager l'avis de mon collègue et ami l'honorable M. Hérold, notamment sur le premier article du projet. Je préfère de beaucoup le texte du gouvernement.

Le projet de loi de la commission invente un nouveau mot, il faut bien le dire, un mot anglais. Je sais bien que, dans le langage technique des chemins de fer, il est à la mode de se servir des expressions de nos voisins d'outre-Manche; mais il faut cependant prendre garde de ne pas être trop anglais.

Le projet de M. le ministre des travaux publics dit, en très-bon francais et très-clairement, ce qu'il veut dire et le projet de la commission s'exprime d'une façon moins heureuse.

Pour la commission, les tramways, — je lis textuellement, — « sont des voies ferrées à traction de chevaux ou de moteurs mécaniques » *établies* (ce mot est en lettres italiques) sur les voies publiques.

De cette manière, toutes les voies ferrées qui ne sont pas établies sur des voies dépendant du domaine public de l'État, des départements ou des communes, ne sont pas dites « tramways » et ne sont pas, par conséquent, comprises dans les dispositions du présent projet de loi.

Eh bien! cette définition est extrêmement incorrecte. Si la commission s'était transportée à quelques lieues de Paris, dans le département de Seine-et-Marne, que j'ai l'honneur de représenter, elle aurait trouvé un chemin de fer, celui de Lagny à Villeneuve-le-Comte, qui est un chemin de fer absolument semblable à tous les chemins de fer possibles. Il a des wagons de 1re classe, de 2e classe; il a des wagons de marchandises organisés absolument comme sur des chemins de fer d'intérêt général, sauf les dimensions, bien entendu. Et cependant, au dire de la commission, ce chemin de fer serait un « tramway ». Ce n'est cependant pas du tout un tramway. Vous n'avez même pas le droit de l'appeler un tramway, car ce chemin a un acte de concession et, dans cet acte de concession, il est dénommé chemin de fer et non tramway.

M. LE RAPPORTEUR. — C'est ce que j'avais eu l'honneur de dire à l'avance.

M. OSCAR DE LAFAYETTE. — C'est un chemin de fer.

M. OUDET. — Il est baptisé celui-là!

M. OSCAR DE LAFAYETTE. — On me dit : il est baptisé. Je vais montrer maintenant à mon honorable collègue et interrupteur que, pour baptiser les uns, on a débaptisé les autres. Ainsi, par exemple, je suppose un chemin de fer du genre de ceux qui nous amènent généralement au palais du sénat, un tramway, c'est-à-dire deux barres de fer et, sur ces barres de fer, un omnibus traîné par des chevaux, en un mot, tout ce qu'il y a de plus élémentaire. Supposons qu'il ne suive pas une voie dépendant du domaine public de l'Etat, des départements ou des communes; comment l'appellerez-vous? Vous ne pourrez pas l'appeler tramway, puisque ce nom est exclusivement réservé pour les chemins de fer sur routes. Comment l'appellerez-vous? Il sera dénommé...

M. DELSOL. — Ou plutôt innommé!

M. OSCAR DE LAFAYETTE. — ... mais, *ce qui* est plus grave, c'est qu'étant dénommé, il sera en même temps déclassé, car il ne pourra rentrer dans les dispositions du projet sur les tramways. On devra lui appliquer les dispositions du projet de loi d'intérêt local que vous avez voté dernièrement, c'est-à-dire que, pour la déclaration d'utilité publique et pour la concession, il faudra non plus un décret, mais une délibération des deux chambres.

Vous voyez donc, messieurs, que le chemin de fer le plus simple de tous, le plus élémentaire, sera soumis à des conditions plus rigoureuses que celles exigées pour les tramways, à des conditions semblables à celles que vous imposez aux chemins de fer d'intérêt général.

Il y a là un défaut de logique que je dois signaler aux membres de la commission. Si vous entendez assimiler aux tramways les petits chemins de fer dont je parle et qui seront, suivant moi, les plus nombreux, qui iront tout droit à travers les propriétés particulières, en coupant au court, il faudra alors l'expliquer nettement dans un article additionnel.

Je ne veux pas entrer dans d'autres détails, je ne parle que sur l'article 1er. J'ajouterai cependant que, dans mon opinion, les chemins de fer dits tramways seront d'une utilité extrême, qu'ils se développeront plus que les autres.

La loi de 1865 sur les chemins de fer d'intérêt local a eu autrefois son utilité, car elle était un moyen de défense contre les grandes compagnies; mais aujourd'hui elle a perdu son importance; l'on fera peu de chemins de fer dans les conditions où ils se présentaient jadis, ils seront tout à fait l'exception; en un mot, suivant moi, nous finirons par n'avoir plus que deux sortes de chemins de fer: les chemins de fer d'intérêt général et les tramways.

Les grands chemins de fer serviront d'armes de guerre, d'instrument de travail; ils donneront au pays la grandeur que nous voulons lui donner et les petits chemins de fer dits tramways, qui iront seulement d'une ville à une autre, d'un village à un autre, d'une chaumière à une autre (Hilarité), non pas pour les incendier, mais pour y apporter l'abondance et la prospérité, rendront des services d'une nature différente, mais également importante.

Je crois que ce seront là les deux sortes de chemins de fer de l'avenir.

J'insiste donc pour que la commission veuille bien assimiler les chemins de fer établis sur les routes aux tramways établis simplement au milieu des campagnes et sur des propriétés privées.

M. LE RAPPORTEUR. — Je vous répondrai.

M. CAILLAUX. — Je crois que la question soulevée par l'honorable M. de Lafayette se présentera utilement lors de la discussion de l'article 1er. J'ai moi-même l'intention de proposer de substituer à la rédaction proposée par la commission celle du gouvernement, et alors les excellentes raisons qu'a développées le précédent orateur se représenteront à l'esprit du sénat, pour justifier la thèse que j'aurai l'honneur de soutenir devant lui.

Je veux seulement répondre, en quelques mots, aux dernières observations présentées par l'honorable M. Hérold et qui, j'ai le regret de le dire, ne m'ont pas convaincu.

D'abord, sur le premier point, il a reconnu que la commission avait employé le mot nouveau de « tramway » pour l'appliquer à deux modes de transport qui sont essentiellement différents. Ce mot existe, il est vrai, dans l'usage vulgaire; mais il a une signification spéciale : il s'applique à toute autre chose qu'aux chemins de fer sur routes, qui n'ont pas reçu de désignation, parce qu'ils ne sont pas connus, et qui ne sont pas connus, parce qu'en réalité il n'en existe pas en France.

M. LE RAPPORTEUR. — C'est vrai !

M. CAILLAUX. — Ces chemins de fer économiques sont destinés, sans aucun doute, à se développer beaucoup dans l'avenir. Je parle du chemin de fer à voie étroite, empruntant pour partie l'accotement des routes, coûtant de 40 à 50,000 francs par kilomètre ; c'est là ce qu'il faut faire; ce sont là les entreprises nouvelles et utiles qu'il faut favoriser.

Que signifie chez nous le mot « tramway » ? ce que nous voyons naturellement; nous n'avons pu donner à cette expression la signification d'un mode de transport que nous ne connaissons pas encore.

Le mot « tramway » représente pour nous ce qui existe aujourd'hui dans beaucoup de nos villes, c'est-à-dire un omnibus circulant sur une voie ferrée. En l'attribuant aux chemins de fer sur routes, la commission applique à un mode de transport très-différent un mot qui est déjà pris par le public dans une autre acception.

C'est pour cette raison que je proposerai au sénat de vouloir bien reprendre la rédaction du gouvernement, que je crois plus précise et plus juste que celle qui lui est proposée.

Sur le second point, le dernier et, à mon avis, le plus important, j'ai une autre réponse à faire à l'honorable M. Hérold. Je regrette de lui dire que je ne puis admettre ses explications.

Il y a des différences considérables dans les conditions fixées par la loi déjà votée sur les chemins de fer d'intérêt local et celles que la commission propose d'adopter avec la loi présentée pour les chemins de fer sur routes, qu'elle appelle « tramways ». Il est nécessaire qu'il y ait des distinctions correspondantes inscrites dans la loi, entre les uns et les autres, et elles n'y sont pas ; il faut qu'on nous dise ce qui sera considéré dorénavant comme chemin de fer d'intérêt local et ce qui sera considéré comme tramway ou chemin de fer établi sur routes, c'est-à-dire empruntant pour partie l'accotement des routes, emprunt indispensable pour réduire les dépenses et les mettre en rapport tant avec le profit qu'on en pourra tirer qu'avec les ressources budgétaires des départements et des communes.

Que répond l'honorable M. Hérold? Ce sera, dit-il, un décret qui résoudra la difficulté, après enquête ouverte dans les départements et les communes. Les départements et les communes diront ce qu'ils veulent faire ; ils choisiront entre un chemin de fer d'intérêt local ou un tramway et, suivant qu'ils donneront à leur nouvelle voie ferrée l'un ou l'autre nom, ce sera un chemin de fer d'intérêt local ou un tramway. De telle sorte que le choix entre les deux systèmes, entre les deux lois, sera réservé aux parties, qui se décideront uniquement au point de vue de leurs intérêts propres, fût-ce même au détriment de l'intérêt général de l'Etat.

Je ne crois pas, messieurs, que nous puissions agir de cette façon en matière législative et que nous devions laisser indéterminées les conditions d'application des lois.

Un cas semblable s'est présenté dans la discussion qui vient d'avoir lieu de la loi sur les mines ; il a été exposé avec beaucoup de talent par l'honorable M. Cherpin, auquel le sénat a donné raison. Notre collègue M. Bernard demandait qu'on laissât fixée à 100 mètres la zone de protection des terrains clos de murs attenant à une habitation, en réservant au ministre des travaux publics le droit d'accorder, suivant les cas, de la réduire à 50 mètres. Vous n'avez pas voulu, messieurs, d'une solution contraire à tous les principes du droit, en abandonnant au ministre et à l'administration le pouvoir d'appliquer des conditions différentes aux uns et aux autres.

Si vous adoptiez aujourd'hui l'interprétation de l'honorable M. Hérold, on pourrait presque dire qu'il n'est plus besoin de faire des lois ; il suffirait de remettre au gouvernement le soin et le pouvoir de statuer sur tout et de décider souverainement sur tous les intérêts.

La commission veut que le ministre des travaux publics reste seul chargé de dire si tel chemin de fer sera un chemin d'intérêt local ou bien un chemin de fer sur routes; si la déclaration d'utilité publique doit être prononcée par une loi ou par un décret; s'il recevra une subvention de 1,000 francs ou 2,000 francs par kilomètre et par an. Il serait alors tout à fait inutile de faire des lois ; il serait beaucoup plus simple et plus court de laisser au ministre des travaux publics le soin de tout régler, de résoudre toutes les difficultés, sans discussion et sans débat devant vous.

M. LE RAPPORTEUR. — Je répondrai d'abord aux observations de l'honorable M. Oscar de Lafayette.

Si je l'ai bien compris, la critique qu'il élève contre le projet de la commission serait celle-ci : les chemins de fer d'intérêt local diminués et arrivant jusqu'à être ce que la loi appelle des tramways ou des chemins de fer sur routes, ces voies pourront s'établir, pendant une grande partie de leur trajet, à côté de ces routes.

On coupera au court, comme il le disait, et les tramways n'emprunteront plus, comme le dit la définition de notre article 1er, une voie dépendant du domaine public de l'Etat, du département ou des communes.

Je dois faire remarquer à l'honorable M. Oscar de Lafayette que, bien qu'il approuve l'article 1er du projet du gouvernement et qu'il rejette celui de la commission, les deux projets en cette partie sont absolument identiques et que, dans le projet du gouvernement, les voies ferrées (avec la circonlocution que vous savez) étaient définies exactement dans les mêmes termes que ceux employés par l'article de la commission : voies ferrées établies sur des voies dépendant du domaine public de l'Etat, des départements ou des communes. Mais laissons de côté ces détails et demandons-nous ce qu'il y a au fond de la critique de M. Oscar de Lafayette.

Voici un chemin de fer qu'on établit sur une voie publique préexistante, mais qui est obligé de l'éviter sur une partie plus ou moins considérable de son parcours. M. Oscar de Lafayette dit : il passe à travers champs, il emprunte des portions de propriétés privées.

De deux choses l'une : — ou il les emprunte par voie d'expropriation et ces voies deviennent immédiatement elles-mêmes des voies publiques, de l'une des trois espèces indiquées par la loi (voies de l'Etat, du département ou de la commune), — nous avons même réglé le mode d'expropriation par un article spécial ; — ou bien elles ne sont pas expropriées et cependant le tramway s'y établit.

Je ne comprends pas bien cela ; je ne pense pas qu'un grand nombre de propriétaires, — il faudrait les supposer dans des conditions toutes spéciales, — consentissent à rester propriétaires de la déviation, en laissant établir des rails sur la partie empruntée pour la traction du tramway. Mais, si cet etat de choses existait, il résulterait de conventions particulières. Cela n'empêcherait pas le tramway d'être un tramway, puisque notre définition dit que les tramways sont établis principalement sur la voie publique : cela signifie qu'accessoirement il peut être établi ailleurs. Voilà ma réponse aux objections de l'honorable M. Oscar de Lafayette.

L'honorable M. Caillaux a reproduit ces deux objections, dont la première est dirigée contre la définition du mot « tramway ».

Cette question a été traitée bien souvent dans les réunions de la commission ; elle l'a été par l'honorable M. Caillaux lui-même et la commission a persisté dans sa définition. Je tiens à dire « la commission », car, dans cette discussion, M. Caillaux s'adressait souvent au rapporteur personnellement ; c'est l'opinion de la commission que j'exprime ici.

Eh bien ! dans la commission, on a précisément fait à l'objection la réponse que l'auteur de l'objection y a faite lui-même. Il n'y a pas encore en France de chemins de fer sur route. Il y en a eu ; il y a eu une entreprise de ce genre au Mont-Cenis, pendant très-peu de temps, à l'époque du percement du tunnel de Modane.

Il n'y a pas de chemins de fer sur routes, le mot est nouveau. Dans la circonlocution dont fait usage le projet du gouvernement, il y a deux choses : les tramways et les chemins de fer d'intérêt local. Voilà ce que comprend cette expression « voies ferrées établies sur la voie publique ».

Au moment où le mot tramway est encore nouveau et absolument nouveau dans la langue juridique, pourquoi ne pas lui donner une extension commode ?

Un sénateur. — Prenez un mot français.

M. LE RAPPORTEUR. — Je ne vois pas l'intérêt national dans la question. On peut prendre le mot de tramway comme on a pris celui de chemin de fer. Le gouvernement nous propose ici une circonlocution beaucoup plus longue. Quand on a adopté l'expression « chemins de fer », il aurait peut-être été plus commode de prendre le mot « railway ».

La commission n'a pas vu, dans cette question, toutes les difficultés qu'on y a trouvées; elle n'a considéré que l'avantage d'employer un seul mot de sept ou huit lettres, au lieu d'une longue périphrase. Telle est la seule raison de la décision qu'elle a prise et j'y persiste en son nom.

Je passe à la seconde objection de l'honorable M. Caillaux. Il est inutile, nous dit-il, de faire une loi dans ces conditions. Il faut tout soumettre à M. le ministre des travaux publics.

Comment! c'est M. le ministre seul qui décidera la question de savoir s'il s'agit d'un chemin de fer ou d'un tramway! Que faites-vous donc des intéressés de toutes sortes, des communes, des départements, de l'Etat, qui prennent l'initiative de ces voies ferrées?

Le ministre des travaux publics peut, sans doute, prendre cette initiative; mais il n'est pas seul à en jouir. Vous ne voulez pas qu'on tente de faire, sans l'avis de M. le ministre des travaux publics et selon qu'on y trouve un intérêt quelconque, soit un tramway, soit un chemin de fer d'intérêt local, avec les conséquences différentes qui s'y rattachent.

En vérité, je ne peux pas imaginer la difficulté qui peut surgir. Mais je crois qu'au point de vue de la pratique, l'observation, qui était bonne à faire pour s'entendre sur les mots au début de la discussion, disparaît complétement à ce moment du débat et, par conséquent, je prie le sénat de vouloir bien adopter la définition que la commission lui propose.

M. LE MINISTRE DES TRAVAUX PUBLICS. — Messieurs, je n'ai qu'un mot à dire. Je ne voudrais pas laisser croire, par mon silence, que je suis d'accord avec la commission sur les différents points qui viennent d'être indiqués. Seulement, comme les observations me paraissent surtout avoir porté, en dernier lieu, sur certains articles déterminés, c'est à l'occasion de ces articles que je me réserve de répondre à quelques-uns des arguments qui ont été fournis par l'honorable rapporteur.

M. LE PRÉSIDENT. — Messieurs, la loi vient aujourd'hui en seconde délibération. La discussion porte sur l'article 1er. Vous avez entendu plusieurs orateurs qui ont déclaré qu'ils préfèrent la rédaction du projet du gouvernement à la rédaction proposée par la commission et que le sénat a adoptée en première délibération.

M. LE MINISTRE. — Monsieur le président, il faudrait clore d'abord la discussion générale.

M. LE PRÉSIDENT. — Nous sommes à la seconde délibération: il n'y a donc pas de discussion générale; c'est sur l'article 1er du projet de la commission que la discussion vient de porter.

Voici comment la question se pose. Ceux d'entre vous qui préfèrent la rédaction primitive, celle du projet du gouvernement, à la rédaction arrêtée par la commission, peuvent reprendre l'article 1er du projet du gouvernement, à titre d'amendement.

M. CAILLAUX. — Je reprends l'article 1er du projet du gouvernement et je demande qu'il soit substitué à celui de la commission.

M. LE PRÉSIDENT. — Alors je donne lecture de l'article 1er du projet du gouvernement, qui est repris comme amendement par l'honorable M. Caillaux.

M. LE MINISTRE. — Je demande à parler sur l'article 1er.

M. LE PRÉSIDENT. — La parole est à M. le ministre des travaux publics.

M. LE MINISTRE. — Je vous demande pardon, messieurs; j'avais cru, — c'est une erreur de ma part, — qu'une discussion générale s'était ouverte. Ce qui est un peu mon excuse, c'est qu'il me semble qu'on était sorti de l'article 1er et qu'on avait touché à un très-grand nombre de dispositions du projet de loi. Mais, puisque c'est l'article 1er qui est en discussion, c'est sur cet article que je vais présenter quelques observations.

Assurément je n'attache pas aux questions de mots plus d'importance qu'elles ne méritent et j'ai presque regret que ce soit sur une simple question de mots que porte mon premier désaccord avec la commission.

Je crois cependant qu'ici il y a quelque intérêt à ne pas accepter aveuglément le néologisme proposé par la commission; je dis néologisme à cause du sens très-élargi, très-différent de celui qui est passé dans l'usage ordinaire, que la commission veut créer au profit du mot « tramway ».

Le principal argument, il me semble même que c'est le seul argument, qui ait été donné par l'honorable rapporteur pour justifier la définition du mot « tramway », telle qu'elle est présentée dans le projet de la commission, — c'est que la périphrase « voies ferrées établies sur la voie publique » constitue une longueur aussi désagréable dans la discussion que dans le langage ordinaire. Je le reconnais avec lui : cela tient à la nature même des choses et à ce que cette périphrase a pour objet d'embrasser un très-grand nombre de choses distinctes. Quand nous avons mis dans le projet de loi « voies ferrées établies sur la voie publique », nous n'avons pas eu en vue d'atteindre seulement les tramways, mais toute espèce de voies ferrées établies sur les voies publiques (Très-bien! c'est cela!), et il y en a une grande variété.

Ainsi, au moment où je parle, se présente à mon esprit le souvenir d'une espèce de voies, que beaucoup d'entre vous, messieurs, connaissent parfaitement : ce sont celles qui existent dans les ports, qu'on appelle « voies de quais », qui servent à la circulation autour des bassins et sur lesquelles viennent passer les wagons des chemins de fer.

Appellerez-vous ces sortes de voies des « tramways »? Ferez-vous violence au langage usuel, au point de dire que c'est le tramway qui passe, quand vous verrez ces wagons de marchandises revenir vers la gare? Cependant, pour la création de ces voies, il n'y a aucune espèce d'expropriation; elles sont complétement soumises, à ce point de vue, au régime des tramways. Malgré tout, vous ne les appellerez pas des tramways.

De même, quand vous verrez des chemins de fer proprement dits qui empruntent sur une grande partie de leur parcours des voies déjà existantes, — je crois même que nous les verrons se généraliser de plus en plus; que c'est le véritable avenir des chemins de fer d'intérêt local; que les chemins de fer à bon marché doivent tendre de plus en plus à emprunter la voie publique, — quand vous verrez, dis-je, les chemins de fer d'intérêt local emprunter ainsi la voie publique, direz-vous que ce sont des tramways? Forcerez-vous jusque-là le sens du mot? Non, je suis sûr que, malgré vous, vous laisserez ce mot au langage usuel et que vous direz, dans cette occasion : c'est un chemin de fer.

De même que, quand vous verrez passer l'omnibus des villes, vous direz: voilà le tramway!

L'honorable rapporteur nous disait: puisque ces deux objets sont soumis à un régime identique, en vertu même du projet du gouvernement, pourquoi ne pas créer pour eux une dénomination uniforme? Je réponds que cette uniformité du régime n'est que provisoire; car, à la fin du projet de loi, se trouve un article qui certainement n'aura pas échappé à votre attention; c'est l'article 22, dans lequel il est dit :

« Un règlement d'administration publique déterminera les mesures nécessaires à l'exécution de la présente loi et notamment 1° les conditions spéciales auxquelles doivent satisfaire, tant pour la construction que pour la circulation des voitures et des trains, les voies ferrées dont l'établissement sur le sol des voies publiques aura été autorisé..... »

Eh bien! c'est dans ce règlement d'administration publique que la distinction nécessaire apparaîtra; et il est inévitable qu'elle apparaisse, parce qu'au moment où ce règlement devra déterminer les conditions relatives à la sécurité publique, il faudra nécessairement décomposer, dédoubler votre mot de tramway et en faire sortir les espèces que vous voulez confondre sous cette dénomination uniforme.

On sera obligé d'établir, dans le règlement d'administration publique, ces deux titres que demandait tout à l'heure l'honorable M. Caillaux, qui ne me paraissent pas nécessaires dans la loi, mais qui seront indispensables dans le règlement.

Ce règlement aura un titre Ier, qui s'appliquera aux tramways proprement dits; et ces tramways se distingueront des autres chemins de fer établis sur la voie publique, en ce que les voies de tramways, comme vous le savez tous, messieurs, présentent ce caractère particulier qu'elles n'empêchent pas la circulation ordinaire sur le sol où elles sont établies. C'est là un des caractères fondamentaux des tramways, tels qu'ils ont existé jusqu'à ce jour dans notre pays.

Les piétons, les chevaux, les voitures circulent sur les rails des tramways. Au contraire, quand vous passez sur un chemin de fer proprement dit, mais qui s'est établi sur la voie publique, comme les voies de quai dans les ports, ces voies interceptent non la circulation des piétons, mais celles des voitures, de sorte que vous voyez apparaître une différence fondamentale, considérable, entre les tramways proprements dits et les chemins de fer établis sur les voies publiques.

Il est impossible que le règlement d'administration publique ne fasse pas plus tard la distinction que nous ne faisons pas dans la loi; le bénéfice que la commission trouve à n'employer qu'un mot unique, pour désigner deux choses différentes, sera perdu lorsque l'on rédigera le règlement d'administration publique.

Ce règlement aura à distinguer au moins deux espèces; ses rédacteurs seront obligés de décomposer votre mot de tramways; ils devront dire : tramways à bords saillants sur la voie publique et tramways à bords non saillants, n'interceptant pas la circulation ordinaire.

Vous verrez apparaître alors des périphrases, dont le premier effet sera de manifester les variétés qui ne peuvent être confondues et, dès lors, de détruire cette apparente uniformité que vous aurez créée dans la loi, par l'emploi du mot « tramway ».

Je crois donc que cette simplicité que vous avez cherchée n'est qu'apparente et qu'elle se traduira nécessairement par des complications beaucoup plus graves dans les règlements ultérieurs que l'administration devra rédiger (Vive approbation).

Il y a, à mon sens, un grand inconvénient à attacher, de par la loi, à un mot déjà connu, un sens qui n'est pas consacré par l'usage.

Sans doute, le législateur peut beaucoup; mais il ne doit pas dénaturer volontairement le sens des mots et il est bien préférable d'avoir dans la loi des mots bien définis, acceptés de tout le monde, plutôt que de faire violence au langage ordinaire (Approbation sur les mêmes bancs).

Je me résume donc en vous proposant de revenir à la rédaction telle que le gouvernement l'avait présentée (Nouvelle approbation).

M. LE PRÉSIDENT. — L'article 1er du projet primitif étant maintenu par le gouvernement, le projet de la commission, qui est un amendement à ce projet, doit être mis aux voix en premier lieu. Je vais, en conséquence, consulter le sénat sur l'article 1er du projet de la commission.

M. EMILE LABICHE. — La commission maintient sa rédaction à l'unanimité.

M. LE PRÉSIDENT. — Je mets aux voix l'article dont je viens de donner lecture.

(L'article 1er du projet de la commission, mis aux voix, n'est pas adopté.)

M. LE PRÉSIDENT. — Je donne maintenant lecture de l'article 1er du projet du gouvernement.

M. ÉMILE LABICHE. — Je demande la parole.

La rédaction du second paragraphe du projet de la commission diffère de celle du projet du gouvernement. Elle peut se concilier avec le paragraphe 1er que vous venez d'adopter. Je crois que, même après votre vote, vous pouvez adopter notre rédaction sur le second paragraphe, car elle me paraît infiniment préférable à celle du projet primitif.

Un sénateur. — L'article 1er de la commission est rejeté dans son ensemble.

M. LE GÉNÉRAL ROBERT *et plusieurs sénateurs.* — Il fallait demander la division.

M. EMILE LABICHE. — Je n'insiste pas ; je croyais que le vote n'avait porté que sur le premier paragraphe, sur lequel seul avait porté la discussion.

M. LE PRÉSIDENT. — Le sénat ayant voté tout à l'heure sur les deux paragraphes de l'article, tel qu'il était rédigé par la commission, je mets aux voix l'article 1er du projet du gouvernement.

(L'article 1er du projet du gouvernement est adopté.)

M. LE RAPPORTEUR. — Ainsi que j'avais l'honneur de le dire tout à l'heure au sénat, la question qui vient d'être débattue n'affecte pas le fond de la loi.

Le sénat a préféré la rédaction du gouvernement ; mais les dispositions de la loi, à partir de l'article 2, peuvent rester les mêmes.

Je veux seulement faire cette observation qu'il y aura des modifications de rédaction qui seront la conséquence nécessaire du vote que vous venez d'émettre. Il faudra mettre partout « voies ferrées établies sur les voies publiques » au lieu de « tramways ». On peut donc sans inconvénient continuer la discussion.

M. LE PRÉSIDENT. — Alors vous ne demandez pas le renvoi ?

M. LE RAPPORTEUR. — Non, monsieur le président. Il sera, d'ailleurs, très-facile de faire cette substitution.

M. LE PRÉSIDENT. — Je donne lecture de l'article 2 du projet de la commission.

M. LE RAPPORTEUR. — La commission, après avoir entendu M. le ministre dans une de ses dernières réunions, croit devoir vous proposer d'ajouter à l'article 2 un paragraphe additionnel, qui est ainsi conçu :

« En cas de refus d'un conseil général ou d'un conseil municipal, le consentement du département ou de la commune, nécessaire à l'établissement d'un tramway concédé par l'Etat, pourra être suppléé par une autorisation donnée par décret délibéré en conseil d'Etat. »

M. LE PRÉSIDENT. — Veuillez me donner cette rédaction nouvelle ?

Quelques sénateurs. — Le renvoi à la commission !

M. BOZÉRIAN. — Le paragraphe qu'on propose peut avoir des conséquences extrêmement graves, on ne peut pas le voter séance tenante ! En conséquence, je demande le renvoi à la commission.

M. CHERPIN. — Les observations que je voulais présenter sur l'article 2 sont rendues à peu près inutiles par la déclaration que vient de faire M. le rapporteur.

Mon intention était, en effet, de reprendre pour le second article, à titre d'amendement, le projet du gouvernement, que je trouve préférable dans sa rédaction et dans ses prévisions. Permettez-moi de vous en exposer sommairement les raisons.

Il y en a une qui n'a peut-être pas un très-grand intérêt pratique et qui cependant tient à un principe très-important.

Je lis dans le projet de la commission que, dans certains cas, les communes elles-mêmes peuvent accorder l'autorisation de faire des tramways sur des parties du domaine public. Je trouve que c'est aller un peu trop loin que de reconnaître une pareille faculté à une commune, quelle qu'elle soit.

Il est vrai que, dans un paragraphe un peu plus loin, la commission décide que, dans ce cas, « il faudra le consentement de l'Etat ». Mais, encore une fois, au point de vue des principes, ce n'est pas très-correct. Le consentement de l'Etat devrait se manifester, au contraire, par la concession elle-même, toutes les fois qu'il s'agit d'affecter une partie du domaine public à l'établissement d'un chemin. Ceci, d'ailleurs, est une observation toute théorique.

Il en est une autre qui a un intérêt pratique très-grand. Dans le projet de la commission, on ne tranche pas une question considérable, qui se trouve résolue dans le second paragraphe de l'article 2 du projet de loi présenté par le gouvernement. Ce second paragraphe est ainsi conçu :

« La concession est accordée par le conseil général, au nom du département, lorsque la voie ferrée doit être établie sur une ou plusieurs voies publiques dépendant du domaine départemental ou doit s'étendre sur le territoire de plusieurs communes. »

Eh bien! dans le projet de la commission, on ne dit pas du tout comment on statuera quand le tramway devra s'étendre sur plusieurs communes, on ne dit pas qui fera la concession. De sorte qu'il pourrait arriver qu'une commune concédât un chemin de fer qui l'intéresse seule, mais qu'elle ne peut établir sans emprunter une portion de l'assiette à la commune voisine, et que celle-ci, par un mauvais esprit, ne voulût point la laisser passer et qu'on ne pût pas vaincre cette résistance déraisonnable.

Cela ne peut pas être. Ainsi voilà une commune qui trouve une grande utilité à ce qu'un tramway passe sur son territoire et qui ne peut l'exécuter, parce qu'elle doit emprunter une partie de son parcours à la commune voisine et que cette dernière s'y oppose !...

M. CAILLAUX. — Il faut reprendre le texte du projet du gouvernement.

M. CHERPIN. — Le texte de la commission ne nous dit pas comment on résoudra la difficulté et comment on vaincra la résistance de cette commune; tandis qu'avec la rédaction proposée par le gouvernement, lorsqu'un chemin devra traverser plusieurs communes, si elles ne sont pas d'accord, c'est le conseil général qui statuera. Il faut un moyen de résoudre, en fait et en droit, une difficulté qui se présentera, croyez-le bien, très-souvent, et de forcer la main à une commune récalcitrante, qui voudrait faire acte de malveillance vis-à-vis de sa voisine.

Je demande donc à la commission si la rédaction nouvelle qu'elle a proposée tout à l'heure permet de vaincre cette difficulté. Je crois bien, quoique je ne l'aie saisie que d'une manière imparfaite, que la déclaration que vient de faire l'honorable rapporteur donne pleine satisfaction à mon observation. Dans le cas où il n'en serait pas ainsi, je déclare reprendre à titre d'amendement le projet du gouvernement en ce qui concerne l'article 2, § 2.

M. EMILE LABICHE. — Messieurs, avant d'aborder le détail de la rédaction de l'article 2, je crois qu'il n'est pas mauvais de vous faire un exposé général du système de la commission et du système du gouvernement.

Le système du gouvernement repose, au point de vue de la concession, sur l'idée suivante : la concession sera faite par le propriétaire du sol de la voie empruntée pour le tramway; si l'on emprunte plusieurs voies appartenant à des propriétaires différents, route nationale, route départementale ou chemin vicinal, ce sera le propriétaire le plus éminent qui aura le droit de faire la concession.

Voilà le système du gouvernement, réduit à son expression la plus nette et la plus simple. Nous avons proposé et la commission a accepté un système différent.

D'après nous, le droit de propriété de la voie sur laquelle le tramway doit être établi peut bien autoriser l'intervention du propriétaire de cette voie, pour donner son consentement à l'occupation, mais ne saurait justifier l'attribution du privilége de pouv ir seul consentir la concession. Il peut, en effet, arriver souvent qu'il soit nécessaire, dans l'intérêt des communes, du département ou même de l'Etat, d'emprunter, pour l'établissement de tramways, des voies qui n'appartiennent pas au département, aux communes ou à l'Etat. Ainsi, pour m'expliquer par un exemple, avec le système de M. le ministre, toutes les fois que l'établissement d'un tramway nécessiterait, même sur une centaine de mètres, l'occupation d'une route nationale, le département, la commune, seraient frappés d'incapacité légale de consentir directement la concession; l'Etat aurait seul le droit de la faire.

Nous, au contraire, reconnaissant que, dans beaucoup de cas, il peut arriver que, malgré son droit de propriété, l'Etat puisse n'avoir aucune espèce d'intérêt direct à faire la concession, nous disons : pourquoi ne pas conférer la capacité d'accorder la concession à « l'être moral », département ou commune, qui a intérêt de faire cette concession? Pourquoi faire nécessairement de cette concession d'intérêt départemental ou communal une concession de l'Etat?

Maintenant plaçons-nous à un point de vue différent et nous reconnaîtrons que les droits de l'Etat peuvent se trouver lésés à leur tour par le système du gouvernement.

Supposons que l'Etat ait un intérêt considérable, par exemple, pour relier la gare d'un chemin de fer avec le port d'une grande ville maritime, à établir un tramway. Il peut être nécessaire, pour construire ce tramway, d'occuper une voie départementale ou vicinale. Avec le système du ministre, l'Etat n'aura pas capacité pour concéder cette voie d'intérêt général, si par hasard elle n'emprunte que des voies dépendant du domaine du département ou de la commune!

N'est-il pas plus logique, messieurs, d'accepter notre système et de dire, sans s'attacher à cette question accessoire de propriété : la concession sera faite par qui aura intérêt à la faire, sauf, si elle est consentie par celui qui n'est pas propriétaire, à obtenir le consentement du propriétaire.

Le système du gouvernement avait, d'après nous, le tort de subordonner le droit de concession au droit de propriété. Comment le gouvernement a-t-il été entraîné à vous présenter ce système? C'est sous l'impression de la pratique actuelle. Aujourd'hui le droit de concession d'un tramway constitue une espèce de droit régalien, uniquement entre les mains du gouvernement. Quel que soit le peu d'importance du tramway, qu'il n'ait qu'un intérêt départemental ou communal, il faut nécessairement recourir aux bureaux du ministère des travaux publics. C'est l'Etat seul qui peut faire la concession au département, à la commune, sauf faculté de rétrocession. Nous avons pensé qu'il était infiniment plus logique d'adopter un système plus simple, qui remet le pouvoir d'accorder la concession entre les mains de celui qui a intérêt à le faire. Nous avons pensé qu'il était préférable de ne pas confier à l'Etat la fonction de stipuler pour la commune ou le département.

C'est pour cela que nous vous proposons de prendre pour base de la capacité de consentir la concession, non pas le droit exclusif de propriété, mais l'intérêt du concédant. J'espère avoir établi que ce système était à l'avantage de la commune, du département et, dans certains cas, de l'Etat.

Arrivons à la question du consentement que nous demandons au propriétaire de la voie publique à occuper. On nous a objecté que la nécessité d'obtenir ce consentement du département ou des communes pouvait entraîner certains inconvénients, autoriser certaines prétentions excessives. La réponse était facile à faire. Le droit commun nous donnait les moyens de remédier à la mauvaise volonté d'un département ou d'une commune; ce moyen, c'est le classement par le département ou par l'Etat. Ainsi il arrive parfois qu'une commune se refuse à mettre en état de viabilité un de ses chemins vicinaux. La loi de 1836 permet alors au département de faire un classement en chemin de grande communication ou d'intérêt commun, et la mauvaise volonté de la commune n'a pas d'inconvénient. On aurait pu procéder de même et avoir raison, par des classements, des résistances non justifiées; mais, pour donner satisfaction à l'observation de M. le ministre des travaux publics que le classement en route nationale nécessitait bien des formalités et pouvait amener des délais regrettables, nous avons ajouté une disposition à notre article 2.

En vertu de cette disposition finale, toutes les fois que l'opposition non justifiée d'un département ou d'une commune mettra obstacle à l'occupation de leurs chemins pour l'établissement d'un tramway de l'Etat, le conseil d'Etat, de même qu'il pourrait autoriser l'expropriation pour cause d'utilité publique, pourra mettre à la disposition de l'Etat la voie, départementale ou vicinale, nécessaire à l'établissement d'un tramway d'intérêt général.

L'article additionnel qu'on vous propose est donc une facilité réclamée par M. le ministre. Elle a pour but de faire justice des refus de consentement d'occupation qui ne seraient pas justifiés.

Nous avons stipulé cette faculté d'intervention du conseil d'Etat, afin d'arriver au résultat pratique que nous voulons avant tout: faciliter les concessions, en donnant capacité de les faire aux personnes qui ont intérêt à les consentir. Selon nous, le système contraire aurait tous les inconvénients d'une centralisation excessive.

C'est à vous, messieurs, d'apprécier si vous trouverez, dans ce système, les garanties de l'autonomie légitime des départements et des communes, que vous devez avoir à cœur de sauvegarder.

En résumé, messieurs, en dehors de la rédaction que nous examinerons, s'il y a lieu, tout à l'heure et que nous vous demandons de réserver quant à présent, vous avez à vous prononcer sur deux principes tout à fait différents.

Voulez-vous, avec le projet primitif du gouvernement, que la capacité de concéder soit nécessairement une conséquence de la propriété du sol des voies publiques à emprunter, avec cette distinction que, quand il y aura plusieurs propriétaires, ce sera le plus éminent qui aura seul la capacité de concéder, sauf faculté de rétrocession ? Alors vous adopterez la rédaction du gouvernement.

Voulez-vous, au contraire, que le droit de concession, sauf bien entendu le contrôle du gouvernement et le consentement des propriétaires des voies publiques, appartienne désormais à l'être moral qui a intérêt à la faire, Etat, département ou commune? Alors vous voterez notre projet de rédaction, que la commission a été unanime à vous proposer (Très-bien! sur plusieurs bancs).

M. LE MINISTRE DES TRAVAUX PUBLICS. — Messieurs, je demande au sénat la permission de lui présenter quelques observations sur l'article 2 de la commission.

L'honorable M. Labiche a parfaitement défini le principe qui a prévalu dans l'opinion du gouvernement et qui caractérisait son article 2.

Ce principe, ainsi qu'on vous l'a dit tout à l'heure, a consisté en ce que nous avons cru que, — toutes les fois que plusieurs autorités se trouvaient en présence, quand l'Etat, le département ou la commune ont, les uns et les autres, des portions de voies publiques sur lesquelles les tramways ou la voie ferrée ordinaire devaient être établis, — il était nécessaire que ce fût l'autorité la plus éminente qui eût qualité pour accorder la concession. C'est bien là, en effet, l'esprit de notre système. La seule objection qui m'ait paru dirigée contre ce système, c'est que, quand une portion faible seulement de la voie appartenant à l'Etat serait empruntée par la voie ferrée, il était excessif de mettre le droit de concession entre les mains de l'Etat.

Cependant, lorsqu'une voie ferrée doit emprunter plusieurs sortes de voies, les unes appartenant à l'Etat, les autres au département et aux communes, il faut bien qu'il y ait quelqu'un qui tranche le différend, qui prononce en dernier ressort.

Si le département ou la commune trouvent excessif que l'Etat ait le droit de concession, par cela seul qu'ils empruntent une partie de son domaine, c'est, ainsi que j'avais l'honneur de le dire à la commission, au département ou à la commune de se passer, en pareil cas, du domaine de l'Etat; qu'ils fassent avec leurs propres ressources ! (Exclamations.)

Permettez! Si vous arrivez sur le domaine de l'Etat, si vous venez poser vos rails sur ce domaine, je me demande en vertu de quel principe de droit public, le département et la commune, c'est-à-dire des pupilles, auront le droit d'accorder la concession sur le domaine de l'Etat, leur tuteur? Est-ce qu'il n'y aurait pas là un renversement des principes?

Maintenant, au point de vue pratique, — car c'est surtout à ce point de vue que je me suis placé pour combattre la rédaction de la commission, — je vous demande la permission de faire ressortir les inconvénients très-grands, inextricables même, suivant moi, qui se produiront avec le système de la commission.

Le système établit une combinaison de consentements, c'est-à-dire que, lorsque l'Etat, le département, la commune consentiront tous trois, la concession pourra être accordée. Hors de ce consentement, vous aurez oppositions réciproques, résistances, anarchie. On ne peut arriver à la solution. Vous l'avez tellement bien senti que, pour sortir de cette difficulté, vous êtes obligés d'introduire une clause additionnelle, dont vous venez de donner connaissance au sénat. Cette clause porte que, lorsque le département ou la commune se refuseront, en pareil cas, à accorder leur consentement, il y sera pourvu d'office, au moyen d'un décret rendu en conseil d'Etat. C'est-à-dire que, lorsqu'on n'aura pas obtenu le consentement du département ou de la commune, on pourra s'en passer. Est-ce que cette clause, que vous avez été obligés d'ajouter à votre article 2, n'en est pas la condamnation? Est-ce que ce n'est pas, de votre part, l'aveu que cet article 2 contient en germe des difficultés insurmontables? (Très-bien ! très-bien !)

En effet, supposez un demandeur en concession, — et remarquez que le cas que j'indique ici n'est pas un cas théorique ; il se présente en ce moment même dans le département de la Seine : tel concessionnaire se pourvoit en même temps devant l'Etat et devant le conseil municipal, parce que ses voies sont situées en grande partie sur le territoire de la ville de Paris.

Lorsqu'un concessionnaire se pourvoira, soit devant l'Etat, soit devant le département, soit devant la commune, c'est que, pressé d'avoir sa concession, il cherchera, parmi toutes ces combinaisons, quelle est celle qui pourra lui assurer les meilleures conditions.

Quand il éprouvera quelque retard de la part de l'autorité devant laquelle il se sera pourvu d'abord ou quand il trouvera les conditions trop dures, il sera amené à se pourvoir auprès d'une des autres autorités.

Souvent ainsi vous aurez un même concessionnaire en instance à la fois auprès du département et auprès de la commune

Comme, selon votre système, chacune de ces trois autorités a qualité pour accorder la concession, si les deux autres consentent, il n'y a pas de raison pour que le demandeur n'aille pas rechercher celle de ces trois autorités qui paraîtra lui offrir les conditions les plus favorables.

Vous voilà donc devant un demandeur qui sera en voie d'instance auprès de trois autorités. Quelle est celle qui prononcera? Quelle est celle qui sera disposée à abandonner son droit de concession, pour l'accorder aux autres? Vous pensez bien que, lorsque l'Etat, le département et la commune seront saisis simultanément d'une même demande, il sera très-difficile d'obtenir d'une des trois autorités qu'elle renonce à une affaire qu'elle a entre les mains, qu'elle a instruite, pour reconnaître le droit de concession au profit d'une des deux autres. Vous aurez alors trois individualités en présence, qui refuseront de se dessaisir et entre lesquelles l'accord ne pourra pas s'établir.

Mais un autre cas pourra encore se présenter. Je viens de parler d'un seul demandeur en présence de trois autorités; vous pouvez avoir le cas inverse, c'est-à-dire trois demandeurs en présence chacun d'une des trois autorités. Supposez trois demandeurs pour le même tramway et c'est, je le répète, un cas qui se présente dans la pratique. Le premier demandeur s'adresse à l'Etat, le second au département, le troisième à la commune. Comment en sortirez-vous? Vous n'en sortirez, — vous l'avez dit vous-mêmes, — qu'au moyen de la clause qui permet de se passer du consentement; mais, s'il est permis de s'en passer, je demande à quoi sert de l'exiger.

Remarquez que la condition à laquelle vous pouvez vous en passer est précisément celle qui précède la concession même; car vous dites que vous vous passerez de ce consentement au moyen d'un décret rendu en conseil d'Etat. Mais la concession elle-même est donnée par un décret rendu en conseil d'Etat; par conséquent, la concession vous offre toutes les garanties d'impartialité, d'égalité, d'équité, que peut vous offrir la condition restrictive que vous mettez en pareil cas.

Si, pour vous passer de consentement, vous êtes obligés d'aller en conseil d'Etat et si vous trouvez que ces décrets en conseil d'Etat vous donnent des garanties suffisantes, pourquoi ne vous en contentez-vous pas, quand il s'agit de l'institution même de la concession qui se fait, je le répète, par la même voie, avec la même procédure et sous les mêmes garanties? La clause par laquelle vous cherchez à sortir de la difficulté, clause qui consiste à permettre de se passer du consentement, sous certaines conditions, n'est-elle pas, en vérité, la négation même de votre article 2? C'est la constatation des impossibilités pratiques auxquelles cet article vous conduit infailliblement.

Aussi, puisque vous êtes obligés vous-mêmes de reconnaître cette difficulté, de prendre un biais pour en sortir, je demande au sénat de revenir à la rédaction primitive, qui me paraît beaucoup plus claire et beaucoup plus simple (Vive approbation sur un grand nombre de bancs).

M. LE RAPPORTEUR. — Messieurs, il ne s'agit pas ici d'une question de rédaction, il s'agit d'une question de fond. C'est la disposition la plus importante de la loi et j'ai le devoir de la défendre devant le sénat.

J'ai ce devoir et le sénat me permettra une observation personnelle. J'avais préparé mon rapport dans le sens de la proposition de loi de M. le ministre des travaux publics (Rires) et c'est dans la commission, mais, je dois le dire à ma confusion, à l'unanimité, que le système contraire a prévalu.

M. BATBIE. — Non, pas à l'unanimité, je déclare avoir voté contre.

M. LE RAPPORTEUR. — Oui, lorsque vous êtes venu en dernier lieu; mais vous n'étiez pas présent lorsque la décision de la commission a été prise, vous étiez retenu loin de Paris.

Je vous demande pardon, messieurs, de ce détail indifférent; mais c'est la décision de la commission que je viens défendre ici et, si je la défends, c'est parce que la commission m'a converti.

Je serai très-court; en présence d'un adversaire comme M. le ministre des travaux publics, qui pose les questions avec cette netteté parfaite que nous admirons tous, la discussion doit être bientôt vidée.

Voici quel était le système du gouvernement. Je le répète en très-peu de mots. C'était d'accorder le droit de concession, en cas de conflit, au propriétaire le plus éminent; on s'est servi du mot, je le répète.

La commission n'a pas pensé que ce fût aussi bon que simple; car vous comprenez que, dans le cas de conflit de ces trois propriétés, il faut nécessairement que le demandeur en concession s'adresse au propriétaire le plus éminent, qui seul alors a le droit de concession; et, comme la commission était animée du désir de faire quelque chose de plus large qui profitât plus à la création de tramways, elle s'est placée à un autre point de vue, a adopté un autre système, c'est celui-ci :

Peu importe la nature des voies. Il faudra en tenir évidemment compte, quand il s'agira de déterminer la part qu'il faut faire aux droits des propriétaires de chacune d'elles. Mais, quant à l'idée d'établir un tramway, peu importe le point de départ.

Est-ce que l'Etat ne pourrait pas avoir intérêt à faire un tramway sur un chemin purement communal? Va-t-il s'arrêter, en présence du refus de la commune qui voudrait l'empêcher d'établir ce tramway d'intérêt national, parce qu'il s'agit d'un chemin communal? Ce n'est pas possible.

Je passe sur le degré intermédiaire, le département. L'argumentation serait la même.

A l'inverse, voilà une route nationale. L'Etat n'a aucun intérêt à établir un tramway sur cette route. Mais une ou deux communes auraient intérêt à l'établir à leurs frais, à l'étudier, à le subventionner; et, parce que la route est nationale, ces deux communes ne pourraient pas donner satisfaction à leurs intérêts et user du droit que la commission leur a donné.

Voilà les deux systèmes, c'est aussi simple que cela.

Nous croyons que le nôtre, celui de la commission, est préférable. Mais, comme je le disais tout à l'heure, nous avons d'abord fait abstraction de la propriété de la question de savoir à qui appartenait la voie sur laquelle le tramway serait établi.

Mais ne faisons pas d'abstraction jusqu'à la fin : il faut respecter avant tout la propriété et alors nous avons établi le système du consentement. S'il s'agit d'une route nationale, d'une route départementale ou d'un chemin communal, si c'est le département qui fait la concession, il aura besoin du consentement de l'Etat et du département. Si c'est la commune, il lui faudra le consentement de l'Etat et du departement. Si c'est l'Etat, il aura besoin du consentement du département et de la commune, parce qu'il faut que les droits des propriétaires soient respectés. Le conseil général et le conseil municipal interviennent, l'un au nom du département, l'autre au nom de la commune. Nous tenons à ce consentement. Il le faut absolument.

Alors est intervenue l'objection de M. le ministre, qui, je crois, à force peut-être d'insistance de la part de la commission, était arrivé à entrer dans les vues de la commission.

M. LE MINISTRE. — Pardon, c'est un erreur.

M. LE RAPPORTEUR. — Je ne tire de cette allégation aucun argument, mais il semblait à la commission que vous étiez prêt à accepter les raisons qui lui avaient fait adopter les systèmes dont j'ai parlé tout à l'heure. Vous nous avez présenté comme un inconvénient ce fait de la concurrence possible entre la commune, le département et l'Etat. Mais c'est précisément cette concurrence que nous voulons et c'est la raison pour laquelle nous avons changé le système. On pourra, à la vérité, s'adresser à plusieurs, mais quel conflit peut-il y avoir à craindre? Le conseil d'Etat, en effet, règle la question; il est juge du différend et il détermine le point de savoir si c'est l'Etat, le département ou la commune, qui restera en définitive muni du droit de concession. Il n'y a donc aucun danger. C'est cette concurrence que nous avons voulu établir et c'est votre objection qui est notre argument (Marques d'approbation sur quelques bancs).

Le consentement, je le répète, il le faut, parce que nous respectons la propriété. Seulement M. le ministre est intervenu et nous a fait une observation parfaitement juste. Vous allez, a-t-il dit, arriver en présence de départements et de communes qui vont refuser leur consentement, d'une façon qui sera déraisonnable, qui sera contraire à l'intérêt général.

Ce n'est guère supposable de la part d'un département, à la tête duquel se trouve un conseil général.

Ce sera beaucoup plus facile, je le reconnais, pour une petite commune, qui fera marché de son consentement et, passez moi l'expression, qui fera du chantage. C'est l'objection qui nous a été faite.

Nous avons répondu : oui ; il faut vaincre cette résistance déraisonnable de petites communes, par exemple. C'est alors que nous avons proposé un article additionnel, pour arriver à prendre le conseil d'Etat comme arbitre entre le gouvernement, qui veut concéder, et la commune, qui veut faire payer très-cher son consentement.

Voilà toute l'harmonie de notre loi. Elle est bonne ou mauvaise; vous la jugerez. Mais le point de départ des deux propositions est tellement différent qu'il faut prendre un système ou l'autre. Il faut choisir.

Je n'ai rien à ajouter à ce que je viens de dire (Marques d'approbation sur plusieurs bancs).

M. LE PRÉSIDENT. — Le gouvernement maintenant l'article de son projet primitif, il n'y a pas lieu de le reprendre à titre d'amendement et je dois mettre d'abord aux voix la rédaction de la commission. J'en ai donné lecture, sauf le paragraphe additionnel, que je n'avais pas...

Un sénateur. — Il n'a pas été distribué!

M. LE PRÉSIDENT. — ...et dont je donne lecture:

« En cas de refus d'un conseil général ou d'un conseil municipal, le consentement du département ou de la commune nécessaire à l'établissement d'un tramway concédé par l'Etat, pourra être suppléé par une autorisation donnée par décret, délibéré en conseil d'Etat. »

(L'article 2 de la commission, mis aux voix, n'est pas adopté.)

M. LE PRÉSIDENT. — Je vais mettre maintenant aux voix l'article 2 du projet du gouvernement, dont je n'avais pas donné lecture et qui est ainsi conçu.....

M. LE RAPPORTEUR. — Je demande la parole après le vote de l'article.

M. LE PRÉSIDENT. — Je mets cet article aux voix.

M. EMILE LABICHE. — Monsieur le président, nous avons demandé le renvoi à la commission.

M. LE PRÉSIDENT. — Je vous demande pardon, vous ne l'avez pas demandé...

Plusieurs sénateurs. — C'est voté ! Le vote est acquis !

M. LE PRÉSIDENT. — M. Hérold m'a dit : après le vote de l'article; du reste, le vote est commencé.

(L'article 2 du projet du gouvernement, mis aux voix, est adopté.)

M. LE RAPPORTEUR. — Au nom de la commission, je demande le renvoi des autres articles : le sénat vient de renverser le système qui fait la base du projet de la commission.

M. LE PRÉSIDENT. — La commission demande le renvoi. Il n'y a pas d'opposition?...

Le projet est renvoyé à la commission.

---

24 février 1879. SÉNAT.

M. LE PRÉSIDENT. — Le sénat se rappelle qu'à la dernière séance, après le rejet des deux premiers articles proposés par la commission et l'adoption des deux premiers articles du projet du gouvernement, le projet de loi a été renvoyé à la commission. La commission est-elle en mesure de faire connaître au sénat les nouvelles résolutions qu'elle a pu adopter?

M. LE RAPPORTEUR. — Vous vous rappelez, messieurs, qu'à la dernière séance, le sénat a adopté l'article 2 du projet du gouvernement, qui posait un principe absolument différent de celui que la commission vous avait proposé.

La commission n'a pas encore eu le temps de se réunir. Mais, des conversations qui ont été tenues entre M. le ministre des travaux publics et le rapporteur, il résulte que, sur le fond des choses, l'accord sera extrêmement facile. Il ne s'agit plus que de changements de rédaction, qui sont déjà tout prêts. Cependant ces changements de rédaction entraînent la modification d'un grand nombre de phrases et je crois que le sénat ne suivrait pas fort utilement, sur les textes qui lui ont été déjà distribués, la discussion du nouveau projet.

Par conséquent, au nom de la commission, j'ai l'honneur de demander le renvoi de la discussion, afin qu'on puisse imprimer le texte nouveau, qui sera soumis à la délibération du sénat, et le distribuer (Marques générales d'adhésion).

M. CAILLAUX. — C'est indispensable !

M. LE PRÉSIDENT. — M. le rapporteur demande l'ajournement de la discussion. Il n'y a pas d'opposition?...

(L'ajournement est prononcé.)

---

27 février 1879. **SÉNAT.**

M. LE PRÉSIDENT. — Le sénat se rappelle qu'il a voté les deux premiers articles du projet de loi. Les articles suivants ont été renvoyés à la commission, sur la demande de M. le rapporteur, d'accord avec M. le ministre des travaux publics. La commission a présenté une rédaction nouvelle, conforme aux votes du sénat sur les deux premiers articles.

Mais, avant de mettre aux voix les propositions de la commission, je donne la parole à M. Oscar de Lafayette ; il présente une disposition additionnelle, qui se placerait après l'article 1er, déjà voté.

M. OSCAR DE LAFAYETTE. — Messieurs, je monte à la tribune pour déclarer d'abord que je retire mon article additionnel ; mais je demande, en même temps, à titre de compensation (Sourires), à faire quelques observations au sujet de l'article 3 de la commission, dont il nous a été présenté une nouvelle rédaction.

Messieurs, si vous prenez l'ancienne loi sur les chemins de fer d'intérêt local, la loi de 1865, vous lisez à l'article 2 les lignes suivantes :

« L'utilité publique est déclarée et l'exécution est autorisée par décret délibéré en conseil d'Etat, sur le rapport des ministres de l'intérieur et des travaux publics. »

Cette disposition, qui existait dans l'ancienne législation, a été complétement réformée par le premier projet de loi qui a été soumis à vos délibérations. Et voici ce que vous trouvez, en effet:

« C'était au pouvoir exécutif qu'il appartenait de décréter l'utilité publique et d'autoriser l'exécution des lignes d'intérêt local, par décret délibéré en conseil d'Etat, sur le rapport des ministres de l'intérieur et des travaux publics. — Il est inutile de rappeler les plaintes, multipliées et contradictoires, auxquelles a donné lieu l'attribution confiée au pouvoir exécutif... »

Et l'honorable rapporteur continue et termine par ces lignes : « Du reste, la réforme proposée par le gouvernement n'a point jusqu'à présent rencontré de contradicteurs. Il nous suffira de signaler l'importance de ces modifications et de constater l'unanimité avec laquelle elle a été accueillie dans la commission. »

Par suite de ces raisons et de ces observations sur l'article du projet de loi, on a substitué à la déclaration d'utilité publique par décret la déclaration d'utilité publique au moyen de la loi. Il est dit, en effet:

« L'utilité publique est déclarée et l'exécution est autorisée par une loi. »

Comme vous voyez, ce sont deux systèmes absolument différents. Dans le premier cas, c'est le système de l'établissement par décret, et, dans le second, le système de l'établissement par une loi, d'une manière complète et absolue, sans aucune exception.

Voici maintenant venir le projet nouveau, qui est aujourd'hui en discussion et dont le rapporteur est l'honorable M. Hérold. L'article 3 de ce nouveau projet est ainsi conçu :

« Dans tous les cas, l'utilité publique est déclarée et l'exécution est autorisée par décret délibéré en conseil d'Etat. »

Nous revenons donc maintenant au système que nous avions abandonné, à celui de la loi de 1865. Pourquoi? Voici les motifs que donne le rapport de M. Hérold : La différence, dit-il, est justifiée par ce fait qu'il ne s'agit pas de créer une voie publique nouvelle.

Ainsi le nouveau projet qui vous est soumis, tout en reconnaissant le principe général que l'intervention du législateur est nécessaire, admet cependant une exception pour toute une catégorie de chemins d'intérêt local, pour la catégorie de chemins de fer établis sur des routes ou chemins.

Je comprendrais parfaitement la raison que donne le rapport, s'il existait des chemins qui fussent, dans tout leur parcours, établis sur des chemins publics; mais il n'y en a guère de cette espèce. La plupart des chemins de fer sur les routes sont établis ainsi sur un certain nombre de kilomètres, ensuite ils sont lancés à travers la campagne et alors ils rentrent dans la catégorie de tous les chemins de fer d'intérêt local.

En même temps, on explique qu'il ne s'agit pas seulement des chemins de fer sur route, mais de leurs embranchements et de leurs déviations. De telle sorte que, pour des chemins de fer qui sont dans des conditions d'identité parfaite avec les chemins de fer d'intérêt local, vous arrivez à admettre une législation que vous n'acceptez pas pour les autres.

Je demande à M. le rapporteur ou à tout autre organe de la commission de vouloir bien m'expliquer cette différence que je ne saisis pas.

Il me semblerait plus juste de former deux groupes de chemins de fer d'intérêt local : un groupe pour les chemins de grande importance, pour les chemins à section normale, à grands rayons de courbure, pour ceux qui se prolongent sur plusieurs départements; et un deuxième groupe pour les petits chemins de fer de toutes espèces, — et c'est ce que je voulais proposer par mon amendement.

On a suivi un autre système, on a fait une classification différente. Je ne la trouve pas suffisamment justifiée. Je dirais même que les chemins de fer établis sur les routes mériteraient moins que les autres d'être exemptés de la condition d'être soumis à l'appréciation des législateurs. En effet, en ce qui concerne les chemins de fer de routes, le sol sur lequel ils sont établis appartient à la commune. C'est donc une espèce d'expropriation ou de dépossession qu'il faut faire, non pas tout à fait une expropriation, car la commune conserve l'usufruit; mais c'est une privation d'usage qui dure un temps plus ou moins long, c'est-à-dire une aliénation temporaire de la propriété communale. Or, toutes les fois que l'aliénation de la propriété communale a lieu, il faut nécessairement l'assentiment du parlement.

Et vous le savez, messieurs, nous avons des commissions d'intérêt local dont la tâche est uniquement de s'occuper de ces sortes de questions.

Par conséquent, les chemins de fer qui empruntent le sol des routes devraient moins que les autres être exemptés de la condition de voir leur déclaration d'utilité publique soumise à la sanction des chambres.

En résumé, je demande à la commission de justifier la distinction trop subtile qu'elle a faite entre les tramways et les autres chemins de fer d'intérêt local. Et je ne le demande pas seulement en mon nom personnel, mais dans l'intérêt de la commission.

Car il faut nous rendre compte de la situation de ce projet de loi. Il est devant nous en deuxième lecture, mais il ira ensuite devant la chambre des députés. Celle-ci, si j'en crois les renseignements donnés par les journaux, se préoccupe déjà de cette situation et, dans la première réunion à laquelle l'examen du projet a donné lieu, on a discuté si le travail de notre commission ne devrait pas être remanié à nouveau et si l'on ne devrait pas fondre en un seul les deux projets qui sont aujourd'hui distincts.

Je ne prolongerai pas cette discussion. Je n'ai pas besoin de dire que toute ma sympathie est acquise au projet de loi; seulement je le voterais avec plus de plaisir et de bonheur, si l'on me donnait des raisons qui pussent justifier la distinction qui a été faite dans l'article 3.

M. ÉMILE LABICHE, *membre de la commission.* — Messieurs, l'honorable M. Hérold, rapporteur de la commission, est absent. Il m'a chargé de prier le sénat de l'excuser. Il n'a pu se rendre à la séance, par suite d'une réunion extraordinaire du conseil municipal.

D'un autre côté, nous avons été obligés, pour nous soumettre à la décision du sénat, de faire imprimer, avec une certaine précipitation, le texte qui est aujourd'hui entre vos mains et, dans cette impression trop rapide, il s'est glissé quelques erreurs dont j'aurai à réclamer la rectification.

J'ai donc deux motifs pour vous demander, d'une façon particulière, votre attention pour les rectifications à introduire dans le texte de loi et votre indulgence pour votre rapporteur improvisé.

Je vais tout d'abord m'occuper de la première rectification à faire au texte qui vous a été présenté et j'arriverai tout à l'heure à la question soulevée par M. de Lafayette.

Lorsque nous nous sommes trouvés en présence du nouveau système adopté par le sénat, nous avons dû effacer de notre ancienne rédaction tous les articles qui se rapportaient à une organisation que vous aviez condamnée en principe. Or, dans ce travail d'élimination, par suite de la trop grande précipitation avec laquelle on a procédé, on avait effacé entièrement l'ancien article 4, qui prévoyait, dans sa première partie, une disposition qui n'a plus sa raison d'être aujourd'hui et qui mesurait la capacité de consentir la concession par la qualité du propriétaire. Mais, dans cet article 4, il y a une seconde disposition que nous vous demandons la permission de faire revivre, parce qu'elle nous paraît indispensable, même après votre vote.

Vous avez décidé, à la dernière séance, que la capacité de concéder serait donnée d'une façon limitative à l'Etat, au département ou à la commune, en leur qualité de propriétaire des voies publiques empruntées.

Mais vous avez ajouté, en même temps, cette restriction que l'État aurait le droit de faire la concession aux départements ou aux communes, sauf faculté de rétrocession. Les départements et les communes peuvent, en effet, être infiniment plus intéressés que l'Etat à l'établissement de la voie ferrée.

Cette faculté de rétrocession donnée à l'Etat a été édictée dans l'article 2, voté dans votre dernière séance.

Cette faculté se trouvait énoncée dans l'ancien article 4, qui n'aurait pas dû être supprimé en entier dans la nouvelle rédaction que vous avez sous les yeux.

Nous nous sommes entendus avec M. le ministre pour rétablir la dernière disposition. Nous vous proposons de l'adopter, en en faisant l'article 3, qui serait ainsi conçu :

« Le département pourra accorder la concession à l'Etat ou à une commune, avec faculté de rétrocession; une commune pourra agir de même à l'égard de l'Etat ou du département. »

Je vais essayer de justifier l'utilité de cet article.

Comme l'article 1er, par lequel vous avez proscrit le mot « tramway », n'a pas encore force légale, je vous demanderai la permission, afin de simplifier ma tâche, de me servir de cette expression dans la discussion, au lieu de la périphrase que vous lui avez substituée.

Vous avez décidé que, si un tramway empruntait une parcelle quelconque d'une voie appartenant à l'Etat, lui seul aurait capacité pour faire la concession; mais, en même temps, vous avez apporté une restriction à l'application de ce principe absolu; vous avez admis que l'Etat, qui peut n'avoir que peu ou pas d'intérêt à cette concession, aurait la faculté de la faire au département ou à la commune, sauf faculté de rétrocession.

Eh bien! nous avons pensé que, de même que vous avez admis pour le cas où le tramway devait être concédé par l'Etat, la faculté de rétrocession au département ou à la commune, il fallait prévoir le cas où, — la concession devant être faite par le département, parce que la voie empruntée lui appartient, ou par la commune, parce que la voie empruntée est seulement communale, — il y aurait lieu à concession à la commune, au département ou à l'Etat lui-même.

Notre nouvel article 3, emprunté à l'ancien article 4 de la commission, n'a pas d'autre objet que d'édicter cette faculté de concession.

Quand vous aurez voté sur ce point-là, je vous demanderai la permission de remonter à la tribune, pour répondre très-succinctement aux observations que M. Oscar de Lafayette a présentées, d'une façon un peu prématurée, sur l'article 3 ancien, qui deviendra l'article 4 nouveau.

M. OSCAR DE LAFAYETTE. — Je ne connaissais et ne pouvais connaître votre nouvel article 3.

M. ÉMILE LABICHE. — C'est vrai; aussi j'aurais demandé la parole, avant de laisser M. Oscar de Lafayette développer des considérations qu'il avait à présenter sur l'article 4 actuel; s'il n'avait pas annoncé, en montant à la tribune, qu'il prenait la parole sur sa proposition d'article additionnel à l'article 1er. Mais, après avoir parlé à l'occasion de l'article 1er, l'orateur s'est trouvé entraîné à parler sur l'article 3.

M. LE PRÉSIDENT. — M. Oscar de Lafayette a renoncé à l'article additionnel qu'il avait proposé et il a fait porter sa question uniquement sur l'article 3.

Je donne lecture de cet article.

Il n'y a pas d'observations sur cette rédaction?... Je mets l'article aux voix.

(L'article est adopté.)

La parole est maintenant à M. Labiche, pour répondre aux observations de M. Oscar de Lafayette sur l'article 3.

M. ÉMILE LABICHE. — M. Oscar de Lafayette accuse la commission d'avoir changé d'avis à propos de la déclaration d'utilité publique et d'avoir accepté, pour les tramways, un système différent de celui qu'elle avait adopté pour les chemins de fer d'intérêt local. Pour les chemins de fer d'intérêt local, dit-il, nous avons proclamé la nécessité de l'intervention du pouvoir législatif; tandis que, pour les tramways, nous nous contentons d'un décret délibéré en conseil d'Etat. L'explication de cette divergence est très-simple. Lorsque nous établissons un tramway sur une route, nous ne faisons que modifier l'affectation d'une propriété qui était déjà destinée à la circulation publique, qui déjà appartenait au public. Lorsque, au contraire, nous créons un chemin de fer d'intérêt local, nous créons une voie de communication entièrement nouvelle et tout à fait différente.

Je sais bien que M. Oscar de Lafayette répond que la nouvelle voie créée sur une voie préexistante peut avoir des déviations nouvelles; et alors pourquoi ne pas faire intervenir la loi?

Pourquoi? Parce que ces déviations ne sont que des accessoires de la route primitive et que, de même que le département ou l'Etat aurait pu modifier, sans une loi, le tracé de l'ancienne route, de même nous trouvons légitime qu'on puisse faire ces modifications de tracé sans mettre en mouvement l'appareil législatif tout entier. Ainsi aujourd'hui un chemin de grande communication passe sur une côte très-rapide, on reconnaît qu'il vaut mieux adoucir la pente et contourner le coteau; on ne recourt pas à une loi, on se contente d'employer le moyen que la loi met à la disposition de l'administration et l'on a recours au jury prévu par la loi de 1836. Nous nous proposons d'agir de même pour une déviation, qui ne peut jamais être qu'un accessoire de la route primitive; nous vous proposons d'admettre que la loi d'expropriation, qui aurait pu servir pour constituer la voie primitive, pour lui donner son élargissement ou son nouveau parcours, sera suffisante pour l'établissement du tramway. Si, pour la concession d'un tramway, il était nécessaire de recourir à la formalité d'une loi, il se produirait des lenteurs infiniment regrettables; et, loin de trouver qu'en nous contentant, pour la concession d'un tramway, d'un décret délibéré en conseil d'Etat, nous ne sommes pas assez exigeants, nous serions disposés à penser que nous sommes trop exigeants.

Cependant, comme il s'agit de garanties à donner à la propriété, nous avons accepté la solution que nous proposait M. le ministre, car, je prie M. Oscar de Lafayette de le remarquer, ce n'est pas nous, — comme il paraissait tout à l'heure le supposer, — ce n'est pas nous qui avons inventé la différence de procédés pour les concessions de chemins d'intérêt local et les concessions de tramways; cette différence était dans le projet de loi du ministre. Nous avons respecté ette disposition et, loin de trouver que l'autorisation par décret offrait les inconvénients que signale M. Oscar de Lafayette, nous avons pensé qu'elle avait l'avantage de réduire les formalités et de protéger les intérêts que M. Oscar de Lafayette avait en vue de sauvegarder dans la mesure du possible. Nous croyons donc que vous pouvez approuver la disposition qui vous est présentée et nous sommes sans aucune espèce d'inquiétude sur ses résultats. (Très-bien !)

M. OSCAR DE LAFAYETTE. — Messieurs, j'en demande pardon à notre honorable rapporteur, mais je ne suis pas absolument satisfait de ses explications. Il prend un cas particulier, celui où un chemin de fer serait établi, dans tout son parcours, sur une route ou sur un chemin et où il n'y aurait que des déviations ou des embranchements qui seraient établis en dehors des routes; mais il faut voir les choses comme elles se passeront en réalité. Ainsi, par exemple, sur un chemin de 25 kilomètres, il y aura 3 ou 4 kilomètres qui seront sur les routes et le reste passera en plaine. Pourquoi acceptez-vous un mode différent d'expropriation pour ce prolongement de chemin de fer, dont un tronçon seulement sera sur la route, tandis que tout le reste sera établi sur des propriétés privées?

Pourquoi voulez-vous un traitement différent pour les embranchements, qui peuvent être aussi très-considérables ? Il n'y a réellement aucune différence entre le chemin de fer dont le premier tronçon est sur une route se prolongeant sur des propriétés privées et les autres chemins de fer établis en totalité sur des propriétés privées; l'identité est parfaite.

Il vaudrait mieux établir une autre classification, c'est ce que j'avais essayé de faire par mon article additionnel. Je voulais ajouter, aux chemins de fer qui circulent sur les routes, les tramways, les petits chemins économiques, mais qui ne sont pas établis sur les routes. On aurait formé ainsi un groupe important de ces petits chemins de fer réunis entre eux, mais séparés du groupe particulier des grands chemins de fer d'intérêt local, se rapprochant, par leur importance, par leurs conditions techniques, des chemins de fer d'intérêt général.

Il y aurait eu une raison sérieuse de faire cette classification, tandis qu'il n'y en a pas dans votre système; car, à côté du chemin de fer auquel vous accordez la faveur d'être établi par décret, vous allez avoir, peut-être, des chemins de fer de la dernière, de la plus minime importance, des tramways composés d'une seule voiture-omnibus, avec deux barres de fer et des rayons de courbures de 18 à 20 mètres. Pour les uns, il faudra réclamer l'intervention des chambres et, pour les autres, vous vous contenterez d'une législation simplifiée.

En vérité, cette distinction ne repose pas sur une base suffisamment fondée et je persiste dans mon désir de voir disposer autrement les choses.

M. ÉMILE LABICHE. — Je serais extrêmement désireux de donner satisfaction à mon honorable et excellent collègue, mais il vous demande en ce moment le renversement complet de la loi. Il paraît croire que la seule différence qu'il y ait entre un chemin d'intérêt local et un chemin d'intérêt général, c'est que l'un emprunte momentanément les routes, tandis que l'autre les utilise beaucoup plus souvent.

La différence est ailleurs, elle est dans le classement. Il est vrai qu'un chemin de fer d'intérêt local peut accidentellement emprunter une route, mais cela ne change ni la nature ni la caractère du chemin ; il reste chemin d'intérêt local, quoiqu'il emprunte une route. De même, un tramway peut traverser, par ses déviations, des terrains qui n'étaient pas affectés à la circulation publique, mais cela ne change pas le caractère qui lui a été donné par l'acte de concession.

Vous avez défini le tramway la voie ferrée établie principalement sur les voies publiques sans changer leur destination antérieure ; cette définition lève toute difficulté.

M. OSCAR DE LAFAYETTE. — Ce mot « principalement » a disparu avec la rédaction de la commission.

M. ÉMILE LABICHE. — C'est vrai ; mais, si les termes de la définition ont été modifiés, le sens de cette définition a subsisté, puisqu'on vous dit que les voix ferrées devaient être établies sur les voies publiques, mais que des déviations « accessoires », entendez-le bien, pouvaient être créées en dehors du sol des routes et chemins.

Vous devez donc reconnaître que, si le mot « principalement » n'est plus dans le texte du paragraphe 1er de l'article 2, les mots « déviations accessoires » le remplaçant dans le paragraphe 2, l'esprit de la loi n'est pas modifié.

Dans ces conditions, quel que soit mon désir d'être agréable à mon honorable collègue, il m'est absolument impossible d'admettre qu'il puisse y avoir assimilation entre les voies ferrées établies sur les voies publiques et les chemins de fer d'intérêt local, et que, comme le désire l'honorable M. Oscar de Lafayette, l'on confonde les chemins de fer d'intérêt local avec les tramways.

Nous avons déjà quelque peine à nous mettre d'accord en édictant des dispositions distinctes; si nous voulons réglementer les deux voies en même temps, nous arriverions encore plus difficilement à nous entendre. L'assimilation réclamée par l'honorable M. Oscar de Lafayette est donc inadmissible, mais pourquoi la réclame-t-il? De quoi se plaint-il? De ce que la commission se contente d'exiger, pour la concession d'un tramway, l'intervention du conseil d'Etat, quand on exige une loi pour la concession d'un chemin de fer d'intérêt local. Il trouve donc que l'intervention du conseil d'Etat ne présente pas des garanties suffisantes.

Nous lui répondons : non-seulement l'autorisation du conseil d'Etat nous paraît suffisante, mais, si je n'écoutais que mon sentiment personnel, je la trouverais excessive. En effet, il ne faut pas oublier que la voie publique existait préalablement au tramway et que, pour l'ouverture de cette voie publique, l'intervention du conseil d'Etat n'était pas si nécessaire. Vous demandez, pour une modification de l'appropriation de la voie publique, des conditions que vous n'avez jamais songé à demander pour la création même de cette voie. Tous les jours, nous pouvons ouvrir un chemin de grande communication sans l'intervention du conseil d'Etat.

Pourquoi, pourrions-nous vous dire, ne voulez-vous pas qu'il soit possible, sans l'intervention d'un décret, de changer l'affectation primitive du chemin, circulation des piétons et voitures, pour permettre ce troisième mode de circulation que nous appelons le tramway? Cela change bien peu la situation primitive. La route reste à peu près ce qu'elle était; elle reste affectée au public, elle est ouverte comme antérieurement à la circulation des voitures et des piétons.

Cependant nous ne vous demandons pas de décider que les garanties, qui étaient suffisantes pour établir la voie primitive, sont suffisantes pour établir le mode de locomotion nouveau qu'on appelle les tramways.

Non, nous acceptons l'intervention du conseil d'Etat pour la concession d'un tramway, mais ne demandez pas davantage, n'exigez pas, pour ces voies économiques empruntant le sol des voies existantes, l'intervention législative. (Très-bien! très-bien!)

M. LE PRÉSIDENT. — Je rappelle au sénat que, tout à l'heure, en votant la nouvelle rédaction de la commission, il a voté le nouvel article 3.

Il y a lieu maintenant de statuer sur l'ancien article 5, qui devient l'article 4; je vais en donner lecture pour le soumettre au vote du sénat :

« Art. 4. — (*Ancien article 5 de la commission.*) »

(L'article 4, mis aux voix, est adopté.)

M. LE PRÉSIDENT. — « Art. 5. — (*Ancien article 6 de la commission.*) » — (Adopté.)

« Art. 6. — Lorsque, pour l'établissement d'une voie ferrée, il y aura lieu à expropriation, soit pour l'élargissement de la voie empruntée, soit pour l'une des déviations prévues à l'article 1er de la présente loi, cette expropriation sera opérée conformément à l'article 16 de la loi du 21 mai 1836, sur les chemins vicinaux, et à l'article 2 de la loi du 8 juin 1864. »

M. EMILE LABICHE. — Messieurs, il y a, sur ce point, une modification qui a été faite pour donner satisfaction aux observations de quelques-uns de nos collègues et notamment de l'honorable M. Caillaux.

On nous a fait observer qu'il y avait quelque inconvénient à donner compétence au petit jury constitué par la loi de 1836, pour toutes les expropriations que peut nécessiter l'établissement des tramways, et qu'il y aurait, en particulier, une anomalie à donner au petit jury cette compétence, quand il s'agit de rectifications de routes nationales ou départementales. Nous reconnaissons que, si nous avions maintenu notre disposition, on serait arrivé à ce résultat assez singulier qu'une route départementale ou une route nationale n'aurait pas pu être élargie, pour les besoins de la circulation ordinaire, en vertu de la loi de 1836, et qu'elle aurait pu l'être si cette modification de sa largeur avait été nécessitée par l'établissement d'un tramway.

Tout en maintenant autant que possible la compétence du jury de la loi de 1836, qui présente des avantages de célérité et des garanties suffisantes pour la propriété, nous avons cru devoir donner satisfaction au scrupule qui s'était manifesté et nous avons proposé de substituer à la rédaction ancienne (*article 7 de la commission*) celle-ci:

« Lorsque, pour l'établissement d'une voie ferrée, il y aura lieu à expropriation, soit pour l'élargissement », — c'est ici que commence le changement de rédaction, — « d'un chemin vicinal, soit pour l'une des déviations prévues à l'article 1er de la présente loi, cette expropriation sera opérée conformément à l'article 16 de la loi du 21 mai 1836 et à l'article 2 de la loi du 8 juin 1864. »

Ainsi vous voyez, messieurs, ce qui résulte de cette rédaction ; c'est que nous maintenons la législation de 1836, complétée, bien entendu, par la loi de 1864, en ce qui concerne les propriétés bâties et les enclos accessoires qui en sont la dépendance; nous maintenons, disons-nous, cette législation pour tous les élargissements qui sont nécessités sur les chemins vicinaux de grande communication, d'intérêt commun, etc., régis par la loi de 1836, mais nous ne la maintenons pas pour les routes nationales.

De plus, nous appliquons cette législation pour les déviations accessoires, que ces déviations soient ou non des accessoires de chemins vicinaux. Voici ce qui justifie à nos yeux cette disposition.

Un département peut toujours se servir de la loi de 1836 pour créer un chemin de grande communication. Les conditions d'expropriation édictées par la loi de 1836 paraissent constituer des garanties suffisantes pour la propriété. Pourquoi ne pas admettre la même règle pour les déviations? Pourquoi ne pas l'admettre pour l'ouverture de ces déviations, qui ne seront toujours que des voies accessoires des tramways, comme des ouvertures de chemins de grande communication? En fait, nous ne faisons qu'appliquer le droit commun; seulement nous l'appliquons d'une façon favorable à l'établissement des tramways, et nous croyons répondre ainsi à la faveur dont ce mode de circulation a été l'objet jusqu'à présent de la part du public et dont il sera, nous l'espérons, l'objet de la part du sénat. C'est pour cela que nous vous proposons de maintenir cet article 6, avec la modification indiquée (Marques d'approbation).

M. CAILLAUX. — Messieurs, quoique la commission ait modifié et amélioré par cette modification l'article 6 qu'elle avait rédigé, je crois devoir vous en proposer la suppression complète et absolue (Très-bien à droite).

Je ne me rends pas compte des distinctions qu'on veut établir; je ne les crois pas fondées sur la réalité des choses. Il est évident pour moi qu'on ne peut pas, qu'on ne doit pas, pour l'acquisition des terrains nécessaires à l'établissement d'un chemin de fer sur route, — car c'est le véritable nom qu'il faut donner aux chemins qui nous occupent, — substituer la loi de 1836, spéciale aux chemins vicinaux, à la loi du 3 mai 1841, sur l'expropriation pour cause d'utilité publique, alors que cette substitution serait illégale, lorsqu'il s'agirait de la rectification de la voie elle-même. Ainsi, quand il s'agit de dévier une route nationale ou départementale, c'est en vertu de la loi du 3 mai 1841 que se font les expropriations; cela est indiscutable et cependant on vous a proposé, lorsqu'il s'agira de placer un chemin de fer sur une déviation de cette route, d'appliquer la loi du 21 mai 1836; cela serait contraire, à mon avis, à tous les principes de justice et d'équité.

La commission l'a en partie reconnu et revient aujourd'hui sur ce point, en ce qui concerne les élargissements, — je l'en félicite sincèrement; mais elle maintient son projet pour les déviations proprement dites, je ne peux consentir à l'accepter. La nouvelle rédaction qu'elle vous propose serait juste, s'il s'agissait de faire une déviation telle que le public puisse s'en servir comme d'un chemin vicinal ordinaire. Il y aurait alors une raison d'appliquer la loi de 1836, puisque les propriétés dont on aurait exproprié une partie en vertu de la loi de 1836 jouiraient, pour le reste, des avantages et plus-values que procure toujours l'ouverture d'un chemin vicinal. Mais il n'en sera pas de même lorsque la déviation servira exclusivement à l'établissement d'un chemin de fer, qui occasionnera pour les riverains, dans l'exploitation de leurs propriétés, une gêne tout aussi grande que celle qui résulte de l'établissement d'un chemin de fer ordinaire d'intérêt local ou d'intérêt général.

Il y aurait là, à mon sens, je le répète, une très-fausse application de la loi de 1836. Je ne dis pas assurément que la loi du mai 1841 soit excellente, qu'à certains égards celle de 1836 ne lui soit pas préférable; je sais qu'elle produit souvent des résultats regrettables, mais elle n'est pas en discussion en ce moment et, pour la modifier, il faut une proposition spéciale. Elle existe et, tant qu'elle existe, elle doit être appliquée, avec tous ses inconvénients comme avec tous ses avantages, toutes les fois qu'il s'agit d'exproprier des terrains destinés à d'autres voies que les chemins vicinaux.

Le projet de loi qui a été présenté par le gouvernement, après avoir été discuté devant le conseil d'Etat, ne contenait point la clause que je repousse. C'est votre commission qui l'a introduite dans le projet; je crois que ce changement est très-fâcheux, quoique par une rédaction nouvelle on en atténue la portée, et le mieux serait assurément de supprimer l'article tout entier. Remarquez bien, messieurs, à quelle confusion conduirait l'adoption de cet article ; car, en vérité, cette loi renferme des confusions de toute espèce.

L'honorable M. Oscar de Lafayette vous a signalé, avec beaucoup de force, celle qui résulte de deux lois différentes pour le chemin de fer sur route et le chemin de fer d'intérêt local, qui se touchent cependant par tant de points et se ressemblent à tant de degrés, et tellement qu'il est permis de soutenir, et je le soutiens pour ma part, que le chemin de fer sur route sera le véritable chemin de fer d'intérêt local.

L'article 6, tel qu'on vous le présente, en amènerait bien d'autres ; car on vous demande de décider que la loi de 1836 sera applicable à l'expropriation des terrains des déviations des chemins de fer sur routes, alors que c'est à la loi du 3 mai 1841 qu'il faudra avoir recours lorsqu'il s'agira, pour l'établissement du même chemin de fer, d'élargir une route nationale ou une route départementale, ou la rue d'une ville, comme on a parfois été obligé de le faire ; de telle sorte que, lorsqu'un chemin de fer sur route devra emprunter à la fois des portions de chemins vicinaux, de route départementale ou nationale, il y aura plusieurs modes d'opérer pour l'expropriation des terrains nécessaires à cet établissement.

Il y aura donc, je le répète, deux manières de procéder pour un même chemin, à raison de la nature des voies diverses qu'il empruntera. C'est non-seulement une fausse application des lois existantes, mais c'est aussi une nouvelle cause de plus de confusion, dans une loi qui en contient déjà assez sur d'autres points. Je vous prie de n'y pas ajouter celle-là et je vous propose purement et simplement de supprimer l'article 6.

M. ÉMILE LABICHE. — Je commence, messieurs, par reconnaître que l'article que nous vous proposons n'est nullement essentiel à la loi. Il n'était pas dans le projet de M. le ministre, mais M. le ministre y a donné son adhésion et voici pourquoi : nous avons entendu un certain nombre de constructeurs de tramways ; ils nous ont tous dit qu'un des obstacles presque insurmontables qu'ils rencontraient à l'établissement de ces nouvelles voies était l'accomplissement des formalités prescrites par la loi de 1841 et les exigences du grand jury d'expropriation. Ils nous ont demandé, avec les plus vives instances, de faciliter, au point de vue pratique, l'établissement de ces voies, presque aussi utiles et plus économiques que les chemins de fer, en généralisant pour les expropriations l'emploi de la loi de 1836 et de la loi de 1864.

Il nous a paru que ce qui était suffisant, pour sauvegarder la propriété vis-à-vis de la création d'un chemin d'intérêt commun ou d'un chemin de grande communication, ne deviendrait pas suffisant quand il s'agissait de l'établissement d'un tramway. Nous avons cependant trouvé, dans l'observation de M. Caillaux, un scrupule auquel nous devions avoir égard, car il était fondé au point de vue législatif ; nous y avons fait droit, dans la mesure qui nous paraissait raisonnable. Je n'insisterai pas plus longtemps sur cette question, qui est bien simple. Le sénat veut-il faciliter l'établissement des tramways, il votera la rédaction que nous avons proposée et que nous croyons sans inconvénient. Pense-t-il, au contraire, qu'il faut être plus sévère, vis-à-vis de l'établissement d'un tramway, qu'on ne l'est pour l'établissement des chemins de grande communication, il votera alors la rédaction de M. Caillaux. Mais je demanderai au sénat de ne pas voter en bloc la suppression de l'article, car M. Caillaux lui-même ne va pas jusque-là.

Je crois qu'il adopte très-bien la première partie de l'article, qui se rapporte à l'établissement des chemins vicinaux ordinaires.

M. CAILLAUX. — Non, c'est une erreur.

M. ÉMILE LABICHE. — Comment ! non... Vous n'acceptez pas l'application de la loi de 1836 et de 1864 pour l'expropriation des chemins vicinaux servant aux tramways?

Je vous demande pardon; alors je demanderai à M. Caillaux la permission de lui dire qu'il va beaucoup trop loin; non-seulement il ne veut pas de dispositions exceptionnelles pour faciliter l'établissement des tramways, mais il ne veut même pas qu'on leur permette d'user du droit commun! Il prétend enlever aux chemins vicinaux la faveur qui leur était accordée par la loi de 1836! Il arrivera alors à ce singulier résultat : s'il s'agit d'élargir un chemin de grande communication destiné à la circulation ordinaire, le petit jury des lois de 1836 et 1864 sera compétent; mais, si l'élargissement a lieu pour établir un tramway, il faudra recourir, même pour les chemins vicinaux, à la loi de 1841. J'espérais que sur cette question nous serions d'accord!

M. CAILLAUX. — Non, nous ne sommes pas d'accord.

M. ÉMILE LABICHE. — Cependant vous ne pouvez vouloir supprimer la loi de 1836? Permettez-moi de poser une hypothèse.

Voici un chemin de grande communication à élargir pour l'établissement d'un tramway. Quel procédé allons-nous employer? L'application du système de M. Caillaux va arriver à de singuliers résultats : si le tramway emprunte le sol de l'ancien chemin, comme l'élargissement aura lieu pour une partie du chemin livré uniquement à la circulation ordinaire, on emploiera la loi de 1836. Si, au contraire, le sol demandé à l'élargissement doit servir à l'établissement des rails du tramway, il faudra recourir à la loi de 1841!

En vérité, un système qui conduit à de pareilles solutions est inadmissible!

M. CAILLAUX. — Pardon, je ne dis pas cela.

M. ÉMILE LABICHE. — Si vous acceptez l'application de la loi de 1836 pour l'élargissement des chemins vicinaux, alors nous sommes d'accord au moins sur la première partie de l'article.

Je demanderai donc au sénat de faire la division des deux dispositions de l'article, la première relative aux chemins vicinaux et à laquelle M. Caillaux ne fait pas autant d'objections qu'à la seconde, relative aux déviations.

M. CAILLAUX. — Nous ne sommes pas le moins du monde d'accord.

M. ÉMILE LABICHE. — En résumé, je demande que le vote porte d'abord sur ces mots : « lorsque, pour l'établissement d'une voie ferrée, il y aura lieu à expropriation, soit pour l'élargissement d'un chemin vicinal... »

Puis le sénat votera ensuite sur la seconde partie de la disposition, qui est ainsi conçue : « soit sur l'une des déviations prévues à l'article 1er de la présente loi. »

Ainsi toutes les opinions en présence pourront se manifester clairement. (Très-bien!)

M. CAILLAUX. — Messieurs, l'honorable M. Labiche a apporté à cette tribune des arguments que je ne saurais admettre. Il a d'abord présenté celui-ci : l'application de la loi de 1836 a pour objet de rendre plus facile l'exécution des chemins sur route. Je suis, sans doute comme lui, très-désireux d'en faciliter la construction et l'établissement; mais je ne peux admettre que ce soit une raison suffisante pour adopter des dispositions spéciales, contraires à celles de la loi commune. Car, si la loi du 3 mai 1841 a donné parfois des résultats très-regrettables par l'exagération des indemnités accordées par le jury, ce peut être une raison pour en proposer la modification. Mais ce n'est pas une raison pour en supprimer l'application d'une façon détournée, comme on vous le demande.

La loi de 1841 n'est pas en discussion en ce moment; les propriétaires dont les terrains sont nécessaires à des travaux décrétés d'utilité publique ont le droit d'en réclamer l'application et je n'admets pas, je ne puis pas admettre qu'on cherche à y substituer une autre loi, d'une façon incidente, comme je l'ai déjà dit.

La seconde remarque qu'a faite M. Labiche se rapporte à l'élargissement des chemins vicinaux.

Vous ne pouvez pas, me dit-il, faire autrement que d'accepter l'application de la loi de 1836 pour l'élargissement des chemins vicinaux, lorsque cet élargissement sera nécessaire pour l'établissement des chemins de fer sur routes. Par conséquent, vous acceptez au moins la première partie de l'article 6 soumis à la délibération du sénat.

Non, je ne l'accepte pas, par le motif que cet article, pour ce qui concerne l'élargissement des chemins vicinaux, est absolument inutile. Les communes, comme les départements, ont le droit d'élargir leurs chemins vicinaux et d'appliquer pour ces élargissements la loi de 1836. Rien ne les empêchera, après avoir fait ces élargissements, d'y établir des chemins de fer. Il n'est besoin, pour cela, d'aucune disposition nouvelle et spéciale.

L'adoption de l'article 6 n'aurait donc d'autre résultat que de compliquer les formalités à remplir pour arriver à l'exécution des chemins de fer sur routes. De telle sorte que, permettez-moi de le dire, ce n'est pas ma proposition qui peut occasionner des difficultés à l'établissement des chemins de fer sur routes; c'est, au contraire, celle que soutient la commission qui pourrait en créer, en jetant une confusion de plus dans une loi déjà très-confuse, par la réunion qu'on a faite, dans un même projet, de ce qui concerne les tramways proprement dits des villes et les chemins de fer vicinaux.

Je persiste donc à proposer la suppression complète de l'article 6.

Plusieurs sénateurs à droite. — Très-bien! très-bien!

M. CHERPIN. — Messieurs, je prie le sénat de ne pas accepter l'amendement que l'honorable M. Caillaux vient de lui proposer ou, tout au moins, de ne pas supprimer l'article dans son intégralité.

Je demande qu'il y ait au moins une division de la question, qui, du reste, est maintenant parfaitement posée.

Je comprends très-bien qu'au point de vue des principes rigoureux du droit, M. Caillaux ait pu s'émouvoir de la faculté donnée au petit jury de statuer quand il s'agit d'exproprier tous les terrains, quelle qu'en soit la nature, pour établir des tramways.

Ce que je ne comprendrais pas, c'est que, lorsqu'il s'agira d'un chemin vicinal ou d'un chemin communal, qui pourrait ne pas avoir le caractère de vicinalité d'un chemin rural porté sur le tableau de la commune, purement communal, dont on voudra se servir pour y établir un tramway, ce que je ne comprendrais pas, dis-je, c'est qu'on ne puisse pas élargir ce chemin en vertu de la loi de 1836 et conformément à la procédure réglée par cette loi.

Je ne me rends pas compte de la différence qu'il y a entre les communes qui demandent à élargir leurs chemins, pour les avoir plus larges, et les communes qui demandent cet élargissement pour qu'il leur soit permis d'y asseoir la voie ferrée qui leur a été concédée.

Où trouvez-vous donc une différence pour la commune?

Dans l'un et l'autre cas, qu'est-ce qu'elle poursuit? Elle poursuit toujours le même but, qui est un intérêt communal.

Pourquoi donc enlèveriez-vous, à une commune qui a fait une concession de voie ferrée, le bénéfice de l'application de la loi de 1836, qui a été édictée justement pour faciliter aux communes l'établissement de leurs voies rurales ou vicinales?

Il n'y a pas de raison pour cela; reconnaître aux communes le droit d'élargir leurs chemins d'une certaine façon, pour avoir des voies terrestres, emporte nécessairement le même droit quand elles veulent avoir des voies ferrées.

Il n'est pas douteux que beaucoup de chemins vicinaux sont déjà visés, par les personnes qui ont des concessions, pour établir des tramways et que l'on considère cette espèce de fourniture locale faite par les communes comme une très-grande diminution des frais d'établissement. Beaucoup de tramways ne pourraient donc pas s'établir, si vous ne donniez pas aux communes le droit que leur confère la loi de 1836, parce qu'il s'agirait justement de placer sur leurs routes des tramways.

Vous iriez, dans ce cas, tout à fait à l'encontre de ce qui est aujourd'hui dans tous les esprits, c'est-à-dire de faciliter l'établissement des voies ferrées et de les substituer, dans une large mesure, aux voies de terre.

Reconnaissons donc qu'il n'y a pas de raison pour distinguer et qu'en assimilant les voies ferrées dont nous nous occupons à la petite voirie, nous favorisons leur établissement, comme on a voulu qu'il fût facilité pour l'établissement des chemins ordinaires par la loi de 1836.

M. CAILLAUX. — (Aux voix ! — Non ! Parlez ! parlez !) — Je demande pardon au sénat d'insister ; mais je dois croire, après avoir entendu l'honorable M. Cherpin, que je me suis bien mal fait comprendre.

J'admets parfaitement que, pour l'élargissement d'un chemin vicinal, les communes et les départements pourront toujours se servir de la loi de 1836, pour l'expropriation des terrains nécessaires à cet élargissement. Je dis seulement qu'il n'est pas nécessaire d'inscrire cette faculté dans la loi relative aux chemins de fer sur routes ; je soutiens que cette inscription est absolument inutile, que c'est introduire dans le texte une disposition qui n'a pas d'objet et dont il n'est aucun besoin, parce qu'en l'adoptant, on ne donnera aucun droit nouveau ni aux communes ni aux départements.

M. LABICHE. — C'est une erreur !

M. CAILLAUX. — Les communes et les départements auront toujours le droit d'élargir leurs chemins vicinaux, en vertu de la loi de 1836.

M. LABICHE. — Pas pour les tramways !

M. CAILLAUX. — Je vous demande pardon ; ils auront toujours ce droit, pour quelque objet que ce puisse être et particulièrement pour y établir un chemin de fer sur route. C'est là, messieurs, l'opinion que j'ai soutenue ; c'est par erreur que l'honorable M. Cherpin m'en a prêté une autre et je suis monté à cette tribune pour la rectifier. (Aux voix !)

M. LE PRÉSIDENT. — Le sénat va voter sur l'article 6. L'honorable M. Caillaux en demande la suppression totale. La commission demande la division.

Il va être procédé au vote par division. Ceux qui voudront, comme M. Caillaux, la suppression totale de l'article 6, voteront contre les différentes portions de cet article, que je vais soumettre successivement au sénat.

Je donne lecture de la première partie de l'article 6 :

« Lorsque, pour l'établissement d'une voie ferrée, il y aura lieu à l'expropriation, soit pour l'élargissement d'un chemin vicinal... »

(La première partie de l'article 6, mise aux voix, est adoptée.)

M. LE PRÉSIDENT. — Je donne lecture de la seconde partie de l'article 6 :

«... soit pour l'une des déviations prévues à l'article 1er de la présente loi... »

M. ÉMILE LABICHE. — Il faut, monsieur le président, que vous veuilliez bien arrêter votre lecture à ces mots : « de la présente loi », parce que le dernier paragraphe, ne faisant qu'exprimer la conséquence nécessaire de l'adoption de la première partie de l'article, ne peut donner lieu à aucun débat (Bruit et réclamation).

M. LE PRÉSIDENT. — Vous voyez, messieurs, la difficulté qu'il y a, pour le président, à faire voter sur une rédaction improvisée à la tribune et dont il n'a pas le texte sous les yeux, de manière à ce que le sens en soit bien compris.

(Le second membre de phrase de l'article 6, mis aux voix est adopté.)

M. LE PRÉSIDENT. — Je donne lecture de la fin de l'article 6 :

«... cette expropriation sera opérée conformément à l'article 16 de la loi du 21 mai 1836, sur les chemins vicinaux, et à l'article 2 de la loi du 8 juin 1864. » — (Adopté.)

« Art. 7. — Les projets d'exécution sont approuvés par le ministre des travaux publics, lorsque la concession est accordée par l'Etat.

« Lorque la concession est accordée par un département, le préfet, après avoir pris l'avis de l'ingénieur en chef du département, soumet ces projets au conseil général, qui statue définitivement. Néanmoins, dans les deux mois qui suivent la délibération, le ministre des travaux publics, sur la proposition du préfet, peut, après avoir pris l'avis du conseil général des ponts et chaussées, appeler le conseil général à délibérer de nouveau sur lesdits projets.

» Lorsque la concession est accordée par une commune, le préfet, après avoir pris l'avis de l'ingénieur en chef, adresse les projets au maire, qui les soumet au conseil municipal, dont la délibération est sujette à l'approbation du préfet. » — (Adopté.)

« Art. 8. — (*Article 5 du projet du gouvernement.*) » — (Adopté.)

« Art. 9. — (*Article 6 du projet du gouvernement.*) » — (Adopté.)

« Art. 10. — L'autorité qui fait la concession a toujours le droit :

« 1° D'autoriser d'autres voies ferrées à s'embrancher sur les lignes concédées ou à s'y raccorder;

« 2° D'accorder à ces entreprises nouvelles, moyennant le paiement des droits de péage fixés par le cahier des charges, la faculté de faire circuler leurs voitures sur les lignes concédées;

« 3° De racheter la concession;

« 4° De supprimer ou de modifier une partie du tracé, lorsque la nécessité en aura été reconnue dans les formes prescrites par l'article 3.

« Dans ces deux derniers cas, si les droits du concessionnaire ne sont pas réglés par un accord préalable ou par un arbitrage, établi soit par le cahier des charges, soit par une convention postérieure, l'indemnité qui peut lui être due est liquidée par une commission spéciale, formée comme il est dit au paragraphe 3 de l'article 9 de la loi sur les chemins de fer d'intérêt local. » — (Adopté.)

« Art. 11. — (*Ancien article 12 de la commission.*) »

M. Cherpin propose un paragraphe additionnel à l'article 11.

Avant de lui donner la parole, je mets aux voix le texte que je viens de lire.

(L'article 11 est adopté.)

M. CHERPIN. — Messieurs, vous venez de voir comment se termine l'article 11, qui correspond à l'article 8 du projet du gouvernement. Il est question, dans un des paragraphes de cet article, de la déchéance qui peut être prononcée contre les concessionnaires.

Je me suis demandé depuis longtemps, — car la question n'est pas nouvelle, — ce que seront les effets de la déchéance à l'égard des concédants, de l'autorité qui aura fait la concession, et j'ai pensé que, l'occasion m'en étant offerte, je devais ne pas la laisser échapper et vous proposer ici, messieurs, la solution de ce que je considère comme une grosse et urgente question.

Dès 1875, cette question est née devant l'assemblée constituante, à propos non pas d'une proposition directe sur le point de savoir quelles étaient les obligations contractées par l'autorité qui faisait la concession d'un chemin de fer, mais à propos cependant d'une discussion sur les chemins de fer. On a émis, à cette époque, l'opinion que, quand un chemin de fer avait été concédé, cela entraînait, pour l'autorité qui avait fait la concession, l'obligation de l'exploiter.

Le sénat voit que la question vaut la peine d'être éclaircie et décidée, et je la pose de nouveau, dans les termes les plus clairs : quand une commune, quand un département, quand l'Etat lui-même aura fait une concession, aura-t-il l'obligation de continuer, soit la confection de la ligne, soit son exploitation, à défaut du concessionnaire, devenu impuissant ou dont la concession sera expirée?

Je vois bien, dans le projet, quels sont les droits de l'autorité qui a fait la concession, si celle-ci vient à expirer, soit parce que l'entreprise a périclité entre les mains du concessionnaire, parce qu'il y a eu déchéance et retrait de la concession, soit même simplement parce que le temps pour lequel la concession avait été faite est écoulé; mais je n'y trouve rien qui détermine les obligations de cette autorité envers le public.

Cette question est d'un grave intérêt, il faut bien le reconnaître, si l'on veut rester dans la voie où l'on est entré, c'est-à-dire favoriser autant qu'on le pourra la construction des voies ferrées. En effet, messieurs, — suivant que vous adopteriez l'opinion de ceux qui pensent que, quand une concession a été faite, elle peut bien péricliter, tomber et être enlevée à celui qui l'a obtenue, parce qu'il n'exécute pas les obligations par lui contractées, mais qu'alors l'autorité qui a fait la concession, en se subrogeant à lui, est tenue d'exécuter la ligne objet de la déchéance et de la faire valoir, — ou suivant que vous vous prononceriez pour l'opinion contraire, — vous auriez, dans les départements et dans les communes, des concessions accordées avec plus ou moins de facilité, ou bien vous n'en auriez pas du tout.

Si, en effet, le sénat décidait que, quand une déchéance a été prononcée, l'autorité qui a fait la concession est obligée de continuer l'exploitation, — si le sénat admettait que ce fût là un engagement réel, engagement tacite, mais dont la force n'en est pas moins certaine et obligatoire, — l'on ne trouverait pas un département qui voulût accorder une concession dans de pareilles conditions et l'on ne trouverait pas une commune pour la solliciter.

Je parle ici devant des hommes qui ont tous l'expérience des affaires; assurément beaucoup d'entre vous, messieurs, font partie des conseils généraux et ont souvent reçu des sollicitations pour l'établissement, soit de chemins de fer d'intérêt local, soit de tramways; eh bien! je vous le demande : si vous pensiez qu'un département qui fait une concession est tenu d'exploiter, dans le cas où la concession ne serait pas heureuse entre les mains du concessionnaire (Non! non!), en est-il un parmi vous qui voulût accorder les concessions demandées?

Je sais, pour mon compte, que, en tant que je pourrais représenter un intérêt départemental, je me garderais bien d'entrer dans une pareille voie, parce que, malgré les études les mieux faites, il se produit des déceptions et des catastrophes inattendues; j'en connais des exemples dans des départements où les études les mieux conçues, par les hommes les plus éminents, n'ont pas pu sauver de la ruine ceux qui, à juste titre cependant, s'étaient engagés dans ces sortes d'affaires.

L'expérience ici, comme en tant d'autres choses, vient donner un cruel démenti aux prévisions et aux théories, et alors la ruine suit de près; les concessions sont désertées et tombent en déchéance.

Les concédants ne savent eux-mêmes ce qu'ils ont le droit et le devoir de faire en pareille occurrence; car les uns soutiennent une thèse et les autres la contredisent.

En 1875, je me suis récrié contre la théorie exposée par un homme considérable, qui appartient à cette assemblée et que j'aurai sans doute à combattre de nouveau tout à l'heure, et par un autre que je ne retrouverai pas ici malheureusement, mais à la mémoire duquel je payerai un juste tribut d'hommages et de regrets : je veux parler de l'honorable M. Cézanne.

Vous verrez tout à l'heure, messieurs, lorsque nous nous reporterons à la discussion de 1875, que la question fut posée d'une façon très-nette et que, en opposition avec ces non! si rassurants, que j'entendais tout à l'heure, — car je crois, en effet, que c'est non! qu'il faut répondre, — il n'en existe pas moins une opinion contraire, soutenue par des hommes considérables et dont l'expérience, en matière de chemins de fer, est très-grande.

Vous allez voir, par la lecture que j'en ferai, que, dans leur opinion, le fait d'accorder une concession entraîne, non pas seulement un engagement moral, mais un véritable engagement se chiffrant en espèces. Je puis même dire que, dans une circonstance que je connais d'une manière toute particulière, une concession ayant été accordée par un département et le concessionnaire n'y ayant pas fait ses affaires, il n'est pas impossible que certains intérêts viennent élever contre le département la prétention de le rendre responsable de l'insuccès de cette entreprise.

Avant donc de nous engager plus avant dans cette loi sur les chemins de fer, je demande que l'on sache à quoi l'on s'expose quand on accorde une concession.

Je vous parlais tout à l'heure d'une discussion qui s'est engagée en 1875 et je vous en ai promis la lecture. Elle vous montrera que certains orateurs ne se contentaient pas de conclure contre le département à l'obligation d'exploiter: ils allaient jusqu'à énoncer, au moins comme une hypothèse, qu'il pourrait bien être tenu envers les actionnaires et obligataires.

Je me sers de ce mot « obligataire », qui est devenu français par l'usage et que tout le monde comprend, bien qu'il n'ait pas ici le sens juridique ordinaire.

Sans doute, cette opinion ne fut pas très-sérieusement soutenue, mais enfin elle fut énoncée; c'était déjà beaucoup. L'honorable M. Caillaux, à l'opinion duquel j'attache la plus grande importance, — et à cause de son talent et à cause de son expérience en pareille matière, — n'était pas très-éloigné de cette idée. Il l'effleurait, il y touchait en passant...

Son discours est là, dans ce volume de l'*Officiel*, tome de mai et juin 1875, et indique qu'il y avait dans son esprit un certain doute et une certaine hésitation. Il ne le disait pas affirmativement, parce que l'attitude de l'assemblée prouvait combien elle était peu disposée à le croire; mais il plaignait sinon le sort des actionnaires, du moins celui des obligataires, dans des affaires qu'ils avaient dû croire bonnes, puisqu'elles avaient été présentées et étudiées par l'administration. Si M. Caillaux n'osait pas aller jusqu'au bout, il était évidemment favorable à l'obligation d'exploiter.

Mais le regrettable et regretté M. Cézanne fut beaucoup plus explicite. Il soutint, en termes qui ne laissaient supposer aucun doute dans son esprit, que, par cela seul qu'on avait concédé un chemin de fer, on était obligé de l'exploiter. Il disait :

Quand l'Etat ou une autre autorité fait une concession de chemin de fer, il emprunte l'autorité publique pour l'expropriation pour cause d'utilité publique. En déclarant l'utilité publique, il appelle non-seulement les capitaux de gens plus ou moins prudents, mais il soumet le propriétaire à cette dépossession qui pourrait cependant ne pas avoir lieu, s'il ne s'agissait que d'industrie privée. L'Etat, dans ce cas, se substitue de force à la volonté du propriétaire, à qui l'on prend son terrain pour faire un chemin de fer. A la suite, viennent se grouper les usines, les maisons de commerce, les établissements de toute nature, les bourgs même autour des gares. Et vous voudriez, disait-il, que, quand tout cela a été fait, on pût déserter le chemin de fer, livrer les rails à la ferraille, l'abandonner de manière à ce que les populations, qui comptaient sur l'exploitation, qui ont cru pouvoir en tirer profit, qui peut-être même avaient concédé gratuitement leurs terrains pour l'établissement du chemin, vous voudriez que ce chemin leur fût retiré et sans compensation aucune !

M. Cézanne disait : cela n'est pas possible. Et voici comment il s'exprimait :

« Sans doute, il pourra arriver en fait que, soit l'Etat, soit les départements, soient amenés, par un ensemble de circonstances qu'ils auront seuls à apprécier, dont ils jugeront souverainement, à désintéresser, pour une part plus ou moins grande, les porteurs d'obligations; mais conclure de là à un principe général, à une obligation de droit, évidemment l'assemblée ne voudra pas accepter cette théorie et c'est sur ce point que je fais toutes réserves.

« Mais je voudrais préciser un cas où, à mon avis, le département échapperait difficilement à l'obligation de prendre à sa charge une partie des frais résultant des concessions qu'il aurait données; c'est dans le cas où il s'agirait de maintenir en exploitation une ligne de chemin de fer achevée et déjà livrée à l'exploitation.

« Lorsqu'un département ou l'Etat a concédé une ligne de chemin de fer; lorsque l'utilité publique a été prononcée, lorsque les expropriations ont été effectuées; lorsque, la ligne ayant été mise en exploitation, des intérêts, des usines sont venues se grouper autour de cette ligne, croyez-vous qu'il soit possible, soit à l'Etat, soit au département, de laisser tomber une ligne ainsi construite et de ne pas en assurer l'exploitation? Evidemment non!

« Il y a beaucoup d'exemples de lignes qui sont tombées en déchéance ; j'en ai cité une l'autre jour, dans un département de France. J'en pourrais citer à l'étranger; il y en a une que vous vous rappelez tous : elle a été l'objet d'un rapport et d'une courte discussion dans l'assemblée; c'est la ligne du Simplon, dans laquelle 40 millions de capitaux français ont été engloutis; elle a été vendue aux enchères pour 10,300 francs.

« Mais les acquéreurs se sont engagés à maintenir l'exploitation. Il est impossible d'admettre qu'une ligne, dont l'exploitation a été commencée, ne sera plus exploitée. Voilà un cas où, à mon avis, un département ne pourrait éviter des charges résultant d'une concession aventureuse.

« Il est donc bien entendu que, lorsque les départements donnent des concessions, ils sont autorisés à prétendre qu'ils ne contractent aucune responsabilité financière, soit vis-à-vis des actionnaires, soit vis-à-vis des obligataires.

« Il n'en est pas moins vrai que, dans certains cas, les finances d'un département seraient engagées, et notamment dans le cas où une ligne, tombée en déchéance, ne suffirait pas à payer ses frais d'exploitation. »

Je ne pousse pas plus loin la citation, parce que cela est absolument inutile. Mais l'opinion de l'honorable M. Cézanne, qui était le rapporteur de la loi dont on s'occupait à cette époque, était parfaitement nette: elle était aussi claire que possible. Il n'hésitait pas à dire, après avoir mis de côté les actionnaires et les obligataires, qu'il était au moins bien certain qu'après qu'un chemin était mis en exploitation, il ne peut pas s'arrêter tout court; que le département était obligé d'en continuer l'exploitation.

Cette théorie de M. Cézanne ne rencontra pas grand crédit devant l'assemblée et mon humble protestation trouva, au contraire, un appui général des divers côtés de la chambre, car il n'y avait pas là de politique en jeu. Cet appui qui me fut donné, vous en verriez la preuve dans la lecture des débats, si vos instants n'étaient pas si précieux.

Je me contente de le constater et de rappeler qu'alors comme aujourd'hui, je considérais la théorie Cézanne comme le renversement de notre droit public et privé, et que l'assemblée parut partager cet avis.

Faut-il aujourd'hui faire le silence autour de cette grave question et la laisser indécise, juste au moment où nous nous engageons si profondément dans la construction des voies ferrées? Je l'aurais cru avant 1875; mais, depuis cette époque, si mon opinion personnelle, bien chétive d'ailleurs, n'a pas changé, je ne puis pas oublier que la crainte de voir adopter l'opinion énoncée et soutenue par les hommes considérables dont je vous parlais tout à l'heure a mis en émoi les départements et suspendu toutes les demandes en concession.

Les conseils généraux qui en ont eu connaissance se sont dit avec raison : quelque invraisemblable que soit l'engagement dont on nous menace, nous ne pouvons pas prudemment nous jeter dans l'inconnu; nous, conseillers généraux, nous ne pouvons avoir aucune notion exacte de la valeur des études et des appréciations qu'on nous apporte; pouvons-nous donc exposer ainsi l'argent des contribuables et participer, sans moyens de contrôle, à des entreprises peut-être aventureuses?

Non, ont répondu les conseils généraux et, en présence de cette situation, ils ont reculé; et, depuis 1875, je connais particulièrement (je pourrais dire personnellement) des départements dans lesquels de nombreuses demandes en concession, soit de chemins de fer départementaux, soit de tramways, ont été faites et qui se sont arrêtés devant cette espèce d'inquiétude, de menace, si vous voulez, qui pouvait résulter de l'application de cette théorie de la responsabilité.

M. DAGUENET. — On peut faire la réserve dans la concession.

M. CHERPIN. — On peut faire la réserve dans la concession, oui, sans doute; mais est-il bien sûr que cette réserve puisse prévaloir contre un principe qui, en se plaçant au point de vue de ses partisans, semblerait d'ordre public? Dans tous les cas, j'aimerais bien mieux qu'elle fût dans la loi et qu'il fût bien entendu que les véritables principes seront ici proclamés par le sénat lui-même.

Rien n'est stable comme la loi et il est absolument désirable que cette question reçoive du sénat la solution qu'elle comporte et qui me paraît être celle-ci : c'est qu'il serait contraire aux principes du droit, à toutes les règles du droit public et privé, qu'on pût venir arguer contre un département d'une concession qu'il a faite, pour le rendre responsable en fait de cette concession.

Je crois que, d'une manière générale, quand un gouvernement a vu l'utilité publique dans telle ou telle entreprise, si, plus tard, il s'est aperçu qu'il s'était trompé, il peut alors reprendre ce qu'il a donné et, de la manière qu'il a pu faire, peut aussi défaire.

D'un autre côté, dans la loi de 1845 sur les chemins de fer, je vois que les chemins de fer ordinaires sont soumis à la loi générale et qu'on les assimile à la grande voirie.

En matière de grande voirie, il est incontestable que l'État peut déclasser ses routes. En matière de routes départementales, il est non moins incontestable que le département peut déclasser ses routes et la commune ses chemins, sauf quelques formalités. Nous trouvons partout que ce sont là les règles usuelles de la voirie, qui n'ont jamais été contestées par personne. Comment donc se ferait-il qu'au lieu de cette voirie terrestre, qui seule fut connue de nos pères, et quand il s'agira de chemins de fer récemment inventés, on veuille changer ces anciennes dispositions de nos lois, sans le dire expressément?...

Je ne trouve nulle part, dans la loi de 1845 ni ailleurs, ce principe de droit nouveau en faveur des chemins de fer. Si vous voulez le faire entrer dans la loi, soit! mais alors faites-le d'une manière nette et précise. Il ne faut pas qu'il puisse arriver qu'un département ou une commune se trouve dans une situation qu'elle n'a pas voulue, situation ruineuse peut-être; et cela en vertu d'un texte qui n'existe pas ou d'un prétendu principe contesté et inconnu jusqu'ici.

Oui, il faut que ce malentendu cesse. Il y a urgence, si vous ne voulez pas jeter l'embargo sur la création de ces voies ferrées, vers lesquelles tous les regards sont tournés.

Voilà pourquoi j'ai saisi l'occasion d'entretenir le sénat de cette question.

A l'article 11 proposé et dans lequel il s'agit des conditions de la déchéance, je veux ajouter un paragraphe ainsi conçu :

« En aucun cas, cette déchéance n'entraînera, pour l'autorité qui aura fait ou sollicité la concession, l'obligation de continuer l'exploitation.

« Il en sera de même lorsque la concession fera retour à l'autorité concédante, par l'expiration du temps pour lequel elle avait été faite. »

J'ai proposé ces expressions « concession faite ou sollicitée », parce que je me réfère aux articles votés tout à l'heure et dans lesquels il est dit que l'Etat, dans certains cas, pourra faire la concession et en faire la rétrocession aux communes et aux départements qui le demanderaient. Je veux, dans tous les cas, que la concession ait été faite directement par la commune ou le département, ou indirectement par suite d'une concession qu'on leur aurait accordée d'abord et qu'ils rétrocéderaient ensuite.

Je veux, en d'autres termes, qu'en aucun cas la responsabilité des communes et des départements ne puisse être engagée et que la situation soit bien déterminée. (Aux voix! aux voix!)

M. LE PRÉSIDENT. — L'honorable M. Cherpin vient de modifier l'article additionnel qu'il vous a proposé. Sa rédaction doit être soumise à la prise en considération.

M. EMILE LABICHE. — L'honorable M. Cherpin vous a posé une question, qui n'en est pas une pour la plupart des membres de la commission. Il s'est demandé si, quand une autorité avait fait une concession, elle prenait par cela même l'engagement d'exploiter cette concession, si le concessionnaire venait à manquer à ses engagements. L'honorable M. Cherpin a ajouté que la question avait un grand intérêt, parce qu'un très-grand nombre de départements et de communes était arrêté aujourd'hui, dans la voie des concessions qu'ils avaient en vue, par la crainte de la responsabilité qu'ils pouvaient encourir.

Un de nos collègues de la droite lui répondait tout à l'heure avec raison : cette commune, ce département ont un moyen bien simple d'éviter ce danger; puisqu'ils sont maîtres de l'acte de concession, ils peuvent insérer dans cet acte la clause qui paraît faire doute pour eux; ils peuvent déclarer qu'en aucun cas, « ils ne seront tenus d'exploiter ».

La préoccupation que M. Cherpin signalait tout à l'heure ne doit donc pas arrêter les projets de concession.

Je dois dire que, dans la plupart, si ce n'est dans toutes les espèces que je connais, les actes de concession prévoient formellement le cas qui excite les inquiétudes de notre honorable collègue.

Maintenant je ne viens pas discuter à la tribune la thèse de droit qu'il vous a soumise et qu'il a développée d'une façon si complète; voici pourquoi : c'est que, si, d'une part, je suis, en ce qui me concerne personnellement, très-disposé à partager son avis, je suis en même temps résolu à vous demander, au nom de la commission, de ne pas insérer cela dans le projet de loi. (Très-bien! très-bien!)

En voici la raison : on vous a dit qu'il y avait en ce moment un très-grand nombre de difficultés qui existaient sur cette question, parce que les lois antérieures de concession de chemins de fer d'intérêt local ou d'intérêt général ne prévoyaient pas la difficulté.

Venir dire aujourd'hui qu'il faut insérer, dans la loi des tramways, une clause spéciale, qui semblerait faire exception au droit commun, ce serait reconnaître implicitement que, toutes les fois qu'on n'a pas inséré cette clause dans la loi, les concédants seraient assujettis à l'obligation de faire eux-mêmes l'exploitation, ce que l'honorable M. Cherpin repousse avec raison de toute son énergie.

La disposition qu'il propose irait donc contre le but qu'il veut atteindre, puisque cela rendrait douteuse la solution d'une difficulté qui me paraît aujourd'hui incontestable.

S'il était utile de démontrer combien la proposition contraire est inadmissible, je vous demanderais la permission de citer un exemple. Tous les jours, nous voyons des entrepreneurs de plaisirs publics demander à des villes l'autorisation d'occuper une partie du domaine municipal, une place, un jardin, pour établir un cirque, un théâtre, pour gonfler un ballon captif. Est-il venu jamais à l'idée de quelqu'un que l'autorité qui a fait la concession serait obligée de donner exécution aux entreprises que les concessionnaires seraient hors d'état d'exécuter eux-mêmes? Aurait-on jamais pu songer à réclamer à M. le préfet de la Seine l'exécution des engagements pris par les entrepreneurs du ballon captif, comme condition de son installation sur la place du Carrousel? (Rires.)

Non, messieurs, restons, je vous en prie, dans le droit commun : il suffit de l'appliquer pour résoudre la difficulté. Il est certain, en effet, que, quand on concède à des tiers une faculté, cette faculté ne peut devenir pour le concédant une obligation.

Mais, vous dit M. Cherpin, s'il est difficile de trouver l'obligation légale, au moins y a-t-il une obligation morale vis-à-vis du public? Je réponds : celui qui stipule au nom du public, département ou commune, est juge de l'existence de cette obligation morale et apprécie seul dans quelle mesure il doit donner satisfaction à l'obligation morale qui peut résulter de la concession. Toute autre théorie serait bien dangereuse, car il arrive souvent que les entreprises des concessionnaires sont interrompues, non pas quand elles sont en cours d'exploitation, mais à leur début même et quand les premiers travaux d'exécution ne sont pas encore faits. Lorsqu'une compagnie demande la concession d'un chemin d'intérêt local, en ne sollicitant ni garantie d'intérêts, ni subvention, le département aurait tort, dans la plupart des cas, de se refuser à cette concession; mais si, avant que le premier coup de pioche soit donné, l'entreprise tombe, il n'est pas possible d'admettre que le département, par cela seul qu'il n'a pas refusé d'autoriser l'entreprise, soit moralement obligé à y donner exécution. Non, cette théorie est inadmissible pour tout le monde.

Mais l'honorable M. Cherpin nous dit : pourquoi ne pas insérer dans la loi cette stipulation qui vous paraît si juste? J'ai répondu d'une façon que je crois péremptoire.

L'introduction de cette stipulation dans la loi sur les tramways, quand elle n'existe pas dans la loi sur les chemins d'intérêt local et quand elle n'existe pas surtout pour les chemins d'intérêt général, aurait des inconvénients graves pour les difficultés qui pourraient surgir sur l'application de la législation qui existe aujourd'hui. Et permettez-moi d'ajouter ceci... (Très-bien! — Aux voix! aux voix!)

Permettez, messieurs, je n'ai plus qu'un mot à ajouter. Je sais que les interruptions que j'entends sont bienveillantes et prouvent que j'ai gagné ma cause auprès de la grande majorité du sénat; mais je vous demande la permission d'insister, parce que je voudrais gagner ma cause auprès de mon honorable contradicteur lui-même. Permettez-moi de lui donner un nouvel argument, tiré du texte même de notre loi et qui me paraît péremptoire.

Si l'honorable M. Cherpin avait lu notre loi jusqu'à la fin, il aurait vu que l'article 15 ancien, qui va devenir l'article 14, prévoit précisément que la concession pourra être interrompue et que, pour ce cas, la loi prévoit les conséquences qui doivent résulter de la fin de la concession.

On prévoit donc l'expiration de la concession et, au cas que cette expiration ait lieu par la fin de la durée de la concession ou par déchéance, on stipule que « l'administration peut exiger que les voies ferrées qu'elle avait concédées soient supprimées, en tout ou en partie, et que les voies publiques soient remises en bon état de viabilité, aux frais du concessionnaire ».

Par conséquent, puisqu'on prévoit que, dans un cas déterminé, le concessionnaire peut être obligé de remettre le tramway en bon état de viabilité et dans son état primitif, on reconnaît, implicitement et de la façon la plus péremptoire, que la concession, faite par les départements ou par les communes, n'implique nullement l'obligation de conserver l'exploitation éternellement; on reconnaît, au contraire, que les concédants peuvent mettre fin à l'entreprise, si une circonstance quelconque met fin à la concession. (Approbation. — Aux voix! aux voix!)

M. LE PRÉSIDENT. — L'article additionnel qu'avait déposé M. Cherpin était conçu en ces termes :

« Elle ne peut, en aucun cas, obliger l'autorité qui a fait la concession à continuer l'exploitation. »

Elle... c'est-à-dire la déchéance.

Voici la nouvelle rédaction proposée par M. Cherpin... (Exclamations nombreuses).

M. CHERPIN. — M. le rapporteur partageant la pensée de mon amendement et ne le repoussant que comme inutile, je me contente de cette situation, qui me donne gain de cause. J'aurais mieux aimé un texte affirmatif qu'une déclaration par prétérition; mais je dois d'autant mieux me déclarer satisfait que l'inutilité de mon amendement, proclamée par l'honorable rapporteur, est évidemment le sentiment général du sénat.

J'ajoute que M. le ministre des travaux publics ne me démentira pas, si je dis que son opinion est conforme à ma thèse; et, ceci bien constaté, je retire mon amendement, comme inutile par suite de ce qui vient de se passer.

M. ÉMILE LABICHE. — Parfaitement, inutile et dangereux.

Plusieurs voix. — Oui, dangereux!

M. LE PRÉSIDENT. — L'amendement étant retiré, nous passons à l'article 12.

« Art. 12. — Aucune concession ne pourra faire obstacle à ce qu'il soit accordé des concessions concurrentes, à moins de stipulation contraire dans l'acte de concession. » — (Adopté.)

« Art. 13. — La durée des concessions ne dépassera jamais cinquante ans, quelles que soient les stipulations de l'acte. » — (Adopté.)

« Art. 14. — A l'expiration de la concession, l'Etat, le département ou la commune de qui émane la concession, est substitué à tous les droits du concessionnaire sur les voies ferrées, qui doivent lui être remises en bon état d'entretien, y compris les déviations construites en dehors du sol des routes et chemins.

« L'administration peut exiger que les voies ferrées qu'elle avait concédées soient supprimées, en tout ou en partie, et que les voies publiques soient remises en bon état de viabilité, aux frais du concessionnaire.

« Le cahier des charges règle les droits et les obligations du concessionnaire en ce qui concerne les autres objets mobiliers ou immobiliers servant à l'exploitation de la voie ferrée. » — (Adopté.)

« Art. 15. — Toute cession totale ou partielle de la concession, tout changement de concessionnaire, la substitution de l'exploitation directe à l'exploitation par concession, l'élévation des tarifs au-dessus du maximum fixé ne pourront avoir lieu qu'en vertu d'un décret délibéré en conseil d'État, rendu sur l'avis conforme du conseil général ou du conseil municipal, s'il s'agit de lignes concédées par les départements ou les communes.

« Les autres modifications, s'il s'agit de lignes concédées par l'Etat, pourront être faites par le ministre des travaux publics; s'il s'agit de lignes concédées par les départements, par le conseil général, statuant conformément aux articles 48 et 49 de la loi du 10 août 1871; s'il s'agit de lignes concédées par les communes, par le conseil municipal, dont la délibération devra être approuvée par le préfet.

« En cas de cession, l'inobservation des conditions qui pourront entraîner la nullité et peut donner lieu à la déchéance. » — (Adopté.)

« Art. 16. — La fusion des concessions ou administrations de lignes appartenant, soit à l'Etat et à des départements ou à des communes, soit à des départements différents, soit à des communes différentes, ne peut avoir lieu qu'en vertu d'un décret, délibéré en conseil d'Etat et rendu après l'avis conforme des conseils généraux et des conseils municipaux qui sont intervenus dans les concessions. » — (Adopté.)

« Art. 17. — Les ressources créées par la loi du 21 mai 1836 peuvent être appliquées en partie à la dépense des voies ferrées sur routes, par les communes qui ont assuré l'exécution de leur réseau subventionné et l'entretien de tous leurs chemins classés. » — (Adopté.)

M. LE PRÉSIDENT. — Sur l'article 18, qui est long, il y a plusieurs amendements qui tendent soit à supprimer un membre de phrase, soit à ajouter des dispositions. Je vais lire le texte de l'article et je m'arrêterai aux passages sur lesquels portent les amendements :

« Art. 18. — Quand une voie ferrée, desservie par locomotives est destinée au transport des marchandises, en même temps qu'au transport des voyageurs, s'étend sur le territoire de plusieurs communes, l'Etat peut s'engager, en cas d'insuffisance du produit brut pour couvrir les dépenses d'exploitation à 5 p. 100 l'an de capital du premier établissement, tel qu'il est prévu par l'acte de concession, à subvenir pour partie au paiement de cette insuffisance, à la condition qu'une partie au moins égale sera payée par le département. »

Il y a ici, messieurs, un amendement de MM. Vigarosy, Laborde et Delord, qui demandent qu'on supprime les mots « au moins égale ».

La parole est à M. Laborde.

Voix nombreuses. — A demain ! à demain !

M. LE PRÉSIDENT. — On demande le renvoi à demain. Il n'y a pas d'opposition ?... Le renvoi est prononcé.

---

4 mars 1879. **SÉNAT.**

M. LE PRÉSIDENT. — Le sénat se rappelle que nous étions arrivés, dans cette discussion, à l'article 18, qui est très-long et dont j'ai donné lecture.

J'ai prévenu le sénat qu'il y avait plusieurs amendements tendant à introduire dans le texte de cet article diverses modifications.

La parole avait été donnée à l'un des auteurs du premier de ces amendements et j'avais lu l'article 18 jusqu'au passage sur lequel portait l'amendement de MM. Vigarosy, Delord et Laborde.

M. LABORDE. — Messieurs, je vous demande la permission de vous donner lecture de l'amendement que mes honorables collègues et moi avons l'honneur de vous proposer. Il nous paraît d'une importance considérable : il intéresse, si je ne me trompe, 62 départements, et nous croyons qu'il est conçu dans une pensée et avec des bases tellement simples, tellement équitables que nous ne désespérons pas tout à fait, si vous voulez bien m'accorder pendant quelques instants votre bienveillante attention, d'obtenir en sa faveur l'approbation que je viens de solliciter du sénat.

Messieurs, l'article 18, que nous combattons en partie par notre amendement, renferme deux dispositions dont les inconvénients nous ont frappés. La première a pour but de limiter le concours pécuniaire de l'Etat pour la construction des voies ferrées sur les accotements des routes. Il nous a semblé que le chiffre de 100,000 francs, posé comme chiffre maximum que l'Etat pourra offrir par département, est loin d'être en proportion avec les besoins qui se feront connaître.

J'ai eu l'honneur de présenter à la commission, qui a bien voulu m'entendre, quelques observations qui avaient pour objet de démontrer cette insuffisance. Il m'a été répondu par des considérations budgétaires, devant lesquelles j'ai cru devoir m'incliner; et il ne m'était pas possible de faire autrement, alors qu'on me disait que la situation financière de l'Etat imposait, pour le moment, ce chiffre maximum de 100,000 francs par département.

J'ai l'espérance cependant que, dans un avenir aussi prochain que possible, ce chiffre sera étendu en proportion des besoins qui seront signalés: pour le moment, je le répète, je me résigne.

Mais l'article 18 contient encore un paragraphe qui donnera lieu, selon nous, à des inconvénients très-considérables : non-seulement l'Etat ne peut donner que 100,000 francs par département et au plus 1,000 francs par kilomètre; mais, en outre, il exige que le département qu'il devra assister fasse un sacrifice égal au chiffre du secours ou du concours pécuniaire qui lui sera accordé.

C'est cette disposition de l'article 18 dont nous demandons le retranchement; l'impossibilité qu'elle soit acceptable se démontre d'elle-même: du moins j'espère que ce sera l'opinion de la majorité de nos honorables collègues et je vais dire pourquoi.

Tous les départements, en France, ne sont pas également dotés au point de vue des ressources. Il est des départements dont le centime produit un chiffre considérable; il en est d'autres dans lequel le centime, au contraire, est d'un produit extrêmement modique; je pourrais vous citer un département, qui est celui que je connais le mieux et dont la situation est des plus déplorables à cet égard. Dans l'Ariége, que j'ai l'honneur de représenter au sénat et du conseil général duquel je suis membre, le centime départemental produit un peu plus de 10,000 francs; les centimes communaux sont insuffisants; il en est qui n'atteignent pas au chiffre de 5 francs. Pour les chemins vicinaux, nous avons emprunté 3 millions et nous pourrons à peine en achever la moitié. L'entretien des routes départementales se solde, chaque année, par un déficit de 30,000 francs; les centimes communaux s'élèvent, en moyenne, au chiffre de 76 par commune, les centimes départementaux à celui de 64 1/4; de telle sorte que nous avons, pour 1 franc d'impositions, 1 fr. 40 en sus à payer.

Or, messieurs, j'ai la conviction que, dans les départements où le centime ne produit pas un chiffre sensiblement supérieur, même pour ceux où le produit des centimes s'élève jusqu'à 30,000 francs environ, les situations financières ne sont pas bonnes, et il est incontestable qu'il sera difficile à ces départements de faire le sacrifice qu'on leur impose pour obtenir le maximum du concours du gouvernement.

Jusqu'à présent, toutes les fois que l'Etat venait aider financièrement une œuvre quelconque, il prenait pour base de son concours les besoins, les ressources, les sacrifices; or, dans votre article 18, on ne se préoccupe plus que du sacrifice à exiger et l'on enchaîne le bon vouloir du gouvernement à l'insuffisance des ressources de l'assisté.

Dans ces conditions, nous avons cru devoir proposer à votre sagesse un amendement. Au lieu d'établir un chiffre unique et absolu, qu'il faudra que le département s'impose pour arriver à mériter le concours égal de l'Etat, nous vous proposons une proportionnalité, dont voici les termes :

« Les départements dont le centime produit 40,000 francs et au-dessus devront payer une partie au moins égale à la partie payée par l'Etat; ceux dont le centime produit de 30,000 à 40,000 francs, une partie au moins égale aux trois quarts; ceux dont le centime produit de 20,000 à 30,000 francs, une partie au moins égale à la moitié; et ceux dont le produit du centime est inférieur à 20,000 francs, une partie au moins égale au tiers. »

Messieurs, j'ai à justifier cette proposition dans la mesure qui m'est possible.

Voici quel est le raisonnement que nous avons fait. Nous sommes certains que les départements n'ont pas d'économies. Un département n'est pas un capitaliste, un rentier; il emprunte, mais il ne place pas. Les départements ont des recettes déterminées. Ces recettes, on les balance par des dépenses qui sont à peu près équivalentes. On a la sagesse, il est vrai, de réserver quelques fonds pour les cas imprévus; mais la pratique démontre, tous les jours, qu'il est fort rare que ces fonds ne soient pas dépensés et souvent dépassés.

Il est certain que des travaux aussi importants que ceux des chemins de fer sur les accotements des routes ou des chemins de fer d'intérêt local nécessiteront une garantie d'intérêts assez considérable.

Il n'est pas de département en France, quelque bonne que soit sa situation, qui n'ait l'étendue de ses recettes équilibrée par des besoins d'une étendue aussi grande et par des dépenses complétement corrélatives. Il faudra donc recourir nécessairement à des centimes additionnels.

Est-il juste alors qu'un département, dont le centime produit de 80 à 100,000 francs, n'ait à s'imposer que d'un centime ou deux au plus, pour obtenir les 100,000 francs du concours maximum de l'Etat, tandis que les départements dont le centime est d'un chiffre beaucoup plus modeste seront obligés d'écraser leur budget départemental par des votes de 5, 6, 10 et 12 centimes?

Il nous a semblé que vous ne pouviez pas accepter la solution qui vous est proposée par l'article 18, dans des conditions aussi peu équilibrées ; et puisque, en France, nous n'avons pas la satisfaction d'avoir des départements dont la situation soit également avantageuse, tâchez du moins de proportionnaliser cette situation de manière à ce qu'en votant des centimes pour obtenir le maximum du concours de l'Etat, on n'arrive point à l'écrasement des malheureux petits patentables et des petits agriculteurs qui chancellent déjà sous le poids de l'impôt.

Par notre amendement, nous vous proposons une proportionnalité qui permettra à tous les départements de France, en votant deux ou trois centimes additionnels, d'obtenir le maximum du concours pécuniaire que l'Etat pourra leur accorder.

Vous avez, en effet, en France, 21 départements dont le produit du centime est inférieur à 20,000 francs. Si vous permettez qu'ils ne soient tenus de faire que le tiers de ce que l'Etat fera pour eux, au lieu d'exiger qu'ils fassent un chiffre égal au concours pécuniaire de l'Etat, vous obtiendrez ce résultat : la moyenne de leurs centimes étant de 13,000 francs, il est évident qu'en ajoutant 2 centimes 1/2 ou 3 centimes au plus à leur budget départemental, ils pourront obtenir les 33,000 francs nécessaires afin que l'Etat concoure en leur faveur pour le chiffre maximum de 100,000 francs.

Vous avez encore 28 départements dont le produit des centimes est entre 20 et 30,000 francs, — la moyenne du produit du centime de ces départements est de 24,000 francs, — nous vous proposons de n'exiger pour eux qu'un sacrifice de moitié du maximum que l'Etat pourra faire en leur faveur : pour obtenir les 100,000 francs de secours, ils auront à fournir 50,000 francs. Ces 50,000 francs, leur centime étant en moyenne de 24,000 francs, avec un vote de 2 centimes 1/2, ils parviennent aisément à les faire.

Pour les départements, au nombre de 13, dont le centime produit de 30 à 40,000 francs, le chiffre moyen du produit du centime étant de 34,000 francs, nous demandons qu'ils soient tenus de faire les trois quarts de ce que l'Etat fera en leur faveur ; avec 2 centimes 1/2, ils feront aisément les 75,000 francs nécessaires pour obtenir les 100,000 francs de l'Etat.

Enfin, pour les 25 départements dont le produit du centime est supérieur à 40,000 francs, je n'ai pas besoin de vous démontrer qu'en votant 2 centimes 1/2, il leur sera très-facile d'obtenir le chiffre maximum du concours de l'Etat.

Mais, si vous maintenez l'article 18 tel qu'il est, en dehors de 25 départements, dont le centime produit 40,000 francs et au-dessus, vous en avez 62 qui seront obligés de voter plus ou moins de centimes additionnels, dans des conditions disproportionnées et par conséquent peu équitables. S'ils ne le font pas, ils devront se contenter d'un concours pécuniaire de l'Etat souvent aussi dérisoire que leurs faibles ressources.

Messieurs, il nous a semblé que des bases aussi équitables, aussi simples, pouvaient et devaient être acceptées.

Je m'attends d'avance aux observations qui me seront présentées. On va me dire : pourquoi voulez-vous d'ores et déjà réglementer, par une proportionnalité fixe, la situation des départements de France, en les divisant en quatre catégories? Mais, lorsque ces départements auront à faire des chemins de fer sur accotements de routes, ils demanderont des lois spéciales, et le parlement s'empressera de venir à leur aide et de supprimer cette barrière presque infranchissable qui se dresserait entre eux et les bienfaits de l'Etat; seulement, quand ces lois viendront, l'on étudiera mieux leur situation; le produit du centime n'est pas une base irréfragable; cette base peut même tromper et alors, quand ces lois viendront, on examinera, d'une manière complète, la situation des départements et on pourra, dans des proportions plus réfléchies, exiger d'eux un sacrifice complétement en harmonie avec leurs ressources.

Ces lois, s'il faut que vous les attendiez, vous en aurez des myriades et vous allez passer les plus précieux de vos instants à vous préoccuper, d'une façon presque continuelle, de réclamations d'intérêt local.

Vous n'aurez pas de département ou vous en aurez bien peu qui ne viennent vous dire : mes ressources ne me permettent pas de faire un sacrifice égal au concours que je demande à l'Etat; les 100,000 francs qu'il peut m'offrir sont insuffisants, mais je ne puis pas m'élever à cette hauteur.

A chaque instant, on vous sollicitera pour que, par des lois spéciales, vous autorisiez des dérogations; tandis qu'avec notre amendement. ce n'est plus possible. Il arrivera quelquefois, d'une manière exceptionnelle, que le département qui sera malheureux, dans sa situation financière, ne pourra peut-être pas atteindre au minimum que vous lui imposez. Alors il vous demandera une loi spéciale; mais, comme vous aurez le droit de lui répondre qu'avec 2 centimes 1/2, 3 centimes au plus, il peut s'imposer le sacrifice nécessaire pour mériter le concours maximum actuel de l'Etat, les départements seront beaucoup plus discrets que vous ne les trouveriez si vous laissez l'article 18 dans toute sa teneur.

J'ai la bonne fortune encore, comme compensation à l'aridité du sujet que je suis obligé de traiter devant vous, d'avoir la pensée dominante de la commission en ma faveur. Ces jours derniers, à cette tribune, l'honorable M. Oscar de Lafayette faisait des observations : il trouvait fort étrange que, pour des chemins de fer qui n'emprunteront l'accotement des routes qu'en partie et pourront s'écarter de cet accotement, prenant alors les proportions d'un véritable chemin de fer d'intérêt local, un simple décret délibéré en conseil d'Etat eût paru suffisant à la commission, et il demandait une loi pour prononcer la déclaration d'utilité publique.

Je me rappelle la réponse de l'honorable M. Labiche aux préoccupations de l'honorable M. Oscar de Lafayette. M. Labiche disait : s'il fallait recourir à une loi, ce serait causer une lenteur qui serait regrettable. — Eh bien! cette loi que vous ne voulez pas pour la déclaration d'utilité publique, vous la voulez pour le concours financier de l'Etat.

A chaque instant, il faudra des lois ; pour chaque tramway, les départements voudront vous en demander, tandis que, — si vous établissez d'avance une proportionnalité rationnelle et raisonnable qui leur permette, en votant de 2 à 3 centimes, d'obtenir le maximum du concours qu'ils pourront espérer de l'Etat, — ils ne pourront plus que très-exceptionnellement vous demander des lois et vous occasionner ces lenteurs que l'honorable M. Labiche déclarait l'autre jour tout à fait regrettables.

Une autre observation vous sera peut-être présentée, c'est celle-ci : vous avez un précédent, vous avez voté une loi sur les chemins de fer d'intérêt local et, dans cette loi, vous avez admis un article qui est la manifestation identique de la pensée que nous combattons dans l'article 18. Il est possible qu'on vous dise : voilà un précédent; vous ne pouvez pas faire aujourd'hui une loi en contradiction avec une loi similaire. Dans le cas où cette considération vous serait soumise, elle ne saurait vous toucher.

Je comprends l'autorité des précédents, lorsqu'ils sont appuyés de raisons sérieuses; mais, quand nous vous apportons une modification simple et équitable, si vous reconnaissez qu'elle réunit ces qualités, je ne comprendrais plus l'autorité des précédents que comme une satisfaction puérile d'amour-propre et de réglementation de forme, qu'une grande assemblée comme le sénat ne voudrait pas se donner.

De deux choses l'une : ou notre amendement est simple et équitable, ou il ne l'est pas. S'il est mauvais, repoussez-le; si, au contraire, il vous propose des proportionnalités équitables, raisonnables, il est évident que vous devez l'accepter et vous le devez d'autant mieux que ce sera un moyen d'établir l'harmonie entre les deux lois qui émanent de vous.

Voici pourquoi. Votre loi des chemins de fer d'intérêt local n'est pas encore votée par la chambre des députés. Si vous croyez que l'amendement que nous avons l'honneur de vous proposer renferme des bases acceptables, vous n'avez qu'à les accepter.

Alors, se préoccupant et s'impressionnant de votre dernière décision, du désir que vous aurez eu d'apporter la simplification, l'équilibre, dans les situations respectives de tous les départements, la chambre des députés se conformera très-vraisemblablement à votre indication et vous renverra la loi des chemins de fer d'intérêt local amendée dans le même sens.

Voilà, messieurs, les raisons qui nous ont déterminés à vous présenter notre amendement et à le développer devant vous. Nous espérons que vous le trouverez digne de l'accueil que nous sollicitons en sa faveur (Très-bien! très-bien! à gauche).

M. ÉMILE LABICHE. —Messieurs, je demande au sénat la permission de m'excuser de me présenter encore à la tribune sur la question des tramways. Mais notre honorable rapporteur, qui avait insisté pour que la discussion fût remise à lundi, n'a pas obtenu gain de cause devant le sénat. Aujourd'hui encore il est retenu à la préfecture de la Seine par la session du conseil général. Je vous prie d'excuser son absence, en me permettant de le remplacer autant que je le pourrai.

Notre honorable collègue M. Laborde a exposé devant le sénat les considérations qu'il avait déjà développées devant la commission. La commission a écouté ses développements, avec un désir très-sincère de pouvoir lui donner satisfaction; mais elle a reconnu qu'il lui était impossible, sans renverser l'esprit de la loi, d'entrer dans l'application du système qu'on nous propose. La loi sur les tramways est, en effet, la suite et la conséquence d'une loi antérieure, dans laquelle le sénat a repoussé absolument le système de la répartition des subventions de l'Etat proportionnellement à la valeur des centimes départementaux; c'est la loi sur les chemins de fer d'intérêt local. Il nous paraît impossible que, sur deux lois tendant au même but, le sénat adopte deux systèmes essentiellement différents.

Cette considération me dispense de traiter au fond la question soulevée par notre honorable collègue; il me serait cependant, je crois, extrêmement facile de répondre à la plupart des objections qui vous ont été présentées tout à l'heure.

Permettez-moi seulement de vous faire remarquer que la loi des tramways est, comme la loi des chemins de fer d'intérêt local, une loi de décentralisation, stipulant le concours de l'Etat en faveur des entreprises des départements et des communes. L'Etat n'intervient que pour leur faciliter l'exécution de leur œuvre. Ne serait-il pas bien difficile d'accepter des combinaisons comme celles que M. Laborde vous propose et qui changeraient absolument les rôles, en substituant l'action de l'Etat à celle des départements ou des communes, dont nous voulons qu'il ne soit que l'auxiliaire?

Si vous adoptiez les combinaisons que vous propose M. Laborde, le concours de l'Etat irait, dans certains cas, jusqu'aux 7/8 de la dépense; alors ce n'est véritablement pas aux départements, aux communes, qu'il conviendrait de laisser l'initiative et la direction des travaux, ce serait à l'Etat qu'il faudrait les attribuer, puisqu'en fait, ces communes et ces départements n'engageraient que l'Etat et les fonds de l'Etat.

Un sénateur à droite. — C'est évident!

M. ÉMILE LABICHE. — J'ajoute que, quant aux considérations d'équité qu'on a fait valoir devant la commission et qu'on vient de renouveler devant le sénat, il ne faut pas oublier qu'on a fait une première expérience d'un système analogue à celui de notre honorable collègue M. Laborde.

La loi de 1865 reposait sur l'ordre d'idées dont on vous demandait tout à l'heure un nouveau mode d'application. L'expérience en a démontré les inconvénients.

Je n'ai pas, en effet, messieurs, à vous démontrer que la richesse et les besoins des départements ne peuvent pas être mesurés d'une façon exacte par le produit du centime. Vous le reconnaissez, chaque année, lorsque vous faites la répartition du fonds commun destiné aux départements pauvres. Vous avez alors égard à d'autres considérations qu'à la valeur du centime.

Il me serait facile de compléter ma démonstration en comparant des départements dont il est incontestable que la richesse n'est pas en proportion exacte avec la valeur du centime. Mais je ne crois pas, je le répète, à raison de la fin de non-recevoir que j'ai invoquée tout à l'heure, qu'il y ait lieu d'entrer dans des considérations et de traiter au fond une question que le sénat a résolue, il y a quelques semaines, sur la loi des chemins de fer d'intérêt local.

Qu'on me permette simplement de signaler à M. Laborde un singulier résultat du système qu'il vous propose.

M. Laborde craint beaucoup que l'application de notre loi ne rencontre des difficultés très-grandes dans les départements pauvres. Il craint que les subventions que ces départements sont appelés à fournir ne puissent jamais être suffisantes.

Mais est-ce le système compliqué qu'il vous propose de substituer au nôtre qui remédierait aux inconvénients qu'il redoute? En aucune façon; car, si vous adoptiez à la lettre l'amendement de M. Laborde, les difficultés d'exécution des tramways se trouveraient beaucoup augmentées pour les départements dans la situation prévue par M. Laborde.

En effet, l'amendement de M. Laborde n'augmente nullement la part contributive de l'Etat. Il la maintient au maximum de 100,000 francs pour le département et, remarquez surtout ceci, il la maintient pour le maximum de la subvention kilométrique fournie par l'Etat; ce maximum reste limité à 1,000 francs par kilomètre.

L'amendement de M. Laborde se contente de réduire la part contributive des départements; de telle sorte que, dans le système du ministre, adopté par la commission, la subvention kilométrique peut aller à 2,000 francs par kilomètre et que, d'après l'amendement de M. Laborde, dans les départements dont le centime est le moins élevé et où il semble qu'il y aurait utilité à augmenter la subvention totale, cette subvention se trouvera réduite à 1,333 francs par kilomètre (1,000 francs fournis par l'Etat, un tiers de 1,000 francs, soit 333 fr. 33 c., fourni par le département ou la commune). L'adoption du texte de l'amendement irait donc absolument contre le but que se propose son auteur : faciliter l'exécution des tramways dans les départements pauvres.

J'ajoute un dernier mot. S'il y a, en France, certains départements dans lesquels il soit absolument indispensable de faire des tramways, qui ne pourront être construits dans les conditions prévues par notre loi, qui ne pourront être exploités au moyen des garanties d'intérêt occordées par notre article 18, il faut reconnaître que ces cas seront tout à fait exceptionnels et qu'on ne peut espérer régler des situations exceptionnelles par une loi générale. Pour ces cas exceptionnels, il y aura possibilité de faire des lois exceptionnelles.

Ainsi vous avez une loi générale de 1868, qui règle le concours de l'Etat pour la construction des chemins vicinaux. Cette loi générale n'a pas empêché le gouvernement de proposer et de faire voter des lois spéciales pour l'établissement de routes agricoles dans les Landes et en Sologne.

S'il est un jour nécessaire de recourir à des lois de faveur pour aider exceptionnellement une commune, un département, dans l'établissement d'un tramway, reconnu absolument nécessaire et inexécutable par les moyens que va créer notre loi, eh bien! vous proposerez et nous voterons ces lois spéciales. Mais vouloir, dans une loi de principe, dans une loi générale, prévoir, réglementer tous les cas exceptionnels qui pourront surgir, cela nous paraît absolument irréalisable. C'est pourquoi la commission vous demande de repousser l'amendement qu'on vous propose. (Très-bien! très-bien!)

M. LE PRÉSIDENT. — Je mets aux voix la première partie de l'article 18, jusqu'aux mots dont les auteurs de l'amendement demandent la suppression.

(La première partie de l'article 18 est adoptée.)

M. LE PRÉSIDENT. — Le sénat a adopté le premier paragraphe de l'article 18 jusqu'aux mots « qu'une partie ».

Après ces mots, viennent ceux-ci : « ... au moins égale sera payée par le département » , etc.

Les auteurs de l'amendement demandent la suppression des mots « au moins égale ».

Je mets aux voix les mots « au moins égale ». Ceux qui seront d'avis d'adopter l'amendement, c'est-à-dire de supprimer les mots « au moins égale » , voteront contre.

Un sénateur. — C'est sur la prise en considération que le sénat doit voter.

M. LE PRÉSIDENT. — Je vous demande pardon! ce n'est pas une prise en considération. L'amendement a été déposé, imprimé et distribué.

(Le sénat, consulté, n'adopte pas l'amendement.)

M. LE PRÉSIDENT. — Les mots « au moins égale » sont maintenus dans le texte. Je mets aux voix la fin de la phrase :

« ... sera payée par le département, avec ou sans le concours des communes, ou par les communes, avec ou sans le concours du département, ou par d'autres intéressés, avec ou sans le concours des départements ou des communes. »

(Ce membre de phrase est adopté.)

M. LE PRÉSIDENT. — Après les mots « ou des communes », les auteurs de l'amendement proposent d'ajouter la disposition suivante :

« Les départements dont le centime... »

M. ÉMILE LABICHE. — En rejetant les mots : « au moins égale », le sénat a rejeté implicitement le second amendement, puisqu'il était une conséquence du premier.

M. LE PRÉSIDENT. — En ce cas, l'amendement doit donc être considéré comme non avenu. Est-ce bien la pensée des auteurs?

M. LABORDE. — Pardon, monsieur le président! je demande la parole.

M. LE PRÉSIDENT. — L'auteur de l'amendement a la parole.

M. LABORDE. — Je ne viens pas à cette tribune pour résister imprudemment à une volonté déjà manifestée par vous; j'ai trop le sentiment de mon insuffisance pour tenter une si périlleuse aventure. Seulement il est bon que je fasse une précision. Il m'a semblé entendre l'honorable M. Labiche vous dire tout à l'heure que la seconde partie de l'amendement était retirée. Non. Je reconnais que le premier vote du sénat emporte implicitement un vote collectif qui sera la destruction de l'amendement. Mais je tiens à ce qu'il reste; je le demande avec énergie, parce que, le jour où nos départements malheureux viendront vous demander des lois spéciales destinées à étendre le concours du gouvernement et à restreindre leur sacrifice, nous vous rappellerons que vous avez rejeté notre amendement précisément parce qu'on leur avait fait espérer que ces lois leur seraient accordées.

M. TESTELIN. — Messieurs, on m'avait invité à déposer un amendement dans un sens diamétralement opposé à celui qu'a soutenu M. Laborde.

Un sénateur à gauche. — Ils s'annulent réciproquement.

M. TESTELIN. — Voici les observations que j'avais à présenter. On met : dans tous les cas, on ne pourra accorder qu'une somme de 100,000 francs. Il y a cependant des départements qui sont plus peuplés les uns que les autres; il y en a qui n'ont que 120,000 habitants, d'autres où il y en a 1,600,000, comme le mien, c'est-à-dire dans lesquels les besoins sont beaucoup plus grands.

L'honorable M. Laborde veut nous mettre hors de la loi de l'égalité. Nous payons beaucoup plus de 100,000 francs, notre centime vaut 133,000 francs. Chaque fois que nous aurons des chemins à faire, on nous donnera pour les construire le quart de la dépense, tandis que les autres recevront les trois quarts. C'est une injustice absolue.

Je ne retire mon observation que parce que M. le ministre, par ses explications dans une conversation particulière, m'a donné satisfaction; mais je pense qu'alors il faut repousser également l'amendement de l'honorable M. Laborde.

J'avoue que, quand j'entends dire qu'il faut des routes pour les départements pauvres dont le centime ne rapporte rien, je me demande ce qu'ils auront à faire transporter sur ces routes, s'il n'ont rien (Bruyantes réclamations).

M. DE LAREINTY. — Vous ne donnez donc qu'aux riches?

M. TESTELIN. — Je ne dis pas qu'il ne faille donner qu'aux riches, mais je dis qu'il faut faire des chemins là où il a quelque chose à transporter.

Je me résume, et je demande qu'on reste dans l'égalité qui a été proposée et que chacun reçoive en raison de ce qu'il a payé.

M. LE PRÉSIDENT. — Le premier amendement a été repoussé. J'ai donné lecture du second amendement avant de le mettre aux voix. M. le rapporteur a fait alors observer que le rejet du premier amendement impliquait le rejet du second. J'ai demandé si, dans ce cas, il ne fallait pas considérer le second amendement comme non avenu. M. le rapporteur a répondu affirmativement. M. Laborde vient d'insister, au contraire, pour que son amendement soit mis aux voix ; je consulte le sénat.

(L'amendement n'est pas adopté.)

M. LE PRÉSIDENT. — Je donne lecture de la suite de l'article 18 :

« En aucun cas, la subvention de l'Etat ne pourra dépasser la moitié de la somme nécessaire pour élever le produit brut maximum fixé par le paragraphe 3 ci-après du présent article.

« Cette garantie d'intérêt ne peut être accordée, par le décret qui autorise l'exécution de la ligne, que dans les limites fixées, pour chaque année, par la loi des finances. La charge annuelle imposée au trésor ne doit en aucun cas dépasser 1,000 francs par kilomètre exploité et 100,000 francs pour l'ensemble des lignes situées dans un même département. » — (Adopté.)

M. LE PRÉSIDENT. — Ici se placerait un amendement de MM. Vivenot et A. Honnoré. Cet amendement est conçu en ces termes :

« Ajouter après ces mots « situés dans un même département », ce qui suit :

« La somme prévue, par la loi spéciale aux chemins de fer d'intérêt local, comme chiffre maximum de la garantie annuelle d'intérêt afférente à cette catégorie de chemins de fer pour chaque département, pourra, par décret, être reportée en tout ou en partie sur les tramways de ce même département, si le conseil général en fait la demande. »

L'un des auteurs de l'amendement demande-t-il la parole?

M. ÉMILE LABICHE. — Monsieur le président, nous sommes d'accord.

La commission a donné satisfaction aux auteurs de l'amendement par une modification du texte. La rédaction nouvelle, qui commence par ces mots : « Toutefois, sur la demande », etc. a reçu leur adhésion; par conséquent, je crois pouvoir dire, cette fois sans crainte d'être démenti, que l'amendement est retiré.

M. LE PRÉSIDENT. — Personne ne demande la parole?... Les auteurs de l'amendement s'étant mis d'accord avec la commission, l'amendement est non avenu.

Je mets aux voix la fin de l'article 18, tel qu'il a été rédigé par la commission. J'en donne lecture :

« Toutefois, sur la demande du conseil général et par décret délibéré en conseil d'État, le maximum de kilomètres fixé par le paragraphe précédent pourra être augmenté du nombre de kilomètres de chemins de fer d'intérêt local qui pouvait être subventionné, en vertu du paragraphe 2 de l'article 11 de la loi sur les chemins de fer d'intérêt local, et que le département renoncera à concéder.

« La participation de l'Etat cessera de plein droit après la vingtième année qui suivra la mise en exploitation. Elle sera suspendue quand la recette brute annuelle atteindra 6,000 francs par kilomètre, pour les lignes établies de manière à pouvoir recevoir les véhicules des grands réseaux, et 5,000 francs pour les autres lignes. » — (Adopté.)

(L'ensemble de l'article 18 est mis aux voix et adopté.)

M. LE PRÉSIDENT. — Je donne lecture des derniers articles du projet de loi, sur lesquels aucun amendement n'a été présenté.

« Art. 19. — Dans le cas où le produit brut de la ligne pour laquelle une garantie d'intérêt a été payée devient suffisant pour couvrir les dépenses d'exploitation et l'intérêt à 6 p. 100 du capital de premier établissement, tel qu'il a été prévu par l'acte de concession, la moitié du surplus de la recette est partagée entre l'Etat, le département, les communes et les autres intéressés, s'il y a lieu, dans la proportion des avances faites par chacun d'eux, jusqu'à concurrence du complet remboursement de ces avances sans intérêts. »

(L'article 19, mis aux voix, est adopté.)

« Art. 20. — Un règlement d'administration publique déterminera :

« 1° Les justifications à fournir par les concessionnaires pour établir les recettes et les dépenses annuelles;

« 2° Les conditions dans lesquelles seront fixés, en exécution des articles 19 et 20 de la présente loi, le chiffre de la garantie d'intérêt due par l'Etat, le département ou les communes, pour chaque exercice, et, lorsqu'il y aura lieu, la part revenant à l'Etat, au département, aux communes ou aux autres intéressés, à titre de remboursement de leurs avances sur le produit de l'exploitation. » — (Adopté.)

« Art. 21. — Les lignes qui auront reçu une garantie d'intérêt du trésor pourront seules être assujetties envers l'Etat à un service gratuit ou à une réduction du prix des places. » — (Adopté.)

« Art. 22. — Aucune émission d'obligations... (*Ancien article 23 de la commission*)....

« Les dispositions des paragraphes 2, 3 et 4 du présent article ne seront pas applicables dans le cas où la concession de la ligne serait faite à une compagnie déjà concessionnaire de chemins de fer ou d'autres lignes en exploitation, si le ministre des travaux publics reconnaît que les revenus nets de ces entreprises sont suffisants pour assurer l'acquittement des charges résultant des obligations à émettre. » — (Adopté.)

« Art. 23. — (*Ancien article 24 de la commission.*) » — (Adopté.)

« Art. 24. — La loi du 15 juillet 1845, sur la police des chemins de fer, est applicable aux voies ferrées établies sur les voies publiques, à l'exception de ses articles 4, 5, 6, 7, 8, 9, 10. » — (Adopté.)

« Art. 25. — La construction, l'entretien et les réparations des voies ferrées avec leurs dépendances, l'entretien du matériel et le service de l'exploitation seront soumis au contrôle et à la surveillance des préfets, sous l'autorité du ministre des travaux publics.

« Les frais de contrôle seront à la charge des concessionnaires. Ils seront réglés par le cahier des charges ou, à défaut, — par les préfets, s'il s'agit de lignes concédées par les départements ou les communes ; par le ministre des travaux publics, s'il s'agit de lignes concédées par l'Etat. » — (Adopté.)

« Art. 26. — Un règlement d'administration publique déterminera les mesures nécessaires à l'exécution de la présente loi et notamment :

« 1° Les conditions spéciales auxquelles doivent satisfaire, tant pour leur construction que pour la circulation des voitures et des trains, les voies ferrées dont l'établissement sur le sol des voies publiques aura été autorisé ;

« 2° Les rapports entre le service de ces voies ferrées et les autres services intéressés. » — (Adopté.)

« Art. 27. — Toutes les conventions relatives aux concessions et rétrocessions de voies ferrées sur les voies publiques, ainsi que les cahiers des charges annexés, ne seront passibles que du droit d'enregistrement fixe de 1 franc. » — (Adopté.)

M. LE PRÉSIDENT. — Je donne la parole à M. Labiche sur l'ensemble du projet de loi.

M. ÉMILE LABICHE. — Messieurs, la commission et M. le ministre vous prient d'ajourner le vote sur l'ensemble de la loi, pour que nous puissions vous proposer quelques modifications de texte, qui ne modifieront pas le sens de la loi, mais le rendront plus clair et plus précis.

Vous savez dans quelles conditions ces deux premiers articles ont été votés ; nous avons à faire, dans les trois derniers paragraphes de l'article 2, quelques changements sur lesquels M. le ministre et la commission sont déjà d'accord. Ces changements ne pouvaient être définitivement arrêtés qu'après l'adoption des autres articles. Par conséquent, nous vous prions de ne pas statuer immédiatement et de renvoyer le vote d'ensemble de la loi à la prochaine séance.

M. ANCEL. — Il y aura alors un projet imprimé et distribué.

M. ÉMILE LABICHE. — Si vous désirez que le projet de loi soit de nouveau imprimé et distribué, il sera difficile que le vote puisse avoir lieu demain.

M. ANCEL. — Je n'insiste pas.

M. LE MINISTRE DES TRAVAUX PUBLICS. — Il s'agit de modifications de rédaction sans aucune importance.

M. LE PRÉSIDENT. — M. Emile Labiche, au nom de la commission et d'accord avec le gouvernement, demande l'ajournement du scrutin à la prochaine séance. Il n'y a pas d'opposition ?... Le scrutin est ajourné.

---

7 mars 1879. SÉNAT.

M. LE PRÉSIDENT. — Le sénat se rappelle qu'à la dernière séance, il a voté tous les articles de ce projet de loi et que, — sur la demande de M. Emile Labiche, un des membres de la commission, qui suppléait M. le rapporteur, — on a renvoyé à la séance suivante le vote sur l'ensemble, afin que la commission pût reviser et coordonner le texte voté par le sénat. Je donne la parole à M. Hérold.

M. LE RAPPORTEUR. — Messieurs, j'ai presque à m'excuser devant le sénat de monter à la tribune en qualité de rapporteur, alors que tout l'effort de la discussion, aux deux séances précédentes, a été soutenu par mon honorable collègue et ami M. Emile Labiche, qui, du reste, est arrivé au résultat que la commission avait désiré, en obtenant du sénat le vote d'une loi longuement préparée. Je n'ai aujourd'hui que quelques mots à dire pour compléter l'œuvre de la commission.

Le renvoi a été ordonné pour qu'il fût possible d'arriver à une rédaction meilleure de l'article 2.

Cette rédaction a été arrêtée d'accord avec M. le ministre des travaux publics et cet accord est complet. Elle a été imprimée et distribuée; le sénat l'a sous les yeux. Je n'ai donc que quelques mots à ajouter pour expliquer la modification légère qui a été faite, d'accord, je le répète, avec le gouvernement. Cette modification porte sur deux points.

Le premier est celui-ci : l'article 2, tel qu'il avait été voté en deuxième délibération, n'accordait le droit de rétrocession que dans un cas limité, celui où la ligne devrait être établie, en tout ou en partie, sur une voie dépendant du domaine public de l'Etat. Dans la rédaction nouvelle, on a généralisé le droit de rétrocession, en substituant aux mots « dans ce cas » les mots « dans tous les cas ». C'est-à-dire que la concession pourra toujours être faite aux villes ou départements intéressés, soit que cette concession porte sur une ligne empruntant le territoire de plusieurs départements, soit qu'elle s'applique à une ligne établie sur une voie dépendant du domaine public de l'État. Le gouvernement et la commission se sont mis d'accord sur ce point.

La seconde modification est celle-ci : la concession est faite par le conseil général, quand il s'agit de voies départementales, — disait l'article 2 qui a été voté. La commission vous propose, toujours avec l'assentiment du gouvernement, d'édicter la même règle pour les cas où il s'agira non-seulement de routes départementales, mais de chemins de grande communication ou d'intérêt commun. On sait que ces chemins sont centralisés aujourd'hui entre les mains de l'administration départementale.

Il n'y a donc pas de modification apportée à l'état de choses actuel et, je le dis pour la dernière fois, le gouvernement et la commission sont tombés d'accord sur cette rédaction.

J'ai terminé l'explication que je voulais donner au sénat, touchant le texte nouveau qui lui a été distribué et qu'il a sous les yeux. Il ne me reste qu'à lui demander de vouloir bien adopter ces légères modifications de rédaction (Approbation).

M. LE PRÉSIDENT. — Personne ne demande la parole?...

Je donne lecture de l'article 2, avec les modifications qui y ont été apportées par la commission et qui viennent d'être exposées par M. le rapporteur (*p. 199*).

(L'article 2, ainsi modifié, est mis aux voix et adopté.)

M. LE PRÉSIDENT. — Nous passons maintenant aux articles 10, 18 et 20.

Monsieur le rapporteur, avez-vous quelque observation à faire?

M. LE RAPPORTEUR. — Aucune, monsieur le président.

M. LE PRÉSIDENT. — Les articles 10, 18 et 20 renvoient à d'autres articles de la loi et à des articles d'autres lois. Ces renvois avaient été inexactement indiqués. Les rectifications opérées par la commission n'ont d'autre but que de faire disparaître ces inexactitudes.

Voici les textes rectifiés (*p. 200, 201* et *202*).

Personne ne demande la parole? Je mets ces articles aux voix.

(Les articles 10, 18 et 20 sont adoptés avec les modifications proposées par la commission.)

M. LE PRÉSIDENT. — Il va être procédé au scrutin.

Le scrutin a lieu.

(MM. les secrétaires opèrent le dépouillement des votes.)

M. LE PRÉSIDENT. — Voici le résultat du scrutin.

Nombre des votants.............. 239
Majorité absolue................ 120
Pour l'adoption....... 239

(Le sénat a adopté.)

PROJET DE LOI ADOPTÉ PAR LE SÉNAT.

ARTICLE PREMIER. — Il peut être établi des voies ferrées à traction de chevaux ou moteurs mécaniques sur les voies dépendant du domaine public de l'Etat, des départements ou des communes.

Ces voies ferrées, ainsi que les déviations accessoires construites en dehors du sol des routes et chemins, sont soumises aux dispositions suivantes.

ART. 2. — La concession est accordée par l'Etat, lorsque la ligne doit s'étendre sur le territoire de plusieurs départements, quelle que soit la nature des voies empruntées.

Il en est de même lorsque, sans sortir des limites d'un département, la ligne doit être établie, en tout ou en partie, sur une voie dépendant du domaine public de l'Etat.

Dans tous les cas, la concession peut être faite aux villes ou aux départements intéressés avec faculté de rétrocession.

La concession est accordée par le conseil général, au nom du département, lorsque la voie ferrée, sans emprunter une route nationale, doit être établie, en tout ou en partie, soit sur une route départementale, soit sur un chemin de grande communication ou d'intérêt commun, ou doit s'étendre sur le territoire de plusieurs communes.

La concession est accordée par le conseil municipal, lorsque la voie ferrée est établie entièrement sur le territoire de la commune et sur un chemin vicinal ordinaire ou sur un chemin rural.

ART. 3. — Le département pourra accorder la concession à l'Etat ou à une commune, avec faculté de rétrocession; une commune pourra agir de même à l'égard de l'Etat ou du département.

ART. 4. — Aucune concession ne peut être faite qu'après une enquête dont les formes seront déterminées par un règlement d'administration publique, et dans laquelle les conseils généraux des départements et les conseils municipaux des communes dont la voie doit traverser le territoire seront entendus, lorsqu'il ne leur appartiendra pas de statuer sur la concession.

Dans tous les cas, l'utilité publique est déclarée et l'exécution est autorisée par décret délibéré en conseil d'Etat, sur le rapport du ministre des travaux publics, après avis du ministre de l'intérieur.

ART. 5. — Toute dérogation ou modification apportée aux clauses du cahier des charges type, approuvé par le conseil d'Etat, devra être expressément formulée dans les traités passés au sujet de la concession, lesquels seront soumis au conseil d'Etat et annexés au décret.

ART. 6. — Lorsque, pour l'établissement d'une voie ferrée, il y aura lieu à expropriation, soit pour l'élargissement d'un chemin vicinal, soit pour l'une des déviations prévues à l'article 1er de la présente loi, cette expropriation sera opérée conformément à l'article 16 de la loi du 21 mai 1836, sur les chemins vicinaux, et à l'article 2 de la loi du 8 juin 1864.

ART. 7. — Les projets d'exécution sont approuvés par le ministre des travaux publics, lorsque la concession est accordée par l'Etat.

Lorsque la concession est accordée par un département, le préfet, après avoir pris l'avis de l'ingénieur en chef du département, soumet ces projets au conseil général, qui statue définitivement. Néanmoins, dans les deux mois qui suivent la délibération, le ministre des travaux publics, sur la proposition du préfet, peut, après avoir pris l'avis du conseil général des ponts et chaussées, appeler le conseil général à délibérer de nouveau sur lesdits projets.

Lorsque la concession est accordée par une commune, le préfet, après avoir pris l'avis de l'ingénieur en chef, adresse les projets au maire, qui les soumet au conseil municipal, dont la délibération est sujette à l'approbation du préfet.

ART. 8. — L'acte de concession détermine les droits de péage et de transport que le concessionnaire sera autorisé à percevoir pendant toute la durée de sa concession.

Les taxes perçues dans les limites du maximum fixé par l'acte de concession sont homologuées par le ministre des travaux publics, dans le cas où la concession est faite par l'Etat, et par le préfet dans les autres cas.

Art. 9. — Les concessionnaires de voies ferrées établies sur les routes et chemins de toute espèce sont tenus d'entretenir constamment en bon état toute la portion de voie publique comprise entre les rails et, en outre, de chaque côté, une zone dont la largeur est déterminée par le cahier des charges.

Ils ne sont pas soumis à l'impôt des prestations établi par l'article 3 de la loi du 21 mai 1836, à raison des voitures et des bêtes de trait exclusivement employées à l'exploitation de la voie ferrée.

Les départements ou les communes ne peuvent exiger des concessionnaires une redevance ou un droit de stationnement qui n'aurait pas été stipulé expressément dans l'acte de concession.

Art. 10. — L'autorité qui fait la concession a toujours le droit :

1° D'autoriser d'autres voies ferrées à s'embrancher sur les lignes concédées ou à s'y raccorder;

2° D'accorder à ces entreprises nouvelles, moyennant le paiement des droits de péage fixés par le cahier des charges, la faculté de faire circuler leurs voitures sur les lignes concédées;

3° De racheter la concession;

4° De supprimer ou de modifier une partie du tracé, lorsque la nécessité en aura été reconnue dans les formes prescrites par l'article 4.

Dans ces deux derniers cas, si les droits du concessionnaire ne sont pas réglés par un accord préalable ou par un arbitrage, établi soit par le cahier des charges, soit par une convention postérieure, l'indemnité qui peut lui être due est liquidée par une commission spéciale, formée comme il est dit au paragraphe 3 de l'article 9 de la loi sur les chemins de fer d'intérêt local (*p. 94*).

Art. 11. — Le cahier des charges détermine :

1° Les droits et les obligations du concessionnaire pendant la durée de la concession;

2° Les droits et les obligations du concessionnaire à l'expiration de la concession;

3° Les cas dans lesquels l'inexécution des conditions de la concession peut entraîner la déchéance du concessionnaire, ainsi que les mesures à prendre à l'égard du concessionnaire déchu.

La déchéance est prononcée, dans tous les cas, par le ministre des travaux publics, sauf recours au conseil d'Etat par la voie contentieuse.

Art. 12. — Aucune concession ne pourra faire obstacle à ce qu'il soit accordé des concessions concurrentes, à moins de stipulation contraire dans l'acte de concession.

Art. 13. — La durée des concessions ne dépassera jamais 50 ans, quelles que soient les stipulations de l'acte.

Art. 14. — A l'expiration de la concession, l'Etat, le département ou la commune de qui émane la concession, est substitué à tous les droits du concessionnaire sur les voies ferrées, qui doivent lui être remises en bon état d'entretien, y compris les déviations construites en dehors du sol des routes et chemins.

L'administration peut exiger que les voies ferrées qu'elle avait concédées soient supprimées, en tout ou en partie, et que les voies publiques soient remises en bon état de viabilité aux frais du concessionnaire.

Le cahier des charges règle les droits et obligations du concessionnaire en ce qui concerne les autres objets, mobiliers ou immobiliers, servant à l'exploitation de la voie ferrée.

Art. 15. — Toute cession totale ou partielle de la concession, tout changement de concessionnaire, la substitution de l'exploitation directe à l'exploitation par concession, l'élévation des tarifs au-dessus du maximum fixé, ne pourront avoir lieu qu'en vertu d'un décret délibéré en conseil d'Etat, rendu sur l'avis conforme du conseil général ou du conseil municipal, s'il s'agit de lignes concédées par les départements ou les communes.

Les autres modifications, s'il s'agit de lignes concédées par l'Etat, pourront être faites par le ministre des travaux publics; s'il s'agit de lignes concédées par les départements, par le conseil général statuant conformément aux articles 48 et 49 de la loi du 10 août 1871; s'il s'agit de lignes concédées par les communes, par le conseil municipal, dont la délibération devra être approuvée par le préfet.

En cas de cession, l'inobservation des conditions qui précèdent entraîne la nullité et peut donner lieu à la déchéance.

Art. 16. — La fusion des concessions ou administrations de lignes appartenant, soit à l'Etat et à des départements ou à des communes, soit à des départements différents, soit à des communes différentes, ne peut avoir lieu qu'en vertu d'un décret délibéré en conseil d'Etat, et rendu après l'avis conforme des conseils généraux et des conseils municipaux qui sont intervenus dans les concessions.

Art. 17. — Les ressources créées par la loi du 21 mai 1836 peuvent être appliquées, en partie, à la dépense des voies ferrées sur routes par les communes qui ont assuré l'exécution de leur réseau subventionné et l'entretien de tous leurs chemins classés.

Art. 18. — Quand une voie ferrée, desservie par locomotives et destinée au transport des marchandises en même temps qu'au transport des voyageurs, s'étend sur le territoire de plusieurs communes, l'Etat peut s'engager, en cas d'insuffisance du produit brut pour couvrir les dépenses d'exploitation et l'intérêt à 5 p. 100 l'an du capital du premier établissement, tel qu'il est prévu par l'acte de concession, à subvenir pour partie au paiement de cette insuffisance, à la condition qu'une partie au moins égale sera payée par le département, avec ou sans le concours des communes, ou par les communes, avec ou sans le concours du département, ou par d'autres intéressés, avec ou sans le concours des départements ou des communes. En aucun cas, la subvention de l'Etat ne pourra dépasser la moitié de la somme nécessaire pour élever le produit brut maximum fixé par le paragraphe 4 ci-après du présent article.

Cette garantie d'intérêt ne peut être accordée par le décret qui autorise l'exécution de la ligne que dans les limites fixées, pour chaque année, par la loi de finances. La charge annuelle imposée au trésor ne doit en aucun cas dépasser 1,000 francs par kilomètre exploité et 100,000 francs pour l'ensemble des lignes situées dans un même département.

Toutefois, sur la demande du conseil général et par décret délibéré en conseil d'Etat, le maximum de kilomètres fixé par le paragraphe précédent pourra être augmenté du nombre de kilomètres de chemins de fer d'intérêt local qui pouvait être subventionné, en vertu du paragraphe 2 de l'article 11 de la loi sur les chemins de fer d'intérêt local (*p. 30*), et que le département renoncera à concéder.

La participation de l'Etat cessera de plein droit après la vingtième année qui suivra la mise en exploitation. Elle sera suspendue quand la recette brute annuelle atteindra 6,000 francs par kilomètre, pour les lignes établies de manière à pouvoir recevoir les véhicules des grands réseaux, et 5,000 francs pour les autres lignes.

Art. 19. — Dans le cas où le produit brut de la ligne pour laquelle une garantie d'intérêt a été payée devient suffisant pour couvrir les dépenses d'exploitation et l'intérêt à 6 p. 100 du capital de premier établissement, tel qu'il a été prévu par l'acte de concession, la moitié du surplus de la recette est partagée entre l'Etat, le département, les communes et les autres intéressés, s'il y a lieu, dans la proportion des avances faites par chacun d'eux, jusqu'à concurrence du complet remboursement de ces avances sans intérêts.

Art. 20. — Un règlement d'administration publique déterminera :

1° Les justifications à fournir par les concessionnaires pour établir les recettes et les dépenses annuelles ;

2° Les conditions dans lesquelles seront fixés, en exécution des articles 18 et 19 de la présente loi, le chiffre de la garantie d'intérêt due par l'Etat, le département ou les communes pour chaque exercice, et, lorsqu'il y aura lieu, la part revenant à l'Etat, au département, aux communes ou aux autres intéressés, à titre de remboursement de leurs avances sur le produit de l'exploitation.

Art. 21. — Les lignes qui auront reçu une garantie d'intérêt du trésor pourront seules être assujetties envers l'Etat à un service gratuit ou à une réduction du prix des places.

Art. 22. — Aucune émission d'obligations, pour les entreprises prévues par la présente loi, ne pourra avoir lieu qu'en vertu d'une autorisation donnée par le ministre des travaux publics, après avis du ministre des finances.

En aucun cas, il ne pourra être émis d'obligations pour une somme supérieure au montant du capital-actions, qui sera fixé à la moitié au moins de la dépense jugée nécessaire pour le complet établissement et la mise en exploitation des voies ferrées ; et ce capital-actions devra être effectivement versé, sans qu'il puisse être tenu compte des actions libérées ou à libérer autrement qu'en argent.

Aucune émission d'obligations ne doit être autorisée avant que les quatre cinquièmes du capital-actions aient été versés et employés en achats de terrains, travaux, approvisionnements sur place ou en dépôt de cautionnement.

Toutefois les concessionnaires pourront être autorisés à émettre des obligations lorsque la totalité du capital-actions aura été versée, et s'il est dûment justifié que plus de la moitié de ce capital-actions a été employée dans les termes du paragraphe précédent ; mais les fonds provenant de ces émissions anticipées devront être déposés à la caisse des dépôts et consignations et ne pourront être mis à la disposition des concessionnaires que sur l'autorisation formelle du ministre des travaux publics.

Les dispositions des paragraphes 2, 3 et 4 du présent article ne seront pas applicables dans le cas où la concession de la ligne serait faite à une compagnie déjà concessionnaire de chemins de fer ou d'autres lignes en exploitation, si le ministre des travaux publics reconnaît que les revenus nets de ces entreprises sont suffisants pour assurer l'acquittement des charges résultant des obligations à émettre.

Art. 23. — Le compte rendu détaillé des résultats de l'exploitation, comprenant les dépenses d'établissement et d'exploitation et les recettes brutes, sera remis, tous les trois mois, pour être publié, aux préfets et aux présidents des commissions départementales des départements intéressés, et au ministre des travaux publics.

Le modèle des documents à fournir sera arrêté par le ministre des travaux publics.

Art. 24. — La loi du 15 juillet 1845, sur la police des chemins de fer, est applicable aux voies ferrées établies sur les voies publiques, à l'exception de ses articles 4, 5, 6, 7, 8, 9 et 10.

Art. 25. — La construction, l'entretien et les réparations des voies ferrées avec leurs dépendances, l'entretien du matériel et le service de l'exploitation seront soumis au contrôle et à la surveillance des préfets, sous l'autorité du ministre des travaux publics.

Les frais de contrôle seront à la charge des concessionnaires. Ils seront réglés par le cahier des charges ou, à défaut, par les préfets, s'il s'agit de lignes concédées par les départements ou les communes; par le ministre des travaux publics, s'il s'agit de lignes concédées par l'Etat.

Art. 26. — Un règlement d'administration publique déterminera les mesures nécessaires à l'exécution de la présente loi et notamment :

1° Les conditions spéciales auxquelles doivent satisfaire, tant pour leur construction que pour la circulation des voitures et des trains, les voies ferrées dont l'établissement sur le sol des voies publiques aura été autorisé;

2° Les rapports entre le service de ces voies ferrées et les autres services intéressés.

Art. 27. — Toutes les conventions relatives aux concessions et rétrocessions de voies ferrées sur les voies publiques, ainsi que les cahiers des charges annexés, ne seront passibles que du droit d'enregistrement fixe d'un franc.

CHEMINS DE FER D'INTÉRÊT LOCAL

ÉTABLIS A TRAVERS CHAMPS

OU SUR LE SOL DES VOIES PUBLIQUES

---

17 juillet 1879. CHAMBRE DES DÉPUTÉS.

Rapport fait. — au nom de la commission chargée d'examiner les projets de lois adoptés par le sénat et relatifs 1° aux chemins de fer d'intérêt local ; 2° aux voies ferrées établies sur les voies publiques, — par M. René Brice.

Messieurs, il y a quelques semaines, la chambre des députés n'a pas hésité à voter le classement, dans le réseau des chemins de fer d'intérêt général, de lignes présentant, dans leur ensemble, une étendue de 18,000 kilomètres environ, dont l'exécution nécessitera une dépense de près de quatre milliards et qui, — destinées à concourir à la défense du pays, à faciliter les relations, dans un intérêt politique et administratif, à rapprocher des centres importants, — compléteront l'ensemble de notre réseau d'intérêt général.

Leur coût probable a été évalué en moyenne à 200,000 francs le kilomètre, dans un rapport annexé par M. le ministre des travaux publics au décret du 2 janvier 1878.

Ces lignes d'intérêt général, si étendues qu'elles soient, ne peuvent desservir toutes les parties du territoire français et laissent en dehors d'elles, privées des éléments de richesse que tous moyens de transports à bon marché assurent aux régions qui en sont dotées, une foule de communes, pauvres aujourd'hui, qui bientôt seraient riches, si on leur donnait la possibilité de conduire à des prix raisonnables, sur nos grands marchés et dans nos ports, les produits de leur sol, de leurs industries et de leur travail.

Constituant les grandes routes ferrées, l'artère principale du réseau, elles appellent la création de lignes secondaires, qui devront se grouper autour d'elles, comme les chemins vicinaux se sont groupés autour des routes nationales, et dont le rôle sera de recueillir le trafic de la localité en vue de laquelle elles auront été construites, de le verser dans la ligne voisine et de conduire celui apporté par la grande ligne jusqu'au cœur de la région qu'elles doivent féconder.

La principale condition, pour que de semblables lignes puissent se multiplier et vivre, est de mesurer parcimonieusement leurs dépenses d'installation et d'exploitation sur les probabilités de leur trafic.

C'est à M. Coumes, inspecteur général des ponts et chaussées en retraite, que revient l'honneur d'avoir le premier en France, en 1858, 1859 et 1860, alors qu'il était ingénieur en chef dans le département du Bas-Rhin, établi des chemins de fer à bon marché, en appliquant à ces chemins, d'accord avec le préfet M. Mimerel et avec le conseil général de ce département, la législation des chemins vicinaux.

L'exemple ainsi donné, le ministre des travaux publics instituait, dès 1861, avec mandat d'étudier les moyens d'apporter la plus grande économie dans la construction des voies ferrées, une commission dont l'avis est ainsi résumé dans les rapports faits, en son nom, par deux de ses membres, MM. Lan et Bergeron.

« La commission a été d'avis que la plus grande latitude doit être laissée ant à l'administration, pour autoriser, qu'au concessionnaire pour construire et exploiter les chemins de fer d'intérêt local; que, les lignes de ce réseau devant être, dans la plupart des cas, des chemins de transbordement, elles pourront et devront même différer essentiellement, tant sous le rapport de la construction que sous celui de l'exploitation, des chemins compris dans les réseaux jusqu'ici établis; que, dès lors, les prescriptions du cahier des charges ordinaire devraient être simplifiées en ce qui concerne ces lignes, de manière 1° à permettre de faire varier, selon les cas, la largeur de la voie, le poids des rails, le système du matériel roulant, les rampes et les courbes; 2° à supprimer l'obligation des clôtures, en tant que règle absolue, et à autoriser pour les bâtiments des stations les formes les plus simples; que toutefois il serait désirable que, dans chaque groupe, les chemins locaux fussent construits avec la même largeur de voie, de manière à pouvoir être desservis par le même matériel roulant, mais que cette uniformité spéciale ne doit pas être érigée en règle absolue; qu'à l'égard de l'exploitation de ces lignes, la réglementation administrative pourrait se borner aux mesures de police indispensables à la sécurité publique; que le bénéfice de la loi du 21 mai 1836, relative aux chemins vicinaux, pourrait être étendu aux chemins de fer d'intérêt local, notamment dans celles de ses dispositions qui concernent principalement les enquêtes et l'acquisition des terrains. »

Au moment même où ce rapport était livré à la publicité, en 1864, 62 départements demandaient l'exécution de nouveaux chemins de fer; 13 ouvraient des crédits pour des études.

Le gouvernement, ainsi devancé par l'opinion publique, proposa au conseil d'Etat la loi qui est devenue, sauf de légères modifications, la loi du 12 juillet 1865.

Cette loi de 1865, — donnant au conseil général, pour les chemins qu'elle prévoit, le droit, réservé jusque-là au gouvernement seul, de préparer, de discuter, de choisir les tracés, d'indiquer le mode et les conditions de la construction, — faisait une œuvre considérable et utile de décentralisation administrative; elle avait le mérite de solliciter puissamment aussi bien l'initiative individuelle que celle des administrations départementales et communales, et fut accueillie partout avec la plus grande faveur.

Son exposé des motifs indiquait nettement, d'ailleurs, le vrai caractère des chemins de fer d'intérêt local, ayant pour but exclusif « de relier les localités secondaires aux lignes principales, en suivant soit une vallée, soit un plateau, et en ne traversant ni faîtes de montagnes, ni grandes vallées, chemins d'une longueur limitée, s'étendant rarement au delà de 30 ou 40 kilomètres, d'un petit trafic et pouvant s'effectuer en général par trois trains seulement dans chaque sens, sans service de nuit ».

La loi de 1865 compte quatorze années d'existence et nous lui devons certainement la construction de plusieurs chemins de fer d'intérêt local, conçus dans des proportions modestes, sagement administrés, dont sans elle il ne serait peut-être pas encore question.

Il faut bien reconnaître toutefois qu'elle a été loin de réaliser toutes les espérances qu'avaient conçues ses auteurs; mais la faute en est à la façon dont la loi a été appliquée, bien plus qu'à la loi elle-même. Les petites compagnies pour la plupart n'ont pas su rester dans leur rôle; elles ont construit, quelques-unes avec des subventions insuffisantes, d'autres avec des majorations scandaleuses, augmentant outre mesure leur prix de revient, ont voulu devenir concessionnaires de grands réseaux, et nous avons vu plusieurs d'entre elles établir de véritables lignes de transit, faisant concurrence aux grandes lignes. Les désastres financiers, que de telles témérités, jointes au mode défectueux du concours de l'Etat et des départements, rendaient inévitables, sont présents à l'esprit de tous.

Les lignes à gros trafic, qui correspondant aux courants commerciaux, vont de Paris à la frontière ou a la mer, ont été concédées, dès l'origine, aux grandes compagnies, dont elles constituent l'ancien réseau, et les bénéfices résultant de leur exploitation ont permis de passer avec les grandes compagnies ces conventions ingénieuses et fécondes de 1859, grâce auxquelles ont pu être construites et sont exploitées les lignes du nouveau réseau, lignes qui ne rapportent jusqu'à présent que 1 1/2 p. 100 du capital engagé.

Tous les chemins pouvant avoir quelque importance sont classés dans le réseau d'intérêt général et déjà les chemins de fer d'intérêt local qui semblaient devoir être les plus rémunérateurs ont été exécutés.

Enfin l'expérience a prouvé, en France comme en Amérique, en Angleterre et plus récemment en Autriche-Hongrie, que la concurrence des chemins de fer a le plus souvent pour résultat final la perte des capitaux engagés dans ces entreprises et le renchérissement des frais de transport. Si, en effet, une nouvelle ligne survient dans une direction déjà exploitée par une voie ferrée, elle n'en accroît pas notablement le trafic ; ou elle essaye de le dériver à son profit, par des abaissements de tarifs momentanés, qui, ne couvrant pas ses dépenses, ne tardent pas à absorber ses ressources, ou, après avoir lutté quelque temps contre sa rivale, elle s'entend et s'associe avec elle, pour faire payer au public les frais du double matériel et de la double exploitation.

Il faut donc désormais, pour la construction des chemins de fer d'intérêt local, se tenir, avec le plus grand soin, à l'écart de tout luxe, de toute dépense qui ne serait pas rigoureusement nécessaire, et se bien pénétrer de cette idée qu'allié, auxiliaire et non point ennemi des grandes lignes, le chemin de fer d'intérêt local doit vivre à côté d'elles en bon voisinage, les aidant, recevant parfois d'elles un appui précieux, contribuant en même temps qu'elles par les mêmes moyens, mais avec des procédés sur plus d'un point différents, au développement de la richesse publique. Pour lui, point de ces gares coûteuses qui ne sont faites que pour les grandes compagnies et pour les grandes villes ; pas de prodigalités dans l'exploitation, mais un personnel absolument restreint ; ni trains de nuit, ni trains de grande vitesse. Véritable service d'omnibus, il doit exploiter avec une extrême parcimonie ; s'efforcer d'appliquer toujours des tarifs semblables à ceux des grandes lignes ; réduire, en toutes choses, ses dimensions de façon à ce qu'elles soient proportionnées au travail qu'il a à faire.

Il appartenait au ministre qui n'a pas reculé devant le vaste plan de travaux publics auquel les chambres ont donné un assentiment presque unanime de prendre l'initiative des mesures ayant pour but de permettre enfin la création de nos chemins de fer vicinaux, en l'entourant de garanties suffisantes pour empêcher le retour de regrettables abus.

La loi de 1865 a le grave tort d'accorder une subvention en capital, sans prendre vis-à-vis des concessionnaires aucune précaution garantissant que le montant de la subvention sera bien employé au profit de la ligne ; que le capital de construction, dont la subvention n'est que le complément, est formé pour partie suffisante par des actionnaires sérieux et responsables : que l'exploitation de la ligne est assurée.

Sans doute, lorsque a été édictée la loi de 1865, les sociétés concessionnaires de chemins de fer ne pouvaient émettre d'actions ou promesses d'actions négociables, avant de s'être constituées en sociétés anonymes *dûment autorisées,* conformément à l'article 37 du code de commerce, et il était facile au gouvernement, avant de donner l'autorisation requise, d'exiger, s'il y avait lieu, dans les statuts de ces sociétés, telles modifications propres à sauvegarder les droits des intéressés, à maintenir entre les obligations et les actions une juste proportion, à conserver à l'entreprise même la disposition tant des fonds que lui avaient apportés les actionnaires que de ceux qui lui étaient alloués par le département et par le trésor public. La loi du

15 juillet 1845 (1), proposée pour mettre un frein à l'engouement dont on s'était subitement épris pour les affaires de chemins de fer et aux spéculations dont elles étaient alors l'occasion, l'avait ainsi voulu; mais la loi du 24 juillet 1867, en disposant, dans son article 29, que désormais les sociétés anonymes s'établiront sans l'autorisation du gouvernement, et, dans son article 46, que les sociétés précédemment autorisées pourront se convertir en sociétés libres, a fait disparaître les garanties qu'avait cherchées le législateur de 1845, au point de vue de l'exécution des chemins de fer.

Depuis 1867, bien que l'émission de toutes obligations soit subordonnée à l'autorisation du ministre des travaux publics, plusieurs émissions ont pu être faites par des compagnies dont le capital-actions était d'une insuffisance manifeste, sans qu'aucun bénéfice représentât l'intérêt promis aux obligataires; d'autres lignes ont été construites en entier avec le produit des obligations et M. Aucoc a eu entre les mains un acte de constitution de société anonyme de chemin de fer d'intérêt local dans lequel le fondateur se réservait l'attribution exclusive de la totalité de la subvention accordée par l'Etat.

A partir de 1872, le conseil d'Etat s'est appliqué à mettre fin à ces abus par des décisions spéciales à chaque ligne. Les premières décisions prises dans ce sens sont contenues dans le décret du 5 août 1872, relatif au chemin de fer d'intérêt local de Nantes à Paimbœuf, rendu sur l'avis de la commission provisoire chargée de remplacer le conseil d'État, et dans le décret du 6 novembre 1872, rendu à la suite d'un avis du conseil d'Etat en date du 6 octobre 1872.

Enfin on a, en vertu de la loi de 1865, subventionné des lignes dont le coût n'a pas été moindre de 200 à 300,000 francs et sur le sort facile à prévoir desquelles nous n'avons pas à revenir.

Deux projets de loi, le premier relatif aux chemins de fer d'intérêt local, le second relatif aux voies ferrées établies sur les voies publiques, présentés au sénat par M. de Freycinet et votés conformément aux conclusions des remarquables rapports de l'honorable M. Labiche et de l'honorable M. Hérold, substituent le système de la garantie d'intérêt au système de la subvention fixe. Dans l'un comme dans l'autre, cette garantie d'intérêt s'applique au capital de premier établissement prévu dans l'acte de concession, mais seulement jusqu'à concurrence d'un maximum kilométrique, au delà duquel l'Etat, tout en laissant au département sa pleine et entière liberté, refuse tout concours. La participation de l'Etat cesse de plein droit, pour les chemins de fer d'intérêt local, après la trentième année et, pour les voies ferrées établies sur les voies publiques, après la vingtième année qui suit la mise en exploitation : elle est suspendue quand la recette brute annuelle atteint un chiffre déterminé; il y a partage des bénéfices, entre les concessionnaires et leurs garants, lorsque le produit net de l'exploitation atteint 6 p. 100 du capital garanti; en aucun cas, il ne peut être émis d'obligations pour une somme supérieure au montant du capital-actions.

L'économie générale des deux projets est donc exactement la même; ils se côtoient de si près, dans leurs dispositions financières, qu'il est impossible de traiter de l'un, sous ce rapport, sans parler aussi de l'autre, et l'on est tout naturellement conduit à se demander s'il ne convient pas de réunir et de fondre deux lois qui ont entre elles de telles analogies.

Qu'est-ce qu'un chemin de fer d'intérêt local? Un outil de transports, apportant aux régions délaissées par les tracés des chemins de fer d'intérêt général, comprises dans le périmètre formé par deux ou plusieurs grandes lignes, les bienfaits de la circulation à vapeur. Notre vicinalité ferrée ne

(1) Loi relative au chemin de fer de Paris à la frontière de Belgique, etc. — Titre VII. Dispositions générales.

sera achevée que le jour où les chemins de fer d'intérêt local, non contents d'accueillir le trafic qui vient à eux, iront le solliciter en quelque sorte à la porte même des centres locaux et agricoles éloignés, et ils ne parviendront à remplir cette tâche que s'ils savent prendre des formes diverses, maintenir une corrélation parfaite entre leurs dépenses et leurs recettes, se faire aussi humbles que les circonstances pourront l'exiger.

Tel département, dont le sol est fertile et l'industrie prospère, a des ressources qui lui permettent de dépenser 70, 80 ou 100,000 francs par kilomètre, pour donner un plus large écoulement à ses produits, tandis que tel autre, avec un centime d'un moindre rapport ou des charges plus lourdes, n'y peut employer que 40 ou 50,000 francs et que, pour un troisième, une dépense kilométrique de 20 à 25,000 francs est l'extrême limite de ce qu'il peut supporter; ou bien, dans le premier, le pays est plat, le terrain peu cher, le produit de la ligne évident; dans le second, la vallée à parcourir est étroite, le prix du sol élevé, le trafic restreint; dans le troisième, un chemin à travers champs entraînerait la construction de tunnels, de ponts, de travaux d'art, dont le coût serait hors de proportion avec son utilité; il est clair que le premier de ces départements se décidera facilement à concéder une ligne à travers champs, à voie de 1 m. 44, prête à recevoir les véhicules des grands réseaux; l'ambition du second doit se borner à un chemin à voie étroite de 1 mètre ou de 0 m. 75; le troisième se contentera de placer des rails sur l'accotement de ses routes et, sur ces rails, un matériel approprié aux dispositions de la voie et aux besoins du trafic.

Tous les trois, quel que soit le mode qu'ils adoptent, n'en auront pas moins quand leurs projets seront exécutés, un véritable chemin de fer, leur procurant des avantages de même nature; offrant, sous trois aspects différents, le même instrument de locomotion et de transport; représentant trois espèces d'un même genre.

Un chemin de fer ne sera, d'ailleurs, jamais entièrement sur routes. Il peut se servir de la route dans les trois quarts de son parcours, ne l'emprunter, au contraire, que d'une façon accidentelle et pour quelques kilomètres seulement, ou bien être à travers champs et sur routes, dans des proportions et sur une étendue tellement égales qu'il soit presque impossible de dire laquelle des deux parties de ce chemin est la partie principale, laquelle la partie accessoire. Ces chemins devant ainsi participer autant de la nature des chemins de fer d'intérêt local prévus par le projet de loi dont l'honorable M. Labiche a été le rapporteur que de la nature des voies ferrées établies sur les voies publiques, pourquoi leur appliquer plutôt la seconde loi votée par le sénat que la première ?

Pourquoi distinguer là où rien ne demande une distinction tout au moins fort inutile ?

S'il est vrai, et nous croyons cela évident, que les voies ferrées établies sur les voies publiques ne sont autre chose qu'une des formes des chemins de fer d'intérêt local, les dispositions les régissant doivent trouver place dans la loi qui sera promulguée sous le titre générique de *loi relative aux chemins de fer d'intérêt local.*

Cette question préjudicielle ainsi unanimement résolue, la commission a adopté pour base de cette loi le principe même agréé par le sénat.

Une subvention ferme et une fois donnée, consentie par l'Etat, ne peut jamais représenter qu'une partie (le quart, le tiers ou la moitié, d'après la loi de 1865) des sommes nécessaires à la construction d'un chemin de fer; elle n'aide en aucune façon les compagnies concessionnaires à réunir la moitié, les deux tiers ou les trois quarts du capital de premier établissement qu'elles sont obligées de trouver sans le secours de l'Etat, pas plus qu'elle n'assure, après la construction, l'exploitation du chemin de fer concédé.

Lors de l'enquête sur les chemins de fer d'intérêt général ouverte par le sénat en 1878, la plupart des présidents de conseils d'administration et des directeurs de lignes secondaires, entendus par la commission que présidait l'honorable M. Krantz, ont insisté sur les difficultés qu'ont les petites compagnies à se procurer, avec leur seul crédit, l'argent indispensable au succès de leurs entreprises. La compagnie des Vosges, par exemple, a dû emprunter à 7 p. 100, et des lignes, dont le coût n'aurait pas excédé 130,000 francs par kilomètre, si elle n'avait payé que 5 p. 100 le loyer de ses capitaux, lui sont revenues, à la suite des majorations onéreuses auxquelles elles ont donné lieu, à près de 165,000 francs; l'histoire des luttes soutenues pour avoir de l'argent par la compagnie des Charentes, obligée, malgré ses efforts et malgré l'honorabilité de son conseil, de subir les traités les plus durs, est un vrai martyrologe; d'autres compagnies qui ont emprunté jusqu'à 9, 10 et 11 p. 100. Depuis les ruines consommées par quelques-unes d'entre elles en 1877, les petites compagnies ont perdu le peu de crédit qui leur avait été acccordé jusque-là; des compagnies nouvelles venant à se former pour construire avec une subvention de la moitié, du tiers ou du quart de la dépense totale des chemins de fer d'intérêt local, seraient à la discrétion des spéculateurs; leur bonne volonté, leur activité, leur énergie, se briseraient bientôt devant les charges qui ne manqueraient pas de les accabler.

Puis il ne suffit pas de construire, il faut exploiter et, si les frais d'exploitation et l'intérêt à servir au capital engagé dépassent, pendant les premières années, la recette, comment donc ces petites compagnies, dont les ressources, péniblement rassemblées, auraient été absorbées par la construction, feraient-elles face aux insuffisances? Avec la continuation du système de la subvention, tel qu'il est organisé par la loi de 1865, nous serions condamnés à assister au spectacle de petites compagnies faisant des tentatives inutiles pour réunir les fonds nécessaires à l'établissement des lignes que, de tous côtés, les populations réclament, ou à enregistrer, chaque année, leur rachat successif par l'Etat, qui ne saurait les laisser périr sans venir à leur secours, lorsqu'elles auraient, par leur intelligence, leur honnêteté et les services rendus, mérité la bienveillance du parlement.

Il est donc urgent, si nous voulons des chemins de fer d'intérêt local, d'apporter à la loi de 1865 des modifications profondes, et celle qui, proposée par les projets ministériels, consiste à accorder aux petites compagnies une garantie d'intérêt, s'impose tout d'abord au législateur.

Par la garantie d'intérêt, l'Etat prête, à proprement parler, son crédit. Les grandes compagnies, qui avaient cependant, lorsque les conventions de 1859 ont été souscrites, un réseau déjà constitué et productif, n'auraient pu placer, sans elle, qu'à des taux de beaucoup inférieurs les obligations qui leur ont servi à la création du second réseau. Pour une partie du public en France, en effet, la garantie de l'Etat est presque tout et, avec cette garantie, les petites compagnies seront certaines d'émettre leurs titres, non pas sans doute aux mêmes conditions que les grandes compagnies, parce que bien des années se passeront avant qu'elles parviennent à triompher de la défaveur dont elles sont aujourd'hui l'objet, mais à des prix raisonnables.

La garantie d'intérêt a, en outre, comme nous l'avons dit déjà et comme nous le verrons plus clairement encore dans un instant, l'avantage d'assurer l'exploitation de la ligne à laquelle elle a été consentie.

Elle n'est payée qu'à des lignes construites et souvent n'est pas effective.

La commission devait donc en accepter le principe; mais, le principe admis, il importe de déterminer pratiquement la mesure et les conditions dans lesquelles il faut qu'il soit appliqué, pour produire un effet vraiment utile; et, si vif qu'ait été le désir de la commission de demeurer d'accord avec le gouvernement et le sénat, elle a le regret de se séparer ici de l'un et de l'autre.

Les projets de M. le ministre des travaux publics, acceptés par le sénat sans aucune modification sur ces divers points, supposent que, dans tout chemin de fer d'intérêt local, les frais d'exploitation ne dépasseront pas

4,000 francs et seront, dès le début, payés par les recettes; qu'un chemin de fer à travers champs coûtera de 60,000 à 100,000 francs, soit en moyenne 80,000; un chemin de fer sur routes, de 30,000 à 50,000 francs, soit en moyenne 40,000 le kilomètre; ils estiment que l'Etat aura accordé aux départements résolus à faire construire un chemin de fer d'intérêt local un concours suffisant, en s'engageant à contribuer pour moitié, si le département prend l'autre moitié à sa charge, et pendant trente ans, quand il s'agira de chemins à travers champs, ou vingt ans, quand il s'agira de chemins sur routes, aux insuffisances de produit brut pour couvrir les dépenses d'exploitation et l'intérêt à 5 p. 100 du capital de premier établissement fixé dans l'acte de concession, mais seulement jusqu'à concurrence d'un chiffre maximum de 80,000 ou de 40,000 francs, suivant les cas, et sans que jamais la charge annuelle imposée au trésor puisse s'élever au delà de 200,000 francs, pour l'ensemble des chemins à travers champs, et de 100,000 francs pour les chemins sur routes d'un même département. Enfin, prévoyant l'hypothèse dans laquelle un département établirait un chemin de fer dont le capital de premier établissement serait supérieur à 80,000 ou 40,000 francs par kilomètre, les projets de loi stipulent que la participation de l'Etat sera suspendue quand la recette brute annuelle atteindra, pour les lignes pouvant recevoir les véhicules des grands réseaux, 9,000 ou 6,000 francs par kilomètre, et pour les autres lignes 7,000 ou 5,000 francs, suivant qu'on se trouve en présence d'un chemin à travers champs ou d'un chemin de fer sur routes.

Telles sont, fidèlement résumées et expliquées, les dispositions de l'article 11 du projet de loi relatif aux chemins d'intérêt local *(p. 30)* et de l'article 18 du projet de loi relatif aux voies ferrées établies sur le sol des voies publiques *(p. 113)*.

Nous avons eu déjà plus d'une fois l'occasion d'affirmer, dans le cours de ce rapport, quelle économie doit être apportée dans l'exploitation des chemins de fer d'intérêt local, et l'expérience a démontré que le chiffre de 4,000 francs par kilomètre, pris par M. le ministre des travaux publics pour base de ses calculs, peut être accepté pour des chemins de la nature des chemins de fer d'intérêt local, c'est-à-dire pour des chemins à petit trafic.

Les chemins de fer d'intérêt local de l'Orne sont exploités au prix de 3,900 francs; le chemin de Vitré à Fougères au prix de 4,000 francs; le chemin de Barbezieux à Châteauneuf au prix de 4,200 francs; le chemin de Mamers à Saint-Calais au prix de 3,800 francs par kilomètre. Ces dépenses ne comprennent pas les frais de réfection et de renouvellement de la voie et du matériel roulant; si nous ne les majorons pas de façon à répartir sur toute la période d'exploitation les charges provenant de ces deux causes, c'est que, l'usure de la voie et du matériel étant faible pendant les premières années, nous espérons que des réserves pourront être constituées avant qu'il y ait lieu de ce chef à de gros débours. La formule posée par M. Basire, dans son rapport inséré au *Journal officiel* du 15 août 1878 (« La dépense kilométrique D sera approximativement représentée, en fonction de la recette kilométrique R, par la formule $D = 2,000$ fr. $+ 0,33\ R$ »), conduit de même à une dépense de 4,000 francs pour les chemins ayant une recette kilométrique de 6,000 francs, alors que la recette des chemins de fer d'intérêt local actuellement exploités est en moyenne de 6,500 francs. 3,000 francs suffiront pour l'exploitation des chemins de fer ayant des exigences moindres.

Ce n'est pas être optimiste, à coup sûr, que de supposer que des dépenses d'exploitation aussi réduites seront couvertes par les recettes. Il est possible, — en recherchant les produits d'une ligne construite par rapport au nombre des colliers qui, avant sa création, circulaient habituellement entre les localités desservies, à la densité de la population habitant sur son parcours, à l'importance de la ville dans laquelle elle débouche, — de déterminer approximativement les recettes de tout chemin établi dans des conditions de trafic et dans des pays de productions analogues. Les conseils généraux nous ont donné, en maintes circonstances, le droit de compter sur leur prudence et sur leur sagesse, et le département qui concéderait des chemins de fer à travers champs, dont la recette devrait être inférieure à 4,000 francs, ou des chemins de fer sur routes dont la recette devrait être inférieure à 3,000 francs, ferait un acte de gestion déplorable.

Néanmoins le législateur doit se placer en présence de toutes les éventualités et la commission s'est demandée ce qui adviendrait si un chemin de fer concédé ne faisait pas ses frais d'exploitation.

Dans les grandes compagnies, on porte uniformément les insuffisances au compte de premier établissement de chaque ligne jusqu'au 31 décembre de l'année de son ouverture; les membres de la commission arbitrale instituée par les conventions passées, en juin 1877, entre M. le ministre des travaux publics et les compagnies secondaires rachetées par l'Etat, ont fait figurer au compte de premier établissement de ces compagnies les insuffisances pendant six mois.

Les compagnies d'intérêt local ne sauraient être traitées avec moins de faveur. Si nous avons pleine foi dans l'avenir qui leur est réservé, les débuts seront pénibles pour quelques-unes d'entre elles et le trafic peut manquer, pendant la première année, à des lignes qui l'auront en abondance la seconde ou la troisième. Il semble juste à la commission d'augmenter, s'il y a lieu, leur capital de premier établissement des insuffisances constatées jusqu'au 31 décembre de l'année qui suivra leur mise en exploitation.

Après ce délai, le déficit, s'il y en a, devant toujours aller en diminuant, pourra être facilement comblé. Le soin de le combler et de solder la part des frais d'exploitation non payée par les recettes incombera évidemment aux actionnaires. Appelé à recueillir seul, lorsque l'Etat a été désintéressé, les bénéfices nets qui peuvent demeurer après règlement des frais généraux et des intérêts dus aux obligataires, le capital-actions est tenu, par contre, de supporter les risques de l'entreprise et, comme la construction l'a absorbé dans sa totalité, le seul moyen qu'il ait de venir au secours de la ligne en souffrance est de lui faire l'abandon des intérêts qui lui ont été promis.

La possibilité de disposer ainsi d'une somme qui, grâce aux règles contenues dans l'article 21 du projet de loi, article que nous aurons bientôt à examiner, sera toujours, avec les recettes, suffisante pour la marche régulière des services, constitue le principal avantage de la garantie d'intérêt appliquée aux chemins de fer d'intérêt local.

Toute dépense doit être supportée au moins pour partie par celui dans l'intérêt de qui elle est faite. Quand l'intérêt local est surtout en jeu, l'élément local doit être mis à contribution; les départements et les communes qui refuseraient de participer à la construction d'un chemin de fer d'intérêt local prouveraient, par leur abstention même, l'inutilité de ce chemin et seraient trop souvent tentés, s'ils pouvaient obtenir sans sacrifices d'aucune sorte la garantie de l'Etat, de concéder des lignes manifestement improductives. Rien de plus juste donc que de poser en principe que l'importance du concours de l'Etat sera limitée, en premier lieu, par l'importance du concours des départements, des communes ou autres intéressés.

Mais, si l'Etat ne doit jamais faire pour un chemin de fer d'intérêt local plus que ne font les départements ou les communes que ce chemin a pour but de desservir, il ne saurait s'ensuivre que l'Etat fût toujours tenu de faire autant qu'eux.

Il peut plaire à tel département accidenté, riche, d'une vaste superficie, ou d'établir chez lui un chemin de fer d'un coût relativement considérable ou de multiplier les lignes traversant son territoire. Qu'il y emploie toutes ses ressources, soit; et nous n'avons certes l'intention de restreindre ici en aucune manière les droits des conseils généraux. Seulement il importe que l'Etat, protecteur au même titre de tous les départements, ne soit pas exposé à subir les entraînements possibles de certaines assemblées départementales, au grand détriment des intérêts de l'ensemble du pays et des intérêts du trésor.

C'est pourquoi il est juste aussi de limiter le maximum des charges annuelles qui peuvent être imposées au trésor et par kilomètre et par département.

Les limites adoptées par le sénat (2,000 francs par kilomètre et 200,000 francs par département, pour les chemins à travers champs; 1,000 francs et 100,000 francs, pour les chemins de fer sur routes en tout ou en partie) ne sont point arbitraires. Il suffit de rapprocher ces chiffres tant de l'exposé des motifs des deux projets de loi que du paragraphe premier de l'article qui, dans ces projets, fixe à 5 p. 100 le taux d'intérêt qu'il y a lieu de garantir, pendant 30 ou 20 ans, pour comprendre que 2,000 francs représentent l'intérêt à 5 p. 100 d'un capital de 40,000 francs, moitié de 80,000 francs, prix moyen d'un chemin de fer d'intérêt local à travers champs; 1,000 francs l'intérêt à 5 p. 100 d'un capital de 20,000 francs, moitié de 40,000 francs, prix moyen d'un kilomètre de voie ferrée établie sur sol des voies publiques. Avec 200,000 francs, l'Etat garantit, pour sa part, dans de telles conditions, 100 kilomètres de chemins à travers champs; avec 100,000 francs, 100 kilomètres de chemins de fer sur routes : soit au total 200 kilomètres.

Bien que 200 kilomètres de chemins de fer d'intérêt local soient peu pour certains départements, dont quelques-uns ont fait dès aujourd'hui des concessions plus étendues, les exigences budgétaires ne nous permettent pas de dépasser ce chiffre et nous obligeront peut-être même à le restreindre. Mais, quelles que soient ces exigences, la commission, — convaincue que la garantie d'intérêt ne peut produire d'effet qu'à la condition 1° d'être vraiment la garantie et non une garantie d'intérêt, 2° d'offrir aux capitaux engagés dans les chemins de fer d'intérêt local un loyer suffisamment rémunérateur, — n'a pas hésité à rejeter, dans la fixation du revenu kilométrique maximum assuré par l'Etat, le système des moyennes et des distinctions entre les différents modes de chemins de fer.

Nous ne reviendrons pas sur ce que nous avons dit de la nécessité de proportionner chaque instrument à sa destination.

Les départements, quand ils en auront les moyens, préféreront certainement à tous autres les chemins à travers champs et à large voie. M. le ministre des travaux publics estime qu'un chemin de cette nature, à une voie, réalisant toutes les économies compatibles avec une bonne exécution, peut exiger une dépense de 100,000 francs par kilomètre : c'est donc 100,000 francs, non 80,000, qu'il faut garantir et c'est sur un capital de 50,000, non sur un capital de 40,000, que doit porter la garantie de l'Etat. Il n'y a, d'ailleurs, à cela aucun inconvénient, puisque, le capital garanti n'étant jamais supérieur au capital de premier établissement prévu par l'acte de concession, si le capital prévu n'est que 80, 70 ou 60,000 francs, la garantie ne pourra être réclamée que sur 80, 70 ou 60,000 francs. Si le capital prévu est de plus de 100,000 francs, le département, au-dessus de 100,000 francs, pourra seul intervenir dans la mesure qui lui paraîtra sage.

En fait, le coût des lignes qu'on se plaît à citer comme construites dans des conditions exceptionnelles de bon marché, à une époque où les traverses et la main-d'œuvre étaient moins chères que maintenant, a été rarement inférieur à 100,000 francs.

Les chemins de fer de l'Alsace ont coûté : le chemin de Strasbourg à Barr, Wasselonne et Mutzig, 117,300 francs le kilomètre; celui de Haguenau à Niederbronn, 90,700; celui de Schlestadt à Sainte-Marie-aux-Mines, 92,000. Les chemins de fer d'intérêt local des Ardennes ont coûté, sans le matériel roulant, 71,000 francs; exploités par la compagnie de l'Est aux frais de la compagnie locale, ils eussent coûté environ 91,000 francs, s'ils avaient acheté le matériel roulant. Le prix de revient du chemin de Vitré à Fougères est de 99,500 francs; le prix de revient du chemin de Mamers à Saint-Calais, de 95,000. La ligne d'intérêt local d'Achiet à Bapaume et à Marcoing (Pas-de-Calais), construite par M. l'ingénieur Level avec des rails en acier de 25 kilogrammes et $0^m,80$ d'espacement entre les traverses, a coûté 100,000 francs le kilomètre.

Puisque nous garantissons dans sa totalité, et cela est indispensable, le capital de premier établissement des chemins de fer d'intérêt local à travers champs et à voie de $1^m,44$, nous en devons faire autant pour les chemins de fer à voie étroite et pour les chemins de fer sur routes, pour ces chemins que, suivant la déclaration de M. le ministre des travaux publics devant le sénat, dans la séance du 22 février 1879, « nous verrons se généraliser de plus en plus, qui sont le véritable avenir des *chemins de fer d'intérêt local* ».

Si, en effet, les chemins de fer à voie étroite et la plupart des chemins de fer sur routes ne sont pas aptes à recevoir les véhicules des grands réseaux, ils permettent du moins de réaliser, sur les transports, une économie égale à celle que permettraient des chemins luxueux et plus larges, et c'est à cette économie sur les transports que se mesure le profit que tout chemin procure au pays, profit évalué par M. le ministre des travaux publics, dans un mémorable discours devant la chambre, à cinq fois la recette brute moins les frais d'exploitation. Quant au transbordement qu'on leur reproche d'imposer aux marchandises qu'ils conduisent aux grandes lignes ou qu'ils reçoivent d'elles, on en a singulièrement exagéré l'importance.

Même sur les grandes lignes, les marchandises qui ne voyagent pas par wagon complet subissent le transbordement, quand d'une ligne transversale elles passent sur une voie principale; le transbordement se fait presque toujours à la rencontre de deux grandes compagnies, chaque compagnie ayant le plus grand intérêt à conserver ses wagons, parce que la location qui lui est payée par les compagnies étrangères sur les réseaux desquelles ils circulent n'est pas en rapport avec les bénéfices qu'elle peut obtenir elle-même de leur usage; il se fait le plus souvent à la rencontre des grandes compagnies avec les compagnies secondaires, qui, pour l'éviter, seraient tenues d'avoir un matériel roulant beaucoup trop considérable. Il est enfin aisé d'en réduire notablement les frais, par des aménagements spéciaux et particuliers.

Nous proposons, en conséquence, quelle que soit la nature des chemins, de décider simplement que la charge annuelle imposée au trésor ne doit en aucun cas dépasser, par kilomètre exploité, la somme représentant l'intérêt, à un taux que nous aurons à déterminer, d'un capital de 50,000 francs (moitié de 100,000 francs, l'autre moitié étant garantie par le département ou par les communes) (1).

Le taux de 5 p. 100 pendant 30 ans, admis par le sénat, n'assure, en réalité, au porteur que 2 fr. 55 c. p. 100. Il est, en effet, impossible de garantir l'intérêt du capital engagé dans la construction d'une ligne sans se préoccuper de l'amortissement de ce capital. Or l'amortissement de 100 francs à 5 p. 100 pendant trente ans exige une annuité de 2 fr. 834, desquels il faut

(1) 100,000 francs représentent le prix maximum auquel M. le ministre des travaux publics admet que peut s'élever le coût kilométrique d'un chemin de fer d'intérêt local à travers champs. Les chemins à voie étroite et les chemins de fer sur route exigeant une dépense moindre, leur prix de construction sera inférieur à ce chiffre et pourra, dès lors, être toujours garanti pour le tout.

déduire 0 fr. 20 c. p. 100 de droit de transmission et l'impôt de 3 p. 100 sur le revenu, soit 0 fr. 075. Le porteur d'une obligation ainsi garantie ne toucherait donc que 2 fr. 559. Il toucherait bien moins encore si l'obligation devait être amortie en vingt années, au lieu de trente.

Sans doute, nous devons ménager les finances de l'Etat. Mais nous ne devons pas non plus oublier que, s'il est vrai que les chemins de fer d'intérêt local sont construits surtout en vue de l'intérêt particulier de quelques-uns, ils sont aussi pour l'Etat une source de produits multiples, que l'Etat, en contribuant à leur création, ne fait que remplir un devoir; que mieux vaudrait mille fois ne pas toucher à la loi de 1865 que de lui substituer une loi inefficace et stérile.

Comment une petite compagnie de chemin de fer pourrait-elle trouver de l'argent avec un intérêt de 2 fr. 55 p. 100, cessant après 30 ou 20 ans, et alors que les projets de loi obligent les actionnaires, — exposés à ne rien recevoir pendant les premières années d'exploitation, si pendant ces premières années, les recettes ne couvrent pas les frais, — à abandonner, le jour où la ligne donnera de fort légers bénéfices, une partie de ces bénéfices à l'Etat [article 12 du projet relatif aux chemins de fer d'intérêt local *(p. 30)*; article 19 du projet relatif aux voies ferrées sur les voies publiques *(p. 113)*].

De semblables combinaisons ne sont faites pour plaire ni aux capitaux de placement, ni aux capitaux commanditaires, qui n'acceptent de courir quelques risques qu'en vue d'avantages correspondants. Il ne se rencontrerait ni obligataires pour placer leur argent sans garantie d'amortissement, ou, si l'on considère l'amortissement comme compris dans les 5 p. 100 promis, à un taux de 2 fr. 55 c., ni actionnaires pour s'exposer à des pertes sans chances de gain.

Il résulte bien du rapport de l'honorable M. Labiche qu'aucune de ces considérations décisives n'a échappé à la commission du sénat; mais on a invoqué devant elle, à l'appui du maintien des chiffres fixés par le projet du gouvernement, que « des agriculteurs, des propriétaires, dans le but d'obtenir la mise en valeur de terrains sans voies de communication, des représentants des localités intéressées, dans un but de patriotisme, peuvent être amenés à consentir un apport de capitaux peu ou pas rémunérés ». Cela peut être vrai, dans une certaine mesure, pour les départements riches, comptant parmi leurs habitants de grands industriels et de grands propriétaires; cela est inexact pour les départements où, comme dans certains départements de l'ouest, la propriété est morcelée à l'infini; pour ceux où les chemins de fer à construire auront pour but d'encourager des industries naissantes, d'en susciter de nouvelles, de secourir l'agriculture menacée et non de développer une prospérité déjà acquise; c'est-à-dire pour la plupart des contrées pour lesquelles est précisément faite notre loi sur les chemins de fer d'intérêt local.

Rien ne serait plus inique que de laisser toutes ces contrées, qui ont contribué par l'impôt à l'établissement de notre réseau d'intérêt général, indéfiniment privées, par la parcimonie de l'Etat, des moyens de transport économiques et rapides auxquels elles ont droit à leur tour. Rien ne serait, en même temps, plus contraire aux intérêts de l'Etat.

Il n'est pas de chemin de fer, qu'il soit d'intérêt général ou d'intérêt local, qui ne verse chaque année de grosses sommes au trésor. Pour une partie de ces sommes, il remplit le rôle de percepteur et ne fait que rembourser à l'Etat des droits qu'il a perçus pour lui sur le public, mais droits qui ne seraient pas perçus si le chemin de fer n'existait pas; l'autre partie est prise absolument dans sa caisse par l'impôt foncier, par la patente, par le timbre, etc.

Les concessionnaires payent la contribution foncière sur le sol et les bâtiments dépendant de l'exploitation; la contribution des portes et fenêtres;

la contribution des patentes, qui est pour eux d'un droit fixe de 200 francs, plus 20 francs par myriamètre exploité, jusqu'à concurrence d'un chiffre de 5,000 francs, et du droit proportionnel à la valeur locative, tant des maisons d'habitation que des magasins, ateliers, hangars, remises et autres locaux affectés à l'exercice de la profession; le droit de timbre établi par la loi du 5 juin 1850, sur les actions et sur les obligations des compagnies, etc.

Ils perçoivent, au profit de l'Etat, les droits sur le prix des places des voyageurs, les droits de timbre des lettres de voiture et des récépissés délivrés aux expéditeurs de marchandises, le droit de timbre perçu sur les quittances en vertu de la loi du 23 août 1871, le droit de transmission sur les titres, l'impôt sur le revenu des valeurs mobilières.

Ce n'est pas tout. Chaque compagnie subventionnée est tenue de faire, pour le service de l'Etat (la poste, les transports des militaires, etc.), des réductions de prix, qui, pour un chiffre assez élevé, bénéficient à l'Etat. L'article 21 de notre projet de loi porte : « Les lignes qui auront reçu une garantie d'intérêt du trésor pourront être assujetties envers l'Etat à un service gratuit ou à une réduction du prix des places. »

Les chemins de fer, en déchargeant la circulation des routes parallèles à leur tracé, diminuent, dans des proportions notables, les dépenses incombant à l'Etat pour leur entretien.

Enfin les chemins de fer d'intérêt local apportent aux grandes compagnies une augmentation de trafic, augmentent leurs profits et diminuent, par suite, les sommes que l'Etat paye à la plupart d'entre elles, à titre de garantie d'intérêt, conformément aux conventions de 1859. « Les voyageurs passent de la petite ligne sur la grande ; ils font 12, 15 kilomètres sur la petite ligne; ils continuent leur voyage et, comme le parcours moyen d'un voyageur est de 30 kilomètres, vous voyez qu'ils font 14, 15 kilomètres sur la grande ligne. Pour les marchandises, la proportion des parcours sur la grande ligne est encore plus forte. Les marchandises font en moyenne sur nos réseaux 120 kilomètres. Eh bien ! après avoir parcouru 15, 20, 30 kilomètres sur les petites lignes, elles feront un parcours de 80, 90 kilomètres et plus sur les lignes anciennes..... On peut calculer qu'une ligne qui rapporte 6,500 francs par kilomètre, recette locative, recette appliquée seulement à la longueur de ladite ligne, verrait la recette portée à 9,000 ou 10,000 francs, si l'on reversait sur elle le bénéfice fait par la grande ligne (1). »

Ainsi les chemins de fer d'intérêt local seront pour l'Etat une source de revenus, en même temps que les économies sur les transports et les bénéfices dont ils seront la cause, livrés à la circulation, donneront lieu, de leur côté, à des transactions également profitables pour le trésor.

L'Etat doit donc, à tous les points de vue, en favoriser le développement; la garantie qu'il accorde doit être une garantie effective, s'étendant à toute la durée de la concession, fixée à cinquante ans. Sur ce point, la commission a été unanime.

Un membre de la commission a proposé d'instituer, pour les chemins de fer d'intérêt local, une caisse analogue à celle qui a donné de si heureux résultats pour les chemins vicinaux.

Un autre membre a demandé que l'argent nécessaire aux chemins de fer d'intérêt local soit avancé aux départements et aux communes par l'Etat, au moyen de l'émission de 3 p. 100 amortissable et sous la condition, pour les départements et les communes ayant participé à ces emprunts, de tenir compte, chaque année, à l'Etat de la moitié de la dépense qui lui serait imposée, en amortissement et intérêts, pour le service des sommes à eux remises.

---

(1) Discours de M. Varroy au sénat, séance du 11 juillet 1879.

L'Etat emprunte très-certainement à un taux moins élevé que tout autre. La pensée de faire bénéficier les départements et les communes des facilités qu'il rencontre pour se procurer des capitaux disponibles a, à côté de la caisse des chemins vicinaux, donné naissance à la caisse des écoles. Elle a inspiré à M. le ministre des travaux publics ces paroles qu'il a prononcées, le 25 février 1878, devant le conseil supérieur des voies de communication :

« Sur plusieurs points du territoire, des chambres de commerce ont fait l'avance du capital destiné à exécuter les travaux nécessaires et l'Etat s'est engagé à leur rembourser ces fonds au moyen d'annuités. *Ne serait-il pas préférable que l'Etat, qui peut emprunter à un taux inférieur, fît lui-même la dépense et demandât aux chambres de commerce un concours dont la quotité serait à déterminer ?* »

L'Etat faisant la dépense, fournissant les capitaux pour la construction des chemins de fer d'intérêt local ; les départements et les communes lui remboursant la moitié de cette dépense, l'autre moitié devant elle-même lui être remboursée par les excédants de recettes au-dessus d'un certain chiffre ; telle était, suivant nous, la meilleure solution et nous l'aurions tous accueillie, si M. le ministre des finances n'y avait fait obstacle.

Contraints de renoncer à cette combinaison si simple et qui eût été si fructueuse, nous avons dû nous demander s'il ne convient pas de faire, à l'exemple de la loi de 1865, une situation différente aux départements, suivant l'importance de leurs centimes.

La loi de 1865 classait les départements en trois catégories, qui comprenaient : la première les départements dans lesquels le produit du centime additionnel au principal des quatre contributions directes est inférieur à 20,000 francs ; la seconde ceux chez lesquels le centime produit de 20 à 40,000 francs ; la troisième ceux dont le centime est supérieur à 40,000 francs.

Le produit du centime est actuellement inférieur à 20,000 francs dans 21 départements ; de 20 à 40,000 dans 41 ; au-dessus de 40,000 dans 25, de telle sorte que, le nombre des départements dans lesquels il dépasse 40,000 étant sensiblement égal à celui des départements dans lesquels il n'atteint pas 20,000, ce que l'on accorderait en moins aux premiers compenserait ce que l'on accorderait de plus aux seconds.

La commission a pensé, comme la commission du sénat, « que la richesse d'un département n'est pas exactement mesurée par la valeur des produits de son centime. Cette valeur constate bien les ressources ; mais, en regard des ressources, il faut placer les besoins, qui varient suivant bien des circonstances, notamment suivant l'étendue et la configuration du territoire ».

Une distinction basée sur le revenu nous eût conduits à distinguer aussi entre les départements d'après leur superficie. La superficie moyenne des départements est de 6,000 kilomètres carrés. Elle est de 6 à 7,000 dans 28 départements ; de 7 à 8,000 dans 7 ; au-dessus de 8,000 dans 9.

Entrés dans cette voie, il eût fallu encore avoir égard aux différences de population, à la longueur des chemins concédés. Nous aurions été ou exposés à édicter des règles dont l'application eût souvent blessé la justice ou amenés à résoudre, par une formule algébrique, des difficultés autrement insolubles et à décider, par exemple, que la participation de l'Etat serait déterminée spécialement, pour chaque cas, d'après les éléments combinés de la superficie, de la population, du montant du centime et de la longueur décrétée des chemins d'intérêt général.

La commission a cru préférable de mettre les départements sur un pied d'égalité absolue et s'est uniquement appliquée à rechercher quel est le quantum de garantie indispensable aux petites compagnies.

A ce propos, il n'est pas inutile de placer sous les yeux de la chambre le tableau des conditions auxquelles ont emprunté les grandes compagnies, de 1856 à 1878 inclusivement, tableau dressé d'après les relevés faits par les soins des inspecteurs des finances attachés aux commissions de vérification des comptes (1).

ANNÉES	COMPAGNIE DE L'EST		DU MIDI		DU NORD		D'ORLÉANS		DE L'OUEST		DE PARIS À LYON ET À LA MÉDITERRANÉE	
	Produit net réalisé par obligation.	Taux des charges p. 100, amortissement compris.	Produit net réalisé par obligation.	Taux des charges p. 100, amortissement compris.	Produit net réalisé par obligation.	Taux des charges p. 100, amortissement compris.	Produit net réalisé par obligation.	Taux des charges p. 100, amortissement compris.	Produit net réalisé par obligation.	Taux des charges p. 100, amortissement compris.	Produit net réalisé par obligation.	Taux des charges p. 100, amortissement compris*.
	f. c.	f. c.	f. c.	f. c.	f. c.	f. c.	f. c.	f. c.	f. c.	f. c.	f. c.	f. c.
1856	267,29	6 »	»	»	289,91	5,56	292,83	5,46	280,08	5,81	»	»
1857	256,33	6,26	270,06	5,87	279,16	5,77	279,36	5,88	263,92	6,05	»	»
1858	272,29	5,88	276,40	5,73	297,14	5,44	270,74	5,90	272,82	5,08	271,79	5,81
1859	278,17	5,81	»	»	294,85	5,49	284,60	5,64	278,27	5,77	282,97	5,55
1860	287,18	5,63	287,08	5,53	296,03	5,48	288,33	5,57	285,26	5,64	292,99	5,41
1861	287,96	5,66	290,03	5,49	310,08	5,25	290,62	5,55	285,07	5,65	292,86	5,42
1862	299,45	5,41	290,83	5,34	310,56	5,25	»	»	298,90	5,39	301,23	5,27
1863	294,73	5,53	291,21	5,49	306,57	5,33	296,41	5,44	293,45	5,51	300,39	5,30
1864	285,22	5,72	282,42	5,67	302,76	5,42	289,18	5,60	282,95	5.73	287,91	5,55
1865	294,90	5,51	290,47	5,52	310,58	5,29	298,72	5,44	291,33	5.58	294,55	5,43
1866	298,75	5,41	297,19	5,40	305,90	5,39	303,73	5,37	298,44	5,46	290,37	5,35
1867	303,79	5,34	»	»	316,32	5,23	309,34	5,27	305,52	5,35	306,59	5,24
1868	315,47	5,15	319,54	5,04	323,91	5,12	321,60	5,09	315,42	5,20	315,50	5.10
1869	328,28	4,95	325,68	5,04	341,51	4,87	330,82	5,95	325,52	5,04	325,18	4,94
1870	319,75	5,09	330,56	5,39	347,76	4,80	320,40	5,14	335,24	4,94	334,48	4,83
1871	285,54	5,77	281,03	5,79	306,89	5,39	301,24	5,46	291,52	5,68	289,92	5,59
1872	278,40	5,90	266,45	6,12	295,43	5,62	278,05	5,92	281,95	5,87	281,91	5,76
1873	266,31	6,17	»	»	281,71	5,91	272,46	6,09	267,25	5,20	265,07	6,75
1874	271,44	6,11	277,23	5,91	284,11	5,87	287,97	5,80	277,91	5,99	274,40	5,96
1875	295,50	5,64	297,99	5,50	301,86	5,55	312,87	5,36	293,89	5,65	301,06	5,43
1876	311,54	5,42	313,70	5,24	317,20	5,36	324,60	5,16	308,98	5,42	314,29	5,22
1877	319,26	5,31	324,32	5,09	326,54	5,23	336,81	4,99	323,96	5,19	326,63	5,03
1878	338,70	5,02	341,14	4,85	348,27	4,93	350,83	4,81	342,32	4,93	343,72	4,80

* Dans la fixation du taux des charges, on a laissé de côté les charges accessoires telles que le droit de timbre, qui n'étaient pas entrées dans le calcul du taux de 5 fr. 75 c., fixé à forfait en 1859, et qui figurent dans les dépenses d'exploitation des compagnies.

De ce tableau il résulte que les années 1870 et 1878 ont été les deux années les plus favorables aux compagnies. En 1870, une compagnie, celle du Nord, a pu réaliser par obligation une somme de 347 fr. 76 c., lui revenant, en amortissement (75 ans) et intérêts, à 4 fr. 80 c. p. 100; une autre

(1) Nous avons emprunté ce tableau, pour les années comprises entre 1856 et 1875, à M. Aucoc, *Conférences sur le droit administratif*, t. III, p. 392 et 393. Nos documents particuliers nous ont permis de le compléter.

compagnie, celle de Paris à Lyon et à la Méditerranée, a réalisé par obligation 334 fr. 48 c., et chaque obligation lui est revenue à 4 fr. 85 c. p. 100. En 1878, la compagnie de Paris à Lyon et à la Méditerranée a emprunté, amortissement compris, à 4 fr. 80 c. p. 100, la compagnie d'Orléans à 4 fr. 80 c., la compagnie du Midi à 4 fr. 85 c.

Depuis 1870 jusques et y compris 1878, la moyenne des charges par obligation a été de 5 fr. 60 c. pour la compagnie de l'Est; 5 fr. 48 63 pour la compagnie du Midi; 5 fr. 40 pour la compagnie du Nord; 5 fr. 41 44 pour la compagnie d'Orléans; 5 fr. 43 pour la compagnie de l'Ouest; 5 fr. 41 88 pour la compagnie de Paris à Lyon et à la Méditerranée, pour des obligations remboursables à 500 francs en SOIXANTE-QUINZE ANS (1) et dont le produit net s'est élevé, toujours en moyenne et pendant la même période, à environ 298 fr. 49 c.; 304 fr. 05 c.; 312 fr. 18 c.; 309 fr. 47 c.; 302 fr. 55 c. et 303 fr. 49 c.

Si l'on suppose les petites compagnies contraintes d'avoir recours au même mode d'obligations que les grandes compagnies et que l'on admette que leurs obligations puissent être émises à 300 francs, le nombre d'obligations qu'il leur faudra émettre pour produire un capital réel de 100,000 francs par kilomètre étant de 333 et ces obligations devant être remboursées à 500 francs, le capital à amortir est de $333 \times 500 = 166{,}500$ francs. Le service de cet emprunt nominal de 166,500 francs et de son amortissement, *non plus en soixante-quinze ans*, mais en CINQUANTE ANS (durée type de la concession), est de 6,460 francs; soit, sur le chiffre réalisé, de 6 fr. 46 c. p. 100.

Nous voici bien loin des 5 p. 100 offerts par le projet de loi.

Heureusement, si en faveur que soit ce type d'obligation avec prime de remboursement, l'état du marché prouve que des titres garantis, pourvu qu'ils donnent un intérêt un peu supérieur à celui des grandes compagnies et à celui de la rente, trouveront acheteurs, même sans cette prime, et que les actionnaires ne feront pas défaut à des entreprises ayant des éléments sérieux de succès.

Le cours moyen ex-coupon du 5 0/0 français a été, en 1878, de 110 fr. 64 c.; le cours moyen du 3 0/0 de 74 fr. 54 1/2; à ce cours, le 5 0/0 donnait 4 fr. 50 c. et le 3 0/0 4 fr. 02 c.

Pendant la même année, l'obligation de Paris à Lyon et à la Méditerranée (fusion), par exemple, donnait, au cours moyen de 344 fr. 80 c., 4 fr. 66 c. p. 100 brut et net d'impôt 4 fr. 36 c.

Au mois de juin 1879, les cours de toutes ces valeurs ont considérablement augmenté et leur produit a baissé, par suite, d'une façon notable.

Ainsi, le 14 juin :

Le 3 0/0		au cours moyen, ex-coupon de	82f 30c,	ne donne plus que	3f 71c
					Prime comprise.
Le 3 0/0 amortissable,		—	84 80	—	3f 71c
L'obligation P. L. M.	(fusion nouv.)	—	381 50	—	3 88
—	Nord,	—	390 50	—	3 86
—	Est,	—	380 »	—	3 98
—	Ouest,	—	383 »	—	3 90
—	Orléans,	—	385 50	—	3 89
—	Midi,	—	381 »	—	3 90

Mais le 5 0/0 à 116 fr. 20 c. donne encore 4 fr. 30 c.

Que la crise qui sévit en Europe et en Amérique vienne à cesser, que

---

(1) On sait que, bien que n'étant garanties que pendant cinquante ans, les obligations des grandes compagnies sont remboursables en *soixante-quinze ans* seulement. Les grandes compagnies ont, d'ailleurs, pris certainement toutes mesures pour assurer, jusqu'à la dernière heure, leur amortissement régulier et le paiement de leurs intérêts.

nos industries retrouvent pour leur activité leurs éléments d'autrefois, les capitaux, qui se portent aujourd'hui sur les fonds d'Etats et sur les obligations de chemins de fer, trouveront des débouchés nouveaux; le prix de l'argent augmentera et nous ne tarderons pas à revenir aux cours de 1878 et aux cours plus bas des années précédentes.

Les obligations des chemins de fer d'intérêt local, amortissables en cinquante ans, sans prime d'aucune sorte et garanties à 5 p. 100, donneraient au porteur, — déduction faite de 0 fr. 50 c. pour amortissement, de 0 fr. 20 c. pour droit de transmission, de 0 fr. 13 c., pour impôt de 3 p. 100 sur le revenu, sans faire état du coût des formules, des droits de timbre, etc., incombant à la compagnie, — 4 fr. 17 c. p. 100.

Qui donc préférera les obligations des petites compagnies, avec un revenu de 4 fr. 17 c., à la rente avec un revenu de 4 fr. 30 c. ou aux obligations des grandes lignes avec un revenu de 4 fr. 36 c., comme en 1878?

La commission estime que le taux de 5 p. 100 est d'une insuffisance manifeste.

Plusieurs membres ont soutenu qu'on ne pouvait faire, pour les chemins de fer d'intérêt local, moins qu'on ne fait pour les grandes compagnies; qu'il serait même nécessaire de faire un peu plus, à raison de la nouveauté de ces entreprises et des assimilations fâcheuses qu'on peut être tenté d'établir entre elles et les récentes affaires de chemins de fer d'intérêt local, qui ont abouti à tant de désastres.

Les conventions avec les grandes compagnies assurent 4 fr. 65 c. garantis par l'Etat; 1 fr. 10 c. par le revenu réservé de l'ancien réseau; soit, en réalité, 5 fr. 75 c. p. 100 pendant cinquante ans.

Nos honorables collègues demandaient qu'on accordât de même une garantie de 5 fr. 75 c. p. 100 aux compagnies de chemins de fer d'intérêt local : 5 fr. 75 c. p. 100, garantissant l'amortissement et l'intérêt, représentent un intérêt brut de 5 fr. 31 c. p. 100, l'amortissement étant, dans ces termes, de 0 fr. 44 c., et un intérêt net de 4 fr. 98 c., — déduction faite, comme ci-dessus, de 0 fr. 20 c. pour droit de transmission et de 0 fr. 13 c. pour impôt sur le revenu, soit de 0 fr. 33 c.

La majorité de la commission s'est rappelé dans quels termes et comment ont été passées avec les grandes compagnies les conventions de décembre 1875. En 1875, quelques-unes des grandes compagnies, — se plaignant de ce que la garantie qui leur avait été accordée en 1859 se trouvait notablement diminuée par les charges que leur imposaient les taxes diverses votées depuis 1871, — demandaient que le taux de 5 fr. 75 c. fût élevé à 5 fr. 90 c. M. le ministre des travaux publics était disposé à accepter le taux de 5 fr. 85 c., tandis que toute modification aux conventions de 1859 semblait injustifiée au conseil d'Etat. Placée entre ces deux avis opposés, l'assemblée nationale décida que dorénavant l'Etat garantirait à ces compagnies leurs avances au taux réel d'émission de leurs emprunts.

La convention de décembre 1875 avec la compagnie du Midi porte : « L'intérêt et l'amortissement effectifs des obligations seront calculés respectivement d'après le taux moyen des négociations qui auront été faites, depuis l'exercice 1874 jusqu'à la fin de l'exercice dans lequel l'ensemble des lignes auxquelles se rapportent les obligations auront été mises en exploitation ou de l'exercice dans lequel les dépenses complémentaires prévues par la présente convention, soit pour l'ancien, soit pour le nouveau réseau, auront été intégralement faites. Jusqu'au règlement définitif de ce taux, on appliquera provisoirement le taux de 5 fr. 75 c. p. 100. »

De même, on lit dans la convention avec l'Ouest : « Les annuités, comprenant l'intérêt et l'amortissement de chaque terme, sont calculées, lors de l'échéance de chacun de ces termes, à un taux fixé provisoirement à 5 fr. 75 c. p. 100. Le taux définitif sera arrêté, après le paiement intégral des subventions, d'après le prix moyen des négociations de l'ensemble des obligations émises par la compagnie du 1er juin 1877 au 1er décembre 1884. »

La commission a pensé que fixer ainsi le taux de la garantie au taux réel de l'émission était le moyen le plus sûr de sauvegarder les intérêts de tous; mais elle a voulu, en inscrivant cette règle dans le projet de loi sur les chemins de fer d'intérêt local, limiter, à tout événement, le maximum de cette garantie au taux de 5 fr. 75 c., de telle façon que l'Etat, si l'argent renchérissait outre mesure ou si les négociations étaient mal conduites, ne fût jamais tenu au-delà d'une somme fixe et déterminée.

L'article 17 de notre projet de loi comprend ce paragraphe : « La charge annuelle imposée au trésor ne doit, en aucun cas, dépasser 2,875 francs par kilomètre. »

2,875 francs représentent l'intérêt et l'amortissement à 5 fr. 75 c. p. 100. en cinquante ans, d'une somme de 50,000 francs, soit de la moitié de cette somme de 100,000 francs à laquelle nous avons admis que peut s'élever le coût d'un chemin de fer d'intérêt local.

Si les départements ou les concessionnaires peuvent émettre des obligations au-dessous de 5 fr. 75 c., l'Etat bénéficiera de cette différence.

Elevant de 5 francs à 5 fr. 75 c. le taux de la garantie, nous étions obligés d'élever de même le chiffre maximum de la charge qui peut être imposée au trésor pour l'ensemble des lignes situées dans un même département.

Nous avons expliqué comment M. le ministre des travaux publics et après lui le sénat, faisant reposer leurs calculs sur un prix de construction moyen, pouvaient avec 300,000 francs garantir à 5 p. 100 l'intérêt et l'amortissement du capital dépensé par la construction de 200 kilomètres de chemins de fer.

Nos calculs, à nous, reposent non sur un prix de construction moyen, mais sur un prix de construction réel.

Un chemin de fer d'intérêt local à travers champs peut coûter 100,000 francs, un chemin de fer pour partie sur routes peut coûter 50,000 francs. Donc, si l'Etat devait garantir, pour moitié et à 5 fr. 75 c. p. 100, 100 kilomètres de chemins à travers champs et 100 kilomètres de chemins sur routes, il faudrait mettre, de ce chef, à sa disposition 287,500 francs pour les premiers, 143,750 francs pour les seconds, soit au total 431,250 francs.

Certains chemins de fer à travers champs coûteront moins de 100,000 francs; parmi les chemins de fer empruntant pour tout ou partie le sol des routes, si quelques-uns coûtent un peu plus de 50,000 francs, la plupart n'atteindront pas ce chiffre. Nous avons cru, en conséquence, devoir fixer à 400,000 francs le maximum de garantie pouvant être attribué à un même département. Avec 400,000 francs, l'Etat peut garantir pour moitié à 5 fr. 75 c. le capital de premier établissement, soit de 136 kilomètres de chemins de fer coûtant 100,000 francs, soit de 100 kilomètres à 100,000 francs et de 72 kilomètres à 50,000 francs, etc.

Ainsi une garantie sérieuse et réelle amènera l'argent aux chemins de fer d'intérêt local et chaque département est assuré de jouir bientôt d'un instrument de transport proportionné à sa richesse, à la nature de son sol, à l'importance de ses besoins agricoles, industriels et commerciaux.

On objectera qu'en ajoutant 100,000 francs aux 300,000 votés par le sénat, nous augmentons de 9,000,000 francs la charge dont l'Etat se trouverait annuellement grevé, si les 90 départements de France et d'Algérie, s'emparant immédiatement de notre loi, avaient tous la volonté d'absorber sans retard les réserves mises à leur disposition. La réponse est facile. Cet empressement simultané des départements n'est pas à craindre. Un moment viendra où tous auront leur vicinalité ferrée, mais ce moment est loin de nous. Le nombre de départements qui, ayant des études faites, attendent le vote de notre loi pour en bénéficier est encore restreint; bien des années se passeront avant que leur exemple soit suivi et que l'expérience qu'ils vont faire de nos différents types de chemins d'intérêt local serve aux autres.

Si nous nous trompons et si une ardeur subite lançait tout à coup tous les départements dans la construction des chemins de fer d'intérêt local, cette ardeur viendrait se briser devant la disposition de la loi qui confie à la loi de finances le soin d'arrêter, chaque année, les limites dans lesquelles la garantie d'intérêt pourra être accordée. Le gouvernement et les chambres sauraient, parmi les lignes dont le sort se trouverait entre leurs mains, distinguer les lignes les plus utiles et les mieux conçues.

Enfin, et il importe d'insister particulièrement sur ce point, la garantie d'intérêt, stipulée au profit des chemins de fer d'intérêt local, sera rarement effective ; elle ne fonctionnera presque jamais que pour partie et pour un petit nombre d'années, les années de début.

Ce que nous avons voulu, on ne saurait trop le répéter, c'est donner aux petites compagnies un crédit qui leur fait complétement défaut aujourd'hui leur prêter le crédit de l'Etat lui-même.

L'Etat et les départements n'ont à subvenir qu'aux insuffisances du produit brut pour couvrir les dépenses d'exploitation, l'intérêt et l'amortissement effectifs du capital de premier établissement. Etant donné un chemin exploité à 4,000 francs, coûtant 80,000 francs et construit avec des capitaux empruntés à 5 fr. 75 c. p. 100, le département et l'Etat ne lui devront absolument rien, s'il fait 8,700 francs de recettes (8,700 = 4,000 exploitation + 4,700, intérêts de 80,000 à 5,75 p. 100). Si ses recettes sont seulement de 6,700 francs, ils lui devront 1,000 francs chacun; il lui en devront 1,500, si les recettes ne sont que de 5,700. — Un chemin de fer sur routes, exploité à 3,000 francs et en coûtant 40,000, ne pourra rien réclamer à la garantie, s'il a 5,300 francs de recettes (5,300 = 3,000 exploitation + 2,300, intérêts de 40,000 à 5,75 p. 100).

Les départements, tenus au même titre, pour les mêmes sommes, pour le même temps que l'Etat, devront réfléchir mûrement avant de concéder un chemin garanti et se garder d'entreprendre des lignes qui ne seraient pas à bref délai rémunératrices. S'ils se laissent entraîner ou tromper, le ministre aura toujours le droit de combattre devant les chambres la déclaration d'utilité publique : les chambres, gardiennes des intérêts du trésor, auront le devoir de s'opposer à l'exécution de toute ligne dont l'utilité ne serait pas certaine.

Les projets de loi adoptés par le sénat portent qu'en tout cas, la participation de l'Etat sera suspendue quand la recette brute annuelle atteindra, pour les lignes établies de manière à recevoir les véhicules des grands réseaux, 9,000 francs par kilomètre, s'il s'agit des chemins de fer à travers champs, 6,000 francs, s'il s'agit des chemins de fer sur routes, et, pour les autres lignes, 7,000 dans le premier cas et 5,000 dans le second. Cette disposition a pour but de parer aux dangers que, sans elle, pourrait parfois faire courir à l'Etat la liberté laissée aux départements ou d'accorder un taux de garantie supérieur à celui consenti par l'Etat ou de garantir pour le tout un capital de premier établissement supérieur à 100,000 francs, chiffre auquel s'arrête la garantie de l'Etat.

En effet, — la garantie fonctionnant tant que les produits de la ligne ne payent pas, outre l'exploitation, les intérêts promis *au capital de premier établissement, prévu à l'acte de concession*, — si ce capital monte à 150,000 francs par exemple, comme un si gros capital ne peut être rémunéré que par des recettes élevées, l'Etat courrait risque de servir pendant toute la durée de la concession, la garantie promise. On obvie à ce risque en affranchissant l'Etat de tout concours à partir d'une certaine recette.

Nous proposons de fixer le chiffre de cette recette à 10,000 francs pour les chemins aptes à recevoir les véhicules des grands réseaux; à

8,000 francs pour les autres : 10,000 francs, parce que c'est, en chiffres ronds, la somme nécessaire pour couvrir les frais d'exploitation et l'intérêt a 5,75 des chemins ayant coûté 100,000 francs ; 8,000 francs, parce qu'un chemin de fer à voie étroite exige une dépense inférieure de 25 p. 100 environ à la dépense exigée par un chemin de fer à voie large ; que, là où un chemin de fer à voie large coûte 100,000 francs, un chemin à voie étroite coûtera 75,000 francs et que 8,000 francs représentent, en chiffres ronds, la somme nécessaire pour couvrir les frais d'exploitation et l'intérêt à 5,75 p. 100 d'un chemin ayant coûté 75,000 francs.

Nous plaçant à un autre point de vue, on pourrait dire que, dans les conditions de limitation stipulée, notre projet permet de garantir ou le complément nécessaire pour former un minimum de recettes calculé d'après le chiffre de recettes indispensable pour assurer l'exploitation de la ligne concédée et les charges du capital, ou une annuité décroissante, diminuant de tant de centimes pour chaque franc de recettes au-dessus d'un certain chiffre.

Ces deux systèmes (l'un adopté par certains départements et l'autre exposé, avec un grand talent, dans *La réforme des chemins de fer*, par M. Vauthier, ingénieur en chef des ponts et chaussées, membre du conseil municipal de Paris) n'ont rien d'incompatible avec la rédaction de notre article 17.

Les articles 12 et 15 du projet de loi relatif aux chemins de fer d'intérêt local adopté par le sénat ; les articles 19 et 22 du projet de loi relatif aux voies ferrées complètent le système financier de ces deux projets.

L'article 12 (*p. 30*) du premier de ces projets et l'article 19 (*p. 113*) du second sont conçus absolument dans les mêmes termes.

Les grandes compagnies doivent, d'après les conventions de 1859, rembourser à l'Etat les avances qui leur auront été faites, avec l'intérêt à 4 p. 100, dès que les produits nets du nouveau réseau auront dépassé l'intérêt garanti.

Il est parfaitement légitime de stipuler de même pour des compagnies d'intérêt local l'obligation, si les lignes exploitées par elles deviennent largement rémunératrices, de rembourser à l'Etat ses avances.

La situation des grandes compagnies et celle des chemins de fer d'intérêt local vis-à-vis de ce remboursement n'est toutefois pas la même.

Le second réseau des grandes compagnies a été construit avec un capital-obligations. Ce capital n'a jamais prétendu qu'à un revenu fixe, qui lui a toujours été servi. Garanti par l'ancien réseau et par l'Etat, il constitue un véritable placement de père de famille et de tout repos.

La part de bénéfices des grandes compagnies employée à désintéresser l'Etat serait, si elle demeurait libre entre leurs mains, attribuée à leurs actionnaires ; mais ces actionnaires, le jour où ont été passées les conventions de 1859, étaient en possession de lignes productives, auxquelles les conventions ont assuré un revenu, dit revenu réservé et qui a été calculé, pour chaque compagnie, en tenant compte de la moyenne des dividendes distribués dans les dernières années et du montant des sommes nécessaires pour couvrir l'intérêt et l'amortissement des obligations émises pour les dépenses de l'ancien réseau.

Ces actionnaires n'ont donc été exposés, par les conventions de 1859, à aucune perte, puisqu'on n'exigeait d'eux un sacrifice, au profit des capitaux engagés dans les lignes nouvelles, qu'autant qu'ils auraient préalablement reçu un dividende normal et seulement sur le surplus des bénéfices réalisés.

Les actionnaires des chemins de fer d'intérêt local, au contraire, tenus d'abandonner à la ligne les intérêts dus à leurs actions, si les dépenses d'exploitation ne sont pas couvertes par les recettes, courent un véritable risque, qui doit être compensé par quelques avantages.

6 p. 100 est le taux légal de l'argent en matière commerciale, l'intérêt minimum attendu dans toutes opérations par les commanditaires. Si, aussitôt ce minimum atteint, ils doivent subir pour l'excédant un partage de bénéfices avec l'Etat, au lieu de trouver, dans la totalité de cet excédant, l'équivalent de ce qu'ils ont perdu ou pu perdre pendant les premières années d'exploitation, les commanditaires seront rares et il est à craindre que notre loi ne devienne lettre morte.

Nous avons cru devoir porter de 6 à 7 p. 100 le produit au-dessus duquel il y aura lieu au partage.

L'article 21 du projet de la commission reproduit littéralement l'article 15 (*p. 30*) du projet de loi relatif aux chemins de fer d'intérêt local et l'article 22 (*p. 114*) du projet de loi relatif aux voies ferrées établies sur les voies publiques.

Les dispositions des quatre premiers paragraphes de cet article sont conformes aux clauses que le conseil d'Etat a, depuis 1872, toujours soin d'insérer dans les décrets relatifs aux chemins de fer d'intérêt local, à moins que la concession ne soit faite à une grande compagnie.

L'exception faite par le conseil d'Etat au profit des grandes compagnies est reproduite et étendue par le paragraphe 5.

Les obligataires étant des prêteurs qui se contentent d'un intérêt modéré et dont la créance a pour gage le capital-actions, il importe que ce capital-actions ne soit ni illusoire ni fictif et qu'il ait été pour partie versé ou employé avant toute émission d'obligations.

Un projet de loi, destiné à compléter la loi de 1865 et qui a fait l'objet d'un rapport déposé par M. le comte Le Hon sur le bureau du corps législatif, dans la séance du 4 juin 1870, propose dès lors de décider que « le capital-obligations des chemins de fer d'intérêt local ne doit pas excéder le montant des actions et des subventions réunies ».

L'article 8 de la loi du 23 mars 1874, statuant sur les conditions de l'adjudication de la ligne de Besançon à Morteau, article voté par l'assemblée nationale sur la proposition de l'honorable M. Jozon, interdit l'émission d'obligations pour une somme supérieure au montant du capital-actions.

En Angleterre, en Belgique, en Espagne, en Prusse, comme en France, le législateur s'est préoccupé de la corrélation à établir entre le capital-actions et le capital-obligations.

En Angleterre, le règlement de la chambre des communes exige, dans son article 152, que les bills de concession de chemins de fer fassent défense aux compagnies concessionnaires d'emprunter une somme supérieure au tiers de leur capital.

En Belgique, l'article 68 de la loi du 18 mai 1873 limite à l'importance du capital social versé le montant des obligations que les sociétés anonymes sont autorisées à émettre.

En Espagne, la limite des émissions d'obligations, qui était de 50 p. 100 du capital réalisé en actions, aux termes de la loi du 10 juillet 1856, a été portée, le 11 juillet 1860, à la totalité du capital-actions, augmenté des subventions fournies par le gouvernement, les provinces ou les municipalités. La loi du 29 janvier 1862 la fait varier suivant le taux d'intérêt des obligations à émettre, de manière que le capital nominal réalisable par voie d'emprunt augmente à mesure que le taux s'abaisse.

En Prusse, cette matière est laissée à l'appréciation discrétionnaire du gouvernement, après avis du conseil des chemins de fer. La proportion généralement admise est celle de deux obligations contre trois actions (1).

---

(1) Voir M. Aucoc, *Conférences sur l'administration et le droit administratif*, t. III, p. 312 et s., — *Bulletin de la Société de législation comparée*, 1874, p. 105, — Ouvrage de M. C. de Franqueville, t. Ier, p. 241 et s.

Quelques membres de la commission ont fait observer que, pour des entreprises nouvelles comme les entreprises de chemins de fer d'intérêt local, il serait souvent impossible de trouver un capital-actions égal à la moitié du capital de premier établissement, et la commission a examiné si l'on ne pourrait pas donner aux concessionnaires la faculté d'émettre des obligations jusqu'aux trois quarts de ce capital, un quart seulement devant être de toute nécessité représenté par des actions. La majorité de ses membres ne l'a pas pensé. Si des lignes projetées inspirent assez peu de confiance aux capitaux pour que leurs concessionnaires soient impuissants à former leur capital-actions de la moitié de la dépense que leur construction doit entraîner, le mieux est d'y renoncer et de s'abstenir.

D'ailleurs, nous ne devons jamais perdre de vue les exigences de l'exploitation. Le capital-actions doit demeurer assez considérable pour que la garantie qui lui est accordée et qu'il recevra, si les frais d'exploitation sont couverts par les recettes, soit suffisante, si les recettes trompent toutes les espérances et tous les calculs, pour faire face à tous les besoins de l'exploitation.

Or si, étant donné un chemin de fer coûtant 100,000 francs le kilomètre, le quart seulement de ce capital, soit 25,000 francs, est représenté par des actions, 1,437 fr. 50 c. seulement (garantie à 5,75 de ce capital de 25,000 francs) seront disponibles, le cas échéant, pour l'exploitation. Si ce chemin ne fait pas, après les deux premières années, une recette de 6,875 francs, il sera exposé à la faillite. Nous devons, en effet, supposer que son exploitation coûtera 4,000 francs; il doit à ses obligataires 4,312 francs. 4,000 + 4,312 = 8,312, somme supérieure de 1,437 francs à la recette de 6,875, la marge est vraiment trop étroite.

Quant à la quotité du capital-actions qui doit être employée avant que l'autorisation d'émettre des obligations soit donnée, le conseil d'Etat l'a constamment maintenue pour les chemins de fer d'intérêt local aux quatre cinquièmes, quotité admise par le projet de loi.

Les concessionnaires pourront être autorisés à faire une émission anticipée d'obligations, sous la double condition que la totalité du capital-actions aura été versée et que plus de la moitié de ce capital-actions aura été employée dans les termes prévus par le paragraphe 3. Une mesure identique a trouvé place dans un avis du conseil d'Etat en date du 17 février 1876.

Notre article 21 est donc, dans tous ses paragraphes, d'accord avec la jurisprudence du conseil d'Etat.

La commission espère que M. le ministre des travaux publics tiendra la main à son exécution et saura déjouer les fraudes à l'aide desquelles on ne manquera pas d'essayer de le tourner; comme on a essayé maintes fois, en France, d'échapper aux décisions du conseil d'Etat, en Angleterre et en Belgique, d'échapper aux prescriptions formelles de la loi.

Toutes les questions qui touchent au côté financier de la loi, le seul côté à propos duquel nous nous soyons trouvés, sur quelques points importants, en désaccord avec le gouvernement et avec le sénat, étant résolues, — la commission a successivement étudié les dispositions d'un autre ordre devant prendre place dans un projet de loi sur les chemins de fer d'intérêt local.

— En tête de ce projet, elle a inscrit un article premier, classant, sous la dénomination générique de « Chemins de fer d'intérêt local », les chemins de fer à travers champs et ces autres chemins de fer que la commission dont l'honorable M. Hérold a été le rapporteur appelait des tramways et que le projet du gouvernement désignait sous le nom de voies ferrées établies sur le sol des voies publiques.

— L'article 2 règle le mode de concession.

Le projet de loi du sénat sur les chemins de fer à travers champs donne au conseil général, s'il s'agit de chemins à établir par un département; au conseil municipal, s'il s'agit de chemins à établir par une commune sur son territoire, le droit de fixer, après instruction préalable par le préfet, la direction de ces chemins, le mode et les conditions de leur construction, ainsi que les traités et les dispositions nécessaires pour en assurer l'exploitation, en se conformant aux clauses et conditions du cahier des charges type approuvé par le conseil d'Etat, sauf les modifications qui seraient apportées par la convention et la loi d'approbation.

Si la ligne doit s'étendre sur plusieurs départements, il y a lieu à l'application des articles 89 et 90 de la loi du 10 août 1871, instituant les conférences inter-départementales. L'utilité publique est déclarée et l'exécution est autorisée par une loi.

L'utilité publique, au contraire, est déclarée et l'exécution est autorisée par décret délibéré en conseil d'Etat, sur le rapport du ministre des travaux publics, après avis du ministre de l'intérieur, pour les voies ferrées établies sur les voies publiques (article 4 du projet de loi).

La concession de ces voies est accordée par l'Etat, lorsque la ligne doit s'étendre sur le territoire de plusieurs départements, quelle que soit la nature des voies empruntées et lorsque, sans sortir des limites d'un département, la ligne doit être établie, en tout ou partie, sur une voie dépendant du domaine public de l'Etat. Elle est accordée par le conseil général, lorsque la voie ferrée, sans emprunter une route nationale, doit être établie en tout ou partie soit sur une route départementale, soit sur un chemin de grande communication ou d'intérêt commun, ou doit s'étendre sur le territoire de plusieurs communes; par le conseil municipal, lorsque la voie ferrée est établie entièrement sur le territoire de la commune et sur un chemin vicinal ordinaire ou sur un chemin rural.

D'après l'article 5 de la loi de 1865, c'était au pouvoir exécutif qu'il appartenait de décréter l'utilité publique et d'autoriser l'exécution des lignes d'intérêt local, par décret délibéré en conseil d'Etat sur rapport des ministres de l'intérieur et des travaux publics.

La commission a été d'avis qu'il y avait lieu, dans tous les cas, de substituer le contrôle et l'autorisation par le pouvoir législatif au système de l'autorisation, par le pouvoir exécutif au moyen de décrets; et elle a rejeté la distinction faite par le sénat entre les chemins à travers champs et les voies ferrées.

Comme l'a fort bien fait remarquer, devant le sénat, l'honorable M. Oscar de Lafayette, un chemin de fer établi dans tout son parcours sur une route ou sur un chemin, de telle façon qu'il n'y ait lieu de créer pour lui aucune voie nouvelle, sera une très-rare exception; il peut arriver que, sur un chemin de 25 kilomètres, par exemple, 3 ou 4 kilomètres seulement soient sur les routes, tandis que le reste passera en plaine. Il n'y a donc aucun motif pour établir, quant à la déclaration d'utilité publique, une différence quelconque entre un chemin empruntant en partie le sol des voies publiques et un chemin entièrement à travers champs. Qu'a-t-on à redouter de l'intervention législative, alors que l'attribution confiée au pouvoir exécutif a donné lieu à tant de plaintes!

De même, il a paru à la commission que, — puisque l'on admettait avec raison que, lorsqu'un chemin de fer à travers champs doit s'étendre sur plusieurs départements, il y avait lieu à l'application des articles 89 et 90 de la loi de 1871, — cette règle devait être étendue aux voies ferrées sur le sol des voies publiques.

L'article 46 de la loi de 1871 donne au conseil général le droit de statuer définitivement sur la direction des chemins de fer d'intérêt local, les conditions de leur exécution, etc. Les articles 89 et 90 de cette même loi règlent la procédure au moyen de laquelle plusieurs conseils généraux peuvent essayer de s'entendre sur les objets d'utilité commune. Il n'existe aucun motif d'abroger, à l'encontre des départements résolus à emprunter pour leurs chemins de fer tout ou partie de leurs voies publiques, des dispositions respectées pour les départements qui entreprennent des chemins à travers champs; et on comprend mal pourquoi deux départements, absolument d'accord entre eux, ayant un même intérêt et un même avis, pourraient concéder un chemin allant de A à B, par exemple, s'il était dans sa totalité construit à travers champs, et seraient impuissants à accorder cette concession, si ce même chemin devait suivre pendant 50 ou 100 mètres une voie départementale ou communale.

La commission a, d'ailleurs, accepté sans difficultés l'application aux chemins de fer d'intérêt local de ce principe d'après lequel, quand l'Etat, le département ou la commune ont, les uns et les autres, des portions de voies publiques sur lesquelles un chemin de fer doit être établi, le droit de concession appartient à l'autorité la plus éminente. Permettre au département de disposer de la concession d'une ligne se servant, ne fût-ce que pour quelques mètres, du sol d'une route nationale, sous la condition d'obtenir le consentement indispensable de l'Etat, nous conduirait à décider, comme l'avait décidé la commission du sénat, qu'une commune pourrait concéder une ligne qui, sur son territoire, emprunterait une voie départementale sous condition d'obtenir le consentement du département et que, par inverse, le département ne pourrait, sans le consentement de la commune, concéder une ligne empruntant le sol d'un chemin vicinal ou d'un chemin rural.

Il en résulterait des longueurs et des difficultés sans nombre et il serait absolument contraire au droit public d'autoriser, par exemple, le département et la commune, c'est-à-dire des pupilles, à accorder une concession pour tout ou partie sur le domaine de l'Etat, leur tuteur.

L'Etat, s'il a peu ou point d'intérêt à la concession qu'il n'accorde qu'en vue de l'utilité qu'elle peut procurer à un département ou à une commune, a la faculté de faire une concession à ce département ou à cette commune, sauf, pour ceux-ci, faculté de rétrocession. La même faculté est conservée au département, vis-à-vis de la commune ou de l'Etat; à la commune, vis-à-vis de l'Etat ou du département.

Le cahier des charges type, aux clauses et conditions duquel le § 2 de notre article 2 (1) invite les conseils généraux et les conseils municipaux à se conformer, ne nous a point été communiqué. La commission espère qu'il sera moins rigoureux que le cahier des charges imposé aux grandes compagnies et que M. le ministre voudra bien s'inspirer, en le rédigeant, des intentions libérales dont la commission elle-même a été animée, en arrêtant le texte du projet de loi qu'elle soumet à l'examen de la chambre.

— L'article 3 prescrit l'enquête préalable à toute concession et est la reproduction du 1er § de l'article 4 du projet de loi relatif aux voies ferrées. Cette enquête n'est autre chose que l'enquête prévue par l'article 3 de la loi de 1841; elle en tient lieu.

— Avec l'article 4, suivant l'expression de l'honorable M. Labiche, nous sortons de la première phase, celle de la décision, pour arriver à la seconde, celle de l'exécution.

La concession est devenue définitive par l'approbation législative; mais, avant de passer à l'exécution matérielle, qui appartient aux ingénieurs, seuls compétents pour tout ce qui concerne la construction de la voie, la disposition des viaducs, des tunnels, etc., il y a beaucoup à faire.

Le moment est venu d'arrêter le tracé définitif, le nombre et l'emplacement

(1) Bien qu'il y ait une certaine anomalie à permettre à une commune de concéder une ligne de chemin de fer *sans* l'autorisation du préfet, alors qu'elle a besoin de cette autorisation pour tout ce qui concerne l'exécution de cette ligne, pour la fixation des droits de péage et de transport, etc., — nous avons conservé la règle admise par le sénat.

des gares; de discuter, à côté des considérations techniques, les considerations locales qui peuvent militer pour que le chemin de fer passe un peu plus à droite ou un peu plus à gauche, s'écarte un peu plus ou un peu moins de la ligne droite, afin de desservir telle localité qui le réclame ou de recueillir tel trafic qui autrement pourrait lui échapper.

Toutes ces questions, qui souvent passionnent au plus haut point un département, ne peuvent être résolues en dehors du conseil général. Mieux placé que qui que ce soit pour connaître les mérites et les défectuosités de chaque tracé, pour apprécier la valeur des dépositions enregistrées aux enquêtes, pour se rendre compte des différences du trafic, c'est lui qui doit avoir ici le dernier mot, si le chemin de fer a été concédé par le département. Il sera consulté, si la concession a été faite par l'Etat.

Le conseil municipal statuera, si la concession émane de la commune; sa décision sera soumise à l'approbation du préfet.

Il est bien entendu que les projets d'exécution dont parle l'article 4, dans ce paragraphe 1er, sont les projets définitifs du tracé et non les projets de détail, lesquels sont soumis à l'approbation du préfet, sur l'avis de l'ingénieur en chef.

S'il y a excès de pouvoir de la part des conseils généraux, le remède sera dans l'application de l'article 47 de la loi de 1871.

La commission a dû, en outre, prévoir deux hypothèses :

1° Celle où, le conseil général étant omnipotent, l'administration supérieure estimerait que la décision du conseil général est le résultat d'une erreur;

2° Celle où, la ligne devant s'étendre sur plusieurs départements, il y aurait désaccord entre les conseils généraux sur certaines questions d'intérêt commun aux deux départements, questions non résolues par la délibération arrêtant la direction du chemin et les traités de concession.

Dans la première hypothèse, le ministre aura le droit, dont il n'usera qu'avec une extrême réserve, après avoir pris l'avis du conseil général des ponts et chaussées, d'appeler le conseil général à délibérer de nouveau sur les projets définitifs.

Dans la seconde, il faut qu'un tiers intervienne. Ce tiers sera le ministre, qui tranchera le différend.

— L'article 5 pose les règles auxquelles est soumise l'expropriation des terrains nécessaires à la construction d'un chemin de fer d'intérêt local.

La commission instituée, en 1861, par le ministre des travaux publics, a émis le vœu que le bénéfice de la loi du 21 mai 1836 soit, en matière d'acquisitions de terrains, étendu aux chemins de fer d'intérêt local. Les chemins de fer de l'Alsace n'auraient pas été construits, il y a vingt ans déjà, si le préfet du Bas-Rhin d'alors n'avait pensé que la loi de 1836 contenait des dispositions lui permettant de classer un chemin de fer d'intérêt local comme un chemin vicinal ordinaire.

La loi du 21 mai 1836 a su concilier, pour les travaux d'ouverture ou de redressement des chemins vicinaux, ce qu'exigent les nécessités publiques avec ce qui est commandé par le respect du droit de propriété.

Les travaux sont autorisés par le préfet. Lorsque, pour leur exécution, il y a lieu de recourir à l'expropriation, le jury spécial chargé de régler les indemnités n'est composé que de quatre jurés, présidés par un des juges du tribunal d'arrondissement ou par le juge de paix du canton désigné par le tribunal. Ces quatre jurés et trois jurés supplémentaires sont choisis, par le tribunal, sur la liste générale prescrite par la loi du 7 janvier 1833. L'administration et la partie intéressée ont respectivement le droit d'exercer une récusation. Le magistrat, président du jury, dirige les délibérations du jury et, en cas de partage, a voix délibérative.

Cette loi de 1836 a été complétée par la loi de 1864, en ce qui concerne les propriétés bâties et les enclos qui en sont la dépendance.

Plusieurs membres de la commission pensent que ce qui est suffisant pour sauvegarder la propriété vis-à-vis de la création d'un chemin vicinal, d'un chemin de grande communication ou d'un chemin d'intérêt commun, n'est pas moins suffisant quand il s'agit d'un chemin de fer d'intérêt local. Ils ont proposé de considérer l'ouverture de la voie sur laquelle doit reposer un chemin de fer d'intérêt local comme l'équivalent de l'ouverture d'un chemin vicinal et de faire régler, en conséquence, les expropriations nécessaires pour l'ouverture de cette voie par le même jury qui règle les expropriations nécessaires pour l'ouverture d'un chemin vicinal, c'est-à-dire par le petit jury.

La majorité de la commission n'a pas voulu se mettre ici encore en contradiction avec le sénat et s'est appliquée à reproduire, autant que possible, dans l'article 5 de son projet, les principes admis par la chambre haute.

Les projets du gouvernement, relatifs tant aux chemins de fer d'intérêt local à travers champs qu'aux voies ferrées établies sur le sol des voies publiques, laissaient complétement de côté la question d'expropriation, dont ils ne disaient pas un seul mot.

Le sénat a voté le premier de ces projets, sans que cette question ait été soulevée devant lui; mais sa commission a introduit, dans le second, un article 7 étendant l'article 16 de la loi du 21 mai 1836 aux expropriations auxquelles l'établissement d'un tramway pourrait donner lieu.

Cet article, devenu l'article 6 du projet définitif, a été, en séance publique, l'objet d'un intéressant débat, à la suite duquel, la commission l'ayant modifié, il a été adopté en ces termes :

« Lorsque, pour l'établissement d'une voie ferrée il y aura lieu à expropriation, soit pour l'élargissement d'un chemin vicinal, soit pour l'une des déviations prévues à l'article 1er de la présente loi, cette expropriation sera opérée conformément à l'article 16 de la loi du 21 mai 1836, sur les chemins vicinaux, ou à l'article 2 de la loi du 8 juin 1864. »

Une interprétation différente semble avoir été donnée à cet article par l'honorable M. Labiche et par l'honorable M. Cherpin, qui l'ont tous les deux commenté et tous les deux défendu devant le sénat contre la demande tendant à sa suppression, formulée par l'honorable M. Caillaux.

Tandis que, dans la pensée de M. Labiche, on doit, quand il s'agit d'une voie ferrée établie en tout ou partie sur le sol des voies publiques, procéder en vertu de la loi de 1836 à toutes les expropriations autres que celles ayant pour but l'élargissement ou la rectification des routes départementales ou des routes nationales, il résulte du discours de M. Cherpin que la loi de 1836 sera applicable seulement dans les cas d'élargissement ou de redressement d'un chemin vicinal préexistant.

Ainsi, suivant l'un des deux orateurs, la loi de 1836 est la règle ; cette règle reçoit une exception unique, motivée sur ce fait que donner compétence au petit jury, en matière de rectification de routes départementales ou nationales, conduirait à ce résultat assez singulier « qu'une telle route n'aurait pas pu être élargie pour les besoins de la circulation ordinaire, en vertu de la loi de 1836, et qu'elle pourrait l'être si cette modification de largeur était nécessitée pour l'établissement d'un tramway ».

Suivant l'autre orateur, la règle c'est la loi de 1841; la loi de 1836 ne peut être invoquée que dans des cas particuliers et spécialement prévus.

Il eût été désirable que l'on pût soumettre à un régime d'expropriation tous les chemins de fer d'intérêt local et toutes les parties de ces chemins. Les dispositions qui, pour toute une catégorie de chemins de fer (les chemins en partie à travers champs), établissent deux modes d'expropriation, obligent les concessionnaires à avoir recours pour une même ligne, peut-être dans la même commune, ici à la loi de 1841, là à la loi de 1836, et seront, dans la pratique, une cause d'inconvénients nombreux.

D'autre part, refuser au chemin de fer d'intérêt local toute application de la loi de 1836 eût été soumettre l'établissement d'un chemin vicinal à une loi différente, suivant qu'un élargissement eût été réclamé pour les besoins de la circulation ordinaire ou pour les besoins de la circulation à vapeur; une telle distinction n'a aucune raison d'être, elle constituerait une dérogation à la loi de 1836.

Le seul moyen d'éviter toute complication et toute lenteur serait de généraliser la loi de 1836. Nous n'avons pas voulu aller jusque-là.

Conservant, l'une à côté de l'autre, nos deux lois de 1836 et de 1841, nous avons cru qu'il fallait les conserver comme elles sont, sans en augmenter et sans en diminuer les prévisions. Nous les avons prises en quelque sorte tout d'une pièce. Pour toute la partie des chemins de fer d'intérêt local construite à travers champs, on aura recours à la loi de 1841; on aura recours à la loi de 1836 en cas d'élargissement des chemins vicinaux.

Nous ne faisons que consacrer la législation actuellement en vigueur, dans notre article 5.

— L'Etat, pour indemniser les grandes compagnies des travaux et des dépenses qu'elles s'engagent à faire, leur accorde l'autorisation de percevoir, pendant toute la durée de la concession, les droits fixés dans le tarif compris à l'article 42 du cahier des charges et qui se divisent en droits de péage et droits de transport.

Les deux projets de lois présentés par le gouvernement et votés par le sénat contiennent, au profit des compagnies d'intérêt local, dans leurs articles 4 *(p. 9)* et 8 *(p. 111)*, les mêmes avantages. Nous n'avons apporté à ces articles aucune modification (art. 6). Les chiffres déterminés par l'acte de concession sont un maximum, que le concessionnaire aura toujours le droit d'abaisser, avec l'autorisation du ministre ou du préfet, suivant le cas.

— Notre article 7 n'est autre que l'article 9 (*p. 112*) du projet de loi relatif aux voies ferrées établies sur les voies publiques.

Son paragraphe 1er impose aux concessionnaires de chemins de fer empruntant en tout ou partie le sol des terrains ou routes l'entretien 1° de la portion de voie publique comprise entre les rails et 2° d'une zone de chaque côté fixée par le cahier des charges.

Son paragraphe 2 dispense les concessionnaires de l'impôt des prestations en nature à raison des voitures et bêtes de trait exclusivement employées à l'exploitation.

Son 3e paragraphe ajoute que les départements ou les communes ne peuvent exiger des concessionnaires des redevances ou droits de stationnement qui n'auraient pas été stipulés expressément dans l'acte de concession.

— L'article 8 établit de plein droit, au profit du concédant, certaines réserves insérées dans l'article 61 du cahier des charges des grandes compagnies, réserves qu'il deviendra, par suite, inutile d'insérer dans le cahier des charges des chemins d'intérêt local et qui sont admises par les deux projets de loi adoptés par le sénat.

Les droits de péage dont il est question dans le § 2 correspondent à la rémunération des dépenses faites pour la construction. On doit tenir compte, pour les établir, du nombre de personnes voyageant dans les voitures de différentes classes et de la quantité de marchandises rangées dans les différentes séries qui sont transportées; en un mot, ils sont fixés par tête de voyageur et par tonne de marchandises, indépendamment du nombre des véhicules circulant sur la voie d'emprunt.

— L'article 9 reproduit exactement l'article 6 (*p. 29*) et l'article 11 (*p. 112*) des deux projets de loi adoptés par le sénat, articles conçus dans les mêmes termes.

— Notre article 10 n'est autre que l'article 12 *(p. 112)* du projet de loi relatif aux voies ferrées établies sur les voies publiques.

Nous avons eu l'occasion de dire combien il est rare que la concurrence, en matière de chemins de fer, ne soit pas désastreuse.

Les concédants, le ministre et les chambres ne se prêteront, nous en sommes sûrs, qu'exceptionnellement et qu'après de sérieuses et péremptoires justifications, à ces concurrences et sauront certainement éviter les doubles emplois.

— L'article 11 règle la durée de la concession : 50 ans.

Nous n'avons pas voulu insister sur ce point et cependant il nous est impossible de ne pas faire remarquer combien on améliorerait la situation financière des petites compagnies en étendant, à 75 ans par exemple, la durée de ces concessions. L'annuité nécessaire pour l'amortissement du capital serait notablement diminuée.

Peut-être même eût-il été sage de laisser à l'autorité concédante le droit de fixer la durée de chaque concession, de telle façon que la concession de chaque ligne d'intérêt local prît fin en même temps que la concession de la grande ligne près de laquelle elle est située. Cette concordance dans l'expiration des deux priviléges présenterait, au point de vue de conventions nouvelles, des avantages certains.

— L'article 12 s'applique uniquement aux chemins de fer empruntant, en tout ou en partie, le sol des voies publiques.

L'Etat, le département ou la commune peuvent exiger du concessionnaire le rétablissement de la voie empruntée en bon état de viabilité, lorsque la concession prend fin.

— L'article 13 réglemente les modifications apportées au régime de la concession.

S'il s'agit de certaines modifications essentielles que l'article énumère, elles ne pourront avoir lieu valablement qu'en vertu d'un décret, le conseil d'Etat entendu et avec le consentement de l'autorité qui aura fait la concession.

S'il s'agit de modifications moins importantes, elles pourront être faites, suivant les cas, par le ministre ou par les conseils généraux, statuant conformément aux articles 48 et 49 de la loi du 10 août 1871, ou par les conseils municipaux, dont les délibérations devront être approuvées par le préfet.

Notre article 13 est, de tous points, conforme à l'article 15 *(p. 113)* du projet de loi relatif aux voies ferrées établies sur le sol des voies publiques et ne diffère de l'article 7 *(p. 29)* du projet de loi relatif aux chemins de fer d'intérêt local que parce qu'il prévoit une concession faite par le ministre, dont le projet n'avait pas à se préoccuper.

— L'article 14 réglemente la fusion possible de concessions diverses.

Le projet de loi sur les chemins de fer d'intérêt local adopté par le sénat contient, à ce propos, un article 8 rédigé comme suit *(voir p. 29)*.

Nous reproduisons, dans notre projet, l'article 16 *(p. 113)* du projet de loi relatif aux voies ferrées établies sur les voies publiques, tel que l'a voté le sénat, cet article nous ayant paru contenir des dispositions analogues, conçues dans des termes plus clairs et plus complets.

— Le paragraphe premier de l'article 15 réserve le droit de faire classer un chemin de fer d'intérêt local dans le réseau d'intérêt général et formule les conditions de l'exercice de ce droit.

Le paragraphe 3 établit les règles à suivre pour la fixation de l'indemnité qui peut être due au concessionnaire, soit au cas d'éviction, soit au cas de rachat, de suppression ou de modification d'une partie du tracé consenti, rachat, suppression ou modification prévus par les paragraphes 3 et 4 de l'article 8.

Tel est, du reste, le texte exact de l'article 9 *(p. 29)* du projet de loi sur les chemins de fer d'intérêt local adopté par le sénat, article auquel se réfère le dernier paragraphe de l'article 10 (*p. 112*) du projet de loi relatif aux voies ferrées établies sur les voies publiques.

M. le ministre des travaux publics avait d'abord pensé que la composition de la commission ayant mandat de statuer sur l'indemnité à allouer aux concessionnaires, pour les différentes causes que nous avons énumérées, devrait être indiquée dans chaque loi de classement. Le sénat a jugé préférable de fixer cette composition, d'une façon générale et uniforme, et, d'accord avec M. le ministre, s'est approprié la rédaction de la loi du 28 juillet 1860. Nous nous la sommes appropriée à notre tour et la commission ne propose à la chambre, dans cet article 15, rien qui n'ait été accepté par la chambre haute et par M. le ministre des travaux publics.

— Aux termes de l'article 16, les ressources crées par la loi du 21 mai 1836 peuvent être appliquées en partie à la dépense des chemins de fer d'intérêt local, par les communes qui ont assuré l'exécution de leur réseau subventionné et l'entretien de tous leurs chemins classés.

La loi de 1836 affecte aux chemins vicinaux cinq centimes spéciaux additionnels aux quatre contributions directes, trois journées de prestation de la part de chaque contribuable et la subvention que peut fournir le département, au moyen de centimes facultatifs ordinaires ou de centimes spéciaux votés chaque année par le conseil général.

L'identité des avantages à retirer des chemins de fer et des chemins vicinaux permet de les assimiler, quant à la nature des éléments qui doivent concourir à leur création.

L'article 3 de la loi de 1865 étendait déjà aux chemins de fer d'intérêt local la spécialité des centimes perçus pour les chemins vicinaux. Nous complétons cet article 3, nous protégeons les conseils généraux contre les entraînements qui pourraient leur faire négliger les chemins vicinaux au profit des chemins de fer, en les obligeant à satisfaire tout d'abord aux intérêts, si dignes de leur sollicitude, qui ont donné naissance à la loi de 1836.

Ce devoir accompli, il serait inique de priver les chemins de fer locaux des ressources qui, dans certains départements, leur seront fort profitables.

— Nous nous sommes longuement expliqués sur les articles 17 et 18 (Conventions financières).

— L'article 19 prescrit l'établissement d'un règlement d'administration publique, déterminant les justifications à fournir par les concessionnaires pour les recettes et les dépenses annuelles, et les conditions dans lesquelles seront fixés, en exécution des articles 17 et 18, le chiffre de la garantie d'intérêt et, lorsqu'il y aura lieu, la part revenant aux départements, aux communes ou autres intéressés, dans les bénéfices de l'exploitation.

— Notre article 21 est la reproduction littérale des articles 15 (*p. 30*) et 22 (*p. 114*) des deux projets de loi votés par le sénat, articles conçus dans des termes identiques.

— L'article 23 n'est autre chose que la reproduction des articles 17 (*p. 10*) et 24 (*p. 114*) des deux projets de loi que nous avons fondus ensemble et de l'article 4 de la loi de 1865.

Quand il s'agit de chemins construits à bon marché, la dépense occasionnée par l'établissement d'une clôture continue qui, sur les grandes lignes, coûte près de 1,500 francs par kilomètre, est une dépense importante. Le préfet peut en dispenser les chemins de fer d'intérêt local, cela ne présentant pas d'inconvénients. Les chemins d'intérêt local construits en France depuis la loi de 1865, les chemins de Belgique, d'Allemagne, d'Espagne, presque tous dépourvus de clôture, n'ont point été cause d'accidents plus nombreux.

La suppression de la disposition de la loi de 1845 qui ordonne au concessionnaire de poser des barrières au croisement des chemins peu fréquentés diminuera les frais de gardiennage. Ces barrières sont peu utiles pour un chemin ayant une vitesse moins grande que les chemins de fer d'intérêt général et un nombre de trains fort restreint.

— Dans son paragraphe premier, l'article 24 soumet au contrôle et à la surveillance du préfet, sous l'autorité du ministre des travaux publics, la construction, l'entretien, les réparations de la voie, le service de l'exploitation.

Dans son second paragraphe, il met les frais de contrôle à la charge des concessionnaires et laisse au préfet le soin de les régler, sur l'avis du conseil général et sauf approbation du ministre des travaux publics, lorsqu'ils n'ont pas été réglés par le cahier des charges.

— L'article 25 a trait aux chemins de fer industriels destinés a desservir des exploitations particulières.

— L'article 26 renvoie à un règlement d'administration publique certaines mesures d'un caractère purement administratif, qu'il sera indispensable de prendre pour les chemins empruntant tout ou partie du sol des voies publiques.

— L'article 27 permet, à certaines conditions et en suivant une certaine procédure, de substituer la garantie d'intérêt aux subventions promises avant la promulgation de la présente loi à des lignes non encore exécutées.

— L'article 28 accorde aux concessions et rétrocessions de chemins de fer d'intérêt local le bénéfice de n'être soumises, en tant qu'enregistrement, qu'au droit fixe de 1 franc.

— L'article 29 prononce l'abrogation de la loi de 1865.

— Tels sont les différents articles du projet de loi que nous avons l'honneur de soumettre à l'examen de la chambre.

L'opinion publique est aujourd'hui favorable à la construction des chemins de fer. On a le droit de compter, en dehors de la spéculation, sur l'initiative particulière des intéressés et sur le bon vouloir des conseils généraux ; de tous côtés, agriculteurs et industriels demandent qu'on les rattache aux grandes lignes.

Une bonne loi sur les chemins de fer d'intérêt local, et l'on devra s'empresser de remédier à toutes les imperfections de la nôtre qui seront signalées par la pratique, une bonne loi, en assurant la création rapide de la vicinalité ferrée, aura pour résultats de multiplier les rapports entre les populations des villes et les populations des campagnes, de les rapprocher les unes des autres, de développer partout la civilisation et le progrès, d'augmenter considérablement la richesse publique.

Bien des départements, nous l'espérons, concéderont des chemins de fer d'intérêt local à voie large ; mais, il ne faut pas se le dissimuler, ces chemins tiendront, dans les entreprises prochaines, moins de place que les chemins à voie étroite et que les chemins sur les accotements des routes, qui seuls peuvent être employés partout où l'étude du mouvement et du trafic démontre que les recettes seront peu importantes.

La superstructure d'un chemin de fer à voie étroite revient à un prix de beaucoup inférieur au prix de la superstructure d'une ligne à large voie ; ses dépenses d'infrastructure sont fort réduites, en ce qui concerne les acquisitions de terrains, les terrassements et les ouvrages d'art.

L'économie n'est pas moins grande sur le prix du matériel roulant et dans l'exploitation.

Des chemins de fer à voie étroite fonctionnent et rendent les plus grands services en Allemagne, en Italie, en Suisse, en Suède, en Norwège, en Russie, aux Etats-Unis, aux Indes anglaises.

Si l'on suppose que le chemin à voie étroite, au lieu d'être établi sur une plate-forme spéciale, est exécuté sur l'accotement des routes, les dépenses d'infrastructure peuvent se réduire à peu de choses.

C'est donc à eux qu'on aura surtout recours. Déjà, en 1875, on avait songé à les réglementer. La chambre voudra, en abordant promptement la discussion de notre projet de loi, donner satisfaction à tous ceux qui n'attendent que sa décision pour entreprendre des chemins de fer d'intérêt local.

PROJET UNIQUE DE LA COMMISSION.

Article premier. — Les chemins de fer d'intérêt local peuvent être établis soit à travers champs, soit en empruntant, pour tout ou partie, le sol des voies dépendant du domaine public de l'Etat, des départements ou des communes.

Ils sont a moteurs mécaniques ou à traction de chevaux.

Leur établissement est soumis aux dispositions suivantes.

Art. 2. — La concession est accordée par l'Etat, lorsque la ligne doit être établie, en tout ou partie, sur une voie dépendant du domaine public de l'Etat. Cette concession peut être faite aux villes ou départements intéressés, avec faculté de rétrocession.

La concession est accordée par le conseil général du département, lorsque la ligne est établie soit à travers champs, soit pour tout ou partie sur une route départementale, un chemin de grande communication ou un chemin d'intérêt commun. Le conseil général arrête, après instruction préalable par le préfet, la direction de ces chemins, le mode et les conditions de leur construction, ainsi que les traités et les dispositions nécessaires pour en assurer l'exploitation, en se conformant aux clauses et conditions du cahier des charges type approuvé par le conseil d'Etat.

Si la ligne doit s'étendre sur plusieurs départements, il y aura lieu à l'application des articles 89 et 90 de la loi du 10 août 1871.

S'il s'agit de chemins à établir par une commune sur son territoire, soit à travers champs, soit sur un chemin vicinal ordinaire ou sur un chemin rural, les attributions confiées au conseil général par le paragraphe 2 du présent article seront exercées par le conseil municipal, dans les mêmes conditions et sans qu'il soit besoin de l'approbation du préfet.

Le département pourra accorder la concession à l'Etat ou à une commune, avec faculté de rétrocession; une commune pourra agir de même à l'égard de l'Etat ou du département.

Les projets de chemins de fer d'intérêt local départementaux ou communaux ainsi arrêtés sont soumis à l'examen du conseil général des ponts et chaussées et du conseil d'Etat. Si le projet a été arrêté par un conseil municipal, il sera accompagné de l'avis du conseil général.

L'utilité publique est déclarée et l'exécution est autorisée par une loi.

Art. 3. — *(Article 4, § 1, du projet du sénat pour les* voies ferrées établies sur voies publiques, *p. 111).*

Art. 4. — L'autorisation législative obtenue, les projets d'exécution sont approuvés par le ministre des travaux publics, après avis du conseil général intéressé, lorsque la concession est accordée par l'Etat.

Lorsque la concession a été accordée par un département, le préfet, après avoir pris l'avis de l'ingénieur en chef du département, soumet ces projets au conseil général, qui statue définitivement.

Néanmoins, dans les deux mois qui suivent la délibération, le ministre des travaux publics, sur la proposition du préfet, peut, après avoir pris l'avis du conseil général des ponts et chaussées, appeler le conseil général à délibérer de nouveau sur lesdits projets.

Si la ligne doit s'étendre sur plusieurs départements et s'il y a désaccord entre les conseils généraux, le ministre statuera.

Lorsque la concession est accordée par une commune, le préfet, après avoir pris l'avis de l'ingénieur en chef, adresse les projets au maire, qui les soumet au conseil municipal, dont la délibération est sujette à l'approbation du préfet.

ART. 5. — Les expropriations nécessaires pour l'établissement d'un chemin de fer d'intérêt local seront faites conformément à la loi du 3 mai 1841.

Toutefois, lorsqu'il y aura lieu à expropriation soit pour l'élargissement, soit pour une déviation accessoire d'un chemin vicinal, cette expropriation sera opérée conformément à l'article 16 de la loi du 21 mai 1836, sur les chemins vicinaux, et à l'article 2 de la loi du 8 juin 1864.

ART. 6. — L'acte de concession.... *(Articles 4* (p. 29) *et 8* (p. 111) *des projets du sénat)*.... est faite par l'Etat, dans celui où la ligne s'étend sur plusieurs départements et dans le cas de tarifs communs à plusieurs lignes.

Elles sont homologuées par le préfet dans les autres cas.

ART. 7. — Les concessionnaires des chemins de fer établis sur.... *(Article 9 du projet du sénat pour les* voies ferrées établies sur voies publiques, *p. 112).*

ART. 8. — *(Article 10 du même projet)*.... reconnue après une enquête, dans les formes prescrites par l'article 3.

ART. 9. — *(Articles 6* (p. 29) *et 11* (p. 112) *des projets du sénat).*

ART. 10. — *(Article 12 du projet du sénat pour les* voies ferrées établies sur voies publiques, *p. 112).*

ART. 11. — *(Article 13 du même projet).*

ART. 12. — A l'expiration de la concession, l'Etat, le département ou la commune de qui émane la concession est substitué à tous les droits qui avaient été accordés au concessionnaire sur les voies publiques, lesquelles doivent lui être remises.... *(Article 14 du même projet)*.... servant à l'exploitation.

ART. 13. — *(Article 15 du même projet).*

ART. 14. — *(Article 16 du même projet).*

ART. 15. — *(Article 9, §§ 1 et 2, du projet du sénat sur les* chemins de fer d'intérêt local, *p. 29).*

En cas d'éviction du concessionnaire, de rachat, de suppression ou de modification d'une partie du tracé, si les droits du concessionnaire ne sont pas réglés.... *(Même article)*.... en conseil d'Etat.

ART. 16. — Les ressources créées par la loi du 21 mai 1836 peuvent être appliquées, en partie, à la dépense des chemins de fer d'intérêt local, par les communes qui ont assuré l'exécution de leur réseau subventionné et l'entretien de tous leurs chemins classés.

ART. 17. — Quand un chemin de fer d'intérêt local, desservi par des locomotives et destiné au transport des marchandises en même temps qu'au transport des voyageurs, s'étend sur le territoire de plusieurs communes, l'Etat peut s'engager, en cas d'insuffisance de produit brut pour couvrir :

1° Les dépenses d'exploitation;

2° L'intérêt et l'amortissement effectifs du capital de premier établissement, tel qu'il a été prévu par l'acte de concession et augmenté, s'il y a lieu, des insuffisances constatées jusqu'au 31 décembre de l'année qui suit la mise en exploitation;

A subvenir pour partie au paiement de cette insuffisance, à la condition qu'une partie au moins égale sera payée par le département ou par les communes, avec ou sans le concours des intéressés.

Cette garantie d'intérêt ne peut être accordée, par l'acte qui autorise l'exécution de la ligne, que dans les limites fixées pour chaque année par la loi de finances. L'intérêt et l'amortissement effectifs du capital de premier établissement seront calculés respectivement d'après le taux moyen des négociations qui auront été faites depuis l'acte de concession jusqu'à la mise en exploitation de la ligne concédée. Jusqu'au règlement définitif de ce taux, on appliquera provisoirement le taux de 5.75 p. 100. La charge annuelle imposée au trésor ne doit en aucun cas dépasser 2,875 francs par kilomètre exploité et 400,000 francs pour l'ensemble des lignes situées dans un même département.

La participation de l'Etat sera suspendue quand la recette brute annuelle atteindra 10,000 francs, pour les lignes établies de manière à recevoir les véhicules des grands réseaux, et 8,000 francs pour les autres lignes.

Art. 18. — Dans le cas où le produit de la ligne pour laquelle une garantie d'intérêt a été payée devient suffisant pour couvrir les frais d'exploitation et l'intérêt à 7 p. 100... *(Articles 12* (p. 30) *et 19* (p. 113) *des projets du sénat).*

Art. 19. — Un règlement d'administration publique déterminera :

1° Les justifications à fournir par les concessionnaires pour établir les recettes et les dépenses annuelles ;

2° Les conditions dans lesquelles seront fixés, en exécution des articles 17 et 18 de la présente loi.... *(Articles 13* (p. 30) *et 20* (p. 114) *des projets du sénat).*

Art. 20. — *(Article 21 du projet du sénat pour les* voies ferrées établies sur voies publiques, *p. 114).*

Art. 21. — *(Articles 15* (p. 30) *et 22* (p. 114) *des projets du sénat).*

Art. 22. — *(Article 23 du projet du sénat pour les* voies ferrées établies sur voies publiques, *p. 114).*

Art. 23. — *(Article 17 du projet du sénat sur les* chemins de fer d'intérêt local, *p. 31).*

Art. 24. — *(Article 25 du projet du sénat pour les* voies ferrées établies sur voies publiques, *p. 114).*

Art. 25. — Les dispositions de l'article 23 de la présente loi seront.... *(Article 19 du projet du sénat sur les* chemins de fer d'intérêt local, *p. 31).*

Art. 26. — Un règlement d'administration publique déterminera :

1° Les conditions spéciales.... *(Article 26 du projet du sénat pour les* voies ferrées établies sur voies publiques, *p. 115).*

Art. 27. — *(Article 20 du projet du sénat sur les* chemins de fer d'intérêt local, *p. 31).*

Ces lignes seront soumises, dès lors, à toutes les obligations résultant de la présente loi.

Art. 28. — Toutes les conventions relatives aux concessions et rétrocessions de chemins de fer d'intérêt local, ainsi que les cahiers des charges annexés, ne seront passibles que du droit d'enregistrement fixe d'un franc.

Art. 29. — La loi du 12 juillet 1865 est abrogée.

CHEMINS DE FER D'INTÉRÊT LOCAL

ET TRAMWAYS

---

16 décembre 1879. CHAMBRE DES DÉPUTÉS.

Rapport supplémentaire fait, — au nom de la commission chargée d'examiner les projets de lois adoptés par le sénat et relatifs 1° aux chemins de fer d'intérêt local; 2° aux voies ferrées établies sur les voies publiques, — par M. René Brice.

Messieurs, le projet de loi relatif aux chemins de fer d'intérêt local a fait l'objet d'un rapport déposé sur le bureau de la chambre dans la séance du 17 juillet 1879 *(p. 116)*.

M. le ministre des travaux publics ayant depuis lors damandé certaines modifications aux articles 2, 3, 4, 5 et 17 du texte adopté par la commission, la commission a eu la satisfaction de se mettre d'accord avec lui sur tous les points.

En conséquence, elle a résolu de rédiger comme suit les articles précités.

Le dernier paragraphe de l'article 2 du projet primitif (« l'utilité publique est déclarée et l'exécution est autorisée par une loi ») devient le second paragraphe de l'article 3. Un décret rendu au conseil d'Etat suffira pour déclarer l'utilité et autoriser l'exécution, lorsque la voie ferrée devra être entièrement située sur des voies publiques.

Un paragraphe ajouté à l'article 4 porte que « les projets de détail des ouvrages seront approuvés par le préfet, sur l'avis de l'ingénieur en chef ».

L'article 5 du projet de la commission avait cet inconvénient d'obliger le concessionnaire qui, pour la construction d'une ligne déterminée, était tenu de poursuivre l'expropriation et de terrains situés au milieu des champs et d'autres terrains destinés à l'élargissement ou à la déviation d'un chemin vicinal, à recourir à deux législations différentes. Il est désormais entendu que toutes les expropriations nécessaires à la construction d'un chemin de fer d'intérêt local seront faites conformément à la loi de 1841. Une seule exception est apportée à ce principe: lorsque le concessionnaire n'aura d'autres expropriations à réclamer que celles ayant pour objet l'élargissement ou la déviation d'un chemin, il opérera d'après la loi de 1836.

Si notre nouvel article 17 fixe à 5 p. 100, amortissement compris, l'intérêt garanti du capital de premier établissement prévu par l'acte de concession de tout chemin de fer d'intérêt local, alors que le projet primitif proposait de garantir le taux moyen des négociations faites depuis l'acte de concession jusqu'à la mise en exploitation de la ligne et d'appliquer provisoirement le taux de 5.75, — la formule à laquelle nous nous sommes arrêtés a le mérite de poser des règles invariables, d'une application facile et uniforme, quel que soit le coût et quelle que soit la nature des lignes construites.

Le capital de premier établissement est augmenté, s'il y a lieu, des insuffisances constatées pendant la période assignée à la construction, c'est-à-dire des insuffisances constatées entre le jour d'ouverture de la ligne et le jour où la circulation est régulièrement établie sur la totalité de son parcours.

La subvention de l'Etat, dont le paiement demeure subordonné à la condition qu'une subvention au moins égale sera payée par les départements ou par les communes, se compose :

1° D'une somme fixe de 500 francs par kilomètre exploité ;

2° Du quart de la somme nécessaire pour élever la recette brute annuelle par kilomètre (impôts déduits) au chiffre de 10,000 francs, pour les lignes établies de manière à recevoir les véhicules des grands réseaux ; 8,000 pour les lignes qui ne peuvent recevoir ces véhicules ; 6,000 pour les lignes entièrement situées sur le sol des voies publiques.

Elle sera suspendue de plein droit quand les recettes brutes annuelles atteindront les limites susindiquées.

En aucun cas, la charge annuelle imposée de ce chef au trésor ne doit dépasser 400,000 francs pour l'ensemble des lignes situées dans un même département.

Un exemple permettra de saisir de suite le jeu de la combinaison proposée par M. le ministre et acceptée par la commission.

Une ligne établie de manière à recevoir les véhicules des grands réseaux, ne faisant que 5,000 francs de recettes, recevra de l'Etat par kilomètre : 1° 500 francs ; 2° le quart de la somme nécessaire pour porter sa recette de 5,000 à 10,000 francs, soit 1,250 francs, total 1,750. Le département devra lui donner un égal secours. 5,000 francs de recettes, plus 1,750 attribués par l'Etat, plus 1,750 attribués par le département, = 8,500 francs, lesquels sont destinés à couvrir les frais d'exploitation et l'intérêt à 5 p. 100 du capital de premier établissement. Si les dépenses d'exploitation sont de 5,000 francs et le capital engagé de 70,000 francs, les frais d'exploitation seront couverts et le capital exactement rémunéré, puisque la différence entre 5,000 (frais d'exploitation) et 8,500 est précisément de 3,500, chiffre représentant l'intérêt à 5 p. 100 de 70,000 francs ; mais, si le capital de premier établissement n'est que de 60,000 francs, l'intérêt à 5 p. 100 étant de 3,000 francs seulement, la subvention de l'Etat et celle du département devront être réduites chacune de 250 francs, le capital n'ayant jamais le droit de demander à l'Etat plus de 5 p. 100.

De même, étant donné un chemin de fer entièrement sur routes et à moteur mécanique (1), qui, coûtant 30,000 francs, dépense 3,000 francs de frais d'exploitation et a une recette de 3,000 francs, l'Etat lui devra, aux termes du second paragraphe de l'article 17 : 1° 500 francs ; 2° le quart de 3,000 francs, somme nécessaire pour porter sa recette de 3,000 francs à 6,000 francs, = 750 francs, soit 1,250 francs. Le département lui en donnant autant, il semblerait ainsi qu'il dût recevoir de l'Etat et du département réunis 2,500 francs ; mais 2,500 francs, joints aux 3,000 francs de recettes, assureraient à son capital, après paiement des 3,000 francs de frais d'exploitation, un revenu de 2,500 francs, revenu supérieur à 570 francs. L'Etat et le département ne lui payeront que 1,500 francs. Ils lui payeraient 2,500 francs, si son capital de premier établissement s'était élevé à 50,000 francs.

Les articles 19, 20, 21, 22, 23, 24, 25, 26 et 27 demeurent tels qu'ils sont insérés au projet de loi précédemment distribué.

Après l'article 27, la commission a introduit une disposition ayant pour but de permettre la prompte construction de chemins de fer sur routes,

---

(1) Par chemin de fer desservi par des locomotives, l'article 17 entend bien tout chemin de fer desservi, soit par des locomotives à vapeur, soit par des locomotives à air comprimé, soit par tout autre moteur mécanique.

qui, concédés par des conseils généraux, d'après les formes prescrites par la loi de 1865, donneraient lieu, si cette disposition n'était introduite dans la loi et sans profit pour personne, à une seconde étude. Il est arrivé, en effet, depuis quelque temps, que certains conseils généraux, considérant avec juste raison les chemins de fer sur routes comme une espèce particulière de chemins de fer d'intérêt local, en ont concédé la construction et l'exploitation à des compagnies déterminées en vertu de la loi de 1865. Le conseil général des ponts et chaussées refuse de ratifier de pareilles conventions, par ce motif qu'aux termes de la jurisprudence de l'administration et du conseil d'Etat, c'est au gouvernement seul qu'il appartient de concéder les chemins de fer sur route. Afin d'éviter aux départements, dans la situation qui vient d'être définie, une demande de concession à l'Etat avec faculté de rétrocession, demande qui entraînerait d'inutiles lenteurs et retarderait considérablement les travaux impatiemment attendus par les populations, il paraît juste de décider que « les concessions de chemins de fer sur route précédemment faites par les conseils généraux dans les formes exigées par la loi de 1865 pourront être ratifiées, pour chaque cas spécial, par la loi ou le décret prononçant la déclaration d'utilité publique ».

Le présent projet de loi, s'appliquant tout à la fois aux chemins de fer d'intérêt local et aux tramways, portera le titre de « projet de loi relatif aux chemins de fer d'intérêt local et tramways ».

PROJET DE LOI RELATIF AUX CHEMINS DE FER D'INTÉRÊT LOCAL ET AUX TRAMWAYS.

Article premier. — *(Article 1er du projet primitif de la commission,* p. 145).

Art. 2. — *(Article 2 du projet de la commission,* sans le dernier paragraphe).

Art. 3. — Aucune concession ne peut être faite qu'après une enquête, dont les formes seront déterminées par un règlement d'administration publique, et dans laquelle les conseils généraux des départements et les conseils municipaux des communes dont le territoire doit être traversé seront entendus, lorsqu'il ne leur appartiendra pas de statuer sur la concession.

L'utilité publique est déclarée et l'exécution est autorisée par une loi.

Toutefois, si la voie ferrée doit être entièrement située sur des voies publiques, l'utilité sera déclarée et l'exécution autorisée par un décret rendu en conseil d'Etat.

Art. 4. — La loi ou les décrets rendus, les projets d'exécution.... *(Article 4, § 1, du projet primitif).*

Lorsque la concession a été accordée par un département.... *(Article 4, § 2).*

Néanmoins, dans les deux mois qui suivent la délibération, le ministre des travaux publics peut, après avoir pris l'avis du conseil général des ponts et chaussées, appeler le conseil général à délibérer de nouveau sur lesdits projets.

Si la ligne.... *(Article 4, § 4).*

Lorsque la concession.... *(Article 4, § 5)*.... conseil municipal, dont la délibération sera soumise à l'approbation du préfet.

Les projets de détail des ouvrages sont approuvés par le préfet, sur l'avis de l'ingénieur en chef.

Art. 5. — Les expropriations nécessaires pour l'établissement d'un chemin de fer d'intérêt local seront faites conformément à la loi du **3 mai 1841**.

Toutefois, lorsque les expropriations nécessaires à l'exécution des chemins ne devront porter que sur des élargissements ou sur des déviations accessoires d'un chemin vicinal, elles seront opérées conformément à l'article 16 de la loi du 21 mai 1836, sur les chemins vicinaux, et à l'article 2 de la loi du 8 juin 1864.

Art. 6 à 11. — *(Articles 6 à 11 du projet primitif).*

Art. 12. — A l'expiration de la concession, l'Etat, le département ou la commune de qui émane la concession sont substitués à tous les droits qui avaient été accordés au concessionnaire.

Toutefois l'administration peut exiger que les voies ferrées dont elle avait autorisé l'établissement sur les voies publiques soient supprimées, en tout ou partie, et que celles-ci soient remises en bon état de viabilité aux frais du concessionnaire.

Le cahier des charges règle les droits et obligations du concessionnaire en ce qui concerne les autres objets, mobiliers ou immobiliers, servant à l'exploitation.

Art. 13 à 16. — *(Articles 13 à 16 du projet primitif).*

Art. 17. — Quand un chemin de fer d'intérêt local, desservi par des locomotives et destiné au transport des marchandises en même temps qu'au transport des voyageurs, s'étend sur le territoire de plusieurs communes, l'Etat peut s'engager, — en cas d'insuffisance du produit brut pour couvrir les dépenses d'exploitation et l'intérêt à 5 p. 100, amortissement compris, du capital d'établissement, tel qu'il a été prévu par l'acte de concession et augmenté, s'il y a lieu, des insuffisances constatées pendant la période assignée à la construction par ledit acte, — à subvenir pour partie au paiement de cette insuffisance, à condition qu'une partie au moins égale sera payée par le département ou par les communes, avec ou sans le concours des intéressés.

La subvention de l'Etat sera formée :

1° D'une somme fixe de 500 francs par kilomètre exploité;

2° Du quart de la somme nécessaire pour élever la recette brute annuelle (impôts déduits) au chiffre de 10,000 francs par kilomètre, pour les lignes établies de manière à recevoir les véhicules des grands réseaux; 8,000 francs, pour les lignes qui ne peuvent recevoir ces véhicules; 6,000 francs pour les lignes entièrement situées sur le sol des voies publiques.

Cette garantie d'intérêt ne peut être accordée, par l'acte qui autorise l'exécution de la ligne, que dans les limites fixées pour chaque année par la loi de finances. Elle sera suspendue de plein droit quand les recettes brutes annuelles atteindront les limites ci-dessus fixées. En aucun cas, la charge annuelle imposée de ce chef au trésor ne doit dépasser 400,000 francs pour l'ensemble des lignes situées dans le même département.

Art. 18. — Dans le cas où le produit de la ligne pour laquelle une garantie d'intérêt a été payée devient suffisant pour couvrir les frais d'exploitation et l'intérêt à 7 p. 100, amortissement compris, du capital de premier établissement, défini comme il a été dit ci-dessus, la moitié du surplus .... *(Article 18 du projet primitif)....* sans intérêts.

Art. 19 à 27. — *(Articles 19 à 27 du projet primitif).*

Art. 28. — Les concessions des chemins de fer sur route précédemment faites par les conseils généraux dans les formes exigées par la loi de 1865 pourront être ratifiées, pour chaque cas spécial, par la loi ou le décret prononçant déclaration d'utilité publique.

Art. 29 et 30. — *(Articles 28 et 29 du projet primitif).*

---

20 décembre 1879. CHAMBRE DES DÉPUTÉS.

Extrait du compte rendu de la séance.

Déclaration de l'urgence. Adoption du projet définitif de la commission.

M. LE PRÉSIDENT. — L'ordre du jour appelle la première délibération sur :

1° Le projet de loi adopté par le sénat et relatif aux chemins de fer d'intérêt local;

2° Le projet de loi adopté par le sénat relatif aux voies ferrées établies sur les voies publiques.

La parole est à M. Chavoix.

M. CHAVOIX. — Messieurs, dans la séance d'avant-hier, j'ai eu l'honneur de monter à cette tribune pour demander la mise en tête de l'ordre du jour du projet de loi qui est actuellement en discussion.

Je viens aujourd'hui vous demander de déclarer l'urgence. Il me suffira de quelques mots pour justifier cette demande. Ce projet de loi est d'une importance extrême; il intéresse un très grand nombre de départements. Des projets de chemins de fer d'intérêt local et de tramways sur route sont à la veille d'être mis à exécution, on n'attend que la promulgation de la loi. Voilà pourquoi j'ai l'honneur de vous demander la déclaration d'urgence, d'accord avec M. le rapporteur du projet de loi.

M. RENÉ BRICE, *rapporteur*. — La commission est d'accord avec M. Chavoix pour demander la déclaration d'urgence.

M. LE PRÉSIDENT. — M. Chavoix, d'accord avec la commission, demande la déclaration d'urgence. Je consulte la chambre.

(La chambre, consultée, déclare l'urgence.)

M. LE PRÉSIDENT. — Personne ne demandant la parole pour la discussion générale, je consulte la chambre sur la question de savoir si elle entend passer à la discussion des articles.

(La chambre, consultée, décide qu'elle passe à la discussion des articles.)

Les 30 articles sont successivement lus et adoptés.

(La chambre, consultée, adopte ensuite le projet de loi dans son ensemble.)

---

24 janvier 1880. SÉNAT.

Projet de loi adopté par la chambre des députés et présenté par le gouvernement.

EXPOSÉ DES MOTIFS.

A la date du 29 avril 1878, le gouvernement a soumis à votre examen deux projets de loi, relatifs l'un aux chemins de fer d'intérêt local, l'autre aux voies ferrées établies sur les voies publiques. Ces projets, auxquels vous avez apporté certaines modifications, ont été votés par le sénat, le premier dans les séances des 2 et 12 décembre 1878, le second dans les séances des 28 janvier et 7 mars 1879; et tous deux, dans leur nouvelle forme, ont été présentés à la chambre des députés, le 13 mars 1879.

La chambre a pensé qu'il y aurait avantage à réunir, dans une seule loi, les dispositions relatives à deux catégories de voies de communication qui sont destinées à répondre aux mêmes nécessités et entre lesquelles il n'existe aucune différence essentielle.

Le gouvernement a repris l'étude de la question sur ces nouvelles bases et, d'accord avec la commission parlementaire, il a accepté une rédaction unique, dans laquelle il a été tenu compte, autant que le comportait la situation, des observations que vous aviez présentées lors de la discussion des deux projets primitifs.

Le nouveau projet a été voté par la chambre des députés, le 20 décembre dernier; vous avez suivi avec attention l'instruction approfondie à laquelle il a donné lieu et nous venons aujourd'hui, avec confiance, vous demander de vouloir bien y donner votre haute sanction *(Voir ce projet p. 150)*.

---

18 mars 1880. SÉNAT.

Rapport fait, — au nom de la commission chargée d'examiner le projet de loi, adopté par la chambre des députés, relatif aux chemins de fer d'intérêt local et aux tramways, — par M. Émile Labiche.

Messieurs, le 29 avril 1878, le gouvernement a soumis au sénat deux projets de loi relatifs, l'un aux chemins de fer d'intérêt local, l'autre aux voies ferrées établies sur les voies publiques *(p. 5)*.

Le premier de ces projets apportait de profondes modifications à la législation existante (loi du 12 juillet 1865); il a été voté par le sénat, dans les séances des 2 et 12 décembre 1878 *(p. 31 et 34)*.

Le second n'avait pas pour objet de modifier la législation, mais de la créer, en donnant aux voies ferrées, établies sur les voies publiques, qui ont été désignées successivement sous le nom de chemins de fer sur routes, chemins de fer américains et tramways, une réglementation qu'elles n'avaient jamais eue en France. Ce second projet a été voté par le sénat, dans les séances des 28 janvier et 7 mars 1879 *(p. 56 et 109)*.

Les deux projets ont été présentés à la chambre des députés, le 13 mars 1879.

Devant la commission de la chambre, a été soulevée tout d'abord une question préjudicielle : celle de la réunion des deux projets en un seul. Déjà cette question avait préoccupé la commission du sénat. Les rapports constatent, en effet « que les deux projets avaient une étroite connexité....; que la réglementation des deux espèces de voies ferrées reposait sur les mêmes principes.... ; qu'ils auraient pu être fondus en une seule loi ».

Cependant la commission n'avait pas cru devoir renoncer à la division proposée par le gouvernement, parce qu'en la conservant, il lui semblait plus facile de donner, au risque de quelques répétitions, plus de clarté à des dispositions qui sont loin d'être toujours identiques.

La commission de la chambre ne s'est pas arrêtée devant les difficultés qui nous avaient décidés à conserver le cadre adopté par le gouvernement. Elle a pensé que, sous réserve de quelques exceptions, il était possible d'établir une assimilation complète entre les chemins de fer d'intérêt local et les tramways; et elle a essayé de formuler cette réglementation unique dans un premier projet, déposé le 17 juillet 1879 *(p. 116)*.

Mais, sur les observations de M. de Freycinet, ministre des travaux publics, la commission a reconnu que les conditions de construction et d'exploitation des chemins de fer d'intérêt local et des tramways différaient essentiellement; et elle a admis la nécessité d'apporter au principe d'assimilation des exceptions beaucoup plus nombreuses et plus importantes qu'elle ne l'avait fait d'abord; seulement, au lieu d'édicter ces distinctions en les groupant séparément, la commission a cru possible de les insérer successivement dans chacun des articles.

Toutes les règles spéciales aux tramways ont donc été intercalées au milieu des règles spéciales aux chemins d'intérêt local et des règles communes aux deux espèces de voies ferrées.

Cette méthode présentait, au point de vue de la clarté de la rédaction, de grandes difficultés; aussi, malgré les études prolongées d'une commission très compétente, malgré le talent de son habile rapporteur, M. René Brice, le but que se proposait la commission ne nous paraît pas avoir été complètement atteint.

Plusieurs dispositions sont en désaccord avec les intentions bienveillantes de la commission à l'égard des entreprises de voies ferrées.

C'est ainsi, pour citer des exemples, qu'en généralisant des dispositions qui, dans le principe, ne concernaient que les tramways, la chambre a limité à 50 ans les concessions de chemins d'intérêt local, au lieu de les laisser sous l'empire du droit commun (99 ans); c'est ainsi qu'elle a privé de subvention les chemins de fer d'intérêt local qui n'empruntent pas le territoire de plusieurs communes.

Du reste, — quand bien même la méthode adoptée par la commission de la chambre aurait permis la réglementation parallèle, dans les mêmes articles, des deux matières, — nous ne croyons pas qu'il aurait été possible d'éviter une certaine confusion dans la rédaction.

Le second projet de la commission de la chambre a été déposé le 16 décembre 1879 *(p. 148)*; il a été adopté immédiatement et sans aucune discussion par la chambre, dans la séance du 20 décembre 1879 *(p. 153)*.

Il a été transmis au sénat, le 24 janvier 1880 *(p. 154)*, et renvoyé à la commission qui avait examiné les projets en 1878.

Nous ne croyons pas utile de reproduire les explications contenues dans le rapport, concernant les chemins de fer d'intérêt local, que nous avons déposé le 21 novembre 1878 *(p. 11)*, et dans le rapport concernant les voies ferrées établies sur les voies publiques, déposé, le 16 décembre 1878, par l'honorable M. Herold *(p. 40)*.

Si vous voulez bien, messieurs, vous reporter à ces deux documents, il nous suffira aujourd'hui d'exposer les modifications que nous proposons d'apporter aux dispositions que vous aviez adoptées en 1878.

Les plus importantes de ces modifications sont la conséquence de deux décisions de principe que nous empruntons au projet de la chambre et qui peuvent se résumer ainsi :

Réunion des deux lois en une seule;

Amélioration des conditions faites aux entreprises de voies ferrées.

I. *Réunion des deux lois en une seule.* — Nous avons déjà rappelé, sur cette question, les dispositions de votre commission, en vous citant plusieurs passages des deux rapports de 1878.

Nous n'avions jamais été hostiles à la réunion des deux lois; nous avons donc accepté volontiers le principe adopté par la chambre, mais nous avons été unanimes à vous proposer d'en faire une application un peu différente.

Nous avons cru devoir renoncer à réunir, dans les mêmes articles, les réglementations, souvent dissemblables, des chemins de fer d'intérêt local et des voies ferrées établies sur les voies publiques, que nous vous demanderons de désigner sous le nom de *tramways*, puisque la chambre a adopté et que le gouvernement a accepté cette désignation, que nous avions proposée en 1878.

Nous avons reconnu qu'au lieu de suivre la méthode de la chambre, il était préférable de classer les dispositions concernant ces deux catégories de voies ferrées en deux chapitres : le premier consacré aux chemins de fer d'intérêt local et le second aux tramways. Nous avons rendu applicables à ces derniers, au moyen d'un simple renvoi à certains articles du chapitre premier, toutes les dispositions qui doivent être communes aux deux espèces de voies ferrées.

En conservant ainsi les avantages de la simplification proposée par la chambre, nous avons évité, nous l'espérons du moins, les inconvénients que pouvait présenter la réunion, dans les mêmes articles, de règles différentes pour les chemins de fer d'intérêt local et pour les tramways.

Cette combinaison a nécessité la coupure de quelques articles et plusieurs changements de rédaction, ayant pour objet de rendre le texte d'un certain nombre d'articles applicable aux deux catégories de voies ferrées.

II. *Amélioration des conditions faites aux entreprises de voies ferrées.* — Nous avons accepté également la seconde décision de principe adoptée par la chambre des députés relativement à l'amélioration des conditions faites aux entreprises de voies ferrées.

Nous l'avons adoptée d'autant plus volontiers que, dans notre rapport de

1878, nous avions exprimé, à plusieurs reprises, la crainte que les conditions offertes par le projet du gouvernement ne fussent pas suffisantes.

Nous avions déjà obtenu que le chiffre de la recette brute, dont le déficit servait de base au calcul de la subvention de l'Etat, fût porté, selon les hypothèses, de 7,000 à 8,000, de 6,000 à 7,000 francs.

Nous nous étions demandé si, malgré cette concession, « le sénat, en acceptant les bases d'évaluation du gouvernement, ne s'exposait pas à édicter une loi qui resterait sans application jusqu'au jour où le chiffre des subventions aurait été augmenté; s'il ne serait pas préférable d'accroître immédiatement la puissance d'action de la loi, en élevant les évaluations d'après les données de l'expérience.... » *(p. 23)*.

Nous exposions que « les expériences faites jusqu'à présent semblaient en contradiction avec les évaluations du ministre, pour les frais de premier établissement » *(p. 24)*.

Le ministre le reconnaissait, mais répondait qu'il ne fallait pas se fonder sur ce qui s'était fait jusqu'à présent en France, mais sur ce qu'il était possible de faire. Enfin, après l'exposé des considérations invoquées par le ministre, à l'appui de ses évaluations, la commission concluait ainsi :

« A raison de ces diverses considérations, la commission a décidé à l'unanimité qu'il convenait d'accepter pour base de la fixation des subventions les évaluations faites par le projet de loi, évaluations dont M. le ministre des travaux publics *a déclaré accepter complètement la responsabilité* » *(p. 25)*.

C'est donc seulement par déférence pour les affirmations formelles du ministre que la commission, qui n'avait pas compétence spéciale pour les discuter au point de vue technique, maintenait, comme base des subventions, les évaluations du projet du gouvernement.

Mais, la commission de la chambre ayant partagé nos préoccupations, le gouvernement s'est décidé à y donner satisfaction et à améliorer notablement la situation des entreprises de voies ferrées.

Dans ce but, il a consenti :

1° La suppression du maximum de la subvention kilométrique (2,000 francs pour les chemins d'intérêt local et 1,000 francs pour les tramways);

2° L'élévation à 400,000 francs par département de la participation de l'Etat, laquelle ne s'élevait précédemment qu'à 300,000 francs;

3° La suppression de la limitation de la durée qui avait été fixée à la subvention de l'Etat (30 ans pour les chemins de fer d'intérêt local, 20 ans pour les tramways);

4° La fixation à 10,000 et 8,000 francs pour les chemins d'intérêt local, suivant les hypothèses, 6,000 francs pour les tramways, de la recette brute à compléter pour partie par les subventions, recette brute qui, d'après notre premier projet, était de 9,000 et 7,000 francs pour les chemins d'intérêt local, et 6,000 et 5,000 francs pour les tramways;

5° L'extension, aux conventions relatives aux chemins de fer d'intérêt local, de la faveur d'un droit fixe d'enregistrement.

A ces conditions favorables, dont la chambre a pris l'initiative et qui faciliteront beaucoup l'établissement des voies ferrées, la commission du sénat vous propose d'ajouter les avantages suivants :

Faculté d'augmenter la durée des concessions, qui resterait limitée seulement d'après le droit commun, soit 99 ans au lieu de 50 ans;

Extension de la compétence de la commission arbitrale instituée par l'article 11 à la fixation de l'indemnité pour rachat de la concession ou pour suppression ou modification du tracé;

Droit aux subventions de l'Etat, lors même que la voie ferrée n'emprunte que le territoire d'une seule commune;

Application des lois du 21 mai 1836 et du 8 juin 1864 pour l'expropriation des terrains nécessaires à l'ouverture des voies accessoires destinées à l'établissement des tramways.

Après avoir justifié l'acceptation par votre commission du principe des deux modifications adoptées par la chambre, il ne nous reste plus qu'à examiner successivement, article par article, chacune des nouvelles dispositions adoptées et à expliquer les changements de rédaction que nous proposons.

CHAPITRE Ier. — *Chemins de fer d'intérêt local.*

Les articles 1 et 2 et les quatre premiers paragraphes de l'article 3 ne sont que la reproduction des articles adoptés en 1878.

A l'article 3, nous avons jugé utile d'ajouter les paragraphes 5 et 6, qui mentionnent expressément qu'un chemin de fer d'intérêt local peut, sans perdre son caractère légal, emprunter sur une partie de son parcours le sol d'une voie publique.

Bien que cet emprunt n'enlève pas la voie publique à la circulation ordinaire, soit des voitures, si la ligne ferrée est établie à rails plats sur la chaussée ou à rails saillants sur les accotements, soit des piétons, si la ligne ferrée est établie dans d'autres conditions ; comme cet emprunt modifie l'affectation primitive de la voie publique, nous décidons que, dans ce cas, deviendront applicables plusieurs dispositions prescrites par le chapitre II sur les tramways.

Ainsi il résulte des paragraphes 5 et 6 que, pour les sections d'un chemin de fer d'intérêt local construites sur la voie publique, il y aura lieu d'appliquer :

L'article 29, nécessité d'une enquête, suivant un règlement d'administration publique réglementant les autorisations d'occupation des routes et chemins;

L'article 34, obligation d'entretenir la voie publique;

L'article 35, obligation de rendre cette voie en bon état de viabilité;

L'article 37, dispense de certaines prescriptions de la loi sur la police des chemins de fer, qui ne peuvent être appliquées sur ces routes et chemins;

Enfin l'article 38, obligation, par compensation, d'observer les règles spéciales que nécessite la circulation des trains sur les voies publiques.

Ces deux paragraphes ont une autre utilité; ils réfutent implicitement la doctrine d'après laquelle le caractère légal d'une voie ferrée serait déterminé par des circonstances matérielles, notamment par la circonstance que le sol qu'elle emprunte appartiendrait ou n'appartiendrait pas à une voie publique ordinaire, tramway dans le premier cas, chemin de fer d'intérêt local dans le second.

Cette distinction ne se justifierait pas plus, à l'égard des chemins de fer d'intérêt local, qu'elle ne se justifierait à l'égard des chemins de fer d'intérêt général ou à l'égard des voies de terre.

Nous savons, en effet, qu'un chemin de fer d'intérêt général ne perd pas son caractère parce qu'il emprunte une route, un quai, soit pour un passage à niveau, soit pour un parcours plus prolongé (exemple: emprunt, par les rails de la compagnie d'Orléans, des quais de Nantes).

Ce qui distingue le chemin de fer d'intérêt local du chemin de fer d'intérêt général comme des tramways, c'est le classement.

Nous expliquerons cependant, article 26, que le tramway, qu'il soit établi sur un chemin ancien ou sur une déviation nouvellement classée comme annexe, est nécessairement sur une voie affectée à la circulation publique, que cette circulation puisse avoir lieu par voitures ou à pied.

Le principe que nous rappelons pour les voies ferrées existe également pour les voies de terre. Un chemin ne reçoit le caractère de chemin vicinal ordinaire que par son classement et c'est seulement par un nouveau classement qu'il peut devenir d'intérêt commun ou de grande communication, route départementale ou route nationale.

Il est donc constaté, par les paragraphes 5 et 6 de l'article 3, qu'un chemin de fer d'intérêt local peut emprunter, sur un parcours plus ou moins long, le sol d'une voie publique, sans perdre le caractère légal que lui attribue l'acte de concession.

Les articles 4, 5, 6, 7, 9, 10, 11, 12, sont la reproduction de dispositions que le sénat a votées en 1878, sauf quelques modifications de texte, motivées par la nécessité d'adopter une rédaction qui puisse être applicable aux tramways au moyen d'un simple renvoi.

L'article 8 énonce un principe de droit commun, qu'on avait jugé nécessaire de rappeler pour les tramways, c'est que « aucune concession ne pourra faire obstacle à ce qu'il soit accordé des concessions concurrentes, à moins de stipulation contraire dans l'acte de concession ».

Il n'est pas inutile de généraliser cet article et de le rendre également applicable aux chemins de fer d'intérêt local.

L'article 13 (article 11 de notre premier projet) édicte l'une des modifications fondamentales apportées à la législation de 1865. Il substitue à la subvention en capital, dont nous avons constaté dans notre premier rapport l'insuffisance et les inconvénients, une subvention sous forme d'annuités.

Dans ce premier rapport, comme dans les premières rédactions de la loi, on avait employé, pour désigner cette subvention par annuités, l'expression de *garantie d'intérêt.*

Bien que cette expression soit d'un usage habituel, nous avons pensé qu'il était préférable de lui substituer un terme plus exact, ne pouvant donner lieu à aucune équivoque.

Dans un rapport, cette équivoque ne pouvait subsister, parce qu'à côté de l'expression, on déterminait les éléments et la destination de cette prétendue garantie d'intérêt.

Mais cette expression, insérée sans explication dans la loi, pouvait être la cause de méprises.

En effet, s'il est exact que la subvention par annuités accordée par l'État est bien calculée, comme le seraient les intérêts, sur le capital de premier établissement prévu par l'acte de concession, il est incontestable que cette subvention n'est pas employée, nécessairement et uniquement, à garantir au capital un intérêt certain et invariable de 5 p. 100.

Il peut arriver que le capital dépensé soit plus considérable que le capital prévu dans la concession.

L'acte de société peut exiger l'emploi d'une partie du produit en amortissement, avant que ce produit puisse être affecté à la rémunération du capital.

Enfin, même en dehors de ces deux hypothèses, on peut prévoir la nécessité de faire emploi d'une partie de la subvention pour assurer l'exploitation.

Les tableaux A, B, C, établis par notre savant collègue, M. Vivenot, qui a bien voulu nous aider de ses excellents conseils et de sa précieuse collaboration, ne permettent pas le moindre doute.

A raison de ces considérations, nous avons cru devoir substituer aux mots *intérêts* et *garantie d'intérêts,* bien qu'ils fussent, dans une certaine mesure, autorisés par l'usage, les expressions plus rigoureusement exactes: *subvention par annuités*, *participation de l'Etat*, qui ne permettent aucune équivoque.

Le désir d'arriver à la plus grande précision possible nous a fait remplacer un mot par un autre dans le premier paragraphe de l'article 13.

« L'Etat, disions-nous dans notre rédaction de 1878, l'Etat peut s'engager à subvenir pour partie au paiement de cette insuffisance, à condition qu'une partie *au moins égale* sera payée par le département ou la commune », etc., etc.

Il avait été expliqué, dans notre rapport de 1878 *(p. 21),* d'abord que les subventions départementales et communales peuvent dépasser la subvention de l'Etat, puis « que les sacrifices des départements et des communes peuvent se produire sous une autre forme que celle adoptée pour les sacrifices de l'Etat ».

Nous ajoutions : « Les départements et les communes pourraient donc consentir des *subventions fermes* ou des annuités qui ne seraient pas subordonnées aux mêmes conditions de limitation et de durée que celles de l'Etat. Mais il faudra toujours que ces subventions représentent une valeur *au moins égale* à celle du sacrifice qu'on réclamera de l'Etat. — Il est probable que les cas où les départements et les communes useront de la faculté de donner des subventions fermes, au lieu de garanties d'intérêt, se présenteront bien rarement. Les budgets départementaux et municipaux peuvent, en effet, fournir plus facilement des annuités, réparties sur une longue période, *que des capitaux représentant la valeur de ces annuités.* »

Malgré ces explications, de bons esprits avaient interprété la loi en ce sens que, si les subventions des départements et des communes pouvaient être supérieures à celles de l'Etat, elles devaient nécessairement se produire sous la même forme, c'est-à-dire sous forme d'annuités.

Afin de faire cesser toute incertitude, nous vous proposons la substitution, dans le texte de la loi, du mot *équivalente* au mot *égale.*

Les autres modifications apportées à l'article ont pour objet d'augmenter les avantages accordés aux concessionnaires.

La subvention de l'Etat est maintenant formée de deux éléments : l'un fixe, représentant la partie des dépenses d'exploitation qui ne varie pas suivant la dépense de premier établissement, ni suivant l'importance du trafic ; l'autre variable suivant ces deux éléments.

La recette brute annuelle normale sur laquelle est calculé le déficit a été élevée, ainsi que nous l'avons déjà dit, de 1,000 francs par kilomètre et portée à 10,000 francs, pour les lignes établies de manière à recevoir les véhicules des grands réseaux, et à 8,000 francs pour les lignes qui ne peuvent recevoir ces véhicules.

Les tableaux établis par l'honorable M. Vivenot feront apprécier, plus facilement que nos explications, le jeu de ces combinaisons.

Nous avons reconnu la nécessité d'ajouter à la rédaction de la chambre le paragraphe 3, ainsi conçu :

« En aucun cas, la subvention de l'Etat ne pourra élever la recette brute au-dessus des chiffres ci-dessus fixés ni attribuer au capital de premier établissement plus de 5 p. 100 par an. »

Sans la première de ces restrictions, les concessionnaires auraient pu avoir intérêt à maintenir la recette brute au-dessous de la limite fixée.

Démontrons-le par un exemple. Appliquons notre article à un chemin à voie étroite dont la recette doit être de 8,000 francs pour qu'il n'y ait pas lieu à subvention.

Supposons un capital de premier établissement de 80,000 francs et une recette brute de . . . . 7.900 fr.

les 5 p. 100 du capital de premier établissement s'élèvent à	4.000	8.600 —
les frais d'exploitation à	4.600	
La différence est de.		700 —

En appliquant notre paragraphe additionnel, la subvention ne pourra élever la recette brute au-dessus de 8,000 francs, c'est-à-dire dépasser 100 francs. Tandis que, si le paragraphe 3 n'existait pas, les concessionnaires auraient pu, en demandant l'application de la lettre de l'article, raisonner ainsi :

La recette brute étant moindre de 8,000 francs, nous avons droit de recevoir de l'Etat et du département :

1° La subvention fixe, soit.	1.000 fr.
2° La moitié du déficit sur une recette brute de 8,000 francs (100), soit	50 —
Total. . . .	1.050 —

En maintenant la recette brute au-dessous de 8,000 francs, les concessionnaires auraient donc obtenu une augmentation de subvention de 950 francs et le produit brut total aurait été porté à 8,950 francs.

La seconde restriction apportée par le paragraphe 3 est justifiée par l'examen des tableaux annexés.

Lorsque le capital engagé reçoit une rémunération de 5 p. 100 par an, il ne doit pas y avoir lieu d'invoquer l'assistance de l'Etat, même quand la recette brute n'atteint pas 8,000 ou 10,000 francs.

On nous a fait remarquer que l'application du paragraphe dont nons venons de démontrer l'utilité pouvait présenter, dans certains cas, une anomalie, en attribuant au capital un intérêt proportionnellement moindre quand la recette brute est augmentée.

Ainsi, d'après le tableau B, avec une dépense kilométrique de premier établissement de 70,000 francs, pour une recette brute de 7,000 francs, la subvention servie au capital représentera 5 p. 100 et, pour une recette brute de 8,000 francs, la subvention ne représentera plus que 4.79 p. 100.

De même, si l'on suppose une dépense kilométrique de premier établissement de 80,000 francs, pour une recette brute de 6,000 francs, la subvention servie au capital représentera 5 p. 100, et, avec une recette brute de 8,000 francs, elle ne représentera plus que 4.19 p. 100, pour remonter ensuite.

Cette anomalie apparente ne nous paraît pas devoir faire abandonner notre combinaison. Voici nos motifs.

L'expérience démontre que les chiffres prévus dans nos tableaux, pour les frais d'exploitation, peuvent être notablement réduits. De plus, les résultats donnés par les tableaux supposent une loi de progression des dépenses d'exploitation constamment proportionnelle à l'augmentation de la recette brute; l'existence de cette loi ne nous est pas démontrée.

Cette loi de progression serait-elle aussi certaine que le supposent les tableaux, nous ne devons pas oublier que les subventions servies ne sont que des avances remboursables. Il peut donc y avoir avantage à ne recevoir que 4.79 p. 100 de son capital, si ces 4 fr. 79 c. sont donnés par des bénéfices définitivement acquis, plutôt que 5 p. 100, si ces 5 p. 100 sont donnés au moyen d'avances qu'il faudra rembourser le jour où l'entreprise donnera son produit plein. D'ailleurs, si l'on renonçait à la première des restrictions formulées par le paragraphe 3, on arriverait, comme nous l'avons démontré tout à l'heure, à assurer une recette brute supérieure au chiffre fixé par le paragraphe 2 (10,000 et 8,000 francs par kilomètre).

L'article 11 de l'ancien projet de loi des chemins de fer d'intérêt local limitait à 30 ans la durée possible de la participation de l'Etat.

Cette restriction, ainsi que celle analogue (20 ans) concernant les tramways, disparaît de la nouvelle loi.

C'est une grande sécurité donnée aux capitaux qui s'engageront dans les entreprises de voies ferrées et c'est en même temps une garantie donnée pour la continuation de l'exploitation.

Nous avons cru devoir supprimer également la limitation de la durée des concessions, fixées à 50 ans par l'article 11 du projet de la chambre des députés.

Il ne faut pas oublier que les chemins de fer d'intérêt local et les tramways pourront être souvent des annexes de grandes lignes auxquelles ils serviront d'affluents; il peut donc y avoir avantage à ce qu'on puisse fixer à ces entreprises accessoires une durée égale à celle des entreprises principales.

On doit remarquer aussi que la prolongation de durée d'une concession est un avantage considérable, car elle permet de réduire sensiblement la charge de l'amortissement.

En effet, tandis que l'amortissement en 50 ans exige une annuité de

0 fr. 48 c. p. 100, l'amortissement en 75 ans n'exige qu'une annuité de 0 fr. 13 c. p. 100; or la nouvelle loi reconnaît la nécessité de l'intervention de l'Etat et des départements pour assurer, dans une certaine mesure, la rémunération des capitaux engagés.

L'obligation d'amortir en 20 ou 30 ans, nécessitant des prélèvements considérables sur les produits, aurait eu pour conséquence d'aggraver les sacrifices de l'Etat et des départements; car ce sont leurs subventions qui auraient eu, en réalité, à combler le déficit résultant d'un amortissement trop rapide.

Enfin il est bon de pouvoir donner aux concessions une durée d'autant plus longue que l'entreprise doit être moins rapidement productive.

L'article 14 élève à 400,000 francs par département la charge annuelle qui pourra résulter pour le trésor de l'application de la présente loi.

D'après les projets votés en 1878, le maximum était fixé à 300,000 francs.

Il est certain, comme nous le disions dans notre rapport de 1878, que, le plus souvent, l'insuffisance des ressources départementales ou communales ne permettra pas d'atteindre le maximum.

Si tous les départements de France et les trois départements d'Algérie étaient en situation d'user de la faculté que leur offre l'Etat et d'épuiser la réserve mise à leur disposition, l'ensemble des subventions pourrait s'élever à 36,000,000 francs, soit à six fois la somme que l'article 6 de la loi de 1865 autorisait l'Etat à consacrer, chaque année, aux chemins de fer d'intérêt local.

Les dispositions des *articles 15 à 25* sont la reproduction de dispositions analogues contenues dans notre projet de 1878, sauf quelques modifications de rédaction dont nous avons déjà expliqué le but. Nous n'avons donc, pour ces articles, qu'à renvoyer à notre rapport de 1878.

Le dernier paragraphe de l'*article 23* a été introduit dans la loi pour donner satisfaction à une préoccupation de la chambre.

Depuis que notre loi est en projet, des concessions ont été consenties et des mesures d'instruction ont été accomplies en prévision d'un vote plus rapide de la loi. Nous décidons, par le dernier paragraphe de l'article 23, qu'il n'y aura pas lieu de renouveler les actes accomplis, toutes les fois que les formalités prescrites par la nouvelle loi auront été observées par avance.

CHAPITRE II. — *Tramways.*

L'article 26 donne la définition du tramway: c'est une voie ferrée concédée sur une voie publique; peu importe, comme l'expose le rapport de M. Herold, que le fonctionnement de cette voie ferrée ait lieu à l'aide de rails plats, permettant la circulation des voitures ordinaires et des piétons, ou à l'aide de rails saillants pouvant faire obstacle à la circulation des voitures ordinaires, mais permettant celle des piétons; peu importe que la traction s'opère au moyen de chevaux ou à l'aide de moteurs mécaniques. Un chemin de fer d'intérêt local, nous l'avons déjà expliqué (article 3), peut aussi, dans certains cas, emprunter une voie publique. Mais le tramway est *toujours* établi sur cette voie publique, qui, le plus souvent existait antérieurement; qui, dans d'autres cas, a été ouverte pour servir d'assiette au tramway, mais qui toujours reste affectée ou est affectée à la circulation, soit des voitures ordinaires, soit des piétons. C'est là le signe caractéristique du tramway, au point de vue matériel; au point de vue légal, le tramway, comme toutes les voies de communication, reçoit son caractère par le classement (voir page 156).

La rédaction de l'article 26 nous paraît assez claire pour n'avoir pas besoin d'autres explications.

L'article 27 contient une modification au texte de l'ancien article 2, qu'il remplace: d'après cet article 2, c'était à l'Etat seul qu'appartenait le droit d'accorder la concession d'un tramway, quelle que fût la nature des voies empruntées, lorsque la ligne devait s'étendre sur plusieurs départements; au contraire, quand il s'agissait d'un chemin de fer d'intérêt local s'étendant aussi sur plusieurs départements, le pouvoir de concéder était accordé aux départements, moyennant une entente préalable, par application des articles 89 et 90 de la loi du 10 août 1871.

Il nous a paru qu'il n'y avait pas lieu de maintenir cette anomalie et d'interdire aux départements la concession d'une voie secondaire, le tramway, quand ils avaient le pouvoir de concéder la voie plus importante, le chemin de fer d'intérêt local.

C'est à la personne morale (Etat, département ou commune) qui est propriétaire des voies sur lesquelles le tramway doit être établi qu'il appartient d'accorder la concession. Quand les voies ne sont pas de même nature, le droit de concéder appartient au plus éminent des propriétaires; toutefois, si le tramway passe sur le territoire de deux communes, c'est au département qu'appartient le droit de concession, quand même les voies empruntées seraient uniquement des chemins vicinaux ordinaires ou des chemins ruraux.

L'article 28 (ancien article 3) stipule la faculté de rétrocession.

L'article 29 maintient le système établi par l'ancien article 4 : l'intervention du législateur pour la déclaration d'utilité publique et pour l'autorisation d'exécution n'a pas paru nécessaire, comme elle l'est pour les chemins de fer d'intérêt local; un décret délibéré en conseil d'Etat suffira.

Mais, comme l'établissement d'un tramway a pour conséquence de modifier l'affectation d'une voie publique préexistante ou d'amener l'ouverture d'une nouvelle voie publique, la concession devra être précédée d'une enquête dans les formes déterminées par un règlement d'administration publique.

L'article 30 prévoit l'établissement d'un cahier des charges type, approuvé par le conseil d'Etat.

La commission aurait excédé sa compétence en essayant de poser les bases de ce cahier des charges; mais, comme elle a la conviction que la loi ne produira les grands et utiles résultats qu'on en attend que si elle est appliquée dans un esprit libéral, la commission a émis le vœu que le cahier des charges donne aux concessionnaires toutes les facilités compatibles avec la sécurité publique et l'intérêt général; que notamment on n'y insère pas certaines clauses qui livrent absolument les concessionnaires au pouvoir discrétionnaire de l'administration.

Du reste, l'article 6 de notre loi ne permettrait plus l'insertion de clauses analogues à celles qui existent dans le cahier des charges des tramways des villes (article 4, obligation de modifier les tracés à toute réquisition et *sans indemnité*; article 34, faculté de révocation de la concession *sans indemnité*).

L'article 31 est la reproduction de l'article 6 du projet que vous avez adopté en 1878. Ainsi, quand il s'agira de l'établissement d'un tramway, on pourra procéder en vertu de la loi du 21 mai 1836, complétée par la loi du 8 juin 1864, en ce qui concerne les propriétés bâties et les enclos qui en sont la dépendance, pour toutes les expropriations autres que celles ayant pour but l'élargissement ou la rectification des routes départementales ou nationales. Cette décision est justifiée par les considérations suivantes.

Nous nous proposons de faciliter le plus possible l'établissement des tramways; nous autorisons, par l'article 12, l'affectation à leur construction des ressources spéciales vicinales, créées par la loi de 1836. Comment leur refuserions-nous d'user du bénéfice de la procédure d'expropriation organisée par cette loi?

Lorsqu'il s'agit de l'établissement d'un chemin de fer d'intérêt local, cette extension de la législation vicinale ne pourrait se justifier, car le terrain exproprié pour la nouvelle voie ne doit pas être affecté à la circulation ordinaire; il en est autrement quand ce terrain est destiné à l'établissement d'un tramway. Nous ne voyons donc aucun inconvénient à ce que les déviations accessoires, qu'il est nécessaire d'ouvrir pour construire un tramway, soient classées comme chemins de grande ou de moyenne communication, plutôt que comme routes départementales ou nationales.

La procédure d'expropriation est plus prompte et plus facile pour les chemins vicinaux que pour les routes; c'est pour nous un motif suffisant de permettre de l'adopter de préférence.

La considération que, dans certains cas, la nouvelle voie servira de trait d'union entre deux voies n'appartenant pas à la voirie vicinale, ne nous arrête pas; en effet, nous voyons classer, tous les jours, des chemins de grande ou moyenne communication réunissant deux routes nationales ou départementales.

L'application de la loi de 1836 sera donc la règle et nous ne faisons à cette règle qu'une exception : c'est lorsque l'expropriation a pour but l'élargissement ou la rectification de routes nationales ou départementales ; permettre alors la compétence du petit jury conduirait à ce résultat singulier que telle route, qui ne pourrait être élargie pour les besoins de la circulation ordinaire en vertu de la loi de 1836, pourrait l'être, si cette modification de largeur était nécessitée par l'établissement d'un tramway.

En résumé, nous autorisons l'application des lois de 1836 et de 1864 pour les expropriations nécessaires à l'ouverture d'une voie nouvelle destinée à un tramway, parce que, cette voie nouvelle n'ayant encore aucun caractère légal, on peut choisir celui qu'il est le plus utile de lui attribuer et qu'à raison des facilités offertes par la loi de 1836, il y a avantage à la classer dans la voirie vicinale. Nous n'appliquons pas cette loi de 1836 en matière de rectification de route départementale ou nationale, parce que, cette voie appartenant à la grande voirie, on ne peut la soustraire à la législation qui la régit, sans en opérer le déclassement.

Les articles 33 et *34* sont la reproduction, sauf quelques changements de rédaction qui s'expliquent d'eux-mêmes, des articles 8 et 9 du projet adopté en 1878.

Nous avons supprimé, dans notre nouveau projet, les dispositions qui formaient l'ancien article 13 et qui limitaient à 50 ans la durée des concessions de tramways. Nous avons justifié (page 181) le maintien du droit commun.

L'article 36 fait application aux tramways du système de subventions par annuités, que l'article 13 applique aux chemins de fer d'intérêt local. Les chiffres seuls diffèrent. L'exposé que nous avons fait sur l'article 13 nous dispense de nouvelles explications.

L'article 39 rend applicables aux tramways toutes les dispositions adoptées pour les chemins de fer d'intérêt local qui doivent être communes à ces deux espèces de voies ferrées.

PROJET DE LOI.

(Le projet de loi du sénat, — tel qu'il a été définitivement arrêté dans la séance du 14 mai 1880 (p. 172), *— ayant été purement et simplement adopté par la chambre des députés et, par suite, converti en loi, il a paru inutile de le reproduire.)*

TABLEAU A

FONCTIONNEMENT DE LA SUBVENTION EN ANNUITÉS

stipulée par l'article 13 du projet de loi et du partage des bénéfices prévu par l'article 15 du même projet de loi.

1° Lignes d'intérêt local établies de manière à recevoir les véhicules des grands réseaux.

NOTA. — *Les chiffres prévus pour les frais d'exploitation peuvent être notablement réduits.*

CAPITAL de 1er établissement ET INTÉRÊTS	RECETTE BRUTE	SUBVENTION $\left[500+\frac{8000-R}{4}\right]\times 2$ Totale d'après la formule ci-dessus	Suffisante pour couvrir les dépenses d'exploitation et l'intérêt à 5 0/0 du capital de 1er établissement.	REVENU BRUT TOTAL y compris les subventions annuelles à payer aux concessionnaires (1 + 2 ou 1 + 3 suivant les cas)	FRAIS D'EXPLOITATION (Minimum prévu pour les frais d'exploitation 5,000 fr.)	REVENU NET TOTAL (4 — 5)	PART DE L'ÉTAT et des départements au delà de 6 0/0	PART du capital (6 — 7)	INTÉRÊTS servis au capital comprenant l'intérêt annuel et l'amortissement
	1	2	3	4	5	6	7	8	
	fr.	fr.	fr.	fr.	fr.	fr.	fr.	fr.	p. 100
80.000 fr. *Intérêts à 5 0/0* 4.000 fr. *Intérêts à 6 0/0* 4.800 fr.	2.000	5.000	7.000	7.000	5.000	2.000	»	2.000	2.50
	3.000	4.500	6.000	7.500	5.000	2.500	»	2.500	3.125
	4.000	4.000	5.000	8.000	5.000	3.000	»	3.000	3.75
	5.000	3.500	4.000	8.500	5.000	3.500	»	3.500	4.375
	6.000	3.000	3.000	9.000	5.000	4.000	»	4.000	5.00
	7.000	2.500	2.075	9.075	5.075	4.000	»	4.000	5.00
	8.000	2.000	1.150	9.150	5.150	4.000	»	4.000	5.00
	9.000	1.500	250	9.250	5.250	4.000	»	4.000	5.00
	10.000	1.000	»	10.000	5.350	4.650	»	4.650	5.81
	10.500	750	»	10.500	5.500	5.000	100	4.900	6.125
	11.000	500	»	11.000	5.650	5.350	275	5.075	6.34
	12.000	»	»	12.000	6.000	6.000	600	5.400	6.75
	13.000	»	»	13.000	6.350	6.650	925	5.725	7.15
	14.000	»	»	14.000	6.650	7.350	1.275	6.075	7.59
	15.000	»	»	15.000	7.000	8.000	1.600	6.400	8.00

CAPITAL de 1er établissement ET INTÉRÊTS	RECETTE BRUTE	SUVENTION $\left[500+\frac{8000-R}{4}\right]\times 2$ Totale d'après la formule ci-dessus	Suffisante pour couvrir les dépenses d'exploitation et l'intérêt à 5 0/0 du capital de 1er établissement	REVENU BRUT TOTAL y compris les subventions annuelles à payer aux concessionnaires (1 + 2 ou 1 + 3 suivant les cas)	FRAIS D'EXPLOITATION (Minimum prévu pour les frais d'exploitation, 5,000 fr.)	REVENU NET TOTAL (4 — 5)	PART DE L'ÉTAT et des départements au delà de 6 0/0	PART du capital (6 — 7)	INTÉRÊTS servis au capital comprenant l'intérêt annuel et l'amortissement
	1	2	3	4	5	6	7	8	
	fr.	fr.	fr.	fr.	fr.	fr.	fr.	fr.	p. 100
	2.000	5.000	7.500	7.000	5.000	2.000	»	2.000	2.22
	3.000	4.500	6.500	7.500	5.000	2.500	»	2.500	2.73
	4.000	4.000	5.500	8.000	5.000	3.000	»	3.000	3.33
	5.000	3.500	4.500	8.500	5.000	3.500	»	3.500	3.89
	6.000	3.000	3.500	9.000	5.000	4.000	»	4.000	4.44
90.000 fr.	7.000	2.500	2.575	9.500	5.075	4.425	»	4.425	4.92
Intérêts à 5 0/0	8.000	2.000	1.650	9.650	5.150	4.500	»	4.500	5.00
4.500 fr.	9.000	1.500	750	9.750	5.250	4.500	»	4.500	5.00
	10.000	1.000	»	10.000	5.350	4.650	»	4.650	5.16
Intérêts à 6 0/0	10.500	750	»	10.500	5.500	5.000	»	5.000	5.55
5.400 fr.	11.000	500	»	11.000	5.650	5.350	»	5.350	5.94
	12.000	»	»	12.000	6.000	6.000	300	5.700	6.33
	13.000	»	»	13.000	6.350	6.650	575	6.075	6.75
	14.000	»	»	14.000	6.650	7.350	975	6.375	7.08
	15.000	»	»	15.000	7.000	8.000	1.300	6.700	7.44
	16.000	»	»	16.000	7.350	8.650	1.625	7.025	7.80
	2.000	5.000	8.000	7.000	5.000	2.000	»	2.000	2.00
	3.000	4.500	7.000	7.500	5.000	2.500	»	2.500	2.50
	4.000	4.000	6.000	8.000	5.000	3.000	»	3.000	3.00
	5.000	3.500	5.000	8.500	5.000	3.500	»	3.500	3.50
	6.000	3.000	4.000	9.000	5.000	4.000	»	4.000	4.00
	7.000	2.500	3.075	9.500	5.075	4.425	»	4.425	4.425
100.000 fr.	8.000	2.000	2.150	10.000	5.150	4.850	»	4.850	4.85
Intérêts à 5 0/0	9.000	1.500	1.250	10.000	5.250	4.750	»	4.750	4.75
5.000 fr.	10.000	1.000	350	10.000	5.350	4.650	»	4.650	4.65
	10.500	750	»	10.500	5.500	5.000	»	5.000	5.00
Intérêts à 6 0/0	11.000	500	»	11.000	5.650	5.450	»	5.450	5.45
6.000 fr.	12.000	»	»	12.000	6.000	6.000	»	6.000	6.00
	13.000	»	»	13.000	6.350	6.650	325	6.325	6.325
	14.000	»	»	14.000	6.650	7.350	675	6.675	6.675
	15.000	»	»	15.000	7.000	8.000	1.000	7.000	7.00
	16.000	»	»	16.000	7.350	8.650	1.325	7.325	7.315
	17.000	»	»	17.000	7.650	9.350	1.675	7.675	7.675
	18.000	»	»	18.000	8.000	10.000	2.000	8.000	8.00

TABLEAU **B**

FONCTIONNEMENT DE LA SUBVENTION EN ANNUITÉS

stipulée par l'article 13 du projet de loi et du partage des bénéfices prévu par l'article 15 du même projet de loi.

2° Lignes d'intérêt local ne pouvant recevoir les véhicules des grands réseaux.

NOTA. — *Les chiffres prévus pour les frais d'exploitation peuvent être notablement réduits.*

CAPITAL de 1er établissement ET INTÉRÊTS	RECETTE BRUTE	SUBVENTION $\left[500+\frac{8000-R}{4}\right]\times 2$ — Totale d'après la formule ci-dessus	SUBVENTION — Suffisante pour couvrir les dépenses d'exploitation et l'intérêt à 5 0/0 du capital de 1er établissement	REVENU BRUT TOTAL y compris les subventions annuelles à payer aux concessionnaires (1 + 2 ou 1 + 3 suivant les cas)	FRAIS D'EXPLOITATION (Minimum prévu pour les frais d'exploitation, 4,000 fr.)	REVENU NET — TOTAL (4 — 5)	REVENU NET — PART DE L'ÉTAT et des départements au delà de 6 0/0	REVENU NET — PART du capital (6 — 7)	INTÉRÊTS servis au capital comprenant l'intérêt annuel et l'amortissement
	1	2	3	4	5	6	7	8	
	fr.	fr.	fr.	fr.	fr.	fr.	fr.	fr.	p. 100
40.000 fr. *Intérêts à* 5 0/0 2.000 fr. *Intérêts à* 6 0/0 2.400 fr.	2.000	4.000	4.000	6.000	4.000	2.000	»	2.000	5.00
	3.000	3.500	3.000	6.000	4.000	2.000	»	2.000	5.00
	4.000	3.000	2.000	6.000	4.000	2.000	»	2.000	5.00
	6.000	2.000	»	6.000	4.000	2.000	»	2.000	5.00
	6.500	1.750	»	6.500	4.150	2.350	»	2.350	5.875
	7.000	1.500	»	7.000	4.300	2.700	150	2.550	6.375
	8 000	1.000	»	8.000	4.650	3.350	475	2.875	7.17
	9.000	500	»	9.000	5.000	4.000	800	3.200	8.00
	10.000	»	»	10.000	5.300	4.700	1.150	3.550	8.89
	11.000	»	»	11.000	5.650	5.350	1.475	3.875	9.69
	12.000	»	»	12.000	6.000	6.000	1.800	4.200	10.50
50.000 fr. *Intérêts à* 5 0/0 2.500 fr. *Intérêts à* 6 0/0 3.000 fr.	2.000	4.000	4.500	6.000	4.000	2.000	»	2.000	4.00
	3.000	3.500	3.500	6.500	4.000	2.500	»	2.500	5.00
	4.000	3.000	2.500	6.500	4.000	2.500	»	2.500	5.00
	6.000	2.000	500	6.500	4.000	2.500	»	2.500	5.00
	6.500	1.750	150	6.650	4.150	2.500	»	2.500	5.00
	7.000	1.500	»	7.000	4.300	2.700	»	2.700	5.40
	8.000	1.000	»	8.000	4.650	3.350	175	3.175	6.35
	9.000	500	»	9.000	5.000	4.000	500	3.500	7.00
	10.000	»	»	10.000	5.300	4.700	850	3.850	7.70
	11.000	»	»	11.000	5.650	5.350	1.175	4.175	8.35
	12.000	»	»	12.000	6.000	6.000	1.500	4.500	9.00
60.000 fr. *Intérêts à* 5 0/0 3.000 fr. *Intérêts à* 6 0/0 3.600 fr.	2.000	4.000	5.000	6.000	4.000	2.000	»	2.000	3.33
	3.000	3.500	4.000	6.500	4.000	2.500	»	2.500	4.17
	4.000	3.000	3.000	7.000	4.000	3.000	»	3.000	5.00
	6.000	2.000	1.000	7.000	4.000	3.000	»	3.000	5.00
	6.500	1.750	650	7.150	4.150	3.000	»	3.000	5.00
	7.000	1.500	300	7.300	4.300	3.000	»	3.000	5.00
	8.000	1.000	»	8.000	4.650	3.350	»	3.350	5.58

CAPITAL de 1er établissement ET INTÉRÊTS	RECETTE BRUTE	SUBVENTION $\left[500+\frac{8000-R}{4}\right]\times 2$ — Totale d'après la formule ci-dessus	SUBVENTION — Suffisante pour couvrir les dépenses d'exploitation et l'intérêt à 5 0/0 du capital de 1er établissement	REVENU BRUT TOTAL y compris les subventions annuelles à payer aux concessionnaires (1 + 2 ou 1 + 3 suivant les cas)	FRAIS D'EXPLOITATION (Minimum prévu pour les frais d'exploitation, 4.000 fr.)	REVENU NET — TOTAL (4 — 5)	REVENU NET — PART DE L'ÉTAT et des départements au delà de 6 0/0	REVENU NET — PART du capital (6 — 7)	INTÉRÊTS servis au capital comprenant l'intérêt annuel et l'amortissement
	1	2	3	4	5	6	7	8	
	fr.	fr.	fr.	fr.	fr.	fr.	fr.	fr.	p. 100
60.000 fr. (*suite*).	9.000	500	»	9.000	5.000	4.000	200	3.800	6.50
	10.000	»	»	10.000	5.300	4.700	550	4.150	6.92
	11.000	»	»	11.000	5.650	5.350	875	4.475	7.46
	12.000	»	»	12.000	6.000	6.000	1.200	4.800	8.00
	13.000	»	»	13.000	6.300	6.700	1.550	5.150	8.58
70.000 fr. *Intérêts à* 5 0/0 3.500 fr. *Intérêts à* 6 0/0 4.200 fr.	2.000	4.000	5.500	6.000	4.000	2.000	»	2.000	2.86
	3.000	3.500	4.500	6.500	4.000	2.500	»	2.500	3.57
	4.000	3.000	3.500	7.000	4.000	3.000	»	3.000	4.29
	6.000	2.000	1.500	7.500	4.000	3.500	»	3.500	5.00
	6.500	1.750	1.150	7.650	4.150	3.500	»	3.500	5.00
	7.000	1.500	800	7.800	4.300	3.500	»	3.500	5.00
	8.000	1.000	»	8.000	4.650	3.350	»	3.350	4.79
	8.500	750	»	8.500	4.800	3.700	»	3.700	5.29
	9.000	500	»	9.000	5.000	4.000	»	4.000	5.71
	10.000	»	»	10.000	5.300	4.700	250	4.450	6.36
	11.000	»	»	11.000	5.650	5.350	575	4.775	6.82
	12.000	»	»	12.000	6.000	6.000	900	5.100	7.29
	13.000	»	»	13.000	6.300	6.700	1.250	5.450	7.79
	14.000	»	»	14.000	6.650	7.350	1.550	5.775	8.25
80.000 fr. *Intérêts à* 5 0/0 4.000 fr. *Intérêts à* 6 0/0 4.800 fr.	2.000	4.000	6.000	6.000	4.000	2.000	»	2.000	2.50
	3.000	3.500	5.000	6.500	4.000	2.500	»	2.500	3.12
	4.000	3.000	4.000	7.000	4.000	3.000	»	3.000	3.75
	6.000	2.000	2.000	8.000	4.000	4.000	»	4.000	5.00
	6.500	1.750	1.650	8.000	4.150	3.850	»	3.850	4.81
	7.000	1.500	1.300	8.000	4.300	3.700	»	3.700	4.62
	8.000	1.000	650	8.500	4.650	3.350	»	3.350	4.19
	8.500	750	300	9.000	4.800	3.700	»	3.700	4.62
	9.000	500	»	9.500	5.000	4.000	»	4.000	5.00
	9.500	250	»	10.000	5.150	4.350	»	4.350	5.44
	10.000	»	»	11.000	5.300	4.700	»	4.700	5.87
	11.000	»	»	12.000	5.650	5.350	275	5.075	6.34
	12.000	»	»	13.000	6.000	6.000	600	5.400	6.75
	13.000	»	»	13.000	6.300	6.700	950	5.750	7.19
	14.000	»	»	14.000	6.650	7.350	1.275	6.075	7.59
	15.000	»	»	15.000	7.000	8.000	1.600	6.400	8.00

FONCTIONNEMENT DE LA SUBVENTION EN ANNUITÉS

stipulée par l'article 37 du projet de loi et du partage des bénéfices prévu par l'article 44 du même projet de loi.

3° Tramways.

Nota. — *Les chiffres prévus pour les frais d'exploitation peuvent être notablement réduits.*

CAPITAL de 1er établissement et intérêts	RECETTE BRUTE	SUBVENTION $\left[500+\frac{6000-R}{4}\right]\times 2$ Totale d'après la formule ci-dessus	Suffisante pour couvrir les dépenses d'exploitation et l'intérêt à 5 0/0 du capital de 1er établissement	REVENU BRUT TOTAL y compris les subventions annuelles à payer aux concessionnaires (1 + 2 ou 1 + 3 suivant les cas)	FRAIS D'EXPLOITATION (Minimum prévu pour les frais d'exploitation, 3,000 fr.)	REVENU NET TOTAL (4 — 5)	PART DE L'ÉTAT des départements au delà de 6 0/0	PART du capital (6 — 7)	INTÉRÊTS servis au capital comprenant l'intérêt annuel et l'amortissement
	1	2	3	4	5	6	7	8	
	fr.	fr.	fr.	fr.	fr.	fr.	fr.	fr.	p. 100
	1.000	3.500	3.250	4.250	3.000	1.265	»	1.250	5.00
	2.000	3.000	2.250	4.250	3.000	1.250	»	1.250	5.00
	3.000	2.500	1.250	4.250	3.000	1.250	»	1.250	5.00
25.000 fr.	4.000	2.000	250	4.250	3.000	1.250	»	1.250	5.00
Intérêts à 5 0/0	4.500	1.750	»	4.500	3.100	1.400	»	1.400	5.60
1.250 fr.	5.000	1.500	»	5.000	3.200	1.800	150	1.650	6.60
Intérêts à 6 0/0	6.000	1.000	»	6.000	3.350	2.650	575	2.075	8.30
1.500 fr.	7.000	500	»	7.000	3.700	3.300	900	2.400	9.60
	8.000	»	»	8.000	4.000	4.000	1.250	2.750	11.00
	9.000	»	»	9.000	4.400	4.600	1.550	3.050	12.20
	10.000	»	»	10.000	4.800	5.200	1.850	3.350	13.40
	1.000	3.500	3.500	4.500	3.000	1.500	»	1.500	5.00
	2.000	3.000	2.500	4.500	3.000	1.500	»	1.500	5.00
	3.000	2.500	1.500	4.500	3.000	1.500	»	1.500	5.00
30.000 fr.	4.000	2.000	500	4.500	3.000	1.500	»	1.500	5.00
Intérêts à 5 0/0	4.500	1.750	100	4.600	3.100	1.500	»	1.500	5.00
1.500 fr.	5.000	1.500	»	5.000	3.200	1.800	»	1.800	6.00
Intérêts à 6 0/0	6.000	1.000	»	6.000	3.350	2.650	425	2.225	7.42
1.800 fr.	7.000	500	»	7.000	3.700	3.300	750	2.550	8.50
	8.000	»	»	8.000	4.000	4.000	1.100	2.900	9 67
	9.000	»	»	9.000	4.400	4.600	1.400	3.200	10.67
	10.000	»	»	10.000	4.800	5.200	1.700	3.500	11.67
	1.000	3.500	4.000	4.500	3.000	1.500	»	1.500	3.75
40.000 fr.	2.000	3.000	3.000	5.000	3.000	2.000	»	2.000	5.00
Intérêts à 5 0/0	3.000	2.500	2.000	5.000	3.000	2.000	»	2.000	5.00
2.000 fr.	4.000	2.000	1.000	5.000	3.000	2.000	»	2.000	5.00
Intérêts à 6 0/0	4.500	1.750	600	5.100	3.100	2.000	»	2.000	5.00
2.400 fr.	5.000	1.500	200	5.200	3.200	2.000	»	2.000	5.00
	5.500	1.250	»	5.500	3.275	2.225	»	2.225	5.56

CAPITAL de 1er établissement ET INTÉRÊTS	RECETTE BRUTE	SUBVENTION $\left[500+\frac{6000-R}{4}\right]\times 2$ — Totale d'après la formule ci-dessus	Suffisante pour couvrir les dépenses d'exploitation et l'intérêt à 5 0/0 du capital de 1er établissement	REVENU BRUT TOTAL y compris les subventions annuelles à payer aux concessionnaires (1 + 2 ou 1 + 3 suivant les cas)	FRAIS D'EXPLOITATION (Minimum prévu pour les frais d'exploitation, 3,000 fr.)	REVENU NET — TOTAL (4 — 5)	PART DE L'ÉTAT et des départements au delà de 6 0/0	PART du capital (6 — 7)	INTÉRÊTS servis au capital comprenant l'intérêt annuel et l'amortissement
	1	2	3	4	5	6	7	8	
	fr.	fr.	fr.	fr.	fr.	fr.	fr.	fr.	p. 100
40.000 fr. *(suite).*	6.000	1.000	»	6.000	3.350	2.650	125	2.525	6.31
	7.000	500	»	7.000	3.700	3.300	550	2.750	6.88
	8.000	»	»	8.000	4.000	4.000	800	3.200	8.00
	9.000	»	»	9.000	4.400	4.600	1.100	3.500	8.75
	10.000	»	»	10.000	4.800	5.200	1.400	3.800	9.50
50.000 fr.	1.000	3.500	4.500	4.500	3.000	1.500	»	1.500	3.00
Intérêts à 5 0/0 2.500 fr.	2.000	3.000	3.500	5.000	3.000	2.000	»	2.000	4.00
Intérêts à 6 0/0 3.000 fr.	3.000	2.500	2.500	5.500	3.000	2.500	»	2.500	5.00
	4.000	2.000	1.500	5.500	3.000	2.500	»	2.500	5.00
	4.500	1.750	1.100	5.600	3.100	2.500	»	2.500	5.00
	5.000	1.500	700	5.700	3.200	2.500	»	2.500	5.00
	5.500	1.250	275	5.775	3.275	2.500	»	2.500	5.00
	6.000	1.000	»	6.000	3.350	2.650	»	2.650	5.30
	7.000	500	»	7.000	3.700	3.300	150	3.150	6.30
	8.000	»	»	8.000	4.000	4.000	500	3.500	7.00
	9.000	»	»	9.000	4.400	4.600	800	3.800	7.06
	10.000	»	»	10.000	4.800	5.200	1.100	4.100	8.02
60.000 fr.	1.000	3.500	5.000	4.500	3.000	1.500	»	1.500	2.50
Intérêts à 5 0/0 3.000 fr.	2.000	3.000	4.000	5.000	3.000	2.000	»	2.000	3.66
Intérêts à 6 0/0 3.600 fr.	3.000	2.500	3.000	5.500	3.000	2.500	»	2.500	4.17
	4.000	2.000	2.000	6.000	3.000	3.000	»	3.000	5.00
	5.000	1.500	1.200	6.200	3.200	3.000	»	3.000	5.00
	6.000	1.000	350	6 350	3.350	3.000	»	3.000	5.00
	6.500	750	»	6.500	3.500	3.000	»	3.000	5.00
	7.000	500	»	7.000	3.700	3.300	»	3.300	5.50
	8.000	»	»	8.000	4.000	4.000	200	3.800	6.33
	9.000	»	»	9.000	4.400	4.600	500	4.100	6.83
	10.000	»	»	10.000	4.800	5.200	800	4.400	7.33
70.000 fr.	1.000	3.500	5.500	4.500	3.000	1.500	»	1.500	2.15
Interêts à 5 0/0 3.500 fr.	2.000	3.000	4.500	5.000	3.000	2.000	»	2.000	2.86
Intérêts à 6 0/0 4.200 fr.	3.000	2.500	3.500	5.500	3.000	2.500	»	2.500	3.57
	4.000	2.000	2.500	6.000	3.000	3.000	»	3.000	4.29
	5.000	1.500	1.700	6.500	3.200	3.300	»	3.300	4.71
	6.000	1.000	850	6.850	3.350	3.500	»	3.500	5.00
	7.000	500	200	7.200	3.700	3.500	»	3.500	5.00

CAPITAL de 1er établissement ET INTÉRÊTS	RECETTE BRUTE	SUBVENTION $\left[500+\frac{6000-R}{\ }\right]\times 2$ — Totale d'après la formule ci-dessus	Suffisante pour couvrir les dépenses d'exploitation et l'intérêt à 5 0/0 du capital de 1er établissement	REVENU BRUT TOTAL y compris les subventions annuelles à payer aux concessionnaires (1 + 2 ou 1 + 3 suivant les cas)	FRAIS D'EXPLOITATION (Minimum prévu pour les frais d'exploitation, 3,000 fr.)	REVENU NET — TOTAL (4 — 5)	PART DE L'ÉTAT et des départements au delà de 6 0/0	PART du capital (6 — 7)	INTÉRÊTS servis au capital comprenant l'intérêt annuel et l'amortissement
	1	2	3	4	5	6	7	8	
	fr.	fr.	fr.	fr.	fr.	fr.	fr.	fr.	p. 100
70.000 fr. (*suite*).	7.500	250	»	7.500	3.850	3.650	»	3.650	5.21
	8.000	»	»	8.000	4.000	4.000	»	4.000	5.71
	9.000	»	»	9.000	4.400	4.600	200	4.400	6.28
	10.000	»	»	10.000	4.800	5.200	500	4.700	6.71
80.000 fr. *Intérêts à 5 0/0* 4.000 fr. *Intérêts à 6 0/0* 4.800 fr.	1.000	3.500	6.000	4.500	3.000	1.500	»	1.500	1.87
	2.000	3.000	5.000	5.000	3.000	2.000	»	2.000	2.50
	3.000	2.500	4.000	5.500	3.000	2.500	»	2.500	3.12
	4.000	2.000	3.000	6.000	3.000	3.000	»	3.000	3.75
	5.000	1.500	2.200	6.500	3.200	3.300	»	3.300	4.13
	6.000	1.000	1.350	7.000	3.350	3.650	»	3.650	4.56
	7.000	500	700	7.500	3.700	3.800	»	3.800	4.75
	7.500	250	350	7.750	3.850	3.900	»	3.900	4.88
	8.000	»	»	8.000	4.000	4.000	»	4.000	5.00
	9.000	»	»	9.000	4.400	4.600	»	4.600	5.75
	10.000	»	»	10.000	4.800	5.200	200	5.000	6.25
	11.000	»	»	11.000	5.200	5.800	500	5.300	6.62
	12.000	»	»	12.000	5.600	6.400	800	5.600	7.00

14 mai 1880. SÉNAT.

Extrait du compte rendu de la séance.

Déclaration de l'urgence du projet de loi. Délibération et vote.

M. LABICHE, *rapporteur*. — Messieurs, la commission, d'accord avec le gouvernement, a l'honneur de vous demander l'urgence du projet de loi qui vous est soumis. Vous n'avez pas oublié que ce projet de loi a été délibéré par le sénat, en 1878, et qu'il a été discuté pendant trois ou quatre séances.

Depuis il a fait l'objet d'une étude très prolongée devant la commission de la chambre des députés. Aujourd'hui nous vous présentons une rédaction qui résulte d'un accord complet, unanime ; cet accord existe non seulement avec le gouvernement, mais encore avec la commission de la chambre des députés. Dans ces conditions, je crois qu'il n'y a pas d'inconvénient à ce qu'il n'y ait qu'une seule délibération (Très bien). J'ajoute qu'il y a un motif pressant à ce qu'il en soit ainsi : c'est que ce projet est attendu avec une extrême impatience par les populations. Il eût été désirable que les conseils généraux pussent appliquer la nouvelle loi dans leur dernière session.

Les modifications que nous avons apportées au projet vont nécessiter le renvoi à la chambre des députés et, la loi votée, le gouvernement devra préparer les cahiers des charges types et les règlements d'administration publique. Il y a donc un avantage considérable à ce que le projet de loi soit adopté le plus tôt possible par le sénat.

Je vous demande donc, messieurs, de vouloir bien d'abord accueillir la demande du gouvernement et de la commission sur l'urgence; puis, si vous voulez bien accepter notre proposition, je demanderai la parole pour faire l'exposé succinct des modifications que nous avons apportées à vos décisions de l'année dernière.

M. LE PRÉSIDENT. — Personne ne demande la parole contre l'urgence?....

L'urgence est déclarée.

M. LE RAPPORTEUR. — Messieurs, je crois qu'il serait absolument inutile de vous exposer l'ensemble d'une loi qui a déjà fait l'objet de délibérations assez prolongées et assez détaillées. En ce moment, il nous suffira d'appeler votre attention, non pas sur les dispositions les plus importantes, mais sur les dispositions qui ont été l'objet de modifications à la chambre des députés ou dans le sein de la commission du sénat.

Ces modifications se rattachent à deux décisions de principe, dont la première est relative à l'unification de la loi.

En 1878, nous avions réglementé les chemins de fer d'intérêt local et les tramways par deux lois distinctes; nous avions accepté cette division proposée par le gouvernement afin de gagner du temps.

La chambre des députés ne s'est pas arrêtée à nos préoccupations et a préféré la réunion des deux lois. Nous avons accepté très volontiers ce principe, mais le mode de procéder adopté et suivi par la chambre présentait quelques inconvénients. La chambre des députés avait réuni, dans les mêmes articles, les règles communes aux deux espèces de voies ferrées et les règles spéciales à chacune d'elles; de telle sorte que, malgré le talent des rédacteurs de la loi, il résultait de cette méthode suivie un peu de confusion.

Nous avons préféré diviser les dispositions de la loi en deux chapitres distincts : le premier relatif aux règles qui doivent régir les chemins de fer d'intérêt local, le second aux règles spéciales aux tramways; et, dans un dernier article, nous avons rendu applicable aux tramways un certain nombre de dispositions qui doivent être communes aux deux espèces de voies ferrées.

La seconde décision de principe, que nous avons empruntée au projet de la chambre, porte sur l'amélioration des conditions faites aux concessionnaires de voies ferrées (Bruit de conversations).

M. LE PRÉSIDENT. — Je prie le sénat de faire un peu de silence. Le président a peine à entendre les explications de M. le rapporteur.

M. LE RAPPORTEUR. — Je cherche à être aussi bref que possible. Je sais que cette question d'affaire n'est pas de nature à passionner le sénat, aussi je fais mon possible pour ne pas abuser de son attention; mais je crois que l'exposé, volontairement très incomplet, que je présente des modifications que la commission a apportées au projet primitif est un commentaire utile de la nouvelle loi. Le sénat me faciliterait beaucoup ma tâche en prêtant un peu d'attention à l'exposé de cette question d'affaire.

Toutes les modifications qui ont été apportées au projet primitif ont pour but l'amélioration de la situation des concessionnaires. Déjà, dans notre premier rapport et dans la discussion de 1878, nous avions exprimé la crainte qu'il ne fût difficile d'obtenir qu'une impulsion considérable fût donnée aux entreprises de voies ferrées, si l'on n'améliorait pas les conditions du projet primitif. Cependant, comme au point de vue technique la commission n'avait pas une compétence spéciale, elle s'était contentée d'améliorations d'une importance secondaire. Mais, la chambre ayant partagé nos préoccupations et ayant obtenu du gouvernement un certain nombre d'améliorations, nous les avons acceptées avec empressement. Les principales de ces améliorations consistent dans l'élévation du taux de subvention, dans la suppression de limitation de durée fixée aux subventions, dans l'extension de durée des concessions et dans un certain nombre de dispositions secondaires, favorables aux entreprises de voies ferrées. Enfin, de la rédaction que nous proposons, ressort clairement la faculté d'appliquer les lois de 1836 et de 1864 aux expropriations nécessitées pour l'ouverture des voies publiques nécessaires à l'établissement des tramways.

Nous n'avons pas à reproduire les explications du rapport sur le caractère légal des chemins de fer d'intérêt local et des tramways. Nous avons établi que ce caractère légal résulte uniquement du classement. Nous avons également constaté que les chemins de fer d'intérêt local peuvent emprunter momentanément une voie publique, mais que les tramways sont toujours sur une voie publique, que cette voie soit affectée à la circulation des voitures ou seulement et uniquement à la circulation des piétons.

Nous n'avons pas à expliquer des dispositions qui sont développées et justifiées dans le rapport et qui sont sanctionnées par le projet qui vous est soumis.

Du reste, notre nouvelle rédaction a été, je le répète, adoptée à l'unanimité par la commission, elle a été acceptée par le gouvernement et par la commission de la chambre des députés, qui en a délibéré officieusement.

Je n'insiste pas sur ces questions de détail, me réservant, si quelques explications complémentaires étaient demandées, de les apporter à la tribune (Très bien! Très bien!).

M. LE PRÉSIDENT. — Personne ne demande la parole pour la discussion générale?.... Je consulte le sénat sur la question de savoir s'il entend passer à la discussion des articles.

(Le sénat décide qu'il passe à la discussion des articles.)

Je donne lecture des articles :

(Les articles 1 à 12 du projet de la commission sont lus et adoptés.)

M. LE RAPPORTEUR. — Sur le troisième paragraphe de l'article 13, j'ai à vous demander, d'accord avec M. le ministre, la modification suivante; nous vous proposons de substituer aux mots « au-dessus des chiffres ci-dessus fixés » ceux-ci : « au-dessus des chiffres de 10,500 francs et de 8,500 francs, suivant les cas ».

C'est une facilité de plus que M. le ministre est d'avis d'accorder aux entreprises de voies ferrées. Ce changement donnera satisfaction aux réclamations que suscitait l'anomalie apparente que nous avions signalée à la page *(160)* de notre rapport.

M. LE PRÉSIDENT. — Le paragraphe 3 serait donc ainsi rédigé :

« En aucun cas, la subvention de l'Etat ne pourra élever la recette brute au-dessus des chiffres de 10,500 francs et de 8,500 francs, suivant les cas, ni attribuer au capital de premier établissement plus de 5 p. 100 par an. »

(L'article 13, ainsi modifié, mis aux voix, est adopté.)

(Les articles 14 à 33 sont successivement lus et adoptés.)

M. LE RAPPORTEUR. — Messieurs, c'est encore pour une rectification au texte, demandée par M. le ministre des travaux publics, que je prends la parole.

Le paragraphe 1er de l'article 34 est ainsi conçu :

« Les concessionnaires de tramways sont tenus d'entretenir constamment en bon état toute la portion de voie publique comprise entre les rails et, en outre, de chaque côté, une zone dont la largeur est déterminée par le cahier des charges. »

M. le ministre a reconnu que cette prescription ne devait pas être une règle absolue, impérative, qu'il n'y avait aucun inconvénient à la faire disparaître de la loi, en laissant la faculté de l'insérer dans le cahier des charges, à titre de principe auquel il pourrait être fait exception, s'il y avait lieu, par une clause spéciale dans l'acte de concession.

Nous donnons notre sentiment à la faculté qu'on se réserve de ne pas imposer des charges, qui peuvent être excessives, à des entreprises qui ne sont pas toujours suffisamment productives.

En retirant purement et simplement cette clause du texte de la loi, on laisse à l'autorité qui fera la concession la faculté d'apprécier, au moment de la convention, si l'obligation d'entretenir le chemin peut être encore insérée équitablement dans l'acte de concession.

Nous vous proposons donc de supprimer le paragraphe 1er et de rédiger ainsi le deuxième alinéa, article 34, qui devient le premier.

« Les concessionnaires de tramways ne sont pas soumis à l'impôt des prestations établi par l'article 3 de la loi du 21 mai 1836, à raison des voitures et des bêtes de trait exclusivement employées à l'exploitation du tramway. »

(L'article 34, avec la modification proposée par la commission, d'accord avec le gouvernement, est mis aux voix et adopté.)

(L'article 35 est ensuite lu et également adopté.)

M. LE RAPPORTEUR. — Vous avez voté, sur l'article 13, une rectification de chiffre qui doit avoir pour conséquence une rectification analogue au troisième alinéa de l'article 36. C'est la dernière rectification que j'aurai à vous demander.

Le troisième alinéa est ainsi conçu :

« En aucun cas, la subvention de l'Etat ne pourra élever la recette brute au-dessus du « chiffre ci-dessus fixé », etc.

Afin d'appliquer aux tramways la règle que vous avez adoptée pour les chemins d'intérêt local, il faut substituer aux mots « au-dessus du chiffre ci-dessus fixé », les mots « au-dessus du chiffre de 6,500 francs ».

(L'article 36, avec la modification proposée par la commission, est mis aux voix et adopté.)

(Les articles 37 et 38 sont ensuite lus et également adoptés.)

M. VARROY, *ministre des travaux publics.* — L'article 39 de la loi rend applicable l'article 14 aux tramways. Or l'article 14 dit ceci :

« La subvention de l'Etat ne peut être accordée que dans les limites fixées, pour chaque année, par la loi de finances.

« La charge annuelle imposée au trésor en exécution de la présente loi ne peut, en aucun cas, dépasser 400,000 francs pour l'ensemble des lignes situées dans un même département. »

Je pense que la commission a bien voulu dire que l'ensemble de toutes les subventions, soit relatives aux chemins de fer d'intérêt local, soit relatives aux tramways, ne pouvait pas dépasser, pour chaque département, le maximum de 400,000 francs.

M. LE RAPPORTEUR. — Telle est bien la pensée de la commission. Le texte de l'article 14, le renvoi prononcé par l'article 39 et les développements contenus dans le rapport nous paraissent établir d'une façon incontestable le sens de la loi. Comme le dit M. le ministre, c'est bien l'ensemble des subventions de chaque département qui ne pourra dépasser, en aucun cas, 400,000 francs pour l'ensemble des lignes situées dans un même département (texte de l'article 14), que ces lignes soient des chemins de fer d'intérêt local ou des tramways.

M. LE PRÉSIDENT. — Personne ne demande la parole sur l'article 39 ? — Je consulte le sénat.

(L'article 39, mis aux voix, est adopté.)

M. LE PRÉSIDENT. — Il y a lieu à scrutin sur l'ensemble de la loi.

(Les votes sont recueillis. — MM. les secrétaires en opèrent le dépouillement.)

Voici le résultat du scrutin :

Nombre des votants. 263
Majorité absolue 132
Pour l'adoption. 263

Le sénat a adopté.

Rapport fait, — au nom de la commission chargée d'examiner le projet de loi précédemment adopté par le sénat, adopté avec modifications par la chambre des députés et modifié par le sénat, — par M. René Brice.

Messieurs, nous avions cru devoir réunir en un seul projet, sous une seule rubrique et sous un seul chapitre, toutes les dispositions relatives aux chemins de fer d'intérêt local, soit à travers champs, soit empruntant pour tout ou partie le sol des routes, et aux tramways. Il nous semblait qu'il y avait un avantage certain à soumettre aux mêmes règles des moyens de transport qui ne sont que des espèces différentes d'un même genre et entre lesquels toute distinction est parfois impossible.

Le sénat en a jugé autrement, car, — s'il a bien voulu fondre en apparence les deux projets de loi (l'un sur les chemins de fer d'intérêt local, l'autre sur les voies ferrées établies sur le sol des voies publiques) tous deux présentés à la chambre des députés, le 13 mars 1879, après adoption par la chambre haute, — en réalité, en consacrant à chacun d'eux un chapitre spécial, il a fait deux lois sous un titre unique.

Il sera, dans plus d'un cas, malaisé de savoir s'il convient d'appliquer à tel chemin déterminé, établi sur le sol des routes, la législation relative aux chemins de fer d'intérêt local ou la législation relative aux tramways, et l'entente ne sera pas toujours facile entre l'Etat, — tout naturellement enclin à considérer comme tramways, afin de ne pas garantir un minimum des recettes supérieures à 6,500 francs, certaines lignes peu productives, — et les départements, intéressés à classer comme chemins d'intérêt local la plupart des lignes qu'ils construisent ou concèdent, afin de pouvoir réclamer de l'Etat, en leur faveur, une subvention plus considérable. Quoi qu'il en soit de cet inconvénient, dominés par la pensée qu'il importe avant tout que la loi sur les chemins de fer d'intérêt local soit votée et promulguée avant la prochaine session des conseils généraux, ce que rendrait impossible la nécessité d'un nouvel examen par le sénat, nous n'hésitons pas à vous proposer de passer outre.

Le sénat a, d'ailleurs, maintenu les modifications essentielles apportées par la chambre aux projets primitifs du gouvernement.

C'est ainsi qu'il a consenti :

1° La suppression du maximum imposé tout d'abord à la subvention ou plutôt à la garantie kilométrique (2,000 francs pour les chemins d'intérêt local, 1,000 francs pour les tramways);

2° L'élévation à 400,000 francs par département de la participation de l'Etat, laquelle ne s'élevait précédemment qu'à 300,000 francs;

3° La suppression des dispositions fixant à 30 ans, pour les chemins de fer d'intérêt local, ou à 20 ans pour les tramways la durée maxima de la subvention de l'Etat, qui pourra s'étendre à toute la durée de la concession.

En même temps, le sénat, améliorant sur ces points le projet de loi voté par la chambre, sur nos propositions, a :

1° Fait disparaître de ce projet l'article 11, aux termes duquel aucune concession ne pouvait dépasser 50 ans, article que nous n'avions maintenu que par déférence pour M. le ministre des travaux publics et pour la chambre haute, dont nous tenions à respecter autant que possible l'œuvre première;

2° Supprimé la partie de l'article 17 excluant de la garantie de l'Etat les voies ferrées qui ne doivent emprunter que le territoire d'une seule commune;

3° Porté de 10, 8 et 6,000 francs à 10,500, 8,500 et 6,500 francs le chiffre de la recette brute au delà de laquelle s'arrêtera toute garantie de l'Etat;

4° Spécifié dans l'article 13, par la juste substitution du mot « équivalente » au mot « égale », que, si les subventions des départements doivent être au moins de la même importance que les subventions de l'Etat, elles peuvent se produire sous des formes différentes.

Par contre, l'article 15 du projet qui revient devant vous assure à l'Etat, au département, à la commune ou aux autres intéressés, suivant les cas, le droit de partager avec le concessionnaire la partie de la recette demeurant libre après paiement des dépenses d'exploitation et attribution de 6 p. 100 au capital de premier établissement, tandis que notre article 18 n'autorise ce partage qu'autant que le capital de premier établissement avait reçu 7 et non 6 p. 100.

Enfin vous avez remarqué avec quel soin, notamment dans l'article 13, la commission du sénat a remplacé les mots « intérêt, garantie d'intérêt » par les mots « subvention par annuités ou participation de l'Etat ». Nous ne saurions partager les scrupules qui ont dicté cette résolution. L'Etat, lorsqu'il s'engagera dans les termes de l'article 13, accordera bien aux chemins de fer d'intérêt local subventionnés une garantie d'intérêt, dans le sens usuel et dans le sens vrai du mot, — garantie représentant l'intérêt à 5 p. 100 du capital employé à la construction. Ces 5 p. 100, le capital de premier établissement est certain de les toucher, et la destination qu'ils pourraient ensuite recevoir ne peut faire ni qu'ils n'aient pas été perçus, ni qu'ils ne l'aient pas été comme représentant l'intérêt promis, c'est-à-dire garanti à un capital déterminé.

Les autres changements apportés au texte adopté par la chambre proviennent tous de la séparation que le sénat a tenu à établir entre les chemins de fer d'intérêt local et les tramways.

Cette séparation accordée, non sans regrets, nous n'aurions plus aucune observation à vous présenter, s'il ne nous paraissait utile de fixer ici, dans le but d'éviter toute controverse dans l'avenir, l'interprétation qu'il convient de donner au § 1er de l'article 2 et au § 5 de l'article 18 du projet en discussion.

Le § 1er de l'article 2 porte que, « s'il s'agit de chemins à établir par un département sur le territoire d'une ou de plusieurs communes, le conseil général arrête, après instruction préalable par le préfet et APRÈS ENQUÊTE, la direction de ces chemins ». D'un autre côté, l'article 3 de la loi du 3 mai 1841 exige qu'une *enquête administrative* précède toute loi autorisant l'exécution de tous les travaux publics.

Il nous semble évident qu'une seule enquête suffira pour satisfaire à la fois aux prescriptions de l'article 2 de la loi sur les chemins de fer d'intérêt local et de l'article 3 de la loi de 1841. Recommencer à produire, à l'appui du projet de loi portant déclaration d'utilité publique, une enquête nouvelle, de tous points semblables à celle qui aura été codifiée pour fixer la direction, le mode et les conditions de construction des chemins à exécuter, serait une duplication inutile, cause sans raison d'entraves et de lenteurs. Un même procès-verbal d'enquête pourra figurer dans le dossier tendant à établir que les formalités de l'article 2 de la présente loi ont été remplies et dans le dossier formé en vue de la déclaration d'utilité publique.

L'article 18, — après avoir posé en principe, dans ses paragraphes 2, 3 et 4, qu'aucune émission d'obligations ne pourra être autorisée par le ministre pour une somme supérieure au montant du capital-actions effectivement versé et employé jusqu'à concurrence de ses quatre cinquièmes, — déclare, dans son paragraphe 5, que ces dispositions ne seront pas applicables « dans le cas où la concession serait faite à une compagnie déjà concessionnaire d'autres chemins de fer en exploitation, si le ministre des travaux publics reconnaît que les revenus nets de ces chemins sont suffisants pour assurer l'aquittement des charges résultant des obligations à émettre », et l'on s'est demandé à quelles charges il importe que puissent faire face les revenus.

Les charges d'une compagnie ne peuvent être autre chose que l'ensemble des dépenses lui incombant, d'une façon définitive, après l'épuisement des subventions qui lui ont été accordées. Si je construis une ligne qui doit me coûter 10 millions vrais, pour laquelle l'État ou le département m'accorde une subvention de 5 millions, il est clair qu'en dehors de mes frais d'exploitation, je n'ai d'autres charges que celles qui consistent pour moi dans l'obligation de rémunérer les 5 millions que j'ai dû me procurer, en dehors de la subvention du département ou de l'État.

Par application de cette règle incontestable, si, déjà concessionnaire d'une ligne de 100 kilomètres (la ligne AB, par exemple), j'obtiens encore la concession d'une ligne CD, garantie dans les conditions de l'article 13, que nous supposerons d'une longueur de 30 kilomètres et d'un coût kilométrique de 50,000 francs, ma situation doit être la suivante :

Pour servir aux 50,000 francs de ma ligne nouvelle l'intérêt à 5 p. 100 auxquels ils ont droit, il me faut une recette de 2,500 francs, pour la somme représentant mes frais d'exploitation; et, pourvu qu'il soit démontré que mes frais d'exploitation seront couverts par ma recette, — la subvention qui me sera payée par l'Etat et par le département ne pouvant être moindre de 500 francs pour chacun d'eux, au total, de 1,000 francs, — il ne me reste à trouver, pour désintéresser mon capital, que 1,500 francs par kilomètre, soit pour 30 kilomètres 45,000 francs. Donc je serai fondé à invoquer le bénéfice de l'exception contenue au § 5 de l'article 18, si la ligne AB a un excédent de recettes évident de 45,000 francs.

En un mot, le § 5 de l'article 18 est applicable dès lors que le ministre des travaux publics reconnaît que les revenus nets des chemins en exploitation antérieurement concédés sont suffisants pour acquitter les charges *réelles* résultant des obligations à émettre, en déduction faite des garanties ou subventions diverses affectées à l'achèvement des nouveaux chemins.

Cela nous semble d'une telle évidence que nous ne comprenons même pas que des doutes se soient élevés à ce sujet.

Les autres articles du projet de loi ne paraissent donner lieu à aucune critique et nous vous demandons, messieurs, de le voter tel que le sénat l'a adopté, sans y apporter aucune modification d'aucune sorte.

PROJET DE LOI.

(Ce projet de loi, identique à celui du sénat, ayant été purement et simplement adopté par la chambre (p. 176) *et, par suite, converti en loi, il a paru inutile de le reproduire.)*

Extrait du compte rendu de la séance.

Dépôt d'un rapport sur le projet de loi. Déclaration de l'urgence. Inscription immédiate à l'ordre du jour.

M. RENÉ BRICE. — J'ai l'honneur de déposer sur le bureau de la chambre un rapport fait au nom de la commission chargée d'examiner le projet de loi, — précédemment adopté par le sénat, adopté avec modifications par la chambre des députés, puis modifié par le sénat, — relatif aux chemins de fer d'intérêt local et aux tramways.

Ce projet de loi a été examiné et voté par le sénat, devant lequel il avait d'abord été présenté par le gouvernement, au mois de décembre 1878. Il est venu devant la chambre, qui l'a voté avec modifications en juillet 1879. Renvoyé au sénat, le sénat l'a modifié à nouveau, de telle sorte que vous avez à l'examiner pour la seconde fois.

Aujourd'hui la majorité de la commission, tout en regrettant vivement certains changements apportés par le sénat à sa rédaction, s'est mise d'accord avec M. le ministre des travaux publics pour accepter tel qu'il est le projet adopté par la chambre haute.

Nous pensons qu'il y a un intérêt considérable à ce que ce projet, impatiemment attendu par un grand nombre de départements, soit définitivement voté avant notre séparation, c'est-à-dire avant la session d'août des conseils généraux.

En conséquence, au nom de la commission, je viens prier la chambre de vouloir bien déclarer l'urgence du projet.

M. LE PRÉSIDENT. — Je mets aux voix la déclaration d'urgence.

(La déclaration d'urgence, mise aux voix, est prononcée.)

M. RENÉ BRICE. — Je prie en même temps la chambre de vouloir bien ordonner que ce projet de loi, dont je viens de déposer le rapport, soit inscrit à l'ordre du jour après la discussion du projet relatif au canal de la Bourne.

M. LE PRÉSIDENT. — Il n'y a pas d'opposition ?.... L'inscription demandée aura lieu.

1er juin 1880. CHAMBRE DES DÉPUTÉS.

Adoption du projet de loi.

M. LE PRÉSIDENT. — Personne ne demande la parole pour la discussion générale?.... Je consulte la chambre pour savoir si elle entend passer à la discussion des articles.

(La chambre, consultée, décide qu'elle passe à la discussion des articles.)

(Les articles 1 à 39 sont successivement lus et adoptés.)

Je mets aux voix l'ensemble du projet de loi.

(L'ensemble du projet de loi est mis aux voix et adopté.)

---

11 juin 1880. LOI.

Chapitre Ier. — *Chemins de fer d'intérêt local.*

Article premier. — L'établissement des chemins de fer d'intérêt local par les départements ou par les communes, avec ou sans le concours des propriétaires intéressés, est soumis aux dispositions suivantes.

Art. 2. — S'il s'agit de chemins à établir par un département, sur le territoire d'une ou de plusieurs communes, le conseil général arrête, après instruction préalable par le préfet et après enquête, la direction de ces chemins, le mode et les conditions de leur construction, ainsi que les traités et les dispositions nécessaires pour en assurer l'exploitation, en se conformant aux clauses et conditions du cahier des charges type approuvé par le conseil d'Etat(1), sauf les modifications qui seraient apportées par la convention et la loi d'approbation.

Si la ligne doit s'étendre sur plusieurs départements, il y aura lieu à l'application des articles 89 et 90 de la loi du 10 août 1871.

S'il s'agit de chemins de fer d'intérêt local à établir par une commune, sur son territoire, les attributions confiées au conseil général par le paragraphe 1er du présent article seront exercées par le conseil municipal, dans les mêmes conditions et sans qu'il soit besoin de l'approbation du préfet.

Les projets de chemins de fer d'intérêt local départementaux ou communaux, ainsi arrêtés, sont soumis à l'examen du conseil général des ponts et chaussées et du conseil d'Etat. Si le projet a été arrêté par un conseil municipal, il est accompagné de l'avis du conseil général.

L'utilité publique est déclarée et l'exécution est autorisée par une loi.

Art. 3. — L'autorisation obtenue, s'il s'agit d'un chemin de fer concédé par le conseil général, le préfet, après avoir pris l'avis de l'ingénieur en chef du département, soumet les projets d'exécution au conseil général, qui statue définitivement.

Néanmoins, dans les deux mois qui suivent la délibération, le ministre des travaux publics, sur la proposition du préfet, peut, après avoir pris l'avis du conseil général des ponts et chaussées, appeler le conseil général du département à délibérer de nouveau sur lesdits projets.

Si la ligne doit s'étendre sur plusieurs départements et s'il y a désaccord entre les conseils généraux, le ministre statue.

S'il s'agit d'un chemin concédé par un conseil municipal, les attributions exercées par le conseil général, aux termes du paragraphe 1er du présent article, appartiennent au conseil municipal, dont la délibération est soumise à l'approbation du préfet.

Si un chemin de fer d'intérêt local doit emprunter le sol d'une voie publique, les projets d'exécution sont précédés de l'enquête prévue par l'article 29 de la présente loi (2).

Dans ce cas, sont également applicables les articles 34, 35, 37 et 38 ci-après.

Les projets de détail des ouvrages sont approuvés par le préfet, sur l'avis de l'ingénieur en chef.

Art. 4. — L'acte de concession détermine les droits de péage et les prix de transport que le concessionnaire est autorisé à percevoir pendant toute la durée de sa concession.

Art. 5. — Les taxes perçues dans les limites du maximum fixé par le cahier des charges sont homologuées par le ministre des travaux publics, dans le cas où la ligne s'étend sur plusieurs départements et dans le cas de tarifs communs à plusieurs lignes. Elles sont homologuées par le préfet dans les autres cas.

Art. 6. — L'autorité qui fait la concession a toujours le droit:

---

(1) Voir (p. 202) ce cahier des charges type, décrété le 6 août 1881.

(2) Voir (p. 183) le décret du 18 mai 1881 et notamment l'article 12.

1° D'autoriser d'autres voies ferrées à s'embrancher sur des lignes concédées ou à s'y raccorder ;

2° D'accorder à ces entreprises nouvelles, moyennant le paiement des droits de péage fixés par le cahier des charges, la faculté de faire circuler leurs voitures sur les lignes concédées ;

3° De racheter la concession, aux conditions qui seront fixées par le cahier des charges;

4° De supprimer ou de modifier une partie du tracé, lorsque la nécessité en aura été reconnue après enquête.

Dans ces deux derniers cas, si les droits du concessionnaire ne sont pas réglés par un accord préalable ou par un arbitrage, établi soit par le cahier des charges, soit par une convention postérieure, l'indemnité qui peut lui être due est liquidée par une commission spéciale, formée comme il est dit au paragraphe 3 de l'article 11 de la présente loi.

Art. 7. — Le cahier des charges détermine :

1° Les droits et les obligations du concessionnaire pendant la durée de la concession ;

2° Les droits et les obligations du concessionnaire à l'expiration de la concession ;

3° Les cas dans lesquels l'inexécution des conditions de la concession peut entraîner la déchéance du concessionnaire, ainsi que les mesures à prendre à l'égard du concessionnaire déchu.

La déchéance est prononcée, dans tous les cas, par le ministre des travaux publics, sauf recours au conseil d'Etat par la voie contentieuse.

Art. 8. — Aucune concession ne pourra faire obstacle à ce qu'il soit accordé des concessions concurrentes, à moins de stipulation contraire dans l'acte de concession.

Art. 9. — A l'expiration de la concession, le concédant est substitué à tous les droits du concessionnaire sur les voies ferrées, qui doivent lui être remises en bon état d'entretien.

Le cahier des charges règle les droits et les obligations du concessionnaire en ce qui concerne les autres objets, mobiliers ou immobiliers, servant à l'exploitation de la voie ferrée.

Art. 10. — Toute cession totale ou partielle de la concession, la fusion des concessions ou des administrations, tout changement de concessionnaire, la substitution de l'exploitation directe à l'exploitation par concession, l'élévation des tarifs au-dessus du maximum fixé ne pourront avoir lieu qu'en vertu d'un décret délibéré en conseil d'Etat, rendu sur l'avis conforme du conseil général, s'il s'agit de lignes concédées par les départements, ou du conseil municipal, s'il s'agit de lignes concédées par les communes.

Les autres modifications pourront être faites par l'autorité qui a consenti la concession: s'il s'agit de lignes concédées par les départements, elles seront faites par le conseil général, statuant conformément aux articles 48 et 49 de la loi du 10 août 1871; s'il s'agit de lignes concédées par les communes, elles seront faites par le conseil municipal, dont la délibération devra être approuvée par le préfet.

En cas de cession, l'inobservation des conditions qui précèdent entraîne la nullité et peut donner lieu à la déchéance.

Art. 11. — A toute époque, une voie ferrée peut être distraite du domaine public départemental ou communal et classée par une loi dans le domaine de l'Etat.

Dans ce cas, l'Etat est substitué aux droits et obligations du département ou de la commune à l'égard des entrepreneurs ou concessionnaires, tels que ces droits et obligations résultent des conventions légalement autorisées.

En cas d'éviction du concessionnaire, si ses droits ne sont pas réglés par un accord préalable ou par un arbitrage établi, soit par le cahier des charges, soit par une convention postérieure, l'indemnité qui peut lui être due est liquidée par une commission spéciale, qui fonctionne dans les conditions réglées par la loi du 29 mai 1845. Cette commission sera instituée par un décret et composée de neuf membres, dont trois désignés par le ministre des travaux publics, trois par le concessionnaire et trois par l'unanimité des six membres déjà désignés; faute par ceux-ci de s'entendre dans le mois de la notification à eux faite de leur nomination, le choix de ceux des trois membres qui n'auront pas été désignés à l'unanimité sera fait par le premier président et les présidents réunis de la cour d'appel de Paris.

En cas de désaccord entre l'Etat et le département ou la commune, les indemnités ou dédommagements qui peuvent être dus par l'Etat sont déterminés par un décret délibéré en conseil d'Etat.

Art. 12. — Les ressources créées en vertu de la loi du 21 mai 1836 peuvent être appliquées, en partie, à la dépense des voies ferrées, par les communes qui ont assuré l'exécution de leur réseau subventionné et l'entretien de tous les chemins classés.

Art. 13. — Lors de l'établissement d'un chemin de fer d'intérêt local, l'Etat peut s'engager, — en cas d'insuffisance du produit brut pour couvrir les dépenses de l'exploitation et 5 p. 100 par an du capital de premier établissement, tel qu'il a été prévu par l'acte de concession, augmenté, s'il y a lieu, des insuffisances constatées pendant la période assignée à la construction par ledit acte, — à subvenir pour partie au paiement de cette insuffisance, à la condition qu'une partie au moins équivalente sera payée par le département ou par la commune, avec ou sans le concours des intéressés.

La subvention de l'État sera formée :

1° D'une somme fixe de 500 francs par kilomètre exploité;

2° Du quart de la somme nécessaire pour élever la recette brute annuelle (impôts déduits) au chiffre de 10,000 francs par kilomètre, pour les lignes établies de manière à recevoir les véhicules des grands réseaux, 8,000 francs pour les lignes qui ne peuvent recevoir ces véhicules.

En aucun cas, la subvention de l'Etat ne pourra élever la recette brute au-dessus de 10,500 francs et de 8,500 francs, suivant les cas, ni attribuer au capital de premier établissement plus de 5 p. 100 par an.

La participation de l'Etat sera suspendue quand la recette brute annuelle atteindra les limites ci-dessus fixées.

Art. 14. — La subvention de l'Etat ne peut être accordée que dans les limites fixées, pour chaque année, par la loi de finances.

La charge annuelle imposée au trésor en exécution de la présente loi ne peut, en aucun cas, dépasser 400,000 francs pour l'ensemble des lignes situées dans un même département.

Art. 15. — Dans le cas où le produit brut de la ligne pour laquelle une subvention a été payée devient suffisant pour couvrir les dépenses d'exploitation et 6 p. 100 par an du capital de premier établissement, tel qu'il est prévu par l'article 13, la moitié du surplus de la recette est partagée entre l'Etat, le département ou, s'il y a lieu, la commune et les autres intéressés, dans la proportion des avances faites par chacun d'eux, jusqu'à concurrence du complet remboursement de ces avances, sans intérêts.

Art. 16. — Un règlement d'administration publique (1) déterminera :

1° Les justifications à fournir par les concessionnaires pour établir les recettes et les dépenses annuelles;

2° Les conditions dans lesquelles seront fixés, en exécution de la présente loi, le chiffre de la subvention due par l'Etat, le département ou les communes, et, lorsqu'il y aura lieu, la part revenant à l'Etat, au département, aux communes ou aux intéressés, à titre de remboursement de leurs avances, sur le produit net de l'exploitation.

---

(1) Voir (p. 239) ce décret, en date du 20 mars 1882.

ART. 17. — Les chemins de fer d'intérêt local qui reçoivent ou ont reçu une subvention du trésor peuvent seuls être assujettis envers l'Etat à un service gratuit ou à une réduction du prix des places.

ART. 18. — Aucune émission d'obligations, pour les entreprises prévues par la présente loi, ne pourra avoir lieu qu'en vertu d'une autorisation donnée par le ministre des travaux publics, après avis du ministre des finances.

Il ne pourra être émis d'obligations pour une somme supérieure au montant du capital-actions, qui sera fixé à la moitié au moins de la dépense jugée nécessaire pour le complet établissement et la mise en exploitation de la voie ferrée. Le capital-actions devra être effectivement versé, sans qu'il puisse être tenu compte des actions libérées ou à libérer autrement qu'en argent.

Aucune émission d'obligations ne doit être autorisée avant que les quatre cinquièmes du capital-actions aient été versés et employés en achat de terrains, approvisionnements sur place, ou en dépôt de cautionnement.

Toutefois les concessionnaires pourront être autorisés à émettre des obligations, lorsque la totalité du capital-actions aura été versée et s'il est dûment justifié que plus de la moitié de ce capital-actions a été employée dans les termes du paragraphe précédent; mais les fonds provenant de ces émissions anticipées devront être déposés à la caisse des dépôts et consignations et ne pourront être mis à la disposition des concessionnaires que sur l'autorisation formelle du ministre des travaux publics.

Les dispositions des paragraphes 2, 3 et 4 du présent article ne seront pas applicables dans le cas où la concession serait faite à une compagnie déjà concessionnaire d'autres chemins de fer en exploitation, si le ministre des travaux publics reconnaît que les revenus nets de ces chemins sont suffisants pour assurer l'acquittement des charges résultant des obligations à émettre.

ART. 19 (1). — Le compte rendu détaillé des résultats de l'exploitation, comprenant les dépenses d'établissement et d'exploitation et les recettes brutes, sera remis tous les trois mois, pour être publié, au préfet, au président de la commission départementale et au ministre des travaux publics.

Le modèle des documents à fournir sera arrêté par le ministre des travaux publics.

ART. 20. — Par dérogation aux dispositions de la loi du 15 juillet 1845, sur la police des chemins de fer, le préfet peut dispenser de poser des clôtures sur tout ou partie de la voie ferrée; il peut également dispenser de poser des barrières au croisement des chemins peu fréquentés.

ART. 21. — La construction, l'entretien et les réparations des voies ferrées avec leurs dépendances, l'entretien du matériel et le service de l'exploitation sont soumis au contrôle et à la surveillance des préfets, sous l'autorité du ministre des travaux publics.

Les frais de contrôle sont à la charge des concessionnaires. Ils seront réglés par le cahier des charges ou, à défaut, par le préfet, sur l'avis du conseil général, et approuvés par le ministre des travaux publics.

ART. 22. — Les dispositions de l'article 20 de la présente loi sont également applicables aux concessions de chemins de fer industriels destinés à de servir des exploitations particulières.

ART. 23. — Sur la proposition des conseils généraux ou municipaux intéressés et après adhésion des concessionnaires, la substitution aux subventions en capital, promises en exécution de l'article 5 de la loi de 1865, de la subvention en annuités stipulée par la présente loi, pourra, par décret délibéré en conseil d'Etat, être autorisée en faveur des lignes d'intérêt local actuellement déclarées d'utilité publique et non encore exécutées.

Ces lignes seront soumises, dès lors, à toutes les obligations résultant de la présente loi.

---

(1) Voir (p. 200) l'article 51 du décret du 6 août 1881.

Il n'y aura pas lieu de renouveler les concessions consenties ou les mesures d'instruction accomplies avant la promulgation de la présente loi, si toutes les formalités qu'elle prescrit ont été observées par avance.

Art. 24. — Toutes les conventions relatives aux concessions et rétrocessions de chemins de fer d'intérêt local, ainsi que les cahiers des charges annexés, ne seront passibles que du droit d'enregistrement fixe d'un franc.

Art. 25. — La loi du 12 juillet 1865 est abrogée.

Chapitre II. — *Tramways.*

Art. 26. — Il peut être établi, sur les voies dépendant du domaine public de l'Etat, des départements ou des communes, des tramways ou voies ferrées à traction de chevaux ou de moteurs mécaniques.

Ces voies ferrées, ainsi que les déviations accessoires construites en dehors du sol des routes et chemins et classées comme annexes, sont soumises aux dispositions suivantes.

Art. 27. — La concession est accordée par l'Etat, lorsque la ligne doit être établie, en tout ou en partie, sur une voie dépendant du domaine public de l'Etat.

Cette concession peut être faite aux villes ou aux départements intéressés, avec faculté de rétrocession.

La concession est accordée par le conseil général, au nom du département, lorsque la voie ferrée, sans emprunter une route nationale, doit être établie, en tout ou en partie, soit sur une route départementale, soit sur un chemin de grande communication ou d'intérêt commun, ou doit s'étendre sur le territoire de plusieurs communes.

Si la ligne doit s'étendre sur plusieurs départements, il y aura lieu à l'application des articles 89 et 90 de la loi du 10 août 1871.

La concession est accordée par le conseil municipal, lorsque la voie ferrée est établie entièrement sur le territoire de la commune et sur un chemin vicinal ordinaire ou sur un chemin rural.

Art. 28. — Le département peut accorder la concession à l'Etat ou à une commune, avec faculté de rétrocession; une commune peut agir de même à l'égard de l'Etat ou du département.

Art. 29. — Aucune concession ne peut être faite qu'après une enquête dans les formes déterminées par un règlement d'administration publique (1) et dans laquelle les conseils généraux des départements et les conseils municipaux des communes dont la voie doit traverser le territoire seront entendus, lorsqu'il ne leur appartiendra pas de statuer sur la concession.

L'utilité publique est déclarée et l'exécution est autorisée par décret délibéré en conseil d'Etat, sur le rapport du ministre des travaux publics, après avis du ministre de l'intérieur.

Art. 30. — Toute dérogation ou modification apportée aux clauses du cahier des charges type, approuvé par le conseil d'Etat (2), devra être expressément formulée dans les traités passés au sujet de la concession, lesquels seront soumis au conseil d'Etat et annexés au décret.

Art. 31. — Lorsque, pour l'établissement d'un tramway, il y aura lieu à expropriation, soit pour l'élargissement d'un chemin vicinal, soit pour l'une des déviations prévues à l'article 26 de la présente loi, cette expropriation pourra être opérée conformément à l'article 16 de la loi du 21 mai 1836, sur les chemins vicinaux, et à l'article 2 de la loi du 8 juin 1864.

Art. 32. — Les projets d'exécution sont approuvés par le ministre des travaux publics, lorsque la concession est accordée par l'Etat.

---

(1) Voir (p. 183) ce décret, en date du 18 mai 1881.

(2) Voir (p. 228) ce cahier des charges type, décrété le 6 août 1881.

Les dispositions de l'article 3 sont applicables lorsque la concession est accordée par un département ou par une commune.

Art. 33. — Les taxes perçues dans les limites du maximum fixé par l'acte de concession sont homologuées par le ministre des travaux publics, dans le cas où la concession est faite par l'Etat, et par le préfet dans les autres cas.

Art. 34. — Les concessionnaires de tramways ne sont pas soumis à l'impôt des prestations établi par l'article 3 de la loi du 21 mai 1836, à raison des voitures et des bêtes de trait exclusivement employées à l'exploitation du tramway.

Les départements ou les communes ne peuvent exiger des concessionnaires une redevance ou un droit de stationnement qui n'aurait pas été stipulé expressément dans l'acte de concession.

Art. 35. — A l'expiration de la concession, l'administration peut exiger que les voies ferrées qu'elle avait concédées soient supprimées, en tout ou en partie, et que les voies publiques et leurs déviations lui soient remises en bon état de viabilité aux frais du concessionnaire.

Art. 36. — Lors de l'établissement d'un tramway desservi par des locomotives et destiné au transport des marchandises en même temps qu'au transport des voyageurs, l'Etat peut s'engager, — en cas d'insuffisance du produit brut pour couvrir les dépenses d'exploitation et 5 p. 100 par an du capital d'établissement, tel qu'il a été prévu par l'acte de concession et augmenté, s'il y a lieu, des insuffisances constatées pendant la période assignée à la construction par ledit acte, — à subvenir pour partie au paiement de cette insuffisance, à condition qu'une partie au moins équivalente sera payée par le département ou par la commune, avec ou sans le concours des intéressés.

La subvention de l'État sera formée :

1° D'une somme fixe de 500 francs par kilomètre exploité;

2° Du quart de la somme nécessaire pour élever la recette brute annuelle (impôts déduits) au chiffre de 6,000 francs par kilomètre.

En aucun cas, la subvention de l'Etat ne pourra élever la recette brute au-dessus de 6,500 francs, ni attribuer au capital de premier établissement plus de 5 p. 100 par an.

La participation de l'Etat sera suspendue de plein droit quand les recettes brutes annuelles atteindront la limite ci-dessus fixée.

Art. 37. — La loi du 15 juillet 1845, sur la police des chemins de fer, est applicable aux tramways, à l'exception des articles 4, 5, 6, 7, 8, 9 et 10.

Art. 38. — Un règlement d'administration publique (1) déterminera les mesures nécessaires à l'exécution des dispositions qui précèdent et notamment :

1° Les conditions spéciales auxquelles doivent satisfaire, tant pour leur construction que pour la circulation des voitures et des trains, les voies ferrées dont l'établissement sur le sol des voies publiques aura été autorisé;

2° Les rapports entre le service de ces voies ferrées et les autres services intéressés.

Art. 39. — Sont applicables aux tramways les dispositions des articles 4, 6 à 12, 14 à 19 (2), 21 et 24 de la présente loi.

---

(1) Voir (p. 186) ce décret, en date du 6 août 1881.

(2) Voir la note qui accompagne cet article 19 et, au *Bulletin du ministère des travaux publics* (1881, p. 20), un état des concessions de tramways par département au 31 décembre 1880, ainsi que trois tableaux indiquant, pour le premier semestre de 1880, les dépenses d'établissement, celles d'exploitation et les résultats financiers d'exploitation.

18 mai 1881. DÉCRET.

Règlement d'administration publique déterminant la forme des enquêtes d'utilité publique en matière de chemins de fer d'intérêt local et de tramways.

Le président de la république française,
Sur le rapport du ministre des travaux publics;
Vu la loi du 11 juin 1880 et notamment les articles ci-après :
Article 29, § 1er (chapitre 2. Tramways).... (*p. 181*)....
Article 3, § 5 (chapitre 1er. Chemins de fer d'intérêt local).... (*p. 177*).
Vu l'avis du conseil général des ponts et chaussées, en date du 21 février 1881 ;
Le conseil d'État entendu,
Décrète :

ARTICLE PREMIER. — Les demandes tendant à établir des voies ferrées à traction de chevaux ou de moteurs mécaniques sur les voies dépendant du domaine public sont adressées :

Au ministre des travaux publics, lorsque la concession doit, conformément à l'article 27 de la loi susvisée, être accordée par l'Etat;

Au préfet, lorsqu'elle doit être accordée par le conseil général;

Au maire, lorsqu'elle peut l'être par le conseil municipal.

ART. 2. — La demande doit être accompagnée d'un avant-projet comprenant:

1° Un extrait de carte à l'échelle de 1/80,000 ;

2° Un plan général des voies publiques empruntées, ainsi que des déviations proposées, à l'échelle de 1/10,000, avec indication des constructions qui bordent ces voies publiques, des chemins publics ou particuliers qui s'en détachent, des plantations et des ouvrages d'art qui en dépendent; on désignera sur ce plan, au moyen de teintes conventionnelles, les sections du tramway que l'on projette de construire avec simple ou avec double voie, et celles qui seraient établies avec rails encastrés dans la chaussée et plate-forme accessible à la circulation des voitures ordinaires, ou avec rails saillants et plate-forme non praticable pour les voitures ordinaires; on indiquera aussi les emplacements des stations, haltes, garages, et en général de toutes les dépendances du tramway;

3° Un profil en long, à l'échelle de 1/5,000, pour les longueurs, et de 1/1,000 pour les hauteurs, indiquant, au moyen d'un trait et de cotes noires, les déclivités de la voie publique existante et, au moyen d'un trait et de cotes rouges, celles de la voie ferrée, ainsi que des déviations projetées ;

4° Des profils en travers types, à l'échelle de 0m,02 par mètre, indiquant les dispositions de la plate-forme de la voie ferrée, avec le gabarit du matériel roulant coté de dehors en dehors de toutes les saillies latérales que ce matériel comporte, ces profils en travers devant s'appliquer soit au cas où la plate-forme de la voie ferrée resterait accessible et praticable pour les voitures ordinaires, soit au cas où la plate-forme de la voie ferrée ne devrait pas être accessible à la circulation des voitures ordinaires;

5° Un plan, à l'échelle de 0m,005 pour mètre, de chacune des traverses suivies par le tramway.

Ce dernier plan sera dressé dans la forme des plans d'alignement des traverses.

Il indiquera les propriétés bâties en bordure, avec le nom des propriétaires.

Les caniveaux et les trottoirs y seront tracés exactement.

La zone qui doit être occupée par la circulation du matériel roulant du tramway (toutes saillies latérales comprises) sera limitée au moyen de deux traits bleus et cette zone sera recouverte d'une teinte bleue.

Des cotes en nombre suffisant serviront à indiquer, notamment dans les parties étroites, la largeur de la zone qui serait affectée à la circulation du matériel du tramway ; la largeur de chacune des parties latérales de la chaussée qui resteraient libres entre la zone teintée en bleu, comme il est dit ci-dessus, et les bordures des trottoirs, ainsi que la largeur de chaque trottoir ou les largeurs qui seraient comprises entre la même zone et les façades des constructions.

Art. 3. — A l'avant-projet sera joint un mémoire descriptif, indiquant le but de l'entreprise, les avantages qu'on peut s'en promettre et les dépenses qu'elle entraînera.

On y annexera le tarif des droits dont le produit serait destiné à couvrir les frais des travaux projetés.

Les données suivantes seront relatées dans un chapitre spécial du mémoire descriptif :

1° Le genre de service auquel le tramway serait affecté : voyageurs seulement, — voyageurs et messagerie, — ou voyageurs et marchandises ;

2° Le mode d'exploitation projeté, avec arrêts seulement à certaines gares ou haltes déterminées — ou bien avec arrêts en pleine voie, — à l'effet de prendre et de laisser, sur tous les points du parcours, les voyageurs et les marchandises d'une certaine catégorie (sous réserve de l'observation des règlements de police à intervenir), indépendamment des stationnements aux gares et haltes indiquées ;

3° Le minimum du rayon des courbes suivant lesquelles la voie ferrée serait tracée ;

4° Le maximum des déclivités des rampes et pentes de la voie ferrée ;

5° Le mode de traction qui serait employé ;

6° Le maximum de largeur du matériel roulant, toutes saillies latérales comprises ;

7° Les dispositions qui seraient proposées à l'effet de maintenir l'accès des chemins publics ou particuliers, ainsi que des maisons riveraines ;

8° Le minimum de la distance qui séparera la zone affectée au tramway des façades des propriétés riveraines situées en rase campagne ou de l'arête extérieure de l'accotement des voies publiques ;

9° Le maximun de la longueur des trains ;

10° Le maximun de la vitesse des trains ;

11° Le nombre minimum des trains qui seront mis chaque jour à la disposition du public.

Art. 4. — Après instruction, la demande est soumise à l'autorité qui doit faire la concession et celle-ci décide s'il y a lieu de procéder à l'enquête.

Quand cette autorité a décidé que l'enquête doit avoir lieu, le préfet prend un arrêté, pour fixer le jour et les lieux où l'enquête sera ouverte et pour nommer les membres de la commission, le tout conformément aux règles ci-après.

Cet arrêté est affiché dans toutes les communes de chacun des cantons que la ligne doit traverser.

Art. 5. — La commission d'enquête se compose de sept membres au moins et de neuf au plus, pris parmi les principaux propriétaires de terres, de bois, de mines, les négociants et les chefs d'établissements industriels.

Si la ligne ne doit pas sortir des limites d'une commune, la commission se réunit à la mairie de cette commune ; si elle traverse plusieurs communes d'un même arrondissement, la commission se réunit à la sous-préfecture de cet arrondissement ; si elle traverse plusieurs arrondissements d'un même département, la commission siège à la préfecture ; si elle traverse deux ou plusieurs départements, il est nommé une commission par département et chacune d'elles siège à la préfecture.

La commission désigne elle-même son président et son secrétaire.

Art. 6. — Les pièces indiquées aux articles 2 et 3, ainsi que des registres destinés à recevoir les observations auxquelles peut donner lieu l'entreprise projetée, restent déposés, pendant un mois, à la mairie de chaque chef-lieu de canton que la ligne doit traverser ou à la mairie de la commune, si la ligne ne sort pas du territoire d'une commune.

En outre, le plan de chaque traverse mentionnée au numéro 5 de l'article 2 est déposé, pendant le même temps, avec un registre spécial, à la mairie de la commune traversée.

Les pièces ci-dessus indiquées sont fournies par le demandeur en concession et à ses frais.

Art. 7. — A l'expiration du délai ci-dessus fixé, la commission d'enquête se réunit, sur la convocation du préfet, du sous-préfet ou du maire, suivant le lieu où elle doit siéger; elle examine les déclarations consignées aux registres de l'enquête, entend les ingénieurs des ponts et chaussées et des mines employés dans le département, et, après avoir recueilli auprès de toutes les personnes qu'elle juge utile de consulter les renseignements dont elle croit avoir besoin, elle donne son avis motivé, tant sur l'utilité de l'entreprise que sur les diverses questions qui ont été posées par l'administration ou soulevées au cours de l'enquête.

Ces diverses opérations, dont elle dresse procès-verbal, doivent être terminées dans un délai de quinze jours.

Art. 8. — Aussitôt que le procès-verbal de la commission d'enquête est clos, et au plus tard à l'expiration du délai fixé en vertu de l'article précédent, le président de la commission transmet ledit procès-verbal au préfet, avec les registres et les autres pièces.

Art. 9. — Les chambres de commerce et, à défaut, les chambres consultatives des arts et manufactures des villes intéressées à l'exécution des travaux sont appelées, par le préfet, à délibérer et à exprimer leur opinion sur l'utilité et la convenance de l'entreprise.

Les procès-verbaux de leurs délibérations doivent être remis au préfet avant l'expiration du délai fixé dans l'article 7.

Art. 10. — Les conseils généraux des départements et les conseils municipaux des communes dont la voie projetée doit traverser le territoire, convoqués au besoin en session extraordinaire, sont appelés à délibérer et à émettre leurs avis sur les mêmes objets, lorsqu'il ne leur appartient pas de statuer sur la concession.

Art. 11. — Lorsque toutes les formalités prescrites par les articles précédents ont été remplies, ainsi que celles qui peuvent être nécessaires, aux termes des lois et règlements sur les travaux mixtes, le préfet adresse, dans le plus bref délai possible, le dossier complet, avec l'avis des ingénieurs et son avis particulier, à l'autorité qui doit donner la concession ; il joint à ce dossier le projet du cahier des charges de la concession.

Art. 12. — Les dispositions qui précèdent sont applicables aux chemins de fer d'intérêt local qui doivent emprunter le sol des voies publiques sur une partie de leur parcours.

Les avant-projets et mémoires descriptifs de ces lignes de chemins de fer sont complétés, conformément aux articles 2 et 3 du présent décret et au paragraphe 5 de l'article 3 de la loi susvisée, pour ce qui concerne les sections à poser sur les voies publiques.

L'enquête faite dans les formes ci-dessus sert pour faire déclarer l'utilité publique de l'entreprise et pour en faire autoriser l'exécution, tant sur le sol des routes et chemins qu'en dehors des voies publiques.

VOIES FERRÉES EMPRUNTANT LE SOL DES VOIES PUBLIQUES.

6 août 1881. **DÉCRET.**

Règlement d'administration publique portant exécution de l'article 38 de la loi du 11 juin 1880.

Le président de la république française,
Sur le rapport du ministre des travaux publics;
Vu la loi du 11 juin 1880, et notamment l'article 38 (*p. 182*);
Vu les avis du conseil général des ponts et chaussées, en date des 20 janvier et 7 juillet 1881;
Le conseil d'Etat entendu,
Décrète :

TITRE Ier. — CONSTRUCTION.

Projets d'exécution.

ARTICLE PREMIER. — Aucun travail ne peut être entrepris pour l'établissement d'une voie ferrée sur le sol de voies publiques qu'avec l'autorisation de l'administration compétente, donnée sur le vu des projets d'exécution.

Chaque projet d'exécution comprend l'extrait de carte, le plan général, le profil en long, les profils en travers types et les plans de traverses dont la production est exigée par l'article 2 du règlement d'administration publique du 18 mai 1881 (*p. 183*), ces documents dressés dans la forme prescrite par l'article précité et dûment complétés ou rectifiés d'après les résultats de l'instruction à laquelle l'avant-projet a été soumis.

Le projet d'exécution comprend en outre :

1° Des profils en travers, à l'échelle de $0^m,005$ pour mètre, relevés en nombre suffisant, principalement dans les traverses et dans les parties où les voies publiques empruntées n'ont pas la largeur et le profil normal;

2° Un devis descriptif dans lequel sont reproduites, sous forme de tableau, les indications relatives aux déclivités et aux courbes déjà données sur le profil en long;

3° Un mémoire dans lequel toutes les dispositions essentielles du projet sont justifiées.

Le projet d'exécution est remis au préfet en deux expéditions, dont l'une, revêtue de l'approbation que le préfet aura donnée en se conformant à la décision de l'autorité compétente pour les projets d'ensemble, est rendue au concessionnaire, tandis que l'autre demeure entre les mains du préfet.

Les projets comprenant des déviations en dehors du sol des routes et chemins sont soumis à l'approbation du ministre des travaux publics, pour ce qui concerne la grande voirie et les cours d'eau, et ne peuvent être adoptés par l'autorité qui a donné la concession que sous la réserve des décisions prises ou à prendre par le ministre des travaux publics sur les objets qui précèdent.

Avant comme pendant l'exécution, le concessionnaire aura la faculté de proposer aux projets approuvés les modifications qu'il jugeront utiles; mais ces modifications ne pourront être exécutées qu'avec l'approbation de l'autorité qui a revêtu de sa sanction les dispositions à modifier.

De son côté, l'administration pourra ordonner d'office les modifications dont l'expérience ou les changements à opérer sur la voie publique feraient reconnaître la nécessité.

En aucun cas, ces modifications ne pourront donner lieu à indemnité.

Bureaux d'attente et de contrôle, égouts, etc.

ART. 2. — La position des bureaux d'attente et de contrôle qui peuvent être autorisés sur la voie publique, celle des égouts, de leurs bouches et regards, et des conduites d'eau et de gaz, doivent être indiquées sur les plans présentés par le concessionnaire, ainsi que tout ce qui serait de nature à influer sur la position de la voie ferrée et sur le bon fonctionnement de divers services qui peuvent en être affectés.

Voies doubles et gares d'évitement.

ART. 3. — Le projet d'exécution indique le nombre des voies à établir sur les différentes sections des lignes concédées, ainsi que le nombre et la disposition des gares d'évitement.

Largeur de la voie. — Gabarit du matériel. — Entre-voie.

ART. 4. — La largeur de la voie est fixée, pour chaque concession, par le cahier des charges.

La largeur des locomotives et des caisses des véhicules, ainsi que de leur chargement, ne peut excéder ni deux fois et demie la largeur de la voie, ni la cote maximum de 2m,80; et la largeur extrême occupée par le matériel roulant, y compris toutes saillies, notamment celle des lanternes et des marchepieds latéraux, ne peut dépasser la largeur des caisses augmentée de 0m,30.

La hauteur du matériel roulant et de son chargement ne peut excéder 4m,20 pour la voie de 1m,44; elle est réglée, d'une manière définitive et invariable, par le cahier des charges, pour les voies de largeur moindre, de manière à ne pas compromettre la sécurité du public.

Dans les parties à plusieurs voies, la largeur de chaque entre-voie est telle qu'il reste un intervalle libre d'au moins 0m,50 entre les parties les plus saillantes de deux véhicules qui se croisent.

Établissement de la voie ferrée. — Largeur réservée à la circulation publique.

ART. 5. — L'autorité qui a fait la concession détermine les sections de la ligne où la voie sera établie au niveau de la chaussée, avec rails noyés, en restant accessible et praticable pour les voitures ordinaires, et celle où elle sera placée sur un accotement praticable pour les piétons, mais interdit aux voitures ordinaires.

Le cahier des charges de chaque concession détermine les largeurs qui doivent être réservées pour la libre circulation sur la voie publique, de telle façon que le croisement de deux voitures soit toujours assuré, l'une de ces deux voitures pouvant être le véhicule du tramway dans le premier des deux cas considérés ci-dessus.

Les dispositions prescrites doivent d'ailleurs assurer, dans tous les cas, la sécurité du piéton qui circule sur la voie publique et celle du riverain dont les bâtiments sont en façade sur cette voie.

Si l'emplacement occupé par la voie ferrée reste accessible et praticable pour les voitures ordinaires, les rails sont à gorge ou accompagnés de contre-rails; la largeur des vides ou ornières ne peut excéder 0m,029, dans les parties droites, et 0m,035 dans les parties courbes. Les voies ferrées sont posées au niveau de la chaussée, sans saillie ni dépression sur le profil normal de celle-ci.

Parties de routes à modifier. — Traversées à niveau. — Accès des propriétés riveraines.

ART. 6. — Le concessionnaire fournit, sur les points qui lui sont indiqués, des emplacements pour le dépôt des matériaux d'entretien qui trouvaient place auparavant sur l'accotement occupé par la voie ferrée.

Lorsque, pour maintenir la voie de fer dans les limites de courbure et de déclivité fixées par le cahier des charges, ou pour maintenir le fonctionnement des services intéressés (article 2), on doit faire subir quelques modifications à l'état de la voie publique, le concessionnaire exécute tous les travaux, soit à ses frais, soit avec le concours des services intéressés, s'il y a lieu, conformément aux projets approuvés par l'administration.

Il opère pareillement les élargissements qui sont indispensables afin de restituer à la voie publique la largeur exigée en vertu de l'article précédent.

Il doit maintenir l'accès à la voie publique des voitures ordinaires, au droit des chemins publics et particuliers, ainsi que des entrées charretières qui seraient interceptées par la voie de fer. La traversée des routes et des chemins publics ou particuliers est opérée à niveau, sans que le rail forme saillie ou dépression sur la surface de ces chemins.

Le concessionnaire doit, d'ailleurs, prendre les dispositions nécessaires pour faciliter l'exécution des travaux qui sont prescrits ou autorisés par l'administration, afin de créer de nouveaux accès, soit aux chemins publics et particuliers, soit aux propriétés riveraines.

Déviations à construire en dehors du sol des routes et chemins.

Art. 7. — Les déviations à construire en dehors du sol des routes et chemins et à classer comme annexes sont établies conformément aux dispositions arrêtées par l'autorité compétente.

Écoulement des eaux. — Rétablissement des communications.

Art. 8. — Le concessionnaire est tenu de rétablir et d'assurer à ses frais, pendant la durée de la concession, les écoulements d'eau qui seraient arrêtés, suspendus ou modifiés par ses travaux.

Il rétablit de même les communications publiques ou particulières que l'exécution de ses travaux l'oblige à modifier momentanément.

Exécution des travaux.

Art. 9. — La démolition des chaussées et l'ouverture des tranchées pour la pose et l'entretien de la voie ferrée sont effectuées avec célérité et avec toutes les précautions convenables.

Les chaussées doivent être remises dans le meilleur état.

Les travaux sont conduits de manière à ne pas compromettre la liberté et la sûreté de la circulation. Toute fouille restant ouverte sur le sol des voies publiques, ainsi que tout dépôt de matériaux, est éclairée et gardée au besoin pendant la nuit, jusqu'à ce que la voie publique soit débarrassée et rendue conforme au profil normal du projet.

Gares et stations.

Art. 10. — Le cahier des charges indiquera si le tramway devra s'arrêter en pleine voie pour prendre ou laisser des voyageurs ou des marchandises sur tous les points du parcours, ou si, au contraire, il ne s'arrêtera qu'à des gares, stations ou haltes désignées, ou si enfin les deux modes d'exploitation seront combinés.

Dans ces deux derniers cas, si les gares, stations et haltes n'ont pas été déterminées par le cahier des charges, elles le seront lors de l'approbation des projets définitifs par l'autorité concédante, sur la proposition du concessionnaire et après enquête.

Si, pendant l'exploitation, de nouvelles stations, gares ou haltes sont reconnues nécessaires, d'accord entre l'autorité concédante et le concessionnaire, il sera procédé à une enquête spéciale dans les formes prescrites par le règlement d'administration publique du 18 mai 1881 *(p. 183)*, et l'emplacement en sera définitivement arrêté par le préfet, le concessionnaire entendu.

Le nombre, l'étendue et l'emplacement des gares d'évitement seront déterminés par le préfet, le concessionnaire entendu; si la sécurité l'exige, le préfet pourra, pendant le cours de l'exploitation, prescrire l'établissement de nouvelles gares d'évitement, ainsi que l'augmentation des voies dans les stations et aux abords des stations.

Le concessionnaire est tenu, préalablement à tout commencement d'exécution, de soumettre au préfet le projet des gares, stations ou haltes, lequel se compose:

1° D'un plan à l'échelle de 1/500, indiquant les voies, les quais, les bâtiments et leur distribution intérieure, ainsi que la disposition de leurs abords ;

2° D'une élévation des bâtiments, à l'échelle d'un centimètre par mètre ;

3° D'un mémoire descriptif dans lequel les dispositions essentielles du projet sont justifiées.

Indemnités de terrains et de dommages.

Art. 11. — Tous les terrains nécessaires pour l'établissement de la voie ferrée et de ses dépendances en dehors du sol des routes et chemins, pour la déviation des voies de communication et des cours d'eau déplacés, et, en général, pour l'exécution des travaux, quels qu'ils soient, auxquels cet établissement peut donner lieu, sont achetés et payés par le concessionnaire, à moins que l'autorité qui fait la concession n'ait pris l'engagement de fournir elle-même les terrains.

Les indemnités pour occupation temporaire ou pour détérioration de terrains, pour chômage, modification ou destruction d'usines, et pour tous dommages quelconques résultant des travaux, sont supportées et payées par le concessionnaire.

Droits conférés au concessionnaire.

Art. 12. — L'entreprise étant d'utilité publique, le concessionnaire est investi, pour l'exécution des travaux dépendant de sa concession, de tous les droits que les lois et règlements confèrent à l'administration en matière de travaux publics, soit pour l'acquisition des terrains par voie d'expropriation, soit pour l'extraction, le transport ou le dépôt des terres, matériaux, etc., et il demeure en même temps soumis à toutes les obligations qui dérivent pour l'administration de ces lois et règlements.

Servitudes militaires.

Art. 13. — Dans les limites de la zone frontière et dans le rayon des servitudes des enceintes fortifiées, le concessionnaire est tenu, pour l'étude et l'exécution de ses projets, de se soumettre à l'accomplissement de toutes les formalités et de toutes les conditions exigées par les lois, décrets et règlements concernant les travaux mixtes.

Mines.

Art. 14. — Si la voie ferrée traverse un sol déjà concédé pour l'exploitation d'une mine, le ministre des travaux publics détermine les mesures à prendre pour que l'établissement de cette voie ne nuise pas à l'exploitation de la mine, et réciproquement pour que, le cas échéant, l'exploitation de la mine ne compromette pas l'existence de la voie ferrée.

Les travaux de consolidation à faire dans l'intérieur de la mine, en raison de la traversée de la voie ferrée, et tous les dommages résultant de cette traversée, pour les concessionnaires de la mine, sont à la charge du concessionnaire de la voie ferrée.

Carrières.

Art. 15. — Si la voie ferrée s'étend sur des terrains renfermant des carrières ou les traverse souterrainement, elle ne peut être livrée à la circulation avant que les excavations qui pourraient en compromettre la solidité aient été remblayées ou consolidées.

Le ministre des travaux publics détermine la nature et l'étendue des travaux qu'il convient d'entreprendre à cet effet, et qui sont d'ailleurs exécutés par les soins et aux frais du concessionnaire.

Contrôle et surveillance des travaux.

ART. 16. — Les travaux sont soumis au contrôle et à la surveillance du préfet, sous l'autorité du ministre des travaux publics.

Ce contrôle et cette surveillance ont pour objet d'empêcher le concessionnaire de s'écarter des dispositions prescrites par le présent règlement et de celles qui résultent soit des cahiers des charges, soit des projets approuvés.

Réception des travaux.

ART. 17.— A mesure que les travaux sont terminés sur des parties de voie ferrée susceptibles d'être livrées utilement à la circulation, il est procédé à la reconnaissance et, s'il y a lieu, à la réception provisoire de ces travaux par un ou plusieurs commissaires que le préfet désigne.

Sur le vu du procès-verbal de cette reconnaissance, le préfet autorise, s'il y a lieu, la mise en exploitation des parties dont il s'agit; après cette autorisation, le concessionnaire peut mettre lesdites parties en service et y percevoir les taxes déterminées par le cahier des charges. Toutefois ces réceptions partielles ne deviennent définitives que par la réception générale de la voie ferrée, laquelle est faite dans la même forme que les réceptions partielles.

Bornage et plan cadastral des parties en déviation.

ART. 18. — Immédiatement après l'achèvement des travaux et au plus tard six mois après la mise en exploitation de la ligne ou de chaque section, le concessionnaire doit faire à ses frais un bornage contradictoire avec chaque propriétaire riverain, en présence du préfet ou de son représentant, ainsi qu'un plan cadastral des parties de la voie ferrée et de ses dépendances qui sont situées en dehors du sol des routes et chemins. Il fait dresser également, à ses frais et contradictoirement avec les agents désignés par le préfet, un état descriptif de tous les ouvrages d'art qui ont été exécutés, ledit état accompagné d'un atlas contenant les dessins cotés de tous les ouvrages

Une expédition dûment certifiée des procès-verbaux de bornage, du plan cadastral, de l'état descriptif et de l'atlas, est dressée aux frais du concessionnaire et déposée dans les archives de la préfecture.

Les terrains acquis par le concessionnaire postérieurement au bornage général, en vue de satisfaire aux besoins de l'exploitation, et qui, par cela même, deviennent partie intégrante de la voie ferrée, donnent lieu, au fur et à mesure de leur acquisition, à des bornages supplémentaires et sont ajoutés sur le plan cadastral; addition est également faite sur l'atlas de tous les ouvrages d'art exécutés postérieurement à sa rédaction.

TITRE II. — ENTRETIEN ET EXPLOITATION.

Entretien.

ART. 19. — La voie ferrée et tout le matériel qui en dépend doivent être constamment entretenus en bon état, de manière que la circulation y soit toujours facile et sûre.

Les frais d'entretien et ceux auxquels donnent lieu les réparations ordinaires et extraordinaires de la voie ferrée sont à la charge du concessionnaire.

Sur les sections à rails noyés où la voie ferrée est accessible aux voitures ordinaires, l'entretien du pavage ou de l'empierrement de la surface affectée à la circulation du tramway est réglé, pour chaque concession, par le cahier des charges, qui indique le service chargé d'exécuter cet entretien, ainsi que la répartition des dépenses.

Sur les sections où la voie ferrée n'est pas accessible aux voitures ordinaires, l'entretien, qui est à la charge du concessionnaire, comprend la surface entière des voies, augmentée d'une zone de $1^{m},00$, qui sera mesurée à partir de chaque rail extérieur.

Si la voie ferrée et les parties de voie publique dont l'entretien est confié au concessionnaire ne sont pas constamment entretenues en bon état, il y est pourvu d'office, à la diligence du préfet et aux frais du concessionnaire, sans préjudice, s'il y a lieu, de l'application des dispositions indiquées ci-après dans l'article 41.

Le montant des avances faites est recouvré au moyen de rôles que le préfet rend exécutoires.

Du matériel employé à l'exploitation.

ART. 20. — Le matériel roulant qui est mis en circulation sur la voie ferrée doit passer librement dans le gabarit, dont les dimensions sont fixées conformément aux dispositions de l'article 4 du présent règlement.

La traction est opérée conformément aux clauses de la concession.

Machines locomotives à vapeur.

ART. 21. — Les machines locomotives à vapeur sont construites sur les meilleurs modèles; elles doivent satisfaire aux prescriptions des articles 7, 8, 9, 11 et 15 de l'ordonnance du 15 novembre 1846 (1), et, pour ce qui concerne spécialement leur générateur, aux dispositions du décret du 30 avril 1880.

Les types des machines employées, leur poids et leur maximum de charge par essieu doivent être approuvés par le préfet, sur l'avis du service du contrôle, eu égard aux besoins de l'exploitation et à la composition ainsi qu'à l'état de la voie.

Les machines sont pourvues de freins assez puissants pour que, lancées sur une pente de $0^{m},02$ par mètre, avec une vitesse de 20 kilomètres à l'heure, elles puissent être arrêtées, sans le secours des freins des voitures remorquées, sur un espace de 20 mètres au plus.

Les locomotives à feu ne doivent donner aucune odeur et ne doivent répandre sur la voie publique ni flammèches, ni escarbilles, ni cendres, ni fumée, ni eau excédante, le concessionnaire étant expressément responsable de tout incendie causé par l'emploi des machines à feu, soit sur la voie publique, soit dans les propriétés riveraines.

Aucune locomotive ne peut être mise en service qu'en vertu d'un permis spécial de circulation, délivré par le préfet, sur la proposition des fonctionnaires chargés du contrôle, après accomplissement des formalités prescrites pour les locomotives de chemins de fer et après vérification de l'efficacité des freins, eu égard à la vitesse de la machine et à l'inclinaison de la voie.

Autres moteurs mécaniques.

ART. 22. — Les machines fixes et les machines locomotives de tout autre système que la machine locomotive à vapeur munie d'un foyer doivent satisfaire aux prescriptions spéciales arrêtées par le ministre des travaux publics.

Voitures et wagons.

ART. 23. — Les voitures des voyageurs doivent satisfaire aux prescriptions des articles 8, 9, 12, 13, 14 et 15 de l'ordonnance du 15 novembre 1846 (1). Elles sont suspendues sur ressorts et peuvent être à deux étages.

---

(1) *Code annoté*, p. 25.

L'étage inférieur est complètement couvert, garni de banquettes avec dossiers, fermé à glaces au moins pendant l'hiver, muni de rideaux et éclairé pendant la nuit; l'étage supérieur est garni de banquettes avec dossiers; on y accède au moyen d'escaliers qui sont accompagnés, ainsi que les couloirs latéraux donnant accès aux places, de garde-corps solides d'au moins $1^{m},10$ de hauteur effective.

Sur les voies ferrées où la traction est opérée au moyen de locomotives, l'étage supérieur est couvert et protégé à l'avant et à l'arrière par des cloisons.

Les dossiers et les banquettes doivent être inclinés et les dossiers sont élevés à la hauteur des épaules des voyageurs.

Il peut y avoir des places de plusieurs classes; la disposition particulière des places de chaque classe est conforme aux prescriptions arrêtées par le préfet.

Les wagons destinés au transport des marchandises, des chevaux ou des bestiaux, les plates-formes et, en général, toutes les parties du matériel roulant sont de bonne et solide construction, et satisfont aux prescriptions des articles 8, 9 et 15 de l'ordonnance du 15 novembre 1846.

Chaque voiture sans exception est munie d'un frein puissant.

Entretien du matériel roulant.

ART. 24. — Le matériel roulant et tout le matériel servant à l'exploitation sont constamment maintenus dans un bon état d'entretien et de propreté.

Si le matériel dont il s'agit n'est pas entretenu en bon état, il y est pourvu d'office, à la diligence du préfet et aux frais du concessionnaire, sans préjudice, s'il y a lieu, des dispositions indiquées ci-après dans l'article 41.

Règles d'exploitation applicables à tous les services de tramways. — Gardiennage et signaux.

ART. 25. — Le concessionnaire est tenu de prendre à ses frais, partout où la nécessité en aura été reconnue par le préfet, sur l'avis du service du contrôle, et eu égard au mode d'exploitation employé, les mesures nécessaires pour assurer la liberté et la sécurité du passage des voitures et des trains sur la voie ferrée, et celle de la circulation ordinaire sur les routes et chemins que suit ou traverse la voie ferrée.

Ateliers de réparation de la voie.

ART. 26. — Lorsqu'un atelier de réparation est établi sur une voie, des signaux doivent indiquer si l'état de la voie ne permet pas le passage des voitures ou des trains, ou s'il suffit d'en ralentir la marche.

Éclairage des voitures des trains.

ART. 27. — Toute voiture isolée ou tout train porte extérieurement un feu rouge à l'avant et un feu vert à l'arrière. Les fanaux sont à réflecteurs; ils sont allumés au coucher du soleil et ne peuvent être éteints avant son lever.

Transport des matières dangereuses.

ART. 28. — Il est interdit d'admettre, dans les convois qui portent des voyageurs, aucune matière pouvant donner lieu soit à des explosions, soit à des incendies.

Service des tramways à traction de chevaux.

ART. 29. — Le cocher doit avoir l'appareil de manœuvre du frein sous la main; il doit porter son attention sur l'état de la voie, sur l'approche des voitures ordinaires ou des troupeaux, et ralentir la marche en cas d'obstacles, suivant les circonstances; il doit se conformer aux signaux de ralentissement ou d'arrêt qui lui sont faits par les gardiens et ouvriers de la voie.

Le cocher est muni d'une trompe ou d'un cornet, ou de tout autre instrument du même genre, afin de signaler son approche.

Dans les tramways à service de voyageurs, le cocher doit se trouver en communication, au moyen d'un signal d'arrêt, soit avec le receveur, soit avec les voyageurs dans les voitures où il n'y a pas de receveur.

Service des tramways à traction mécanique.

ART. 30. — Sur les lignes de tramways à traction mécanique, la longueur des trains ne peut dépasser 60 mètres. Sous la réserve de cette condition, qui est de rigueur, tout convoi ordinaire de voyageurs doit contenir des voitures ou des compartiments de toutes classes en nombre suffisant pour le service du public.

Composition des trains.

Les machines et voitures entrant dans la composition de tous les trains sont liées entre elles par des attaches rigides, avec ressorts.

Composition des trains. — Machines.

ART. 31. — Les machines sont placées en tête des trains. Il ne peut être dérogé à cette disposition que pour les manœuvres à exécuter dans les stations ou pour le cas de secours; dans ces cas spéciaux, la vitesse ne doit pas dépasser 5 kilomètres à l'heure.

Les trains sont remorqués par une seule machine, sauf à la montée des rampes de forte inclinaison ou en cas d'accident.

Il est, dans tous les cas, interdit d'atteler simultanément plus de deux machines à un train; la machine placée en tête règle la marche du train, dont la vitesse ne doit jamais dépasser 10 kilomètres à l'heure dans le cas d'un double attelage.

Personnel des trains.

ART. 32. — Chaque machine à feu est conduite par un mécanicien et un chauffeur.

Il ne peut être employé que des mécaniciens agréés par le préfet, sur le rapport du service du contrôle.

Le chauffeur doit être capable d'arrêter la machine en cas de besoin.

Chaque train est accompagné, en outre, du nombre de conducteurs gardes-freins qui sera jugé nécessaire; il y a d'ailleurs, en tous cas, sur la dernière voiture, un conducteur qui est mis en communication avec le mécanicien.

Lorsqu'il y a plusieurs conducteurs dans un train, l'un d'eux doit avoir autorité sur les autres.

Avant le départ du train, le mécanicien s'assure si toutes les parties de la locomotive sont en bon état et particulièrement si le frein fonctionne convenablement. Il ne doit mettre le train en marche que lorsque le conducteur chef du train a donné le signal du départ.

En marche, le mécanicien doit porter son attention sur l'état de la voie, sur l'approche des voitures ordinaires ou des troupeaux, et ralentir ou même arrêter en cas d'obstacles, suivant les circonstances; il doit se conformer aux signaux qui lui sont faits par les gardiens et ouvriers de la voie.

Cet agent signale l'approche du train au moyen d'une trompe, d'une cloche ou de tout autre instrument du même genre, à l'exclusion du sifflet à vapeur.

Dans les tramways à service de voyageurs, le mécanicien doit se trouver en communication, au moyen d'un signal d'arrêt, soit avec le receveur ou employé, soit avec les voyageurs.

Aucune personne autre que le mécanicien et le chauffeur ne peut monter sur la locomotive, à moins d'une permission spéciale et écrite du directeur d'exploitation de la voie ferrée. Sont exceptés de cette interdiction les fonctionnaires chargés de la surveillance.

Marche des trains.

Art. 33. — Le préfet détermine, sur la proposition du concessionnaire, le minimum et le maximum de la vitesse des convois de voyageurs et de marchandises sur les différentes sections de la ligne, ainsi que le tableau du service des trains.

La vitesse des trains en marche ne peut dépasser 20 kilomètres à l'heure. Cette vitesse doit, d'ailleurs, être diminuée dans la traversée des lieux habités ou en cas d'encombrement de la route.

Le mouvement doit également être ralenti ou même arrêté toutes les fois que l'arrivée d'un train, effrayant les chevaux ou autres animaux, pourrait être la cause de désordres et occasionner des accidents.

Les trains ne peuvent stationner en dehors des gares que durant le temps strictement nécessaire pour les besoins du service.

Les locomotives ou les voitures isolées ne peuvent stationner sur les voies affectées à la circulation.

Il est expressément interdit d'effectuer le nettoyage des grilles sur la voie publique.

Accidents.

Art. 34. — Des machines, dites de secours ou de réserve, doivent être entretenues constamment en feu et prêtes à partir, sur les lignes et aux points qui sont désignés par le préfet.

Il y a constamment, au lieu de dépôt des machines, une voiture chargée de tous les agrès et outils nécessaires en cas d'accident.

Chaque train doit, d'ailleurs, être muni des outils les plus indispensables.

Aux stations ou bureaux de contrôle et d'attente désignés par le préfet, le concessionnaire entretiendra les médicaments et moyens de secours nécessaires en cas d'accident.

TITRE III. — POLICE ET SURVEILLANCE.

Des mesures concernant les personnes étrangères au service des voies ferrées.

Art. 35. — Il est défendu à toute personne étrangère au service de la voie ferrée :

1° De déranger, altérer ou modifier, sous quelque prétexte que ce soit, la voie ferrée et les ouvrages qui en dépendent ;

2° De stationner sur la voie ferrée ou d'y faire stationner des voitures ;

3° D'y laisser séjourner des chevaux, bestiaux ou animaux d'aucune sorte ;

4° D'y jeter ou déposer aucuns matériaux ni objets quelconques ;

5° D'emprunter les rails de la voie ferrée pour la circulation de voitures étrangères au service.

Tout conducteur de voiture doit, à l'approche d'un train ou d'une voiture appartenant au service de la voie ferrée, prendre en main les guides ou le cordeau de son équipage, de façon à se rendre maître de ses chevaux, dégager immédiatement la voie et s'en écarter de manière à livrer toute la largeur nécessaire au passage du matériel de la voie ferrée.

Tout conducteur de troupeau doit écarter les bestiaux de la voie ferrée à l'approche d'un train ou d'une voiture appartenant au service de cette voie.

Des mesures concernant les voyageurs.

Art. 36. — Il est défendu aux voyageurs :

1° D'entrer dans les voitures ou d'en sortir pendant la marche et autrement que par la portière réservée à cet effet;

2° De passer d'une voiture dans une autre, de se pencher au dehors, de stationner debout sur les impériales pendant la marche.

Il est interdit d'admettre dans les voitures plus de voyageurs que ne le comporte le nombre de places indiqué dans chaque compartiment.

L'entrée des voitures est interdite :

1° A toute personne en état d'ivresse;

2° A tous individus porteurs d'armes à feu chargées ou de paquets qui, par leur nature, leur volume ou leur odeur, pourraient gêner ou incommoder les voyageurs. Tout individu porteur d'une arme à feu doit, avant son admission dans les voitures, faire constater que son arme n'est pas chargée.

Aucun chien n'est admis dans les voitures servant au transport des voyageurs; toutefois la compagnie peut placer dans des compartiments spéciaux les voyageurs qui ne voudraient pas se séparer de leurs chiens, pourvu que ces animaux soient muselés en quelque saison que ce soit.

Expédition des matières dangereuses.

Art. 37. — Les personnes qui veulent expédier des marchandises considérées comme pouvant être une cause d'explosion ou d'incendie, d'après la classification du décret du 12 août 1874, doivent en faire la déclaration formelle au moment où elles les livrent au service de la voie ferrée.

Les expéditeurs doivent se conformer, en ce qui concerne l'emballage et les marques des colis dangereux, aux prescriptions du décret précité.

Affichage du service des voies ferrées.

Art. 38. — Des affiches placées dans les stations et dans les bureaux d'attente et de contrôle font connaître au public les heures de départ des convois ordinaires, les stations qu'ils doivent desservir, les heures auxquelles ils doivent arriver à ces stations et en partir.

Si l'exploitation de la ligne comporte des arrêts en pleine voie, afin de prendre ou de laisser, soit des voyageurs, soit des marchandises, ces affiches font connaître cette circonstance, en n'annonçant, dans ce cas, que les heures de départ des stations extrêmes.

Contrôle et surveillance de l'exploitation.

Art. 39. — Le préfet nomme les agents chargés du contrôle et de la surveillance prévus par l'article 21 de la loi du 11 juin 1880 *(p. 180)*.

Ces agents ont notamment pour mission :

1° En ce qui concerne l'exploitation commerciale :

De surveiller le mode d'application des tarifs approuvés et l'exécution des mesures prescrites pour la réception et l'enregistrement des colis, leur transport et leur remise aux destinataires;

De veiller à l'exécution des mesures prescrites pour que le service des transports ne soit pas interrompu aux points extrêmes de lignes en communication l'une avec l'autre;

De vérifier les conditions des traités qui seraient passés par la compagnie avec les entreprises de transport par terre ou par eau en correspondance avec la voie ferrée et de signaler toutes les infractions au principe de l'égalité des taxes;

De constater le mouvement de la circulation des voyageurs et des marchandises, les dépenses d'entretien et d'exploitation, et les recettes.

2° En ce qui concerne l'exploitation technique :

De vérifier l'état de la voie de fer, des terrassements, des ouvrages d'art et du matériel roulant, et de veiller à l'exécution des règlements relatifs à la police et à la sûreté de la circulation.

3° En ce qui concerne la police :

De surveiller la composition, le départ, l'arrivée, la marche et le stationnement des trains, l'observation des règlements de police, tant par le public que par le concessionnaire, sur les voies publiques empruntées par la voie ferrée, l'entrée, le stationnement et la circulation des voitures dans les cours et stations, l'admission du public dans les gares et sur les quais de la voie ferrée.

Les concessionnaires sont tenus de fournir des locaux convenables aux agents du contrôle spécialement désignés par le préfet. Ils sont aussi tenus de présenter aux agents du contrôle, à toute réquisition, les registres de dépenses et de recettes relatifs à l'exploitation commerciale, ainsi que les registres de réception et d'expédition des colis.

Toutes les fois qu'il arrive un accident sur la voie ferrée, il en est fait immédiatement déclaration, par le chef de train, à l'agent du contrôle dont le poste est le plus voisin. Le préfet et le chef du contrôle en sont immédiatement informés par les soins du concessionnaire.

Outre la surveillance ordinaire, le préfet délègue, aussi souvent qu'il le juge utile, un ou plusieurs commissaires à l'effet de reconnaître et de constater l'état de la voie ferrée, de ses dépendances et de son matériel, et l'effet d'exercer une surveillance spéciale sur tout ce qui ne rentre pas dans les attributions des agents du contrôle.

Règlements de police et d'exploitation.

Art. 40. — Le concessionnaire est tenu, ainsi que le public, de se conformer aux prescriptions des arrêtés qui sont pris par les préfets pour l'exécution des dispositions qui précèdent.

Toutes les dépenses qu'entraîne l'exécution de ces prescriptions sont à la charge du concessionnaire.

Le concessionnaire est tenu de soumettre à l'approbation du préfet les règlements de service intérieur relatifs à l'exploitation de la voie ferrée.

Les règlements dont il s'agit sont obligatoires non seulement pour le concessionnaire, mais encore pour tous ceux qui obtiendront ultérieurement l'autorisation d'établir des lignes ferrées d'embranchement ou de prolongement, et en général pour toutes les personnes qui emprunteront l'usage du chemin de fer.

Interruption de l'exploitation.

Art. 41. — Si l'exploitation de la voie ferrée vient à être interrompue en totalité ou en partie, si le mauvais état de la voie ou du matériel roulant compromet la sécurité du public, si le mauvais entretien de la partie de la route dont le concessionnaire doit prendre soin compromet la sécurité publique, le préfet prend immédiatement, aux frais et risques du concessionnaire, les mesures nécessaires afin d'assurer provisoirement le service.

Si, dans les trois mois de l'organisation du service provisoire, le concessionnaire n'a pas valablement justifié qu'il est en état de reprendre et de continuer l'exploitation, et s'il ne l'a pas effectivement reprise, la déchéance peut être prononcée par le ministre des travaux publics, sauf recours au conseil d'État par la voie contentieuse.

Il est pourvu tant à la continuation et à l'achèvement des travaux qu'à l'exécution des autres engagements contractés par le concessionnaire, au moyen d'une adjudication qui sera ouverte sur une mise à prix des ouvrages exécutés, des matériaux approvisionnés et des parties de la voie ferrée déjà livrées à l'exploitation.

Nul ne sera admis à concourir à cette adjudication s'il n'a été préalablement agréé par le préfet.

A cet effet, les personnes qui voudraient concourir seront tenues de déclarer, dans le délai qui sera fixé, leur intention par un écrit déposé à la préfecture et accompagné des pièces propres à justifier des ressources nécessaires pour remplir les engagements à contracter.

Ces pièces seront examinées par le préfet en conseil de préfecture. Chaque soumissionnaire sera informé de la décision prise en ce qui le concerne et, s'il y a lieu, du jour de l'adjudication.

Les personnes qui auront été admises à concourir devront faire, soit à la caisse des dépôts et consignations, soit à la caisse du trésorier-payeur général du département, le dépôt de garantie, qui devra être égal au moins au trentième de la dépense à faire par le concessionnaire.

L'adjudication aura lieu suivant les formes indiquées aux articles 11, 12, 13, 15 et 16 de l'ordonnance royale du 10 mai 1829.

Les soumissions ne pourront pas être inférieures à la mise à prix.

L'adjudicataire sera substitué aux charges et aux droits du concessionnaire évincé; il recevra notamment les subventions de toute nature à échoir aux termes de l'acte de concession; le concessionnaire évincé recevra de lui le prix que la nouvelle adjudication aura fixé.

La partie du cautionnement qui n'aura pas encore été restituée deviendra la propriété de l'autorité qui a fait la concession.

Si l'adjudication ouverte n'amène aucun résultat, une seconde adjudication sera tentée, sur les mêmes bases, après un délai de trois mois; si cette seconde tentative reste également sans résultat, le concessionnaire sera définitivement déchu de tous droits et alors les ouvrages exécutés, les matériaux approvisionnés et les parties de voie ferrée déjà livrées à l'exploitation appartiendront à l'autorité qui a fait la concession.

TITRE IV. — DISPOSITIONS DIVERSES,

Construction de nouvelles voies de communication.

Art. 42. — Dans le cas où le gouvernement ordonne ou autorise la construction de routes nationales, départementales ou vicinales, de chemins de fer ou de canaux qui traversent une ligne concédée, le concessionnaire ne peut s'opposer à ces travaux; mais toutes les dispositions nécessaires sont prises pour qu'il n'en résulte aucun obstacle à la construction ou au service de la voie ferrée, ni aucuns frais pour le concessionnaire.

Concession ultérieure de nouvelles lignes.

Art. 43. — Toute exécution ou autorisation ultérieure de route, de canal, de chemin de fer, de travaux de navigation, dans la contrée où est située une voie ferrée qui a fait l'objet d'une concession ou dans toute autre contrée voisine ou éloignée, ne peut donner ouverture à aucune demande d'indemnité de la part du concessionnaire.

Retrait d'autorisation.

Art. 44. — L'autorisation d'établir ou de maintenir une voie ferrée sur le sol des voies publiques peut être retirée a toute époque, en totalité ou en partie, dans les formes suivies pour la concession, lorsque la nécessité en a été reconnue dans l'intérêt public par le gouvernement, après une enquête; le tout sous réserve de l'application des articles 6 et 11 de la loi du 11 juin 1880 *(p. 178)*.

Réserves sous lesquelles le concessionnaire est admis à emprunter le sol des voies publiques.

Art. 45. — Le concessionnaire n'est admis à réclamer aucune indemnité:

Ni à raison des dommages que le roulage ordinaire pourrait occasionner aux ouvrages de la voie ferrée ;

Ni à raison de l'état de la chaussée et des conséquences qui pourraient en résulter pour l'état et l'entretien de la voie ;

Ni enfin pour une cause quelconque résultant de la voie publique.

Les indemnités dues à des tiers pour des dommages pouvant résulter de la construction ou de l'exploitation de la voie ferrée sont entièrement à la charge du concessionnaire.

Art. 46. — En cas d'interruption de la voie ferrée par suite de travaux exécutés sur la voie publique, le concessionnaire peut être tenu de rétablir provisoirement les communications, soit en déplaçant momentanément ses voies, soit en employant, pour la traversée de l'obstacle, des voitures ordinaires qui puissent le tourner en suivant d'autres lignes.

Concessions de voies de fer d'embranchement et de prolongement.

Art. 47. — Le gouvernement, le département et les communes ont le droit de concéder de nouvelles voies de fer s'embranchant sur une voie ferrée déjà concédée ou à établir en prolongement de la même voie.

Le concessionnaire de la ligne principale ne peut s'opposer à l'exécution de ces embranchements, ni réclamer, à l'occasion de leur établissement, une indemnité quelconque, pourvu qu'il n'en résulte aucun obstacle à la circulation ni aucuns frais particuliers pour son entreprise.

Les concessionnaires des voies de fer d'embranchement ou de prolongement ont la faculté, moyennant l'observation du paragraphe 1er de l'article 20 du présent règlement, et des règlements de police et de service qui régissent la ligne principale, et moyennant les tarifs du cahier des charges de cette dernière ligne, de faire circuler leurs voitures, wagons et machines sur la ligne principale. Cette faculté est réciproque à l'égard desdits embranchements et prolongements.

Dans le cas où les divers concessionnaires ne peuvent s'entendre sur l'exercice de cette faculté, le ministre des travaux publics statue sur les difficultés qui s'élèvent entre eux à cet égard.

Le concessionnaire d'une voie ferrée ne peut toutefois être tenu d'admettre sur ses rails un matériel dont le poids serait hors de proportion avec les éléments constitutifs de ses voies.

Dans le cas où un concessionnaire d'embranchement ou de prolongement joignant la ligne principale n'use pas de la faculté de circuler sur cette ligne, comme aussi dans le cas où le concessionnaire de cette dernière ligne ne veut pas circuler sur les prolongements et embranchements, ces concessionnaires sont tenus de s'arranger entre eux de manière que le service de transport ne soit jamais interrompu aux points de jonction des diverses lignes.

Celui des concessionnaire qui se sert d'un matériel qui n'est pas sa propriété paye une indemnité en rapport avec l'usage et la détérioration de ce matériel. Dans le cas où les concessionnaires ne se mettent pas d'accord sur la quotité de l'indemnité ou sur les moyens d'assurer la continuation du service sur toutes les lignes, l'administration y pourvoit d'office et prescrit toutes les mesures nécessaires.

Gares communes.

Le concessionnaire est tenu, si l'autorité compétente le juge convenable, de partager l'usage des stations établies à l'origine des voies de fer d'embranchement avec les compagnies qui deviendraient concessionnaires desdits embranchements.

Il est fait un partage équitable des frais résultant de l'usage commun desdites gares, et les sommes à payer par les compagnies nouvelles sont, en cas de dissentiment, réglées par voie d'arbitrage.

En cas de désaccord sur le principe ou l'exercice de l'usage commun des gares, il est statué par le ministre des travaux publics, les concessionnaires entendus.

Embranchements industriels.

Art. 48. — Le concessionnaire de toute voie ferrée affectée au transport des marchandises est tenu de s'entendre avec tout propriétaire de carrières, de mines ou d'usines qui, offrant de se soumettre aux conditions prescrites ci-après, demande un embranchement; à défaut d'accord, le préfet statue sur la demande, le concessionnaire entendu.

Les embranchements sont construits aux frais des propriétaires de carrières, de mines et d'usines, et de manière qu'il ne résulte de leur établissement aucune entrave à la circulation générale, aucune cause d'avarie pour le matériel, ni aucuns frais particuliers pour le service de la ligne principale.

Leur entretien est fait avec soin, aux frais de leurs propriétaires et sous le contrôle du préfet. Le concessionnaire a le droit de faire surveiller par ses agents cet entretien, ainsi que l'emploi de son matériel sur les embranchements.

Le préfet peut, à toute époque, prescrire les modifications qui sont jugées utiles dans la soudure, le tracé ou l'établissement de la voie desdits embranchements, et les changements sont opérés aux frais des propriétaires.

Le préfet peut même, après avoir entendu les propriétaires, ordonner l'enlèvement temporaire des aiguilles de soudure, dans le cas où les établissements embranchés viendraient à suspendre, en tout ou en partie, leurs transports.

Le concessionnaire est tenu d'envoyer ses wagons sur tous les embranchements autorisés destinés à faire communiquer des établissements de carrières, de mines ou d'usines avec la ligne principale.

Le concessionnaire amène ses wagons à l'entrée des embranchements.

Les expéditeurs ou destinataires font conduire les wagons dans leurs établissements, pour les charger ou les décharger, et les ramènent au point de jonction avec la ligne principale, le tout à leurs frais.

Les wagons ne peuvent, d'ailleurs, être employés qu'au transport d'objets et marchandises destinés à la ligne principale.

Le temps pendant lequel les wagons séjournent sur les embranchements particuliers ne peut excéder six heures, lorsque l'embranchement n'a pas plus d'un kilomètre. Ce temps est augmenté d'une demi-heure par kilomètre en sus du premier, non compris les heures de la nuit, depuis le coucher jusqu'au lever du soleil.

Dans le cas où les limites de temps sont dépassées, nonobstant l'avertissement spécial donné par le concessionnaire, il peut exiger une indemnité égale à la valeur du droit de loyer des wagons, pour chaque période de retard après l'avertissement.

S'il est jugé nécessaire par le préfet, statuant sur l'avis du service du contrôle, d'établir un gardien aux aiguilles d'un embranchement industriel, le traitement de cet agent est à la charge du propriétaire de l'embranchement; mais il est nommé et payé par le concessionnaire.

En cas de difficulté, il est statué par l'administration, le concessionnaire entendu.

Les propriétaires d'embranchement sont responsables des avaries que le matériel peut éprouver pendant son parcours ou son séjour sur ces lignes.

Dans le cas d'inexécution d'une ou de plusieurs des conditions énoncées ci-dessus, le préfet peut, sur la plainte du concessionnaire et après avoir entendu le propriétaire de l'embranchement, ordonner par un arrêté la suspension du service et faire supprimer la soudure, sauf recours à l'administration supérieure et sans préjudice de tous dommages-intérêts que le concessionnaire serait en droit de répéter pour la non exécution de ces conditions.

Le concessionnaire est indemnisé de la fourniture et de l'envoi de son matériel sur les embranchements, par la perception du tarif qui est fixé par son cahier des charges pour chaque kilomètre parcouru.

Tout kilomètre entamé est payé comme s'il avait été parcouru en entier.

Le chargement et le déchargement sur les embranchements s'opèrent aux frais des expéditeurs ou destinataires, soit qu'ils les fassent eux-mêmes, soit que la compagnie du tramway consente à les opérer.

Dans ce dernier cas, ces frais sont l'objet d'un règlement arrêté par le préfet, sur la proposition du concessionnaire.

Tout wagon envoyé par le concessionnaire sur un embranchement doit être payé comme wagon complet, lors même qu'il ne serait pas complètement chargé.

La surcharge, s'il y en a, est payée au prix du tarif légal et au prorata du poids réel. Le concessionnaire est en droit de refuser les chargements qui dépasseraient le maximum déterminé par son cahier des charges.

Ce maximum sera revisé par le préfet de manière à être toujours en rapport avec la capacité des wagons.

Les wagons sont pesés à la station d'arrivée par les soins et aux frais du concessionnaire.

Contribution foncière.

Art. 49. — La contribution foncière pour les dépendances situées en dehors de l'assiette des routes, chemins et autres voies publiques, est établie en raison de la surface occupée par ces dépendances ; la cote en est calculée comme pour les canaux, conformément à la loi du 25 avril 1803.

Les bâtiments et magasins dépendant de l'exploitation de la voie ferrée sont assimilés aux propriétés bâties de la localité. Toutes les contributions auxquelles ces édifices peuvent être soumis sont, aussi bien que la contribution foncière, à la charge du concessionnaire.

Agents du concessionnaire.

Art. 50. — Les agents et gardes que le concessionnaire établit, soit pour la perception des droits, soit pour la surveillance et la police de la voie de fer et de ses dépendances, peuvent être assermentés et sont, dans ce cas, assimilés aux gardes champêtres. Ces agents sont revêtus d'un uniforme ou sont porteurs d'un signe distinctif.

Comptes rendus statistiques annuels et trimestriels.

Art. 51. — Tout concessionnaire doit adresser, chaque année, au préfet des états statistiques conformes aux modèles qui seront arrêtés par le ministre des travaux publics et qui comprennent les renseignements relatifs à l'année entière (du 1er janvier au 31 décembre).

Cet envoi est fait le 15 avril de chaque année, au plus tard. Les renseignements fournis par le concessionnaire peuvent être publiés.

Indépendamment de ces états annuels, le compte rendu des résultats de l'exploitation, comprenant les dépenses d'établissement et d'exploitation et les recettes brutes, est remis au préfet dans le mois qui suit l'expiration de chaque trimestre. Ce compte rendu est dressé en trois expéditions, destinées au préfet, au représentant de l'autorité qui a donné la concession et au ministre des travaux publics ; il est publié, au moins par extraits, dans le *Journal officiel*, conformément aux prescriptions de l'article 19 de la loi du 11 juin 1880 *(p. 180)*.

Frais de contrôle.

Art. 52. — Les frais de visite, de surveillance et de réception des travaux, et les frais de contrôle de l'exploitation sont supportés par le concessionnaire.

Afin de pourvoir à ces frais, le concessionnaire est tenu de verser, chaque année, à la caisse centrale du trésorier-payeur général du département, la somme qui est fixée dans le cahier des charges de la concession par chaque kilomètre de voie ferrée concédée.

Si le concessionnaire ne verse pas la somme ci-dessus réglée aux époques fixées, le préfet rend un rôle exécutoire et le montant en est recouvré comme en matière de contributions publiques.

Registre des réclamations.

Art. 53. — Il est tenu, dans chaque station et dans chaque bureau d'attente, un registre coté et parafé par le maire de la commune, lequel est destiné à recevoir les réclamations des personnes (voyageurs ou autres) qui auraient des plaintes à former, soit contre le concessionnaire, soit contre ses agents.

Ce registre est présenté à toute réquisition du public; il est visé par les agents du service du contrôle et de surveillance administrative.

Propositions du concessionnaire.

Art. 54. — Dans tous les cas où, conformément aux dispositions du présent règlement, le préfet doit statuer sur la proposition d'un concessionnaire, celui-ci est tenu de lui soumettre cette proposition dans le délai qui a été déterminé, faute de quoi le préfet peut statuer directement.

Si le préfet pense qu'il y a lieu de modifier la proposition du concessionnaire, il doit, sauf le cas d'urgence, entendre celui-ci avant de prescrire les modifications dont il s'agit.

Affichage et publication du présent règlement.

Art. 55. — Des exemplaires du présent règlement, ainsi que des articles de l'ordonnance royale du 15 novembre 1846, du décret du 30 avril 1880 et du décret du 12 août 1874, auxquels il se réfère, sont constamment affichés, à la diligence du concessionnaire, aux abords des bureaux des voies ferrées qui empruntent le sol des voies publiques, ainsi que dans les salles d'attente.

Le conducteur ou receveur de toute voiture, le conducteur principal de tout train en marche sont munis d'un exemplaire du règlement. Des extraits sont délivrés, chacun pour ce qui le concerne, aux cochers, receveurs, mécaniciens, chauffeurs, gardes-freins et autres agents employés sur la voie ferrée.

Des extraits, en ce qui concerne les règles à observer par les voyageurs pendant le trajet, sont placés dans chaque caisse de voiture.

Constatation et poursuite des contraventions.

Art. 56. — Sont constatées, poursuivies et réprimées conformément aux dispositions de la loi du 15 juillet 1845, qui ont été rendues applicables aux tramways par l'article 37 de la loi du 11 juin 1880 *(p. 182)*, les contraventions au présent règlement, aux décisions ministérielles et aux arrêtés pris par les préfets pour l'exécution de ce règlement.

Art. 57. — Les dispositions du présent règlement sont applicables aux chemins de fer d'intérêt local sur les sections où ces chemins de fer empruntent le sol des voies publiques, sans préjudice de l'application de l'ordonnance du 15 novembre 1846.

---

6 août 1881. **DÉCRET.**

Cahier des charges type (1).

Le président de la république française,

Sur le rapport du ministre des travaux publics;

Vu l'article 2 de la loi du 11 juin 1880, aux termes duquel le conseil général arrête la direction des chemins de fer d'intérêt local, le mode..... (§ *1*, *p. 177*)....;

Vu l'instruction à laquelle a donné lieu la préparation du cahier des charges type prévu par la loi susvisée;

Le conseil d'Etat entendu,

Décrète :

ARTICLE PREMIER. — Est approuvé le cahier des charges type ci-annexé, dressé en exécution de l'article 2 de la loi du 11 juin 1880, pour la concession des chemins de fer d'intérêt local.

TITRE Ier. — TRACÉ ET CONSTRUCTION.

Tracé.

ARTICLE PREMIER. — Le chemin de fer d'intérêt local qui fait l'objet du présent cahier des charges partira de..... passera à ou près.....

Délais d'exécution.

ART. 2. — Les travaux devront être commencés dans un délai de..... à partir de la loi déclarative d'utilité publique. Ils seront poursuivis de telle façon que *la section de..... à.....* soit livrée à l'exploitation le....., *la section de..... à..... le.....* et la ligne entière le.....

Approbation des projets.

ART. 3. — Aucun travail ne pourra être entrepris, pour l'établissement du chemin de fer et de ses dépendances, sans que les projets en aient été approuvés, conformément à l'article 3 de la loi du 11 juin 1880, pour les projets d'ensemble, par le *conseil général*, et, pour les projets de détail des ouvrages, par le préfet, sous réserve de l'approbation spéciale du ministre des travaux publics, dans le cas où les travaux affecteraient des cours d'eau ou des chemins dépendant de la grande voirie.

A cet effet, les projets d'ensemble, comprenant le tracé, les terrassements et l'emplacement des stations, seront remis au préfet, dans les *six* mois au plus tard de la date de la loi déclarative d'utilité publique.

Le préfet, après avoir pris l'avis de l'ingénieur en chef du département, soumettra ces projets au *conseil général*, qui statuera définitivement, sauf le droit, réservé au ministre des travaux publics par le paragraphe 2 de l'article 3 de la loi, d'appeler le conseil général à statuer à nouveau sur lesdits projets.

L'une des expéditions des projets ainsi approuvés sera remise au concessionnaire avec la mention de la décision approbative du *conseil général*; l'autre restera entre les mains du préfet.

---

(1) La présente formule est rédigée dans l'hypothèse d'une concession conférée par un *département*. Ce mot sera modifié partout où il est imprimé en *italique*, dans le cas où la concession émanerait d'une *commune* (art. 1 et 2 de la loi du 11 juin 1880). On a aussi imprimé en *italique* les autres mots et chiffres qui peuvent être modifiés suivant les circonstances.

Avant comme pendant l'exécution, le concessionnaire aura la faculté de proposer aux projets approuvés les modifications qu'il jugerait utiles, mais ces modifications ne pourront être exécutées que moyennant l'approbation de l'autorité compétente.

Projets antérieurs.

Art. 4. — Le concessionnaire pourra prendre copie, sans déplacement, de tous les plans, nivellements et devis qui auraient été antérieurement dressés aux frais du *département.*

Pièces à fournir.

Art. 5. — Les projets d'ensemble qui doivent être produits par le concessionnaire comprennent, pour la ligne entière ou pour chaque section de la ligne :

1° Un extrait de la carte au 1/80,000 ;

2° Un plan général à l'échelle de 1/10,000 ;

3° Un profil en long à l'échelle de 1/5,000 pour les longueurs et de 1/1,000 pour les hauteurs, dont les cotes seront rapportées au niveau moyen de la mer, pris pour plan de comparaison. Au-dessous de ce profil, on indiquera, au moyen de trois lignes horizontales disposées à cet effet, savoir :

— Les distances kilométriques du chemin de fer, comptées à partir de son origine ;

— La longueur et l'inclinaison de chaque pente ou rampe ;

— La longueur des parties droites et le développement des parties courbes du tracé, en faisant connaître le rayon correspondant à chacune de ces dernières ;

4° Un certain nombre de profils en travers, à l'échelle de $0^m,005$ pour mètre et le profil type de la voie à l'échelle de $0^m,02$ c. pour mètre ;

5° Un mémoire, dans lequel seront justifiées toutes les dispositions essentielles du projet, et un devis descriptif, dans lequel seront reproduites, sous forme de tableaux, les indications relatives aux déclivités et aux courbes déjà données sur le profil en long.

La position des gares et stations projetées, celle des cours d'eau et des voies de communication traversés par le chemin de fer, des passages soit à niveau, soit en dessus, soit en dessous de la voie ferrée, devront être indiquées tant sur le plan que sur le profil en long ; le tout sans préjudice des projets à fournir pour chacun de ces ouvrages.

Acquisitions de terrains. — Ouvrages d'art. — Établissement de la deuxième voie.

Art. 6 (1). — Les terrains seront acquis, les ouvrages d'art et les terrassements seront exécutés et les rails seront posés pour une voie seulement, sauf l'établissement d'un certain nombre de gares d'évitement.

Le concessionnaire sera tenu d'exécuter à ses frais une seconde voie, lorsque la recette brute kilométrique aura atteint le chiffre de (2).... franc pendant une année.

---

(1) Dans le cas où les dispositions de cet article ne paraîtront pas suffisantes, on pourra les remplacer par celles-ci :

Les terrains seront acquis, les ouvrages d'art et les terrassements seront exécutés et les rails seront posés pour deux voies.

Néanmoins le concessionnaire pourra être autorisé, à titre provisoire, à exécuter terrassements et à ne poser les rails que pour une seule voie.

Les terrains acquis pour l'établissement du chemin de fer ne pourront pas recevoir une autre destination.

(2) A déterminer dans chaque cas particulier. On admet généralement le chiffre d 35,000 francs.

En dehors du cas prévu par le paragraphe précédent, il pourra, à toute époque de la concession, être requis par le préfet, au nom du *département*, et par le ministre des travaux publics, au nom de l'Etat, d'exécuter et d'exploiter une seconde voie sur tout ou partie de la ligne, moyennant le remboursement des frais d'établissement de ladite voie.

Si les travaux de la double voie requise ne sont pas commencés et poursuivis dans les délais et conditions prescrits par la décision qui les a ordonnés, l'administration pourra mettre le chemin de fer tout entier sous sequestre et exécuter elle-même les travaux.

Les terrains acquis pour l'établissement du chemin de fer ne pourront pas recevoir une autre destination.

Largeur de la voie. — Gabarit du matériel roulant.

ART. 7. — La largeur de la voie entre les bords intérieurs des rails devra être de (1)....

La largeur des locomotives et des caisses des véhicules ainsi que de leur chargement ne dépassera pas (2)....; et la largeur du matériel roulant, y compris toutes saillies, notamment celles des marchepieds latéraux, restera inférieure à (3)....; la hauteur du matériel roulant au-dessus des rails sera au plus de (4).....

Dans les parties à deux voies, la largeur de l'entrevoie, mesurée entre les bords extérieurs des rails, sera de (5)....

La largeur des accotements, c'est-à-dire des parties comprises de chaque côté entre le bord extérieur du rail et l'arête supérieure du ballast, sera de (6)....

L'épaisseur de la couche de ballast sera d'au moins $0^m,35$ c. et l'on ménagera, au pied de chaque talus du ballast, une banquette de largeur telle que l'arête de cette banquette se trouve à $0^m,90$ c. au moins de la verticale de la partie la plus saillante du matériel roulant.

Le concessionnaire établira, le long du chemin de fer, les fossés ou rigoles qui seront jugés nécessaires pour l'asséchement de la voie et pour l'écoulement des eaux.

Les dimensions de ces fossés et rigoles seront déterminées par le préfet, suivant les circonstances locales, sur les propositions du concessionnaire.

---

(1) $1^m,44$ c., $1^m,00$ ou $0^m,75$ c.

(2) Largeur à déterminer dans chaque cas particulier ; toutefois on n'admettra pas plus de $2^m,80$ c. pour la voie de $1^m,44$ c., ni de $2^m,50$ c. pour la voie de 1 mètre, ni de $1^m,875$ pour la voie de $0^m,75$ c.

(3) Largeur à déterminer dans chaque cas particulier ; toutefois on n'admettra pas plus de $3^m,10$ c. pour la voie de $1^m,44$ c., ni de $2^m,80$ c. pour la voie de 1 mètre, ni de $2^m,175$ pour la voie de $0^m,75$ c.

C'est cette dernière dimension, égale à la plus grande largeur du gabarit du matériel roulant, qui servira à déterminer la largeur de la plate-forme et des ouvrages d'art.

(4) $4^m,20$ c. pour la voie de $1^m,44$ c. ; hauteur à déterminer, dans chaque cas particulier, pour les autres voies.

Cette dimension servira à fixer l'élévation des ouvrages d'art qui seront établis au-dessus du chemin de fer.

(5) La largeur de l'entrevoie sera telle qu'entre les parties les plus saillantes de deux véhicules qui se croisent, il y ait un intervalle libre d'au moins $0^m,50$ c.

(6) Cette largeur sera calculée de façon que l'arête supérieure du ballast se trouve sur la verticale de la partie la plus saillante du matériel roulant.

Alignements et courbes. — Pentes et rampes.

Art. 8. — Les alignements seront raccordés entre eux par des courbes dont le rayon ne pourra être inférieur à (1)....

Une partie droite, de (2).... au moins de longueur, devra être ménagée entre deux courbes consécutives, lorsqu'elles seront dirigées en sens contraire.

Le maximum des déclivités est fixé à (3). ... millièmes.

Une partie horizontale, de (4).... mètres au moins, devra être ménagée entre deux déclivités consécutives de sens contraire.

Les déclivités correspondant aux courbes de faible rayon devront être réduites autant que faire se pourra.

Le concessionnaire aura la faculté, dans des cas exceptionnels, de proposer aux dispositions du présent article les modifications qui lui paraîtraient utiles, mais ces modifications ne pourront être exécutées que moyennant l'approbation préalable du préfet.

Gares et stations.

Art. 9. — Le nombre et l'emplacement des stations ou haltes de voyageurs et des gares de marchandises seront arrêtés par le *conseil général*, sur les propositions du concessionnaire, après une enquête spéciale.

Il demeure toutefois entendu, dès à présent, que des stations seront établies dans les localités indiquées ci-après : ....

Si, pendant l'exploitation, de nouvelles stations, gares ou haltes sont reconnues nécessaires, d'accord entre le *département* et le concessionnaire, il sera procédé à une enquête spéciale.

L'emplacement en sera définitivement arrêté par le *conseil général*, le concessionnaire entendu.

Le nombre, l'étendue et l'emplacement des gares d'évitement seront déterminés par le préfet, le concessionnaire entendu ; si la sécurité publique l'exige, le préfet pourra, pendant le cours de l'exploitation, prescrire l'établissement de nouvelles gares d'évitement, ainsi que l'augmentation des voies dans les stations et aux abords des stations.

Le concessionnaire sera tenu, préalablement à tout commencement d'exécution, de soumettre au préfet les projets de détail de chaque gare, station ou halte, lesquels se composeront :

1° D'un plan à l'échelle de 1/500 indiquant les voies, les quais, les bâtiments et leur distribution intérieure, ainsi que la disposition de leurs abords ;

2° D'une élévation des bâtiments à l'échelle d'un centimètre par mètre ;

3° D'un mémoire descriptif, dans lequel les dispositions essentielles du projet seront justifiées.

Traversée des routes et chemins.

Art. 10. — Le concessionnaire sera tenu de rétablir les communications interceptées par le chemin de fer, suivant les dispositions qui seront approuvées par l'administration compétente.

---

(1) En général et à moins de circonstances exceptionnelles dont il devra être justifié, 250 mètres pour les chemins à voie de $1^{m},44$ c. ; 100 mètres pour les chemins à voie de $1^{m},00$ et 50 mètres pour les chemins à voie de $0^{m},75$ c.

(2) En général, 60 mètres pour la voie de $1^{m},44$ c., et 40 mètres pour les voies de $1^{m},00$ et de $0^{m},75$ c.

(3) En général et à moins de circonstances exceptionnelles dont il devra être justifié, 30 millièmes.

(4) En général, 60 mètres pour la voie de $1^{m},44$ c. et 40 mètres pour les voies de $1^{m},00$ et de $0^{m},75$ c.

Passages au-dessus des routes et chemins.

Art. 11. — Lorsque le chemin de fer devra passer au-dessus d'une route nationale ou départementale, ou d'un chemin vicinal, l'ouverture du viaduc sera fixée par le ministre des travaux publics ou le préfet, suivant les cas, en tenant compte des circonstances locales ; mais cette ouverture ne pourra, dans aucun cas, être inférieure à 8m,00 pour la route nationale, à 7m,00 pour la route départementale, à 5m,00 pour un chemin vicinal de grande communication ou d'intérêt commun, et à 4m,00 pour un simple chemin vicinal.

Pour les viaducs de forme cintrée, la hauteur sous clef, à partir du sol de la route, sera de 5m,00 au moins. Pour ceux qui seront formés de poutres horizontales en bois ou en fer, la hauteur sous poutre sera de 4m,30 c. au moins.

La largeur entre les parapets sera au moins de (1).... La hauteur de ces parapets ne pourra, dans aucun cas, être inférieure à 1m,00.

Sur les lignes et sections pour lesquelles la compagnie exécutera les ouvrages d'art pour deux voies, la largeur des viaducs entre les parapets sera au moins de (1)....

Passages au-dessous des routes et chemins.

Art. 12. — Lorsque le chemin de fer devra passer au-dessous d'une route nationale ou départementale, ou d'un chemin vicinal, la largeur entre les parapets du pont qui supportera la route ou le chemin sera fixée par le ministre des travaux publics ou le préfet, suivant les cas, en tenant compte des circonstances locales ; mais cette largeur ne pourra, dans aucun cas, être inférieure à 8m,00 pour la route nationale, à 7m,00 pour la route départementale, à 5m,00 pour un chemin vicinal de grande communication, et à 4m,00 pour un chemin vicinal.

L'ouverture du pont entre les culées sera au moins de (2)...., pour les chemins à une voie, et de (2).... sur les lignes ou sections pour lesquelles le concessionnaire exécutera les ouvrages d'art pour deux voies. Cette largeur régnera jusqu'à 2m,00 au moins au-dessus du niveau du rail.

La distance verticale qui sera ménagée au-dessus des rails pour le passage des trains, dans une largeur égale à celle qui est occupée par les caisses des voitures, ne sera pas inférieure à (3)....

Passages à niveau.

Art. 13. — Dans le cas où des routes nationales ou départementales, ou des chemins vicinaux, ruraux ou particuliers, seraient traversés à leur niveau par le chemin de fer, les rails et contre-rails devront être posés sans aucune saillie ni dépression sur la surface de ces routes, et de telle sorte qu'il n'en résulte aucune gêne pour la circulation des voitures.

Le croisement à niveau du chemin de fer et des routes ne pourra s'effectuer sous un angle inférieur à 45°, à moins d'une autorisation formelle de l'administration supérieure.

L'ouverture libre des passages à niveau sera d'au moins 6m,00 pour les

(1) Cette largeur sera telle qu'il y ait un intervalle de 0m,70 c. au moins entre les parapets et les parties les plus saillantes du matériel roulant, d'après la largeur maximum qui est fixée dans le deuxième paragraphe de l'article 7.

(2) Cette ouverture sera telle qu'il y ait un intervalle de 0m,70 c. au moins entre les culées et les parties les plus saillantes du matériel roulant.

(3) 4m,80 c. pour la voie de 1m,44 c. ; pour les autres voies, cette distance verticale sera égale à la hauteur du matériel roulant, telle qu'elle a été fixée dans le deuxième paragraphe de l'article 7, augmentée de 0m,60 c.

routes nationales et départementales et les chemins vicinaux de grande communication, et d'au moins $4^m,00$ pour tous les autres chemins.

Le préfet déterminera, sur la proposition du concessionnaire, les types des barrières qu'il devra poser aux passages à niveau, ainsi que des abris ou des maisons de gardes à établir. Il peut dispenser d'établir des maisons de gardes ou des abris, et même de poser des barrières au croisement des chemins peu fréquentés.

La déclivité des routes et chemins aux abords des passages à niveau sera réduite à 20 millièmes au plus sur 10 mètres de longueur de part et d'autre de chaque passage.

Rectifications des routes.

ART. 14. — Lorsqu'il y aura lieu de modifier l'emplacement ou le profil des routes existantes, l'inclinaison des pentes et rampes sur les routes modifiées ne pourra excéder $0^m,03$ c. par mètre, pour les routes nationales, et $0^m,05$ c. pour les routes départementales et les chemins vicinaux. Le préfet restera libre toutefois d'apprécier les circonstances qui pourraient motiver une dérogation à cette clause, en ce qui touche les routes départementales et les chemins vicinaux ; le ministre statuera en tout ce qui touche les routes nationales.

Écoulement des eaux ; débouché des ponts.

ART. 15. — Le concessionnaire sera tenu de rétablir et d'assurer à ses frais, pendant la durée de sa concession, l'écoulement de toutes les eaux dont le cours aurait été arrêté, suspendu ou modifié par ses travaux, et de prendre les mesures nécessaires pour prévenir l'insalubrité pouvant résulter des chambres d'emprunt.

Les viaducs à construire à la rencontre des rivières, des canaux et des cours d'eau quelconques auront au moins (1).... de largeur entre les parapets sur les chemins à une voie, et (1).... sur les chemins à deux voies, et ils présenteront en outre les garages nécessaires pour la sécurité des ouvriers de la voie. La hauteur des parapets ne pourra être inférieure à $1^m,00$.

La hauteur et le débouché du viaduc seront déterminés, dans chaque cas particulier, par l'administration, suivant les circonstances locales.

Dans tous les cas où l'administration le jugera utile, il pourra être accolé aux ponts établis par le concessionnaire, pour le service du chemin de fer, une voie charretière ou une passerelle pour piétons. L'excédent de dépense qui en résultera sera supporté, suivant les cas, par l'Etat, le département où les communes intéressées, d'après l'évaluation contradictoire qui sera faite par les ingenieurs ou les agents désignés par l'autorité compétente et par les ingénieurs de la compagnie.

Souterrains.

ART. 16. — Les souterrains à établir pour le passage du chemin de fer auront au moins (2).... de largeur entre les pieds-droits au niveau des rails, pour les chemins à une voie, et (2) .... de largeur pour les lignes ou sections à deux voies. Cette largeur régnera jusqu'à $2^m,00$ au moins au-dessus du niveau du rail. Des garages seront établis à $50^m,00$ de distance de chaque côté et seront disposés en quinconce d'un côté à l'autre. La hauteur sous clef au-dessus de la surface des rails sera de (3)..... La distance verti-

---

(1) Même largeur qu'à l'article 11.

(2) Même largeur qu'à l'article 12.

(3) Cette hauteur sera égale à la hauteur maximum du gabarit du matériel roulant augmentée d'un intervalle libre, nécessaire pour l'aérage, d'au moins $1^m,20$ c. pour une ou pour deux voies.

cale qui sera ménagée entre l'intrados et le dessus des rails, pour le passage des trains, dans une largeur égale à celle qui est occupée par les caisses des voitures, ne sera pas inférieure à (1).... L'ouverture des puits d'aérage et de construction des souterrains sera entourée d'une margelle en maçonnerie de 2m,00 de hauteur. Cette ouverture ne pourra être établie sur aucune voie publique.

Maintien des communications.

Art. 17. — A la rencontre des cours d'eau flottables ou navigables, le concessionnaire sera tenu de prendre toutes les mesures et de payer tous les frais nécessaires pour que le service de la navigation ou du flottage n'éprouve ni interruption ni entrave pendant l'exécution des travaux.

A la rencontre des routes nationales ou départementales et des autres chemins publics, il sera construit des chemins et ponts provisoires, par les soins et aux frais du concessionnaire, partout où cela sera jugé nécessaire pour que la circulation n'éprouve aucune interruption ni gêne.

Avant que les communications existantes puissent être interceptées, une reconnaissance sera faite par les ingénieurs de la localité, à l'effet de constater si les ouvrages provisoires présentent une solidité suffisante et s'ils peuvent assurer le service de la circulation.

Un délai sera fixé par l'administration pour l'exécution des travaux définitifs destinés à rétablir les communications interceptées.

Exécution des travaux.

Art. 18. — Le concessionnaire n'emploiera, dans l'exécution des ouvrages, que des matériaux de bonne qualité; il sera tenu de se conformer à toutes les règles de l'art, de manière à obtenir une construction parfaitement solide.

Tous les aqueducs, ponceaux, ponts et viaducs à construire à la rencontre des divers cours d'eau et des chemins publics ou particuliers seront en maçonnerie ou en fer, sauf les cas d'exception qui pourront être admis par l'administration.

Voies.

Art. 19. — Les voies seront établies d'une manière solide et avec des matériaux de bonne qualité.

Les rails seront en .... et du poids de (2).... kilogrammes au moins par mètre courant sur les voies de circulation.

L'espacement maximum des traverses sera de.... d'axe en axe.

Clôtures.

Art. 20. — Le chemin de fer sera séparé des propriétés riveraines par des murs, haies ou toute autre clôture dont le mode et la disposition seront agréés par le préfet. Le concessionnaire pourra, conformément à l'article 20 de la loi du 11 juin 1880 (*p. 180*), être dispensé de poser des clôtures sur tout ou partie de la voie, mais il devra fournir des justifications spéciales pour être dispensé d'en établir:

1° Dans la traversée des lieux habités;

2° Dans les parties contiguës à des chemins publics;

3° Sur 10 mètres de longueur au moins de chaque côté des passages à niveau et des stations.

---

(1) Même distance verticale qu'à l'article 12.

(2) En général et à moins de circonstances exceptionnelles dont il devra être justifié, 30 kilogrammes en fer et 25 kilogrammes en acier, sur les chemins à voie large; le poids sera fixé dans chaque affaire pour les chemins à voie étroite.

Indemnités de terrains et de dommages.

ART. 21. — Tous les terrains nécessaires pour l'établissement du chemin de fer et de ses dépendances, pour la déviation des voies de communication et des cours d'eau déplacés, et, en général, pour l'exécution des travaux, quels qu'ils soient, auxquels cet établissement pourra donner lieu, seront achetés et payés par le concessionnaire (1).

Les indemnités pour occupation temporaire ou pour détérioration de terrains, pour chômage, modification ou destruction d'usines et pour tous dommages quelconques résultant des travaux, seront supportées et payées par le concessionnaire.

Droits conférés aux concessionnaires.

ART. 22. — L'entreprise étant d'utilité publique, le concessionnaire est investi, pour l'exécution des travaux dépendant de sa concession, de tous les droits que les lois et règlements confèrent à l'administration en matière de travaux publics, soit pour l'acquisition des terrains par voie d'expropriation, soit pour l'extraction, le transport et le dépôt des terres, matériaux, etc., et il demeure en même temps soumis à toutes les obligations qui dérivent, pour l'administration, de ces lois et règlements.

Servitudes militaires.

ART. 23. — Dans les limites de la zone frontière et dans le rayon de servitude des enceintes fortifiées, le concessionnaire sera tenu, pour l'étude et l'exécution de ses projets, de se soumettre à l'accomplissement de toutes les formalités et de toutes les conditions exigées par les lois, décrets et règlements concernant les travaux mixtes.

Mines.

ART. 24. — Si la ligne du chemin de fer traverse un sol déjà concédé pour l'exploitation d'une mine, les travaux de consolidation à faire dans l'intérieur de la mine, qui pourraient être imposés par le ministre des travaux publics, ainsi que les dommages résultant de cette traversée pour les concessionnaires de la mine, seront à la charge du concessionnaire.

Carrières.

ART. 25. — Si le chemin de fer doit s'étendre sur des terrains renfermant des carrières ou les traverser souterrainement, il ne pourra être livré à la circulation avant que les excavations qui pourraient en compromettre la solidité aient été remblayées ou consolidées. Les travaux que le ministre des travaux publics pourrait ordonner, à cet effet, seront exécutés par les soins et aux frais du concessionnaire.

Contrôle et surveillance des travaux.

ART. 26. — Les travaux seront soumis au contrôle et à la surveillance du préfet, sous l'autorité du ministre des travaux publics.

Ils seront conduits de manière à nuire le moins possible à la liberté et à la sûreté de la circulation. Les chantiers ouverts sur le sol des voies publiques seront éclairés et gardés pendant la nuit.

Les travaux devront être adjugés par lots et sur série de prix, soit avec publicité et concurrence, soit sur soumissions cachetées entre entrepreneurs agréés à l'avance; toutefois, si le conseil d'administration juge convenable, pour une entreprise et une fourniture déterminée, de procéder

---

(1) Il y aura lieu de modifier ce paragraphe dans le cas où le département ou les communes auraient pris l'engagement de fournir les terrains.

par voie de régie ou de traité direct, il devra obtenir de l'assemblée générale des actionnaires la sanction soit de la régie, soit du traité.

Tout marché à forfait, avec ou sans série de prix, passé avec un entrepreneur, soit pour l'ensemble du chemin de fer, soit pour l'exécution des terrassements ou ouvrages d'art, soit pour la construction d'une ou plusieurs sections du chemin, est, dans tous les cas, formellement interdit.

Le contrôle et la surveillance du préfet auront pour objet d'empêcher le concessionnaire de s'écarter des dispositions prescrites par le présent cahier des charges et de celles qui résulteront des projets approuvés.

Réception des travaux.

Art. 27. — A mesure que les travaux seront terminés sur des parties de chemin de fer susceptibles d'être livrées utilement à la circulation, il sera procédé à la reconnaissance et, s'il y a lieu, à la réception provisoire de ces travaux, par un ou plusieurs commissaires que le préfet désignera.

Sur le vu du procès-verbal de cette reconnaissance, le préfet autorisera, s'il y a lieu, la mise en exploitation des parties dont il s'agit; après cette autorisation, le concessionnaire pourra mettre lesdites parties en service et y percevoir les taxes ci-après déterminées. Toutefois ces réceptions partielles ne deviendront définitives que par la réception générale et définitive du chemin de fer, laquelle sera faite dans la même forme que les réceptions partielles.

Bornage et plan cadastral.

Art. 28. — Immédiatement après l'achèvement des travaux et au plus tard six mois après la mise en exploitation de la ligne ou de chaque section, le concessionnaire fera faire à ses frais un bornage contradictoire avec chaque propriétaire riverain, en présence d'un représentant du département, ainsi qu'un plan cadastral du chemin de fer et de ses dépendances. Il fera dresser, également à ses frais et contradictoirement avec les agents désignés par le préfet, un état descriptif de tous les ouvrages d'art qui auront été exécutés, ledit état accompagné d'un atlas contenant les dessins cotés de tous les ouvrages.

Une expédition dûment certifiée des procès-verbaux de bornage, du plan cadastral, de l'état descriptif et de l'atlas, sera dressée aux frais du concessionnaire et déposée dans les archives de la préfecture.

Les terrains acquis par le concessionnaire postérieurement au bornage général, en vue de satisfaire aux besoins de l'exploitation, et qui, par cela même, deviendront partie intégrante du chemin de fer, donneront lieu, au fur et à mesure de leur acquisition, à des bornages supplémentaires et seront ajoutés sur le plan cadastral; addition sera également faite sur l'atlas de tous les ouvrages d'art exécutés postérieurement à sa rédaction.

TITRE II. — ENTRETIEN ET EXPLOITATION.

Entretien.

Art. 29. — Le chemin de fer et toutes ses dépendances seront constamment entretenus en bon état, de manière que la circulation y soit toujours facile et sûre.

Les frais d'entretien et ceux auxquels donneront lieu les réparations ordinaires et extraordinaires seront entièrement à la charge du concessionnaire.

Si le chemin de fer, une fois achevé, n'est pas constamment entretenu en bon état, il y sera pourvu d'office, à la diligence du préfet et aux frais du concessionnaire, sans préjudice, s'il y a lieu, de l'application des dispositions indiquées ci-après dans l'article 39.

Le montant des avances faites sera recouvré au moyen de rôles que le préfet rendra exécutoires.

Gardiens.

Art. 30. — Le concessionnaire sera tenu d'établir à ses frais, partout où la nécessité en aura été reconnue par le préfet, des gardiens en nombre suffisant pour assurer la sécurité du passage des trains sur la voie et celle de la circulation sur les points où le chemin de fer traverse à niveau des routes ou chemins publics.

Matériel roulant.

Art. 31. — Le matériel roulant qui sera mis en circulation sur le chemin de fer concédé devra passer librement dans le gabarit dont les dimensions sont définies par le deuxième paragraphe de l'article 7.

Les machines locomotives seront construites sur les meilleurs modèles; elles devront consumer leur fumée et satisfaire, d'ailleurs, à toutes les conditions prescrites ou à prescrire par l'administration pour la mise en service de ce genre de machines.

Les voitures de voyageurs devront également être faites d'après les meilleurs modèles et satisfaire à toutes les conditions réglées ou à régler pour les voitures servant au transport des voyageurs sur les chemins de fer. Elles seront suspendues sur ressorts et pourront être à deux étages.

L'étage inférieur sera complètement couvert, garni de banquettes avec dossiers, fermé à glaces, muni de rideaux et éclairé pendant la nuit; l'étage supérieur sera couvert et garni de banquettes avec dossiers; on y accédera au moyen d'escaliers qui seront accompagnés, ainsi que les couloirs donnant accès aux places, de garde-corps solides d'au moins $1^m,10$ c. de hauteur utile.

Les dossiers et les banquettes devront être inclinés et les dossiers seront élevés à la hauteur de la tête des voyageurs.

Il y aura des places de .... classes; on se conformera, pour la disposition particulière des places de chaque classe, aux prescriptions qui sont arrêtées par le préfet.

L'intérieur de chaque compartiment contiendra l'indication du nombre de places de ce compartiment.

Le préfet pourra exiger qu'un compartiment de chaque classe soit réservé, dans les trains de voyageurs, aux femmes voyageant seules.

Les voitures de voyageurs, les wagons destinés au transport des marchandises, des chaises de poste, des chevaux ou des bestiaux, les plates-formes et, en général, toutes les parties du matériel roulant seront de bonne et solide construction.

Le concessionnaire sera tenu, pour la mise en service de ce matériel, de se soumettre à tous les règlements sur la matière.

Le nombre des voitures à frein qui doivent entrer dans la composition des trains sera réglé par le préfet, en rapport avec les déclivités de la ligne.

Les machines locomotives, tenders, voitures, wagons de toute espèce, plates-formes composant le matériel roulant, seront constamment tenus en bon état.

Nombre minimum des trains.

Art. 32. — Le nombre minimum des trains qui desserviront tous les jours la ligne entière dans chaque sens est fixé à....

Règlements de police et d'exploitation.

Art. 33. — Le concessionnaire supportera les dépenses qu'entraînera l'exécution des ordonnances, décrets, décisions ministérielles et arrêtét préfectoraux rendus ou à rendre, par application de la loi du 15 juilles 1845 et de celle du 11 juin 1880, au sujet de la police et de l'exploitation du chemin de fer.

Le concessionnaire sera tenu de soumettre à l'approbation du préfet les règlements de service intérieur relatifs à l'exploitation du chemin de fer.

Le préfet déterminera, sur la proposition du concessionnaire, le minimum et le maximum de la vitesse des convois de voyageurs et de marchandises, sur les différentes sections de la ligne, la durée du trajet et le tableau de la marche des trains.

TITRE III. — DURÉE, RACHAT ET DÉCHÉANCE DE LA CONCESSION.

Durée de la concession.

Art. 34. — La durée de la concession, pour l. ligne. mentionnée. à l'article 1er du présent cahier des charges, commencera à courir de la date de la loi qui approuvera la concession. Celle-ci prendra fin le....

Expiration de la concession.

Art. 35. — A l'époque fixée pour l'expiration de la concession et par le seul fait de cette expiration, le *département* sera subrogé à tous les droits du concessionnaire sur le chemin de fer et ses dépendances, et il entrera immédiatement en jouissance de tous ses produits.

Le concessionnaire sera tenu de lui remettre en bon état d'entretien le chemin de fer et tous les immeubles qui en dépendent, quelle qu'en soit l'origine, tels que les bâtiments des gares et stations, les remises, ateliers et dépôts, les maisons de garde, etc. Il en sera de même de tous les objets immobiliers dépendant également dudit chemin, tels que les barrières et clôtures, les voies, changements de voies, plaques tournantes, réservoirs d'eau, grues hydrauliques, machines fixes, etc.

Dans les cinq dernières années qui précéderont le terme de la concession, le *département* aura le droit de saisir les revenus du chemin de fer et de les employer à rétablir en bon état le chemin de fer et ses dépendances, si le concessionnaire ne se mettait pas en mesure de satisfaire pleinement et entièrement à cette obligation.

En ce qui concerne les objets mobiliers, tels que le matériel roulant, le mobilier des stations, l'outillage des ateliers et des gares, le *département* se réserve le droit de les reprendre, en totalité ou pour telle partie qu'il jugera convenable, à dire d'experts, mais sans pouvoir y être contraint. La valeur des objets repris sera payée au concessionnaire dans les six mois qui suivront l'expiration de la concession et la remise du matériel au *département*.

Le *département* sera tenu, si le concessionnaire le requiert, de reprendre les matériaux combustibles et approvisionnements de tout genre sur l'estimation qui en sera faite à dire d'experts; et réciproquement, si le *département* le requiert, le concessionnaire sera tenu de céder ces approvisionnements de la même manière. Toutefois le *département* ne pourra être obligé de reprendre que les approvisionnements nécessaires à l'exploitation du chemin pendant six mois.

Rachat de la concession.

Art. 36. — Le *département* aura toujours le droit de racheter la concession.

Si le rachat a lieu avant l'expiration des *quinze* premières années de l'exploitation, il se fera conformément au paragraphe 3 de l'article 11 de la loi du 11 juin 1880 *(p. 178)*. Ce terme de *quinze* ans sera compté à partir de la mise en exploitation effective de la ligne entière, ou au plus tard à partir de la fin du délai qui est fixé dans l'article 2 du présent cahier des charges, sans tenir compte des retards qui auraient eu lieu dans l'achèvement des travaux.

Si le rachat de la concession entière est demandé par le *département* après l'expiration des *quinze* premières années de l'exploitation, on réglera le prix du rachat en relevant les produits nets annuels obtenus par le concessionnaire pendant les *sept* années qui auront précédé celle où le rachat sera effectué, en y comprenant les annuités qui auront été payées à titre de subvention; on en déduira les produits nets des deux faibles années et l'on établira le produit net moyen des *cinq* autres années.

Ce produit net moyen formera le montant d'une annuité qui sera due et payée au concessionnaire pendant chacune des années restant à courir sur la durée de la concession.

Dans aucun cas, le montant de l'annuité ne sera inférieur au produit net de la dernière des *sept* années prises pour terme de comparaison.

Le concessionnaire recevra, en outre, dans les *six* mois qui suivront le rachat, les remboursements auxquels il aurait droit à l'expiration de la concession, suivant les deux derniers paragraphes de l'article 35, la reprise de la totalité des objets mobiliers étant ici obligatoire, dans tous les cas, pour le *département*.

Le concessionnaire ne pourra élever aucune réclamation dans le cas où, le chemin concédé ayant été déclaré d'intérêt général, l'Etat sera substitué au *département* dans tous les droits que ce dernier tient de la loi du 11 juin 1880 et du présent cahier des charges.

Si l'Etat rachète la concession passé le terme de *quinze* années qui est fixé dans le paragraphe 1er du présent article, le rachat sera opéré suivant les dispositions qui précèdent. Dans le cas où, au contraire, l'Etat déciderait de racheter la concession avant l'expiration de ce terme, l'indemnité qui pourra être due au concessionnaire sera liquidée par une commission spéciale, conformément au paragraphe 3 de l'article 11 de la loi du 11 juin 1880.

Déchéance.

Art. 37. — Si le concessionnaire n'a pas remis au préfet les projets définitifs ou s'il n'a pas commencé les travaux dans les délais fixés par les articles 2 et 3, il encourra la déchéance, qui sera prononcée par le ministre des travaux publics après une mise en demeure, sauf recours au conseil d'Etat par la voie contentieuse.

Dans ces deux cas, la somme de..... qui aura été déposée, ainsi qu'il sera dit à l'article 66, à titre de cautionnement, deviendra la propriété du *département* et lui restera acquise.

Achèvement des travaux en cas de déchéance.

Art. 38. — Faute par le concessionnaire d'avoir poursuivi et terminé les travaux dans les délais et conditions fixés par l'article 2, faute aussi par lui d'avoir rempli les diverses obligations qui lui sont imposées par le présent cahier des charges, et dans le cas prévu par l'article 10 de la loi du 11 juin 1880; il encourra soit la perte partielle de son cautionnement, dans les conditions prévues par l'acte de concession, soit la perte totale de ce cautionnement, soit enfin la déchéance. Dans tous les cas, il sera statué sur la demande du *département*, après mise en demeure, par le ministre des travaux publics, sauf recours au conseil d'Etat par la voie contentieuse. Dans les deux premiers cas, le cautionnement sera reconstitué dans le mois de la décision ministérielle.

Dans le cas de déchéance, il sera pourvu tant à la continuation et à l'achèvement des travaux qu'à l'exécution des autres engagements contractés par le concessionnaire, au moyen d'une adjudication que l'on ouvrira sur une mise à prix des ouvrages exécutés, des matériaux approvisionnés et des parties du chemin de fer déjà livrées à l'exploitation.

Nul ne sera admis à concourir à cette adjudication s'il n'a été préalablement agréé par le préfet.

A cet effet, les personnes qui voudraient concourir seront tenues de déclarer, dans le délai qui sera fixé, leur intention, par écrit déposé à la préfecture et accompagné des pièces propres à justifier des ressources nécessaires pour remplir les engagements à contracter.

Ces pièces seront examinées par le préfet en conseil de préfecture. Chaque soumissionnaire sera informé de la décision prise en ce qui le concerne et, s'il y a lieu, du jour de l'adjudication.

Les personnes qui auront été admises à concourir devront faire, soit à la caisse des dépôts et consignations, soit à la recette générale du département, le dépôt de garantie, qui devra être égal au moins au trentième de la dépense à faire par le concessionnaire.

L'adjudication aura lieu suivant les formes indiquées aux articles 11, 12, 13, 15 et 16 de l'ordonnance royale du 10 mai 1829.

Les soumissions ne peuvent être inférieures à la mise à prix.

Le nouveau concessionnaire sera soumis aux clauses du présent cahier des charges et substitué au concessionnaire évincé, pour recevoir les subventions de toute nature à échoir aux termes de l'acte de concession; le concessionnaire évincé recevra de lui le prix que la nouvelle adjudication aura fixé.

La partie du cautionnement qui n'aura pas encore été restituée deviendra la propriété du *département.*

Si l'adjudication ouverte n'amène aucun résultat, une seconde adjudication sera tentée sur les mêmes bases après un délai de trois mois. Cette fois, les soumissions pourront être inférieures à la mise à prix. Si cette seconde tentative reste également sans résultats, le concessionnaire sera définitivement déchu de tous droits, et alors les ouvrages exécutés, les matériaux approvisionnés et les parties de chemin de fer déjà livrées à l'exploitation appartiendront au *département.*

Interruption de l'exploitation.

Art. 39. — Si l'exploitation du chemin de fer vient à être interrompue en totalité ou en partie, le préfet prendra immédiatement, aux frais et risques du concessionnaire, les mesures nécessaires pour assurer provisoirement le service.

Si, dans les trois mois de l'organisation du service provisoire, le concessionnaire n'a pas valablement justifié qu'il est en état de reprendre et de continuer l'exploitation et s'il ne l'a pas effectivement reprise, la déchéance pourra être prononcée par le ministre des travaux publics. Cette déchéance prononcée, le chemin de fer et toutes ses dépendances seront mis en adjudication, et il sera procédé ainsi qu'il est dit à l'article précédent.

Cas de force majeure.

Art. 40. — Les dispositions des trois articles qui précèdent ne seraient pas applicables et la déchéance ne serait pas encourue, dans le cas où le concessionnaire n'aurait pu remplir ses obligations par suite de circonstances de force majeure dûment constatées.

TITRE IV. — TAXES ET CONDITIONS RELATIVES AU TRANSPORT DES VOYAGEURS ET DES MARCHANDISES.

Tarif des droits à percevoir.

Art. 41. — Pour indemniser le concessionnaire des travaux et dépenses qu'il s'engage à faire par le présent cahier des charges, et sous la condition expresse qu'il en remplira exactement toutes les obligations, il est autorisé à percevoir, pendant toute la durée de la concession, les droits de péage et les prix de transport ci-après déterminés.

TARIF	PRIX de péage.	PRIX de transp.	PRIX Totaux.
1° PAR TÊTE ET PAR KILOMÈTRE.			
Grande vitesse.			
Voyageurs. — Voitures couvertes, garnies et fermées à glaces (1re classe)	(1) 0 067	(1) 0 033	(1) 0 10
Voitures couvertes, fermées à glaces, et à banquettes rembourrées (2e classe)	0 050	0 025	0 75
Voitures couvertes et fermées à vitres (3e classe)	0 037	0 018	0 55
Enfants. — Au-dessous de trois ans, les enfants ne payent rien, à la condition d'être portés sur les genoux des personnes qui les accompagnent.			
De trois à sept ans, ils payent demi-place et ont droit à une place distincte; toutefois, dans un même compartiment, deux enfants ne pourront occuper que la place d'un voyageur. Au-dessus de sept ans, ils payent place entière.			
Chiens transportés par les trains de voyageurs (sans que la perception puisse être inférieure à 0 fr. 30 c.).	0 01	0 005	0 015
Petite vitesse.			
Bœufs, vaches, taureaux, chevaux, mulets, bêtes de trait . .	0 07	0 03	0 10
Veaux et porcs	0 025	0 15	0 04
Moutons, brebis, agneaux, chèvres	0 01	0 01	0 02
Lorsque les animaux ci-dessus dénommés seront, sur la demande des expéditeurs, transportés à la vitesse des trains de voyageurs, les prix seront doublés.			
2° PAR TONNE ET PAR KILOMÈTRE			
Marchandises transportées à grande vitesse.			
Huîtres, poissons frais, denrées, excédents de bagages et marchandises de toutes classes transportées à la vitesse des trains de voyageurs.	0 20	0 16	0 36
Marchandises transportées à petite vitesse.			
1re classe. — Spiritueux, huiles, bois de menuiserie, de teinturerie et autres bois exotiques, produits chimiques non dénommés, œufs, viande fraîche, gibier, sucre, café, drogues, épiceries, tissus, denrées coloniales, objets manufacturés, armes.	0 09	0 07	0 16
2e classe. — Blés, grains, farines, légumes farineux, riz, maïs, châtaignes et autres denrées alimentaires non dénommées, chaux et plâtre, charbon de bois, bois à brûler dit de corde, perches, chevrons, planches, madriers, bois de charpente, marbre en bloc, albâtre, bitume, cotons, laines, vins, vinaigres, boissons, bières, levure sèche, coke, fers, cuivres, plomb et autres métaux ouvrés ou non, fontes moulées.	0 08	0 06	0 14
3e classe. — Pierres de taille et produits de carrières, minerais autres que les minerais de fer, fonte brute, sel, moellons, meulières, argiles, briques, ardoises.	0 06	0 04	0 10
4e classe. — Houille, marne, cendres, fumiers, engrais, pierres à chaux et à plâtre, pavés et matériaux pour la construction et la réparation des routes, minerais de fer, cailloux et sables.	0 05	0 03	0 08

(1) Chiffres à fixer pour chaque concession; les chiffres inscrits ci-dessus sont présentés à titre de renseignement utile à consulter; mais ils pourront être modifiés selon les circonstances locales, ainsi que les autres dispositions ci-après.

TARIF	PRIX de péage	PRIX de transp.	PRIX Totaux
Tarif spécial par wagon complet.			
Marchandises des 1re, 2e, 3e et 4e classes.	0 04	0 02	0 06
Les foins, fourrages, pailles et toutes marchandises ne pesant pas 600 kilogrammes sous le volume d'un mètre cube, 0 fr. 50 c. par wagon et par kilomètre.			
3° VOITURES ET MATÉRIEL ROULANT TRANSPORTÉS A PETITE VITESSE.			
Par pièce et par kilomètre.			
Wagon ou chariot pouvant porter de 3 à 6 tonnes	0 09	0 06	0 15
Wagon ou chariot pouvant porter plus de 6 tonnes. . . .	0 12	0 08	0 20
Locomotive pesant de 12 à 18 tonnes (ne traînant pas de convoi)	1 80	1 20	3 »
Locomotive pesant plus de 18 tonnes (ne traînant pas de convoi)	2 25	1 50	3 75
Tender de 7 à 10 tonnes	0 90	0 60	1 50
Tender de plus de 10 tonnes	1 45	0 90	2 25
Les machines locomotives seront considérées comme ne traînant pas de convoi, lorsque le convoi remorqué, soit de voyageurs, soit de marchandises, ne comportera pas un péage au moins égal à celui qui serait perçu sur la locomotive avec son tender marchant sans rien traîner.			
Le prix à payer pour un wagon chargé ne pourra jamais être inférieur à celui qui serait dû pour un wagon marchant à vide.			
Voitures à deux ou quatre roues, à un fond et à une seule banquette dans l'intérieur	0 15	0 10	0 25
Voitures à quatre roues, à deux fonds et à deux banquettes dans l'intérieur, omnibus, diligences, etc.	0 18	0 14	0 32
Lorsque, sur la demande des expéditeurs, les transports auront lieu à la vitesse des trains de voyageurs, les prix ci-dessus seront doublés.			
Dans ce cas, deux personnes pourront, sans supplément de prix, voyager dans les voitures à une banquette, et trois dans les voitures à deux banquettes, omnibus, diligences, etc. Les voyageurs excédant ce nombre payeront le prix des places de 2e classe.			
Voitures de déménagement à deux ou à quatre roues, à vide	0 12	0 08	0 20
Ces voitures, lorsqu'elles seront chargées, payeront en sus du prix ci-dessus, par tonne de chargement et par kilomètre.	0 08	0 06	0 14
4° SERVICE DES POMPES FUNÈBRES ET TRANSPORT DES CERCUEILS			
Grande vitesse.			
Une voiture des pompes funèbres, renfermant un ou plusieurs cercueils, sera transportée aux mêmes prix et conditions qu'une voiture à quatre roues, à deux fonds et à deux banquettes.	0 36	0 28	0 64
Chaque cercueil confié à l'administration du chemin de fer sera transporté, pour les trains ordinaires, dans un compartiment isolé, au prix de.	0 18	0 12	0 30
Et, pour les trains express, dans une voiture spéciale, au prix de	0 60	0 40	1 »

Les prix déterminés ci-dessus ne comprennent pas l'impôt dû à l'État.

Il est expressément entendu que les prix de transport ne seront dus au concessionnaire qu'autant qu'il effectuerait lui-même ces transports à ses frais et par ses propres moyens; dans le cas contraire, il n'aura droit qu'aux prix fixés par le péage.

La perception aura lieu d'après le nombre de kilomètres parcourus. Tout kilomètre entamé sera payé comme s'il avait été parcouru en entier.

Si la distance parcourue est inférieure à *six* kilomètres, elle sera comptée pour *six* kilomètres.

Le tableau des distances entre les diverses stations sera arrêté par le préfet, d'après le procès-verbal de chaînage dressé contradictoirement par le concessionnaire et les ingénieurs du contrôle. Ce chaînage sera fait suivant la voie la plus courte, d'axe en axe des bâtiments des voyageurs des stations extrêmes. Les tarifs proposés d'après cette base seront soumis à l'homologation du préfet ou du ministre des travaux publics, suivant les distinctions résultant de l'article 5 de la loi du 11 juin 1880 *(p. 177)*.

Le poids de la tonne est de 1,000 kilogrammes.

Les fractions de poids ne seront comptées, tant pour la grande que pour la petite vitesse, que par centième de tonne ou par 10 kilogrammes.

Ainsi tout poids compris entre 0 et 10 kilogrammes payera comme 10 kilogrammes; entre 10 et 20 kilogrammes, comme 20 kilogrammes, etc.

Toutefois, pour les excédents de bagages et de marchandises à grande vitesse, les coupures seront établies : 1° de 0 à 5 kilogrammes; 2° au-dessus de 5 jusqu'à 10 kilogrammes; 3° au-dessus de 10 kilogrammes, par fraction indivisible de 10 kilogrammes.

Quelle que soit la distance parcourue, le prix d'une expédition quelconque, soit en grande, soit en petite vitesse, ne pourra être inférieur à *0 fr. 40 c.*

Composition des trains.

Art. 42. — A moins d'une autorisation spéciale et révocable du préfet, tout train régulier de voyageurs devra contenir des voitures ou compartiments de toutes classes en nombre suffisant pour toutes les personnes qui se présenteraient dans les bureaux du chemin de fer.

Bagages.

Art. 43. — Tout voyageur, dont le bagage ne pèsera pas plus de 30 kilogrammes, n'aura à payer, pour le port de ce bagage, aucun supplément du prix de sa place.

Cette franchise ne s'appliquera pas aux enfants transportés gratuitement et elle sera réduite à 20 kilogrammes pour les enfants transportés à moitié prix.

Assimilation des classes de marchandises.

Art. 44. — Les animaux, denrées, marchandises, effets et autres objets non désignés dans le tarif, seront rangés, pour les droits à percevoir, dans les classes avec lesquelles ils auront le plus d'analogie, sans que jamais, sauf les exceptions formulées aux articles 45 et 46 ci-après, aucune marchandise non dénommée puisse être soumise à une taxe supérieure à celle de la première classe du tarif ci-dessus.

Les assimilations de classes pourront être provisoirement réglées par le concessionnaire; elles seront immédiatement affichées et soumises à l'administration, qui prononcera définitivement.

Transport de masses indivisibles.

Art. 45. — Les droits de péage et les prix de transport déterminés au tarif ne sont point applicables à toute masse indivisible pesant plus de *3,000 kilogrammes.*

Néanmoins le concessionnaire ne pourra se refuser à transporter les masses indivisibles pesant de *3,000 à 5,000 kilogrammes;* mais les droits de péage et les prix de transport seront augmentés de moitié.

Le concessionnaire ne pourra être contraint à transporter les masses pesant plus de *5,000 kilogrammes.*

Si, nonobstant la disposition qui précède, le concessionnaire transporte des masses indivisibles pesant plus de *5,000 kilogrammes*, il devra pendant trois mois au moins, accorder les mêmes facilités à tous ceux qui en feraient la demande.

Dans ce cas, les prix de transport seront fixés par l'administration, sur la proposition du concessionnaire.

Exceptions; envois par groupes.

Art. 46. — Les prix de transport déterminés au tarif ne sont point applicables :

1° Aux denrées et objets qui ne sont pas nommément énoncés dans le tarif et qui ne pèseraient pas 200 kilogrammes sous le volume d'un mètre cube;

2° Aux matières inflammables ou explosibles, aux animaux et objets dangereux pour lesquels les règlements de police prescriraient des précautions spéciales;

3° Aux animaux dont la valeur déclarée excéderait 5,000 francs;

4° A l'or et à l'argent, soit en lingots, soit monnayés ou travaillés, au plaqué d'or ou d'argent, au mercure et au platine, ainsi qu'aux bijoux, dentelles, pierres précieuses, objets d'art et autres valeurs;

5° Et, en général, à tous paquets, colis ou excédents de bagages pesant isolément 40 kilogrammes et au-dessous.

Toutefois les prix de transport déterminés au tarif sont applicables à tous paquets ou colis, quoique emballés à part, s'ils font partie d'envois pesant ensemble plus de 40 kilogrammes d'objets envoyés par une même personne à une même personne. Il en sera de même pour les excédents de bagages qui pèseraient ensemble ou isolément plus de 40 kilogrammes.

Le bénéfice de la disposition énoncée dans le paragraphe précédent, en ce qui concerne les paquets ou colis, ne peut être invoqué par les entrepreneurs de messageries et de roulage et autres intermédiaires de transport, à moins que les articles par eux envoyés ne soient réunis en un seul colis.

Dans les cinq cas ci-dessus spécifiés, les prix de transport seront arrêtés annuellement par le préfet, tant pour la grande que pour la petite vitesse, sur la proposition du concessionnaire.

En ce qui concerne les paquets ou colis mentionnés au paragraphe 5 ci-dessus, les prix de transport devront être calculés de telle manière qu'en aucun cas, un de ces paquets ou colis ne puisse payer un prix plus élevé qu'un article de même nature pesant plus de 40 kilogrammes.

Abaissement des tarifs.

Art. 47. — Dans le cas où le concessionnaire jugerait convenable, soit pour le parcours total, soit pour les parcours partiels de la voie de fer, d'abaisser, avec ou sans conditions, au-dessous des limites déterminées par le tarif, les taxes qu'il est autorisé à percevoir, les taxes abaissées ne pourront être relevées qu'après un délai de trois mois au moins pour les voyageurs et d'un an pour les marchandises.

Toute modification de tarif proposée par le concessionnaire sera annoncée un mois d'avance par des affiches.

La perception des tarifs modifiés ne pourra avoir lieu qu'avec l'homologation du préfet ou du ministre des travaux publics, suivant les distinctions établies par l'article 5 de la loi du 11 juin 1880 et conformément aux dispositions de l'ordonnance du 15 novembre 1846.

La perception des taxes devra se faire indistinctement et sans aucune faveur.

Tout traité particulier, qui aurait pour effet d'accorder à un ou plusieurs expéditeurs une réduction sur les tarifs approuvés, demeure formellement interdit.

Toutefois cette disposition n'est pas applicable aux traités qui pourraient intervenir, entre le gouvernement et le concessionnaire, dans l'intérêt des services publics, ni aux réductions ou remises qui seraient accordées par le concessionnaire aux indigents.

En cas d'abaissement des tarifs, la réduction portera proportionnellement sur le péage et le transport.

Délais d'expédition.

ART. 48. — Le concessionnaire sera tenu d'effectuer constamment avec soin, exactitude et célérité, et sans tour de faveur, le transport des voyageurs, bestiaux, denrées, marchandises et objets quelconques qui lui seront confiés.

Les colis, bestiaux et objets quelconques seront inscrits, à la gare d'où ils partent et à la gare où ils arrivent, sur des registres spéciaux, au fur et à mesure de leur réception; mention sera faite, sur le registre de la gare de départ, du prix total dû pour le transport.

Pour les marchandises ayant une même destination, les expéditions auront lieu suivant l'ordre de leur inscription à la gare de départ.

Toute expédition de marchandises sera constatée, si l'expéditeur le demande, par une lettre de voiture, dont un exemplaire restera aux mains du concessionnaire et l'autre aux mains de l'expéditeur. Dans le cas où l'expéditeur ne demanderait pas de lettre de voiture, le concessionnaire sera tenu de lui délivrer un récépissé, qui énoncera la nature et le poids du colis, le prix total du transport et le délai dans lequel ce transport devra être effectué.

Délais de livraison.

ART. 49. — Les animaux, denrées, marchandises et objets quelconques sont expédiés et livrés de gare en gare dans les délais résultant des conditions ci-après exprimées :

1° Les animaux, denrées, marchandises et objets quelconques, à grande vitesse, seront expédiés par le premier train de voyageurs comprenant des voitures de toutes classes et correspondant avec leur destination, pourvu qu'ils aient été présentés à l'enregistrement trois heures avant le départ de ce train.

Il seront mis à la disposition des destinataires, à la gare, dans le délai de deux heures après l'arrivée du même train.

2° Les animaux, denrées, marchandises et objets quelconqués, à petite vitesse, seront expédiés dans le jour qui suivra celui de la remise.

Le maximum de durée du trajet sera fixé par le préfet, sur la proposition du concessionnaire.

Les colis seront mis à la disposition des destinataires dans le jour qui suivra celui de leur arrivée en gare.

Le délai total résultant des trois paragraphes ci-dessus sera seul obligatoire pour le concessionnaire.

Il pourra être établi un tarif réduit, approuvé par le *préfet*, pour tout expéditeur qui acceptera des délais plus longs que ceux déterminés ci-dessus pour la petite vitesse.

Pour le transport des marchandises, il pourra être établi, sur la proposition du concessionnaire, un délai moyen entre ceux de la grande et de la petite vitesse. Le prix correspondant à ce délai sera un prix intermédiaire entre ceux de la grande et de la petite vitesse.

Le préfet déterminera, par des règlements spéciaux, les heures d'ouverture et de fermeture des gares et stations, tant en hiver qu'en été, ainsi que les dispositions relatives aux denrées apportées par les trains de nuit et destinées à l'approvisionnement des marchés des villes.

Lorsque la marchandise devra passer d'une ligne sur une autre sans solution de continuité, les délais de livraison et d'expédition au point de jonction seront fixés par le préfet, sur la proposition du concessionnaire,

Frais accessoires.

Art. 50. — Les frais accessoires non mentionnés dans les tarifs, tels que ceux d'enregistrement, de chargement, de déchargement et de magasinage dans les gares et magasins du chemin de fer, seront fixés annuellement par le préfet, sur la proposition du concessionnaire. Il en sera de même des frais de transbordement qui seront faits dans les gares de raccordement de la ligne concédée avec une ligne présentant une largeur de voie différente.

Camionnage.

Art. 51. — Le concessionnaire sera tenu de faire, soit par lui-même, soit par un intermédiaire dont il répondra, le factage et le camionnage pour la remise au domicile des destinataires de toutes les marchandises qui lui sont confiées.

Le factage et le camionnage ne seront point obligatoires en dehors du rayon de l'octroi, non plus que pour les gares qui desserviraient, soit une population agglomérée de moins de 5,000 habitants, soit un centre de population de 5,000 habitants situé à plus de 5 kilomètres de la gare du chemin de fer.

Les tarifs à percevoir seront fixés par le préfet, sur la proposition du concessionnaire. Ils seront applicables à tout le monde sans distinction.

Toutefois les expéditeurs et destinataires resteront libres de faire, eux-mêmes et à leurs frais, le factage et le camionnage des marchandises.

Traités particuliers.

Art. 52. — A moins d'une autorisation spéciale du préfet, il est interdit au concessionnaire, conformément à l'article 14 de la loi du 15 juillet 1845, de faire directement ou indirectement avec des entreprises de transport de voyageurs ou de marchandises par terre ou par eau, sous quelque dénomination ou forme que ce puisse être, des arrangements qui ne seraient pas consentis en faveur de toutes les entreprises desservant les mêmes voies de communication.

Le préfet, agissant en vertu de l'article 50 de l'ordonnance du 15 novembre 1846, prescrira les mesures à prendre pour assurer la plus complète égalité entre les diverses entreprises de transport dans leurs rapports avec le chemin de fer.

TITRE V. — STIPULATIONS RELATIVES A DIVERS SERVICES PUBLICS.

Fonctionnaires ou agents du contrôle et de la surveillance.

Art. 53. — Les fonctionnaires ou agents chargés de l'inspection du contrôle et de la surveillance du chemin de fer seront transportés gratuitement dans les voitures de voyageurs.

La même faculté sera accordée aux agents des contributions indirectes et des douanes chargés de la surveillance du chemin de fer dans l'intérêt de la perception de l'impôt.

Militaires et marins.

Art. 54. — Dans le cas où le gouvernement aurait besoin de diriger des troupes et un matériel militaire ou naval sur l'un des points desservis par le chemin de fer, le concessionnaire sera tenu de mettre immédiatement à sa disposition tous ses moyens de transport.

Le prix du transport qui sera opéré dans ces conditions, ainsi que le prix du transport des militaires ou marins voyageant soit en corps, soit isolément, pour cause de service, envoyés en congé limité ou en permission ou rentrant dans leurs foyers après libération, sera payé conformément aux tarifs homologués.

Dans le cas où l'Etat s'engagerait à fournir une subvention par annuités au concessionnaire, le prix de ces transports sera fixé à la moitié des mêmes tarifs.

Transports des prisonniers.

ART. 55. — Le concessionnaire sera tenu, à toute réquisition, de mettre à la disposition de l'administration un ou plusieurs compartiments de deuxième classe à deux banquettes, ou un espace équivalent, pour le transport des prévenus, accusés ou condamnés, et de leurs gardiens.

Il en sera de même pour le transport des jeunes délinquants recueillis par l'administration pour être transférés dans des établissements d'éducation.

L'administration pourra, en outre, requérir l'introduction dans les convois ordinaires de voitures cellulaires lui appartenant, à condition que les dimensions et le poids par essieu de ces voitures ne dépassent pas les dimensions et le poids à pleine charge du modèle le plus grand et le plus lourd qui sera affecté au service régulier du chemin de fer.

Le prix de ces transports sera réglé dans les conditions indiquées à l'article précédent.

Service des postes et télégraphes.

ART. 56. — Le concessionnaire sera tenu de réserver, dans chacun des trains circulant aux heures ordinaires de l'exploitation, un compartiment spécial de la deuxième classe ou un espace équivalent, pour recevoir les lettres, les dépêches, ainsi que les agents du service des postes. L'espace réservé devra être fermé, éclairé et situé à l'étage inférieur des voitures.

L'administration des postes aura le droit de fixer à une voiture déterminée de chaque convoi une boîte aux lettres dont elle fera opérer la pose et la levée par ses agents.

Elle pourra installer à ses frais, risques et périls et sous sa responsabilité, des appareils spéciaux pour l'échange des dépêches sans arrêt des trains.

L'administration des postes pourra aussi : 1° requérir un second compartiment dans les conditions indiquées au paragraphe 1er; 2° requérir l'introduction de voitures spéciales lui appartenant dans les convois ordinaires du chemin de fer, à condition que les dimensions et le poids par essieu de ces voitures ne dépassent pas les dimensions et le poids à pleine charge du modèle le plus grand et le plus lourd qui sera affecté au service régulier du chemin de fer.

Les prix des transports qui pourront être requis dans les conditions ci-dessus seront payés par l'administration des postes, conformément aux tarifs homologués, sauf dans le cas où l'Etat se serait engagé à fournir au concessionnaire une subvention par annuités. Dans ce cas, la mise à la disposition du service des postes d'un compartiment, en conformité du paragraphe 1er du présent article, sera effectuée gratuitement. Le prix de tous autres transports faits par le concessionnaire, sur la réquisition de l'administration des postes, est, dès à présent, fixé à la moitié des tarifs homologués.

Les agents des postes et des télégraphes en service ne seront également assujettis qu'à la moitié de la taxe, dans le cas où la ligne serait subventionnée par le trésor.

Dans le même cas, les matériaux nécessaires à l'établissement ou à l'entretien des lignes télégraphiques seront transportés à moitié prix des tarifs homologués.

L'administration des postes pourra enfin exiger, le concessionnaire et le département entendus, et après s'être mis d'accord avec le ministre des travaux publics, qu'un train spécial dans chaque sens soit ajouté au service ordinaire. Dans ce cas, que le chemin de fer soit subventionné ou non, le montant intégral des dépenses supplémentaires de toute nature que ce service spécial aura imposées au concessionnaire, déduction faite des produits qu'il aura pu en retirer, lui sera payé par l'administration des postes, suivant le règlement qui en sera fait de gré à gré ou par deux arbitres. En cas de désaccord des arbitres, un tiers arbitre sera désigné par le conseil de préfecture.

Les employés chargés de la surveillance du service des postes, les agents préposés à l'échange ou à l'entrepôt des dépêches et à la levée des boîtes, auront accès dans les gares ou stations, pour l'exécution de leur service, en se conformant aux règlements de police intérieure du chemin de fer.

Si le service des postes exige des bureaux d'entrepôt de dépêches dans les gares et stations, le concessionnaire sera tenu de lui fournir l'emplacement nécessaire; cet emplacement sera déterminé sous l'approbation du ministre des travaux publics. L'administration des postes en payera le loyer dans le cas où le chemin de fer ne serait pas subventionné par l'État.

Lorsque le concessionnaire voudra changer les heures de départ des convois ordinaires, il sera tenu, dans tous les cas, d'avertir l'administration des postes quinze jours à l'avance.

Lignes télégraphiques.

ART. 57. — Le concessionnaire sera tenu d'établir à ses frais, s'il en est requis par le ministre des travaux publics, les lignes et appareils télégraphiques destinés à transmettre les signaux nécessaires pour la sûreté et la régularité de son exploitation. Il devra toutefois, avant l'établissement des lignes, se pourvoir de l'autorisation du ministre des postes et des télégraphes.

Il pourra, avec l'autorisation du ministre des postes et des télégraphes, se servir des poteaux de la ligne télégraphique de l'Etat, sur les points où une ligne semblable existe le long de la voie : il ne pourra s'opposer à ce que l'État se serve des poteaux qu'il aura établis, afin d'y accrocher ses propres fils.

Le concessionnaire est tenu de se soumettre à tous les règlements d'administration publique concernant l'établissement et l'emploi des appareils télégraphiques, ainsi que l'organisation à ses frais du contrôle de ce service par les agents de l'Etat.

Les agents des postes et des télégraphes, voyageant pour le contrôle du service de la ligne télégraphique du chemin de fer ou du service postal exécuté sur cette ligne, auront le droit de circuler gratuitement dans les voitures du concessionnaire, sur le vu de cartes personnelles qui leur seront délivrées.

Dans le cas où l'Etat s'engagerait à fournir au concessionnaire une subvention par annuités, la même gratuité s'appliquerait aux agents voyageant pour la construction ou l'entretien des lignes télégraphiques établies le long de la voie ferrée.

Le gouvernement aura la faculté de faire, le long des voies, toutes les constructions, de poser tous les appareils nécessaires à l'établissement d'une ou de plusieurs lignes télégraphiques, sans nuire au service du chemin de fer. Il pourra aussi déposer sur les terrains dépendant du chemin de fer le matériel nécessaire à ces lignes; mais il devra le retirer dans le cas où il serait reconnu par le préfet que le concessionnaire a besoin de ces terrains pour le service du chemin de fer.

Sur la demande du ministre des postes et des télégraphes, il sera réservé, dans les gares des villes et des localités qui seront désignées ultérieurement, le terrain nécessaire à l'établissement des maisonnettes destinées à recevoir le bureau télégraphique et son matériel.

Le concessionnaire sera tenu de faire garder par ses agents ordinaires les fils des lignes télégraphiques, de donner aux employés des télégraphes connaissance de tous les accidents qui pourraient survenir et de leur en faire connaître les causes.

En cas de rupture des fils télégraphiques, les employés du concessionnaire auront à raccrocher provisoirement les bouts séparés, d'après les instructions qui leur seront données à cet effet.

En cas de rupture des fils télégraphiques ou d'accidents graves, une locomotive sera mise immédiatement à la disposition de l'inspecteur ingénieur de la ligne télégraphique, pour le transporter sur le lieu de l'accident, avec les hommes et les matériaux nécessaires à la réparation. Ce transport devra être effectué dans des conditions telles qu'il ne puisse entraver en rien la circulation publique.

Il sera alloué au concessionnaire une indemnité de 0 fr. 50 c. par kilomètre parcouru par la machine, quand le dommage ne proviendra pas du fait du concessionnaire ou de ses agents.

Dans le cas où des déplacements de fils, appareils ou poteaux, deviendraient nécessaires par suite de travaux exécutés sur le chemin, ces déplacements auraient lieu, aux frais du concessionnaire, par les soins de l'administration des lignes télégraphiques.

Le concessionnaire ne pourra se refuser à recevoir et à transmettre les télégrammes officiels par ses fils et appareils, et dans des conditions qui seront déterminées par le ministre des postes et des télégraphes.

Dans le cas où le ministre des postes et des télégraphes jugera utile d'ouvrir au service privé certaines gares de la ligne, il devra s'entendre avec le concessionnaire pour régler les conditions et le prix de ce service.

Les fonctionnaires, agents et ouvriers commissionnés, chargés de la construction, de la surveillance et de l'entretien des lignes télégraphiques, ont accès dans les gares et stations et sur la voie ferrée et ses dépendances, pour l'exécution de leur service, en se conformant aux règlements de police intérieure.

TITRE VI. — CLAUSES DIVERSES.

Construction de nouvelles voies de communication.

Art. 58. — Dans le cas où le gouvernement, le département ou les communes ordonneraient ou autoriseraient la construction de routes nationales, départementales ou vicinales, de chemins de fer ou de canaux qui traverseraient la ligne objet de la présente concession, le concessionnaire ne pourra s'opposer à ces travaux; mais toutes les dispositions nécessaires seront prises pour qu'il n'en résulte aucun obstacle à la construction ou au service du chemin de fer, ni aucuns frais pour le concessionnaire.

Concessions ultérieures de nouvelles lignes.

Art. 59. — Toute exécution ou autorisation ultérieure de route, de canal, de chemin de fer, de travaux de navigation, dans la contrée où est situé le chemin de fer objet de la présente concession, ou dans toute autre contrée voisine ou éloignée, ne pourra donner ouverture à aucune demande d'indemnité de la part du concessionnaire.

Concessions de chemins de fer d'embranchement et de prolongement.

Art. 60. — Le gouvernement, le département ou les communes auront le droit de concéder de nouveaux chemins de fer s'embranchant sur le chemin qui fait l'objet du présent cahier des charges, ou qui seraient établis en prolongement du même chemin.

Le concessionnaire ne pourra mettre aucun obstacle à ces embranchements, ni réclamer, à l'occasion de leur établissement, une indemnité quelconque, pourvu qu'il n'en résulte aucun obstacle à la circulation, ni aucuns frais particuliers pour le concessionnaire.

Les concessionnaires de chemins de fer d'embranchement ou de prolongement auront la faculté, moyennant les tarifs ci-dessous déterminés et l'observation du paragraphe 1er de l'article 31, ainsi que des règlements de police et de service établis ou à établir, de faire circuler leurs voitures, wagons et machines, sur le chemin de fer objet de la présente concession, pour lequel cette faculté sera réciproque à l'égard desdits embranchements et prolongements.

Dans ces cas, lesdits concessionnaires ne payeront le prix du péage que pour le nombre de kilomètres réellement parcourus, un kilomètre entamé étant d'ailleurs considéré comme parcouru.

Dans le cas où les divers concessionnaires ne pourraient s'entendre sur l'exercice de cette faculté, le ministre des travaux publics statuerait sur les difficultés qui s'élèveraient entre eux à cet égard.

Le concessionnaire ne pourra toutefois être tenu à admettre sur ses rails un matériel dont le poids serait hors de proportion avec les éléments constitutifs de ses voies.

Dans le cas où un concessionnaire d'embranchement ou de prolongement joignant la ligne qui fait l'objet de la présente concession n'userait pas de la faculté de circuler sur cette ligne, comme aussi dans le cas où le concessionnaire de cette dernière ligne ne voudrait pas circuler sur les prolongements et embranchements, les concessionnaires seraient tenus de s'arranger entre eux de manière que le service de transport ne soit jamais interrompu aux points de jonction des diverses lignes.

Celui des concessionnaires qui se servira d'un matériel qui ne serait pas sa propriété payera une indemnité en rapport avec l'usage et la détérioration de ce matériel. Dans le cas où les concessionnaires ne se mettraient pas d'accord sur la quotité de l'indemnité ou sur les moyens d'assurer la continuation du service sur toutes les lignes, l'administration y pourvoirait d'office et prescrirait toutes les mesures nécessaires.

Gares communes.

Le concessionnaire sera tenu, si l'autorité compétente le juge convenable, de partager l'usage des stations établies à l'origine des chemins de fer d'embranchement avec les compagnies qui deviendraient ultérieurement concessionnaires desdits chemins.

Il sera fait un partage équitable des frais communs résultant de l'usage desdites gares, et les redevances à payer par les compagnies nouvelles seront, en cas de dissentiment, réglées par voie d'arbitrage.

En cas de désaccord sur le principe ou l'exercice de l'usage commun des gares, il sera statué, le concessionnaire entendu, savoir :

Par le préfet, si les deux chemins sont d'intérêt local et situés dans le même département ;

Par le ministre, si les deux lignes ne sont pas situées dans le même département ou si l'un des deux chemins est d'intérêt général.

Embranchements industriels.

Art. 61. — Le concessionnaire sera tenu de s'entendre avec tout propriétaire de mines ou d'usines qui, offrant de se soumettre aux conditions prescrites ci-après, demanderaient un embranchement; à défaut d'accord, le préfet statuera sur la demande, le concessionnaire entendu.

Les embranchements seront construits aux frais des propriétaires de mines et d'usines, et de manière qu'il ne résulte de leur établissement aucune entrave à la circulation générale, aucune cause d'avarie pour le matériel, ni aucuns frais particuliers pour la compagnie.

Leur entretien devra être fait avec soin et aux frais de leurs propriétaires, et sous le contrôle du préfet. Le concessionnaire aura le droit de faire surveiller par ses agents cet entretien, ainsi que l'emploi de son matériel sur les embranchements.

Le préfet pourra, à toutes époques, prescrire les modifications qui seraient jugées utiles dans la soudure, le tracé ou l'établissement de la voie desdits embranchements, et les changements seront opérés aux frais des propriétaires.

Le préfet pourra même, après avoir entendu les propriétaires, ordonner l'enlèvement temporaire des aiguilles de soudure, dans le cas où les établissements embranchés viendraient à suspendre en tout ou en partie leurs transports.

Le concessionnaire sera tenu d'envoyer ses wagons sur tous les embranchements autorisés, destinés à faire communiquer des établissements de mines ou d'usines avec la ligne principale du chemin de fer.

Le concessionnaire amènera ses wagons à l'entrée des embranchements.

Les expéditeurs ou destinataires feront conduire les wagons dans leurs établissements, pour les charger ou décharger, et les ramèneront au point de jonction avec la ligne principale, le tout à leurs frais.

Les wagons ne pourront, d'ailleurs, être employés qu'au transport d'objets et marchandises destinés à la ligne principale du chemin de fer.

Le temps pendant lequel les wagons séjourneront sur les embranchements particuliers ne pourra excéder six heures, lorsque l'embranchement n'aura pas plus d'un kilomètre. Ce temps sera augmenté d'une demi-heure par kilomètre en sus du premier, non compris les heures de la nuit, depuis le coucher jusqu'au lever du soleil.

Dans le cas où les limites de temps seraient dépassées, nonobstant l'avertissement spécial donné par le concessionnaire, il pourra exiger une indemnité égale à la valeur du droit de loyer des wagons, pour chaque période de retard après l'avertissement.

Les traitements des gardiens d'aiguilles et des barrières des embranchements autorisés par le préfet seront à la charge des propriétaires des embranchements. Ces gardiens seront nommés et payés par le concessionnaire, et les frais qui en résulteront lui seront remboursés par lesdits propriétaires.

En cas de difficulté, il sera statué par l'administration, le concessionnaire entendu.

Les propriétaires d'embranchements seront responsables des avaries que le matériel pourrait éprouver pendant son parcours ou son séjour sur ces lignes.

Dans le cas d'inexécution d'une ou de plusieurs des conditions énoncées ci-dessus, le préfet pourra, sur la plainte du concessionnaire et après avoir entendu le propriétaire de l'embranchement, ordonner par un arrêté la suspension du service et faire supprimer la soudure, sauf recours à l'administration supérieure et sans préjudice de tous dommages-intérêts que le concessionnaire serait en droit de répéter pour la non exécution de ces conditions.

Tarifs à percevoir pour le matériel prêté.

Pour indemniser le concessionnaire de la fourniture et de l'envoi de son matériel sur les embranchements, il est autorisé à percevoir un prix fixe de 0 fr. 12 c. par tonne pour le premier kilomètre, et, en outre, 0 fr. 04 c. par tonne et par kilomètre en sus du premier, lorsque la longueur de l'embranchement excédera 1 kilomètre.

Tout kilomètre entamé sera payé comme s'il avait été parcouru en entier.

Le chargement et le déchargement sur les embranchements s'opéreront aux frais des expéditeurs ou destinataires, soit qu'ils les fassent eux-mêmes, soit que la compagnie du chemin de fer consente à les opérer.

Dans ce dernier cas, ces frais seront l'objet d'un règlement arrêté par le préfet, sur la proposition du concessionnaire.

Tout wagon envoyé par le concessionnaire sur un embranchement devra être payé comme wagon complet, lors même qu'il ne serait pas complètement chargé.

La surcharge, s'il y en a, sera payée au prix du tarif légal et au prorata du poids réel. Le concessionnaire sera en droit de refuser les chargements qui dépasseraient le maximum de *3,500 kilogrammes*, déterminé en raison des dimensions actuelles des wagons.

Le maximum sera revisé par le préfet, de manière à être toujours en rapport avec la capacité des wagons.

Les wagons seront pesés à la station d'arrivée par les soins et aux frais du concessionnaire.

Contribution foncière.

Art. 62. — La contribution foncière sera établie en raison de la surface des terrains occupés par le chemin de fer et ses dépendances; la cote en sera calculée, comme pour les canaux, conformément à la loi du 25 avril 1803.

Les bâtiments et magasins dépendant de l'exploitation du chemin de fer seront assimilés aux propriétés bâties de la localité. Toutes les contributions auxquelles ces édifices pourront être soumis seront, aussi bien que la contribution foncière, à la charge du concessionnaire.

Agents du concessionnaire.

Art. 63. — Les agents et gardes que le concessionnaire établira, soit pour la réception des droits, soit pour la surveillance et la police du chemin de fer et de ses dépendances pourront être assermentés, et seront, dans ce cas, assimilés aux gardes champêtres.

Inspecteurs spéciaux.

Art. 64. — Il pourra être institué, près du concessionnaire, un ou plusieurs commissaires chargés d'exercer une surveillance spéciale sur tout ce qui ne rentre pas dans les attributions des agents du contrôle.

Frais de contrôle.

Art. 65. — Les frais de visite, de surveillance et de réception des travaux et les frais de contrôle de l'exploitation seront supportés par le concessionnaire.

Afin de pourvoir à ces frais, le concessionnaire sera tenu de verser chaque année, à la caisse centrale du trésorier payeur général du département, une somme de..... francs par chaque kilomètre de chemin de fer concédé (1).

Si le concessionnaire ne verse pas la somme ci-dessus réglée, aux époques qui auront été fixées, le préfet rendra un rôle exécutoire et le montant en sera recouvré comme en matière de contributions directes, au profit du *département*.

---

(1) Les frais de contrôle ont été fixés, dans plusieurs concessions déjà données, à la somme annuelle de 50 francs par kilomètre, payables à compter de la date du décret de concession, tant pour la période de construction que pour la période d'exploitation

Cautionnement.

Art. 66. — Avant la signature de l'acte de concession, le concessionnaire déposera à la caisse des dépôts et consignations une somme de..... en numéraire ou en rentes sur l'Etat, calculées conformément au décret du 31 janvier 1872, ou en bons du trésor, avec transfert, au profit de ladite caisse, de celles de ces valeurs qui seraient nominatives ou à ordre.

Cette somme formera le cautionnement de l'entreprise.

Les *quatre cinquièmes* en seront rendus au concessionnaire par *cinquième* et proportionnellement à l'avancement des travaux. Le dernier *cinquième* ne sera remboursé qu'après l'expiration de la concession.

Élection de domicile.

Art. 67. — Le concessionnaire devra faire élection de domicile à......

Dans le cas où il ne l'aurait pas fait, toute notification ou signification à lui adressée sera valable lorsqu'elle sera faite au secrétariat général de la préfecture de.....

Jugement des contestations.

Art. 68. — Les contestations qui s'élèveraient, entre le concessionnaire et l'administration, au sujet de l'exécution et de l'interprétation des clauses du présent cahier des charges, seront jugées administrativement par le conseil de préfecture du département d......, sauf recours au conseil d'Etat.

Frais d'enregistrement.

Art. 69. — Les frais d'enregistrement du présent cahier des charges et de la convention ci-annexée seront supportés par le concessionnaire.

TRAMWAYS.

6 août 1881. DÉCRET.

Cahier des charges type (1).

Le président de la république française,

Sur le rapport du ministre des travaux publics,

Vu l'article 30 de la loi du 11 juin 1880, aux termes duquel un cahier des charges type pour la concession des tramways doit être approuvé par le conseil d'État;

Vu l'instruction à laquelle a donné lieu la préparation de ce cahier des charges type, notamment les avis du conseil général des ponts et chaussées, en date des 20 janvier et 7 juillet 1881;

Le conseil d'État entendu,

Décrète:

ARTICLE PREMIER. — Est approuvé le cahier des charges type ci-annexé, dressé, en exécution de l'article 30 de la loi du 11 juin 1880, pour la concession des tramways.

TITRE Ier. — TRACÉ ET CONSTRUCTION.

Objet de la concession.

ARTICLE PREMIER. — Le *réseau* (2) de tramways qui fait l'objet du présent cahier des charges est destiné au transport *des voyageurs et des marchandises* (3).

La traction aura lieu par *chevaux* (4).

Tracé.

ART. 2. — *Ce réseau comprendra les lignes suivantes* (5) et empruntera les voies publiques ci-après désignées (6)....

Délais d'exécution.

ART. 3. — Les projets d'exécution seront présentés dans un délai de.... à partir de la date du décret déclaratif d'utilité publique.

Les travaux devront être commencés dans un délai de .... à partir de la même date. Ils seront poursuivis et terminés de telle façon que *la section de* .... *à* .... soit livrée à l'exploitation, le ...., *la section de* .... *à* .... le ...., et le *réseau* entier le....

Largeur de la voie. — Gabarit du matériel roulant.

ART. 4. — La largeur de la voie entre les bords intérieurs des rails devra être de (7) ....

---

(1) La présente formule type de cahier des charges est rédigée dans l'hypothèse d'une concession conférée par l'*Etat* à un *département*. Ces mots seront modifiés partout où ils sont imprimés en lettres *italiques*, suivant que l'on se trouvera dans l'un ou l'autre des cas prévus par les articles 27 et 28 de la loi du 11 juin 1880 (*p.180*).

On a aussi imprimé en *italiques* les autres mots et chiffres qui peuvent être modifiés suivant les circonstances.

(2) Ou *la ligne*.

(3) Ou *au service exclusif des voyageurs*.

(4) Ou *par locomotives à vapeur* ou par moteur mécanique de tout autre système.

(5) Ou *La ligne partira de*....

(6) Indiquer les déviations, s'il y a lieu.

(7) De 1^{m},44 c. pour les tramways à v ie large, de 1^{m},00 ou 0^{m},75 c. pour les tramways à voie étroite.

La largeur des locomotives et des caisses des véhicules, ainsi que de leur chargement, ne dépassera pas (1) .... et la largeur du matériel roulant, y compris toutes saillies, notamment celle des marchepieds latéraux, restera inférieure à (2)....; la hauteur du matériel roulant au-dessus des rails sera au plus de (3)....

Dans les parties à deux voies, la largeur de l'entre-voie, mesurée entre les bords extérieurs des rails, sera de (4)....

Alignements et courbes. — Pentes et rampes.

ART. 5. — Les alignements seront raccordés entre eux par des courbes dont le rayon ne pourra être inférieur à (5).... Le maximum des déclivités est fixé à (6)....

Les déclivités correspondant aux courbes de faible rayon devront être réduites autant que faire se pourra.

Le concessionnaire aura la faculté, dans des cas exceptionnels, de proposer aux dispositions du présent article les modifications qui lui paraîtraient utiles; mais ces modifications ne pourront être exécutées que moyennant l'approbation préalable du préfet.

Établissement de la voie ferrée. — Parties non accessibles aux voitures ordinaires.

ART. 6. — Dans les sections où le tramway sera établi dans la chaussée, avec rails noyés, les voies de fer seront posées au niveau du sol, sans saillie ni dépression, suivant le profit normal de la voie publique et sans aucune altération de ce profil, soit dans le sens transversal, soit dans le sens longitudinal, à moins d'une autorisation spéciale du préfet. Les rails seront compris dans un *pavage* (7) de 0m,20 c. d'épaisseur, qui régnera dans l'entre-rails et à 0m,50 c. au moins de chaque côté, conformément aux dispositions prescrites par le préfet, sur la proposition du concessionnaire, qui restera chargé d'établir à ses frais ce *pavage*.

La chaussée *pavée* (8) de la voie publique sera, d'ailleurs, conservée ou établie avec des dimensions telles qu'en dehors de l'espace occupé par le matériel du tramway (toutes saillies comprises), il reste une largeur libre de chaussée d'au moins 2m,60 c., permettant à une voiture ordinaire de se ranger pour laisser passer le matériel du tramway avec le jeu nécessaire.

Un intervalle libre, d'au moins 1m,10 c. de largeur, sera réservé, d'autre part, entre le matériel de la voie ferrée (toutes saillies comprises) et la verticale de l'arête extérieure de la plate-forme de la voie publique.

---

(1) Largeur à déterminer dans chaque cas particulier :
Maximum admissible : voie de 1m,44 c., 2m,80 c. ; voie de 1m,00, 2m,50 c. ; voie de 0m,75 c. 1m,875 m.

(2) Maximum admissible : voie de 1m,44 c., 3m,10 c. ; voie de 1m,00, 2m,80 c. ; voie de 0m,75 c., 2m,175.

(3) 4m,20 c. au plus pour la voie de 1m,44 c.; hauteur à déterminer, dans chaque cas particulier, pour les autres voies.

(4) La largeur de l'entre-voie sera réglée de telle façon qu'entre les parties les plus saillantes des deux véhicules qui se croisent, il y ait un intervalle libre d'au moins 0m,50 c.

(5) En général, 40 mètres, pour le cas de voies ferrées exploitées au moyen de locomotives, et 20 mètres pour les lignes à traction de chevaux.

(6) En général, 40 millièmes.

(7) Ou dans un *empierrement*, suivant la nature, la fréquentation de la chaussée dont il s'agit, sa situation en rase campagne ou en traverse, etc.

(8) Ou *empierrée*.

Établissement de la voie ferrée. — Parties accessibles aux voitures ordinaires.

Art. 7. — Si la voie ferrée est établie sur un accotement qui, tout en restant accessible aux piétons, sera interdit aux voitures ordinaires, elle reposera sur une couche de ballast, exclusivement composé de *pierre cassée* (1) de .... de largeur (2) et d'au moins $0^m,35$ c. d'épaisseur totale, qui sera arasée de niveau avec la surface de l'accotement, relevé en forme de trottoir.

La partie de la voie publique qui restera réservée à la circulation des voitures ordinaires présentera une largeur d'au moins *six mètres* (3), mesurée en dehors de l'accotement occupé par la voie ferrée et en dehors des emplacements qui seront affectés au dépôt des matériaux d'entretien de la route.

L'accotement occupé par la voie ferrée sera limité, du côté de la route, au moyen d'une bordure d'au moins $0^m,12$ c. de saillie, d'une solidité suffisante ; dans les parties de routes et de chemins dont la déclivité dépassera $0^m,03$ c. par mètre, cette bordure sera accompagnée et soutenue par un demi-caniveau pavé, qui n'aura pas moins de $0^m,30$ c. de largeur. Un intervalle libre, de $0^m,30$ c. au moins, sera réservé entre la verticale de l'arête de cette bordure et la partie la plus saillante du matériel de la voie ferrée ; un autre intervalle libre, de $1^m,10$ c., subsistera entre ce matériel et la verticale de l'arête extérieure de l'accotement de la route.

Les rails, qui à l'extérieur seront au niveau de l'accotement régularisé, ne formeront sur l'entre-rails que la saillie nécessaire pour le passage des boudins des roues du matériel de la voie ferrée.

Traverses des villes et villages.

Art. 8. — Dans les traverses des villes et des villages, les voies ferrées devront, à moins d'une autorisation spéciale du préfet, être établies avec rails noyés dans la chaussée entre les deux trottoirs, ou du moins entre les deux zones à réserver pour l'établissement de trottoirs, et suivant le type décrit à l'article 6.

Le minimum des largeurs à réserver est fixé d'après les cotes suivantes :

a) Pour un trottoir, $1^m,10$ c. ;

b) Entre le matériel de la voie ferrée (partie la plus saillante) et le bord d'un trottoir :

1° Quand on réserve le stationnement des voitures ordinaires, $2^m,60$ c. ;

2° Quand on supprime ce stationnement, $0^m,30$ c.

Exécution des travaux.

Art. 9. — Le déchet résultant de la démolition et du rétablissement des chaussées sera couvert par des fournitures de matériaux neufs, de la nature et de la qualité de ceux qui sont employés dans lesdites chaussées.

Pour le rétablissement des chaussées pavées au moment de la pose de la voie ferrée, il sera fourni, en outre, la quantité de boutisses nécessaire afin d'opérer ce rétablissement suivant les règles de l'art, en évitant l'emploi des demi-pavés.

Les vieux matériaux provenant des anciennes chaussées remaniées ou refaites à neuf, qui n'auront pas trouvé leur emploi dans la réfection, seront laissés à la libre disposition du concessionnaire.

Les fers, les bois et autres éléments constitutifs des voies ferrées devront être de bonne qualité et propres à remplir leur destination.

---

(1) Ou de *gravier*, suivant la nature, la fréquentation de la chaussée dont il s'agit, sa situation en rase campagne ou en traverse, etc.

(2) Largeur égale à la largeur de la voie augmentée d'au moins $0^m,80$ c.

(3) Six mètres sont le minimum admissible pour une route nationale.

Voies.

Art. 10. — Les voies devront être établies d'une manière solide et avec des matériaux de bonne qualité.

Les rails seront en.... et du poids de .... kilogrammes au moins par mètre courant ; ils seront posés sur (1) ....

Gares et stations.

Art. 11 (2). — Les voitures devront s'arrêter en pleine voie pour prendre ou laisser des voyageurs *et des marchandises* sur tous les points du parcours, sauf sur les sections ci-dessous indiquées :

. . . .

Le nombre et l'emplacement des gares, stations et haltes, seront arrêtés lors de l'approbation des projets définitifs. Il est toutefois entendu dès à présent qu'il sera établi des stations ou des haltes pour le service des voyageurs, *et des gares pour la réception et la livraison des marchandises*, suivant les indications ci-après :....

TITRE II. — ENTRETIEN ET EXPLOITATION.

Entretien.

Art. 12. — Sur les sections où la voie ferrée est accessible aux voitures ordinaires (sections à rails noyés dans la chaussée), l'entretien qui est à la charge du concessionnaire comprend le *pavage* (3) des entre-rails et de l'entre-voie, ainsi que des zones de 0m,50 c. qui servent d'accotements extérieurs aux rails.

Une subvention de (4).... *est allouée au concessionnaire, sur les fonds d'entretien* de la route (5), *en raison de l'usure qui résultera de la circulation des voitures ordinaires sur la largeur de chaussée qui est affectée au service de la voie ferrée. Ce chiffre pourra être revisé tous les cinq ans.*

Réfection des parties de route ou de chemin atteintes par les travaux de la voie ferrée.

Art. 13. — Lorsque, pour la construction ou la réparation de la voie ferrée, il sera nécessaire de démolir des parties pavées ou empierrées de la voie publique situées en dehors des zones ou de l'accotement indiqués ci-dessus, il devra être pourvu par le concessionnaire à l'entretien de ces parties, pendant une année à dater de la réception provisoire des travaux de réfection ; il en sera de même pour tous les ouvrages souterrains.

Nombre minimum des voyages.

Art. 14. — Le nombre minimum des voyages qui devront être faits tous les jours, dans chaque sens, *sur la ligne entière*, est fixé à....

---

(1) Les blancs laissés dans l'article 10 seront remplis suivant le type de voie, de supports, d'éclissage, d'entretoisement, etc.

(2) Cet article sera modifié dans le cas où l'on adoptera l'un des deux autres modes d'exploitation prévus par le règlement d'administration publique : arrêts en pleine voie sur tout le parcours ou arrêts seulement à des gares, stations ou haltes déterminées.

(3) Ou *l'empierrement*.

(4) Subvention à fixer dans cas chaque particulier.

(5) Ou *du chemin*.

Limitation de la vitesse et de la longueur des trains.

Art. 15. — Les trains se composeront de.... voitures au plus et leur longueur totale ne dépassera pas....

La vitesse des trains en marche sera au plus de.... kilomètres à l'heure (1).

TITRE III. — DURÉE ET DÉCHÉANCE DE LA CONCESSION.

Durée de la concession.

Art. 16. — La durée de la concession *du réseau* (2) mentionné à l'article 2 du présent cahier des charges commencera à courir de la date du décret d'autorisation, et elle prendra fin le....

Expiration de la concession.

Art. 17. — A l'époque fixée pour l'expiration de la concession et par le seul fait de cette expiration, l'*Etat* sera subrogé à tous les droits du concessionnaire sur la voie ferrée et ses dépendances, et il entrera immédiatement en jouissance de tous ses produits.

Le concessionnaire sera tenu de lui remettre en bon état d'entretien la voie ferrée et tous les immeubles faisant partie du domaine public qui en dépendent. Il en sera de même de tous les objets immobiliers dépendant de ladite voie, tels que les barrières et clôtures, les changements de voies, plaques tournantes, réservoirs d'eau, grues hydrauliques, machines fixes, bureaux d'attente et de contrôle, etc.

Dans les cinq dernières années qui précéderont le terme de la concession, l'*Etat* aura le droit de saisir les revenus du tramway et de les employer à rétablir en bon état la voie ferrée et ses dépendances, si le concessionnaire ne se mettait pas en mesure de satisfaire pleinement et entièrement à cette obligation.

En ce qui concerne les objets mobiliers, tels que le matériel roulant, le mobilier des stations, l'outillage des ateliers et des gares, l'*Etat* se réserve le droit de les reprendre en totalité ou pour telle partie qu'il jugera convenable, à dire d'experts, mais sans pouvoir y être contraint. La valeur des objets repris sera payée au concessionnaire dans les six mois qui suivront l'expiration de la concession et la remise du matériel à l'*Etat*.

L'*Etat* sera tenu, si le concessionnaire le requiert, de reprendre en outre les matériaux, combustibles et approvisionnements de tout genre, sur l'estimation qui en sera faite à dire d'experts; et réciproquement, si l'*Etat* le requiert, le concessionnaire sera tenu de céder ces approvisionnements de la même manière. Toutefois l'*Etat* ne pourra être obligé de reprendre que les approvisionnements nécessaires à l'exploitation du tramway pendant six mois.

Les dispositions qui précèdent ne sont applicables qu'au cas où le *gouvernement* déciderait que les voies ferrées doivent être maintenues en tout ou en partie.

Remise des lieux dans l'état primitif.

Art. 18. — Dans le cas où le *gouvernement* déciderait, au contraire, que les voies ferrées doivent être supprimées en tout ou en partie, ces voies

(1) Aux termes des articles 30 et 33 du règlement d'administration publique sur les lignes de tramways à traction mécanique *(p. 193)*, la longueur des trains ne peut, en aucun cas, dépasser 60 mètres et la vitesse ne peut excéder 20 kilomètres à l'heure. L'article 15 a pour but de permettre à l'autorité concédante de réduire les maxima, lorsqu'elle le croira nécessaire.

(2) Ou *de la ligne*.

seront enlevées et les lieux seront remis dans l'état primitif, par les soins et aux frais du concessionnaire, sans qu'il puisse prétendre à aucune indemnité.

Rachat de la concession.

Art. 19. — L'*Etat* aura toujours le droit de racheter la concession.

Si le rachat a lieu avant l'expiration des *quinze* premières années de l'exploitation il se fera conformément au paragraphe 3 de l'article 11 de la loi du 11 juin 1880 *(p. 178)*. Ce terme de *quinze* ans sera compté à partir de la mise en exploitation effective du *réseau entier*, ou au plus tard à partir de la fin du délai qui est fixé dans l'article 3 du présent cahier des charges, sans tenir compte des retards qui auraient eu lieu dans l'achèvement des travaux.

Si le rachat de la concession entière est réclamé par l'*Etat* après l'expiration des *quinze* premières années de l'exploitation, on réglera le prix du rachat, en relevant les produits nets annuels obtenus par le concessionnaire pendant les *sept* années qui auront précédé celle où le rachat sera effectué, et en y comprenant les annuités qui auront été payées à titre de subventions; on en déduira les produits nets des *deux* plus faibles années et l'on établira le produit net moyen des *cinq* autres années.

Ce produit net moyen formera le montant d'une annuité, qui sera payée au concessionnaire pendant chacune des années restant à courir sur la durée de la concession.

Dans aucun cas, le montant de l'annuité ne sera inférieur au produit net de la dernière des *sept* années prises pour terme de comparaison.

Le concessionnaire recevra, en outre, dans les six mois qui suivront le rachat, les remboursements auxquels il aurait droit à l'expiration de la concession, suivant le 4e et le 5e paragraphes de l'article 17, la reprise de la totalité des objets mobiliers étant ici obligatoire dans tous les cas pour l'*Etat*.

Le concessionnaire ne pourra élever aucune réclamation dans le cas où, par suite d'un changement dans le classement des routes et chemins empruntés par la voie ferrée, une nouvelle autorité serait substituée à celle de qui émane la concession.

La nouvelle autorité aura les mêmes droits que celle qui a fait la concession.

Déchéance.

Art. 20. — Si le concessionnaire n'a pas remis au préfet tous les projets définitifs ou s'il n'a pas commencé les travaux dans les délais fixés par l'article 3, il encourra la déchéance, qui, après mise en demeure, sera prononcée par le ministre des travaux publics, sauf recours au conseil d'État par la voie contentieuse.

Dans ces deux cas, la somme qui aura été déposée, ainsi qu'il sera dit à l'article 38, à titre de cautionnement, deviendra la propriété de l'*Etat* et lui restera acquise.

Achèvement des travaux en cas de déchéance.

Art. 21. — Faute par le concessionnaire d'avoir poursuivi et terminé les travaux dans les délais et conditions fixés par l'article 3, faute aussi par lui d'avoir rempli les diverses obligations qui lui sont imposées par le règlement d'administration publique du 6 août 1881 *(p. 186)* ainsi que par le présent cahier des charges, et dans le cas prévu par l'article 10 de la loi du 11 juin 1880 *(p. 178)*, il encourra soit la perte partielle de son cautionnement dans les conditions qui seraient prévues par l'acte de concession, soit la perte totale de ce cautionnement, soit la déchéance. Dans tous les cas, il sera statué par le ministre des travaux publics, après mise en demeure, sauf recours au conseil d'Etat par la voie contentieuse. Dans les deux premiers cas, le cautionnement devra être reconstitué dans le mois de la décision ministérielle.

En cas de déchéance, il sera pourvu tant à la continuation et à l'achèvement des travaux qu'à l'exécution des autres engagements contractés par le concessionnaire, conformément à l'article 41 du règlement d'administration publique du 6 août 1881 *(p. 196)*.

Cas de force majeure.

Art. 22. — Les dispositions des deux articles qui précèdent ne seraient pas applicables, et la déchéance ne serait pas encourue, dans le cas où le concessionnaire n'aurait pu remplir ses obligations par suite de circonstances de force majeure dûment constatées.

TITRE IV (1). — TAXES ET CONDITIONS RELATIVES AU TRANSPORT DES VOYAGEURS *ET DES MARCHANDISES.*

Tarif des droits à percevoir.

Art. 23. — *(Article 41 du cahier des charges type* des chemins de fer d'intérêt local, *le tableau et sa note, p. 214,* — sauf modification d'un paragraphe et addition d'un autre, qui suit immédiatement celui modifié :)

Le tableau des distances entre les diverses stations sera arrêté par le préfet d'après le procès-verbal de chaînage dressé contradictoirement par le concessionnaire et le service du contrôle. Ce chaînage sera fait, suivant la voie la plus courte, d'axe en axe des bâtiments des voyageurs des stations extrêmes. Les tarifs proposés d'après cette base seront soumis à l'homologation du *ministre des travaux publics* (2).

Dans aucun cas, il ne pourra être perçu, pour un voyageur pris ou laissé en route, un prix supérieur à celui qui a été prévu pour la distance complète qui sépare les deux stations entre lesquelles le parcours a été effectué.

Bagages.

Art. 24. — *(Article 43 du cahier des charges type* des chemins de fer d'intérêt local, *p. 217.)*

Assimilation des classes de marchandises.

Art. 25. — *(Article 44 dudit cahier des charges type.)*

Transport des masses indivisibles.

Art. 26. — *(Article 45 dudit cahier des charges type.)*

Exceptions, envois par groupes.

Art. 27. — *(Article 46 dudit cahier des charges type,* p. 218.*)*

Abaissement des tarifs.

Art. 28. — *(Article 47 dudit cahier des charges type,* — sauf modification d'un paragraphe :)

La perception des tarifs modifiés ne pourra avoir lieu qu'avec l'homologation du *ministre des travaux publics* (3), conformément aux dispositions de la loi du 11 juin 1880.

Délais d'expédition.

Art. 29. — *(Article 48 dudit cahier des charges type,* p. 219.*)*

---

(1) Les articles du titre IV sont susceptibles d'être les uns réduits à un petit nombre de dispositions, les autres laissés en blanc, lorsque le tramway ne sera affecté qu'à un service de voyageurs seulement ou de voyageurs et de messageries ; mais il conviendra de ne pas modifier le numérotage des articles suivants.

(2) Ou du *préfet*, si la concession émane d'un *département* ou d'une *commune* (art. 33 de la loi du 11 juin 1880, *p. 182*).

(3) Ou du *préfet*, si la concession n'est pas donnée par l'*État*.

Délais de livraison.

ART. 30. — (*Article 49 dudit cahier des charges type*, — sauf modification d'un paragraphe :)

Il pourra être établi un tarif réduit, approuvé par le *ministre des travaux publics*, pour tout expéditeur qui acceptera des délais plus longs que ceux déterminés ci-dessus pour la petite vitesse.

Frais accessoires.

ART. 31. — (*Article 50 dudit cahier des charges type*, p. 220.)

Camionnage.

ART. 32. — (*Article 51 dudit cahier des charges type*, — sauf substitution de 3,000 à 5,000.)

Traités particuliers.

ART. 33. — (*Article 52, § 1, dudit cahier des charges type.*)

Le préfet agissant en vertu de l'article 42 du règlement d'administration publique du 6 août 1881 (*p. 197*), prescrira les mesures à prendre pour assurer la plus complète égalité entre les diverses entreprises de transport dans leurs rapports avec le tramway.

Embranchements industriels. — Tarif à percevoir pour le matériel prêté.

ART. 34. — Le concessionnaire sera indemnisé de la fourniture et de l'envoi de son matériel sur les embranchements industriels desservant des carrières, des mines ou des usines, par la perception d'une redevance qui est fixée à 0 fr. 12 c. par tonne pour le premier kilomètre, et à 0 fr. 04 c. par tonne et par kilomètre en sus du premier, lorsque la longueur de l'embranchement excédera un kilomètre.

TITRE V. — STIPULATIONS RELATIVES A DIVERS SERVICES PUBLICS.

Fonctionnaires ou agents du contrôle.

ART. 35. — Les fonctionnaires ou agents chargés du contrôle et de la surveillance de la voie ferrée seront transportés gratuitement dans les voitures de voyageurs.

Service des postes.

ART. 36. — Le concessionnaire sera tenu de recevoir dans ses voitures, aux heures des départs réguliers, les sacs de dépêches de la poste escortés ou non d'un convoyeur. Les sacs seront déposés dans un coffre fermant à clef. Le convoyeur aura droit à une place réservée aussi près que possible de ce coffre.

L'administration des postes aura, en outre, le droit de fixer aux voitures de l'entreprise une boîte aux lettres dont elle fera opérer la pose et la levée par ses agents.

Les prix des transports ci-dessus seront payés par l'administration des postes, conformément aux tarifs homologués, sauf dans le cas où l'Etat se serait engagé à fournir au concessionnaire une subvention par annuités. Dans ce cas, les sacs de dépêches et le convoyeur devront être transportés gratuitement.

Le concessionnaire pourra être tenu de fixer, d'après les convenances du service des postes, l'heure d'un de ces départs dans chaque sens.

Le montant des dépenses supplémentaires de toute nature que ce service spécial aura imposées au concessionnaire, déduction faite du produit qu'il aura pu en retirer, lui sera payé par l'administration des postes, que l'entreprise soit subventionnée ou non par le trésor, suivant le règlement qui en sera fait de gré à gré ou par deux arbitres. En cas de désaccord de ces arbitres, un tiers arbitre sera désigné par le conseil de préfecture.

TITRE VI. — CLAUSES DIVERSES.

Frais de contrôle.

Art. 37. — La somme que le concessionnaire doit verser chaque année à la date du .... , afin de pourvoir aux frais du contrôle, sera calculée d'après le chiffre de (1) .... par kilomètre de voie concédée.

Le premier versement aura lieu le .... à la caisse du ....

Cautionnement.

Art. 38. — (*Article 66 du cahier des charges type des* chemins de fer d'intérêt local, *p.* 227.)

Élection de domicile.

Art. 39. — Le concessionnaire devra faire élection de domicile à ....

Dans le cas où il ne l'aurait pas fait, toute notification ou signification à lui adressée sera valable lorsqu'elle sera faite au *secrétariat général de la préfecture de* (2)....

Jugement des contestations.

Art. 40. — (*Article 68 dudit cahier des charges type.*)

Frais d'enregistrement.

Art. 41. — (*Article 69 dudit cahier des charges type.*)

---

(1) Même note qu'à l'article 65 de la page 226.

(2) Ou au *secrétariat de la mairie de....*

16 août 1881. CIRCULAIRE MINISTÉRIELLE.

LE MINISTRE DES TRAVAUX PUBLICS AUX PRÉFETS.

Envoi de deux règlements d'administration publique et des deux cahiers des charges types qui précèdent.

Monsieur le préfet, la loi du 11 juin 1880, sur les chemins de fer d'intérêt local et les tramways, a stipulé qu'il interviendrait, pour son exécution, trois règlements d'administration publique déterminant :

Le premier, les formes dans lesquelles il doit être procédé aux enquêtes à ouvrir pour l'établissement d'une ligne ferrée sur une voie publique;

Le second, les conditions auxquelles doivent satisfaire les voies ferrées posées sur le sol des voies publiques, et les rapports entre le service de ces voies ferrées et les autres services intéressés;

Le troisième, le mode de paiement des subventions et les justifications à fournir par les concessionnaires pour établir leurs recettes et leurs dépenses annuelles.

Deux modèles de cahiers des charges devaient, en outre, être délibérés en conseil d'Etat, l'un pour les chemins de fer d'intérêt local et l'autre pour les tramways.

Après une instruction laborieuse et approfondie de la part du conseil général des ponts et chaussées, le conseil d'Etat a été saisi des propositions de l'administration pour la rédaction de ces divers instruments.

Il s'est prononcé sur les deux premiers règlements d'administration publique, qui ont été revêtus de la signature de M. le président de la république, le 18 mai *(p. 183)* et le 6 août 1881 *(p. 186)*, et sur les deux cahiers des charges, qui ont été approuvés par décrets du 6 août 1881 *(p. 202 et 228)*.

J'ai l'honneur de vous adresser un exemplaire de ces quatre documents.

Quant au règlement d'administration publique relatif aux subventions (article 16 de la loi du 11 juin 1880), il est encore entre les mains du conseil d'Etat, qui n'a pu se prononcer définitivement jusqu'à ce jour, par suite des délais qu'a exigés le concert à établir entre le ministère des finances et le ministère des travaux publics. Toutefois ce règlement pourra, sans doute, vous être envoyé prochainement *(p. 239)*; il n'est, d'ailleurs, pas indispensable pour que les conseils généraux soient en mesure de formuler un avis et d'arrêter des déterminations, pendant leur prochaine session, sur les projets de chemins de fer d'intérêt local et de tramways, dont ils seraient saisis.

Je n'ai pas besoin d'ajouter que, dans le cas où quelque doute surgirait sur l'interprétation des dispositions de la loi, des règlements d'administration publique ou des cahiers des charges, je m'empresserais de répondre aux questions que vous me poseriez.

Je vous prie de m'accuser réception de la présente dépêche et des pièces qui l'accompagnent. J'en adresse une ampliation à MM. les ingénieurs en chef.

Recevez, *etc.*

CHEMINS DE FER D'INTÉRÊT LOCAL. — SECTIONS A ÉTABLIR SUR LE SOL DES VOIES PUBLIQUES. — COMBINAISON DES CAHIERS DES CHARGES TYPES DES CHEMINS DE FER D'INTÉRÊT LOCAL ET DES TRAMWAYS.

17 octobre 1881. CIRCULAIRE MINISTÉRIELLE.

LE MINISTRE DES TRAVAUX PUBLICS AUX PRÉFETS.

Monsieur le préfet, l'administration supérieure a été consultée sur la question de savoir si une omission n'aurait pas été commise dans le cahier des charges type relatif à la concession des chemins de fer d'intérêt local, lequel ne renferme aucune prescription fixant les conditions à imposer pour l'établissement des parties desdits chemins qui empruntent les voies publiques.

C'est avec intention que le conseil d'État a retranché, du cahier des charges type préparé par l'administration, les dispositions relatives aux sections des lignes d'intérêt local à établir sur le sol des voies publiques; il lui a paru préférable d'insérer, dans le règlement d'administration publique prévu par l'article 38 de la loi du 11 juin 1880, l'article 57 (ainsi conçu : « Les dispositions du présent règlement sont applicables aux chemins de fer d'intérêt local, sur les sections où ces chemins de fer empruntent le sol des voies publiques, sans préjudice de l'application de l'ordonnance du 15 novembre 1846 »), et de reporter au cahier des charges type pour la concession des tramways les dispositions qui s'appliquent plus spécialement à ces dernières voies ferrées.

Il est néanmoins permis de se demander s'il n'y a pas là une lacune. Afin de prévenir les difficultés qui pourraient se produire, lorsqu'une ligne d'intérêt local devra emprunter une ou plusieurs voies publiques, j'estime qu'il conviendrait d'insérer, dans le cahier des charges concernant la concession de cette ligne, les articles du cahier des charges type des tramways qui pourront y être applicables et qui portent notamment les numéros 5, 6, 7, 8, 9, 12, 13 et 15. Les cinq premiers de ces articles pourraient être intercalés entre les articles 19 et 20 du cahier des charges des chemins de fer d'intérêt local; les deux suivants (12 et 13), entre les articles 29 et 30; enfin le dernier viendrait après l'article 32.

Je vous prie de m'accuser réception de la présente circulaire, dont j'adresse une ampliation à M. l'ingénieur en chef de votre département.

Recevez, *etc.*

20 mars 1882. DÉCRET.

Règlement d'administration publique pour l'exécution de l'article 16 de la loi du 11 juin 1880.

Le président de la république française,

Sur le rapport du ministre des travaux publics,

Vu la loi du 11 juin 1880, relative aux chemins de fer d'intérêt local et aux tramways, et notamment l'article 16 *(p. 179)*;

Vu l'avis du conseil général des ponts et chaussées en date du 8 février 1881, et les lettres du ministre des finances en date des 25 juillet et 24 décembre 1881;

Le conseil d'Etat entendu,

Décrète:

ARTICLE PREMIER. — Le capital de premier établissement, qui doit servir de base pour l'application des articles 13 et 36 *(p. 179 et 182)* de la loi susvisée, est fixé dans les conditions ci-après et dans les limites du maximum prévu par les actes de concession, à moins qu'il n'ait été fixé à forfait par une stipulation expresse.

Ce capital comprend toutes les sommes que le concessionnaire justifie avoir dépensées, dans un but d'utilité, pour l'exécution des travaux de construction proprement dits, l'achat du matériel fixe et d'exploitation, le parachèvement de la ligne après sa mise en exploitation, la constitution du capital actions, l'émission des obligations, les intérêts des capitaux engagés pendant la période assignée à la construction par l'acte de concession ou jusqu'à la mise en exploitation, si elle a lieu avant le délai fixé. Il peut être augmenté, s'il y a lieu, des insuffisances de recettes résultant de l'exploitation partielle des sections qui seraient ouvertes pendant ladite période de construction.

Les dépenses relatives à la constitution du capital actions et à l'émission des obligations ne sont admises en compte que jusqu'à concurrence d'un maximum spécialement stipulé dans l'acte de concession.

ART. 2. — Tout concessionnaire de chemin de fer d'intérêt local ou de tramway subventionné doit remettre au préfet du département, dans un délai de quatre mois à partir du jour de la mise en exploitation de la ligne entière, le compte détaillé des dépenses de premier établissement qu'il a faites jusqu'à ce jour.

Il présente, avant le 31 mars de chaque année, un compte supplémentaire de celles qu'il peut être autorisé à ne faire qu'après la mise en exploitation pour le parachèvement de la ligne; mais, en tout cas, le compte de premier établissement doit être clos quatre ans au plus tard après la mise en exploitation de la ligne entière.

Dans le cas où l'acte de concession a prévu que le capital de premier établissement pourrait être successivement augmenté, jusqu'à concurrence d'une somme déterminée et pendant un certain délai, pour travaux complémentaires, tels que agrandissement de gares, augmentation du matériel roulant, pose de secondes voies ou de voies de garage, le concessionnaire doit, chaque année avant le 31 mars, présenter un compte détaillé des dépenses qu'il a ainsi faites pendant l'année précédente en vertu d'une autorisation spéciale et préalable, donnée par le ministre des travaux publics, quand l'Etat a consenti à garantir ce capital complémentaire, et par le préfet dans les autres cas.

ART. 3. — Avant le 31 mars de chaque année, le concessionnaire remet au préfet du département un compte détaillé, établi d'après ses registres et comprenant pour l'année précédente:

1° Les produits bruts, de toute nature, de l'exploitation;

2° Les frais d'entretien et d'exploitation, à moins que ces frais n'aient été déterminés à forfait par l'acte de concession ou par un acte postérieur.

Le compte d'entretien et d'exploitation ne peut comprendre aucune dépense d'établissement ni aucune dépense pour augmentation du matériel roulant.

Art. 4. — Le ministre des travaux publics détermine, après avoir pris l'avis du ministre des finances, les justifications que le concessionnaire doit produire à l'appui de ces différents comptes, dont les développements par article sont présentés conformément aux modèles arrêtés par lui.

Art. 5. — Les comptes ainsi produits par le concessionnaire sont soumis à l'examen d'une commission, instituée par le ministre des travaux publics et composée ainsi qu'il suit :

Le préfet ou le secrétaire général délégué, président;

Un membre du conseil général du département ou du conseil municipal, si la concession émane d'une commune, ledit membre désigné par le conseil auquel il appartient;

Un ingénieur des ponts et chaussées ou des mines, désigné par le ministre des travaux publics;

Un fonctionnaire de l'administration des finances, désigné par le ministre des finances.

La commission désigne elle-même son secrétaire; s'il est pris en dehors de son sein, il n'a que voix consultative.

Le président a voix prépondérante en cas de partage.

Dans le cas où la ligne s'étend sur plusieurs départements, il est institué une commission spéciale pour chaque département. Ces commissions peuvent se réunir et délibérer en commun, si la concession a été faite conjointement par les conseils généraux de ces départements, par application des articles 89 et 90 de la loi du 10 août 1871; la présidence appartient au préfet du département que la ligne traverse dans la plus grande longueur.

Art. 6. — Le concessionnaire est tenu de représenter les registres, pièces comptables, correspondances et tous autres documents que la commission juge nécessaires à la vérification des comptes.

La commission peut se transporter au besoin, par elle-même ou par ses délégués, soit au siège de l'entreprise, soit dans les gares, stations ou bureaux de la ligne.

Art. 7. — La commission adresse son rapport, avec les comptes et les pièces justificatives, au ministre des travaux publics, qui les examine, après les avoir communiquées au ministre des finances.

Si cet examen ne révèle pas de difficultés ou si les modifications jugées nécessaires sont acceptées par le ministre des finances, le département, les communes et le concessionnaire, le ministre des travaux publics arrête définitivement le capital de premier établissement qui doit servir de base pour l'application des articles 13 et 36 de la loi du 11 juin 1880.

Il est procédé de la même manière pour arrêter annuellement le chiffre de la subvention due par l'Etat, le département ou les communes, et, lorsqu'il y a lieu, la part revenant à l'Etat, au département, aux communes ou aux intéressés, à titre de remboursement de leurs avances, sur le produit net de l'exploitation.

Art. 8. — Lorsqu'il n'y a pas d'accord entre l'État, le département ou la commune, et le concessionnaire, les comptes sont soumis, avec toutes les pièces à l'appui, à une commission supérieure instituée par le ministre des travaux publics et composée d'un conseiller d'Etat, président, et de six membres, dont trois au choix du ministre des finances.

Un ou plusieurs secrétaires sont attachés à la commission, par arrêté du ministre des travaux publics; ils ont voix délibérative dans les affaires dont ils sont rapporteurs.

Le président a voix prépondérante en cas de partage.

La commission adresse son rapport au ministre des travaux publics, qui statue, après avoir pris l'avis du ministre des finances, sauf recours au conseil d'Etat par la voie contentieuse.

Art. 9. — En présentant son compte annuel, le concessionnaire peut demander une avance sur la somme qui lui sera due à titre de subvention.

Le montant de l'avance est déterminé par le ministre des travaux publics, sur le rapport de la commission locale, après communication au ministre des finances.

Dans le cas où le règlement définitif des comptes de l'exercice ferait reconnaître que cette avance a été trop considérable, le concessionnaire devra rembourser immédiatement l'excédent au trésor, au département ou à la commune, avec les intérêts à 4 p. 100 par an.

Art. 10. — La comptabilité de tout concessionnaire subventionné est soumise à la vérification de l'inspection générale des finances, qui a, pour l'accomplissement de cette mission, tous les droits dévolus aux commissions de contrôle par l'article 6 du présent décret.

Art. 11. — Dans le cas où l'État n'a pris aucun engagement et où l'entreprise de chemin de fer ou de tramway est subventionnée seulement par un département ou par une commune, il est procédé à l'examen et au règlement des comptes dans les mêmes formes ; mais les attributions conférées au ministre des travaux publics par les articles 4, 5, 7 et 9, sont exercées par le préfet, sans qu'il soit besoin de consulter le ministre des finances.

Lorsqu'une des parties conteste le compte arrêté par le préfet, l'article 8 est applicable.

Art. 12. — Si la subvention est donnée par le département ou la commune en capital, en terrains, en travaux ou sous toute autre forme que celle d'annuités, elle est évaluée et transformée en annuités au taux de 4 p. 100, pour l'application des articles 13 et 36 de la loi, aux termes desquels l'État ne peut subvenir pour partie aux insuffisances annuelles qu'à la condition qu'une partie au moins équivalente sera payée par le département ou la commune.

Art. 13. — La subvention à allouer pour l'année de la mise en exploitation de la ligne sera calculée, d'après les bases indiquées dans les articles 13 et 36 de la loi susvisée, au prorata du temps écoulé depuis le jour de l'ouverture de la ligne jusqu'au 31 décembre suivant.

Chaque loi ou décret par lequel l'Etat s'engage à subventionner un chemin de fer d'intérêt local ou un tramway fixe le maximum de la charge annuelle qui peut résulter pour le trésor de l'application des articles 13 ou 36 de la loi susvisée, de manière que le montant réuni de ces maxima ne dépasse, en aucun cas, la somme de 400,000 francs, fixée par l'article 14 *(p. 179)* pour l'ensemble des lignes situées dans un même département.

Art. 14. — Le ministre des travaux publics et le ministre des finances sont chargés, chacun en ce qui le concerne, de l'exécution du présent décret, qui sera promulgué au *Journal officiel* et inséré au *Bulletin des lois*.

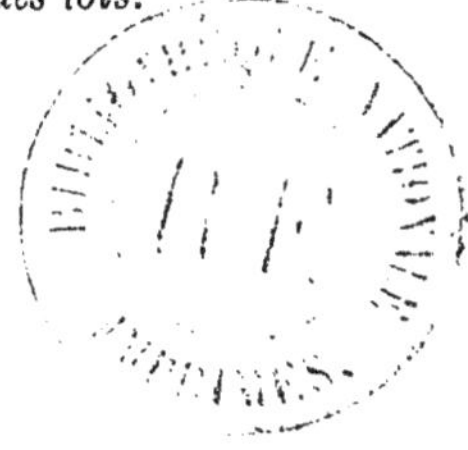

TABLE

ERRATA

P. 214. — Art. 38. — Les soumissions ne *peuvent*.... lire :.... *pourront*....
P. 226. — Art. 63. — pour la *réception*.... lire :.... *perception*....

PARIS. — IMPRIMERIE CHAIX, 20, RUE BERGÈRE, PRÈS DU BOULEVARD MONTMARTRE. — 8407-9

PARIS. — IMPRIMERIE CHAIX, 20, RUE BERGÈRE, PRÈS DU BOULEVARD MONTMARTRE. — 8409-2.

www.ingramcontent.com/pod-product-compliance
Lightning Source LLC
Chambersburg PA
CBHW071647200326
41519CB00012BA/2430
* 9 7 8 2 0 1 4 0 5 2 3 6 7 *